电子设计与实践

基于Proteus的51系列单片机设计与仿真

（第4版）

陈忠平 ◎ 编著

電子工業出版社
Publishing House of Electronics Industry
北京 · BEIJING

内 容 简 介

本书以目前流行的软硬件仿真软件 Proteus 为核心，采用现代教学方法，从实验、实践、实用的角度出发，通过丰富的实例详细讲述了 Proteus 软件在 51 单片机课程教学和单片机应用产品开发过程中的应用。

本书以夯实基础、面向应用、理论与实践紧密结合为原则，采用汇编语言及 C 语言作为系统软件开发平台。全书共 9 章，主要包括 80C51 单片机系统设计相关软件的使用、Proteus 8.7 快速入门、51 系列单片机程序设计、51 系列单片机通用 I/O 端口控制、LED 数码管与键盘的应用、DAC 和 ADC 的应用、显示器的应用、电动机控制、综合应用设计。

本书适合从事单片机应用研发的工程技术人员自学使用，也可作为高等学校相关专业的教学用书。

图书在版编目（CIP）数据

基于 Proteus 的 51 系列单片机设计与仿真/陈忠平编著．—4 版．—北京：电子工业出版社，2020.5
（电子设计与实践）
ISBN 978-7-121-38955-9

Ⅰ.①基…　Ⅱ.①陈…　Ⅲ.①单片微型计算机-系统设计-应用软件 ②单片微型计算机-系统仿真-应用软件　Ⅳ.①TP368.1

中国版本图书馆 CIP 数据核字（2020）第 066621 号

责任编辑：张　剑（zhang@ phei. com. cn）
印　　刷：北京天宇星印刷厂
装　　订：北京天宇星印刷厂
出版发行：电子工业出版社
　　　　　北京市海淀区万寿路 173 信箱　邮编 100036
开　　本：787×1 092　1/16　印张：19.75　字数：506 千字
版　　次：2008 年 9 月第 1 版
　　　　　2020 年 5 月第 4 版
印　　次：2024 年 8 月第 8 次印刷
定　　价：69.00 元

凡所购买电子工业出版社图书有缺损问题，请向购买书店调换。若书店售缺，请与本社发行部联系，联系及邮购电话：（010）88254888，88258888。

质量投诉请发邮件至 zlts@ phei. com. cn，盗版侵权举报请发邮件至 dbqq@ phei. com. cn。

本书咨询联系方式：zhang@ phei. com. cn。

前　　言

单片机又称单片微处理器，其实质是将一个计算机系统集成在一个芯片上。单片机技术作为计算机技术的一个重要分支，在当今信息社会中扮演着重要角色。单片机应用的意义不仅在于它应用范围广，更重要的意义是它从根本上改变了传统控制系统的设计思想和设计方法。利用单片机软件来实现硬件电路的大部分功能，不仅简化了硬件结构，还能提高系统的性能。

自本书第1版于2008年9月出版以来，已被许多高校或培训机构作为单片机课程的实践教材来使用，得到了众多教师、学生和其他读者的认可，在此我们表示衷心的感谢。

鉴于单片机及嵌入式系统技术发展迅速，决定对本书进行第3次修订。本书第4版在继承前3版所有优点的基础上，将单片机开发环境Keil C51的版本更新为μVision5，仿真软件Proteus的版本更新为8.7版；对相关内容也进行了更新和优化，使之更适合读者学习。

本书特点

1. 由浅入深，循序渐进

本书在内容编排上采用由浅入深、由易到难的原则，从最初的51单片机开发环境、Proteus软件的使用，到单片机内部单元的实现，再到单片机外部单元的应用，直至单片机的综合应用。

2. 软硬结合，虚拟仿真

沿用传统单片机学习与开发经验，通过相关编译软件（如Keil）编写程序并生成.HEX文件，然后在Proteus中绘制硬件电路图（这一过程相当于硬件电路的焊接），调用.HEX文件进行虚拟仿真（这一过程相当于硬件调试）。这样既节约了学习成本，又能提高学习效率。

3. C语言与汇编语言并存

为增加单片机应用系统程序的可读性和可移植性，单片机编程也从传统的汇编语言编程逐步转向C语言编程，为适应这一形势的需要，本书第3章~第8章中的所有实例全部采用汇编语言和C语言两种方式编写程序，第9章中的实例则是采用C语言编写程序。这样有利于读者由汇编语言编程逐渐向C语言编程靠拢。

4. 兼顾原理，注重实用

基本原理、基本实例一直是学习和掌握单片机应用技术的基本要求。本书侧重于实际应用，因此很少讲解相关的理论知识，这样避免了知识的重复讲解。为适应技术的发展，在编写过程中还注重知识的新颖性、实用性，因此本书中讲解了SPI总线、I^2C总线、1-Wire总线芯片的使用方法，使读者学习的知识能够紧跟时代发展的脚步。

本书内容

第1章　80C51单片机系统设计相关软件的使用。首先重点讲解了单片机开发软件Keil C51的使用，然后对单片机程序固化软件和串行调试软件的使用方法进行了简单的介绍。

第2章　Proteus 8.7快速入门。主要介绍了Proteus电路图绘制软件的使用方法，然后对其虚拟系统模型也进行了简单的讲解。

第 3 章　51 系列单片机程序设计。本章是为单片机入门而准备的，通过简单实例讲述单片机片内数据的操作，如清零、置数、拼字、拆字、数据块传送、数据排序。

第 4 章　51 系列单片机通用 I/O 端口控制。本章首先讲解了并行 I/O 端口的声光控制，然后讲解了单片机的内部功能及其应用，如定时器/计数器控制、外部中断控制、串行通信控制。

第 5 章　LED 数码管与键盘的应用。本章实质上介绍的是单片机常用 I/O 外接设备的应用，如外接输出设备——LED 数码管的应用、外接输入设备——键盘的应用。

第 6 章　DAC 和 ADC 的应用。在单片机应用系统中，单片机与外部设备连接时，可能需要进行数/模转换或模/数转换，因此本章分别讲解了 DAC 和 ADC 在单片机系统中的应用。并行 DAC 和 ADC 在单片机教学中经常会讲到，但考虑到当前串行扩展器件的广泛应用，所以本章对并行与串行这两种器件均进行了讲解。

第 7 章　显示器的应用。在较复杂的单片机应用系统中，除了使用 LED 数码管进行显示，还会使用 LED 点阵显示及 LCD 显示。所以本章着重讲解了 LED 点阵显示及 LCD 在单片机系统中的应用。

第 8 章　电动机控制。单片机在小电子产品中的应用也较广泛，所以本章分别讲述了单片机对步进电动机和直流电动机的正转、反转、停止、调速控制。

第 9 章　综合应用设计。本章通过 7 个综合实例讲述了单片机的应用，这些实例包含了单片机并行 I/O 端口的应用，也包含了 SPI 总线、I^2C 总线、1-Wire 总线器件在单片机系统中的综合应用。综合实例中有采用 LED 数码管进行显示的，也有采用 LCD 进行显示的。

参加本书修订工作的有湖南工程职业技术学院陈忠平、徐刚强、龚亮、陈建忠、龙晓庆，湖南航天诚远精密机械有限公司刘琼，湖南涉外经济学院侯玉宝、廖亦凡、高金定，湖南科技职业技术学院高见芳等，全书由湖南工程职业技术学院李锐敏教授主审。

由于作者水平有限，书中难免有错漏之处，恳请读者予以指正或提出修改意见。

编著者

目　　录

第 1 章　80C51 单片机系统设计相关软件的使用

单片机应用系统是以单片机为核心，同时配以相应的外围电路及软件来完成某些功能的系统。它包括硬件和软件两部分，硬件是系统的“躯体”，软件是系统的“灵魂”。本章主要介绍相关软件的使用。

1.1　Keil C51 的使用

单片机的源程序是在哪里进行编写的？又是在哪里将其调试并生成 .HEX 文件的？其实这些工作在单片机的一些编译软件中就可以完成。单片机程序的编译调试软件比较多，如 51 汇编集成开发环境、伟福仿真软件、Keil 单片机开发系统等。

Keil C51 是当前使用最广泛的基于 80C51 单片机内核的软件开发平台之一，它是由德国 Keil Software 公司推出的。μVision5 是 Keil Software 公司推出的关于 51 系列单片机的开发工具。μVision5 集成开发环境 IDE 是一个基于 Windows 的软件开发平台，集编辑、编译、仿真于一体，支持汇编语言和 C 语言的程序设计。一般来说，Keil C51 和 μVision5 均是指 μVision5 集成开发环境。

可以从相关网站下载 Keil C51 并安装。安装完成后，双击桌面上的快捷图标，或者在“开始”菜单中选择“Keil μVision5”，即可启动 μVision5 集成开发环境，如图 1-1 所示。

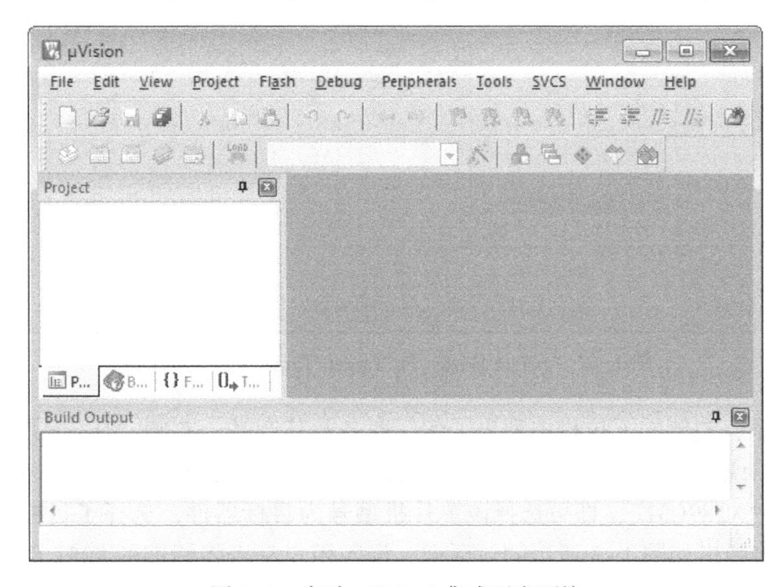

图 1-1　启动 μVision5 集成开发环境

1.1.1　创建项目

Keil μVision5 中有一个项目管理器，它包含了程序的环境变量、和编辑有关的全部信息，为单片机程序的管理带来了很大的方便。

创建新项目的操作步骤

(1) 启动 μVision5，创建一个项目文件，并从元器件数据库中选择一款合适的 CPU。
(2) 创建一个新的源程序文件，并把这个源程序文件添加到项目中。
(3) 设置工具选项，使之适合目标硬件。
(4) 编译项目，并生成一个可供 PROM 编程的 . HEX 文件。

1. 启动 μVision5 并创建一个项目文件

μVision5 是一个标准的 Windows 应用程序，直接在桌面上双击图标就可启动它。在 μVision5 中执行菜单命令“Project”→“New Project”，弹出“Create New Project”对话框，在此可以输入项目名称。建议为每个项目创建一个独立的文件夹。

输入新建项目名称后，单击“确定”按钮，弹出如图 1-2 所示的“Select Device for Target 'Target 1'”对话框。在此对话框中，根据需要选择合适的单片机型号。执行菜单命令“Project”→“Select Device for Target”也会弹出图 1-2 所示的对话框。

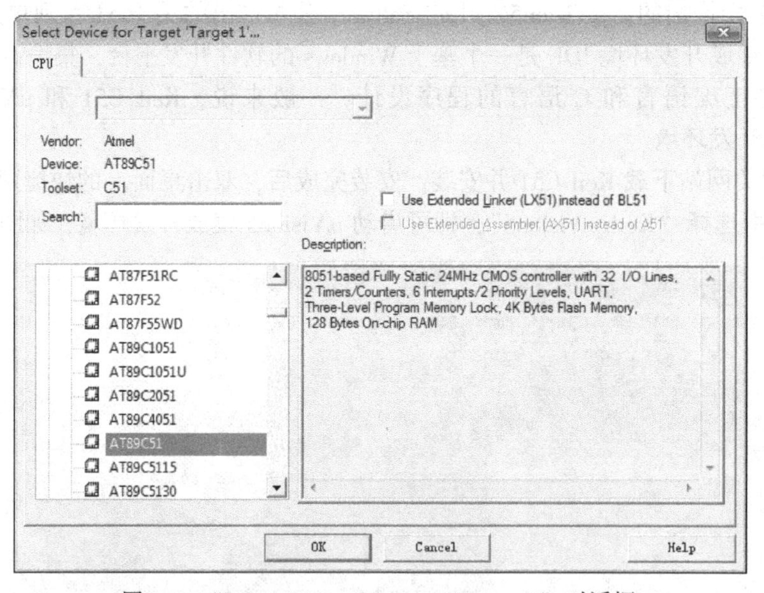

图 1-2　“Select Device for Target 'Target 1'”对话框

在图 1-2 中，左侧的下拉栏中列出了各厂商名及其产品，右侧“Description”栏中则是对选中单片机的说明。如果知道单片机芯片的具体型号，也可在左侧的“Search”中直接输入其型号，如“AT89C51”，即可选择该单片机型号为目标器件。选择了目标器件后，单击“OK”按钮，将弹出如图 1-3 所示的对话框，询问用户是否将标准的 8051 启动代码复制到项目文件夹并将该文件添加到项目中。在此单击“否”按钮，项目窗口中将不添加启动代码；如果单击“是”按钮，项目窗口中将添加启动代码。二者的区别如图 1-4 所示。

图 1-3　询问是否添加启动代码对话框

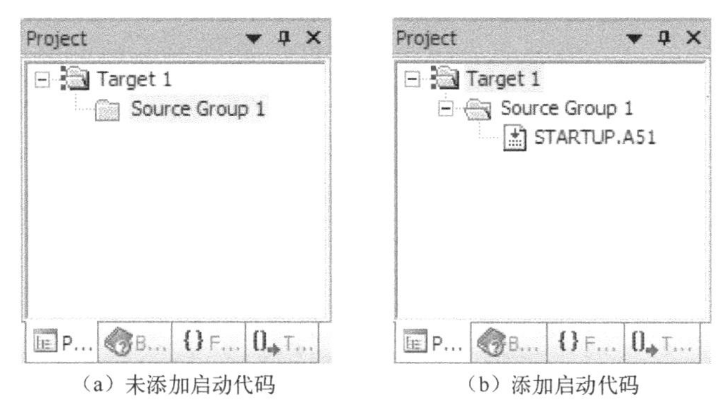

（a）未添加启动代码　　（b）添加启动代码

图 1-4　是否添加启动代码的区别

STARTUP. A51 文件是大部分 8051CPU 及其派生产品的启动程序，其中的操作包括清除数据存储器内容、初始化硬件及可重入堆栈指针。一些 8051 派生的 CPU 需要初始化代码以使配置符合硬件上的设计要求。例如，NXP 的 8x51RD+片内 Xdata RAM 需要通过在启动程序中的设置才能使用。应按照目标器件的要求来创建相应的 STARTUP. A51 文件，或者直接将它从安装路径的\C51\LIB 文件夹中复制到项目文件中，并根据需要进行更改。

2. 创建新的源程序文件

单击“New”图标或执行菜单命令“File”→“NEW”，即可创建一个源程序文件。该命令会打开一个空的编辑器窗口，在此可以输入源代码，如图 1-5 所示。源代码可以用汇编语言或单片机 C 语言进行编写。源代码输入完成后，执行菜单命令“File”→“Save as…”或“Save”，即可对源程序进行保存。在保存时，源程序文件名只能由字符、字母或数字组成，并且一定要带扩展名（使用汇编语言编写的源程序文件的扩展名为 . A51 或 . ASM，使用单片机 C 语言编写的源程序文件的扩展名为 . C）。源程序文件保存好后，源程序窗口中的关键字呈彩色高亮显示。

源程序文件创建好后，可以把这个文件添加到项目中。在 µVision5 中，添加的方法有多种。如图 1-6 所示，在“Source Group 1”上单击鼠标右键，在弹出的菜单中选择“Add Existing Files to Group 'Source Group 1'”，然后在弹出的“Add Files to Group 'Source Group 1'”对话框中选择刚才创建的源程序文件即可将其添加到项目中。

3. 为目标设定工具选项

单击图标或执行菜单命令“Project”→“Options for Target 'Target 1'”，将会出现“Options for Target 'Target 1'”对话框，如图 1-7 所示。在此对话框的“Target”选项卡中可以对目标器件及所选器件片内部件进行参数设定。表 1-1 描述了“Target”选项卡的选项说明。

标准的 80C51 的程序存储器空间为 64KB，当程序存储器空间超过 64KB 时，可在

"Target"选项卡中对"Code Banking"栏进行设置。Code Banking 为地址复用，可以扩展现有的 CPU 程序存储器寻址空间。选中"Code Banking"栏后，用户根据需求在"Banks"中选择合适的块数。在 Keil C51 中，用户最多能使用 32 块 64KB 的程序存储空间，即 2MB 的空间。

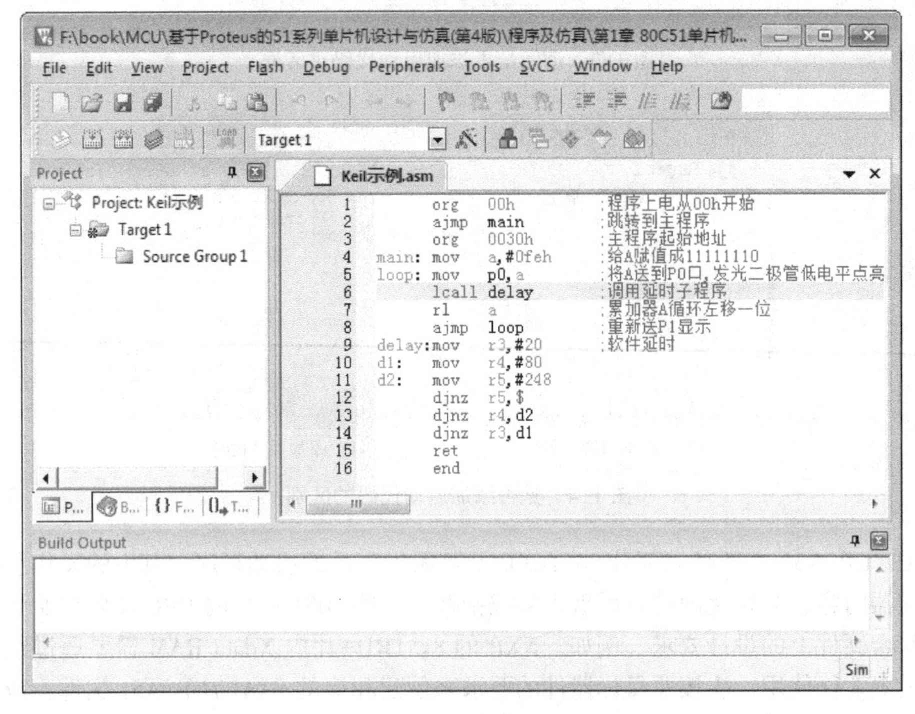

图 1-5 源程序编辑窗口

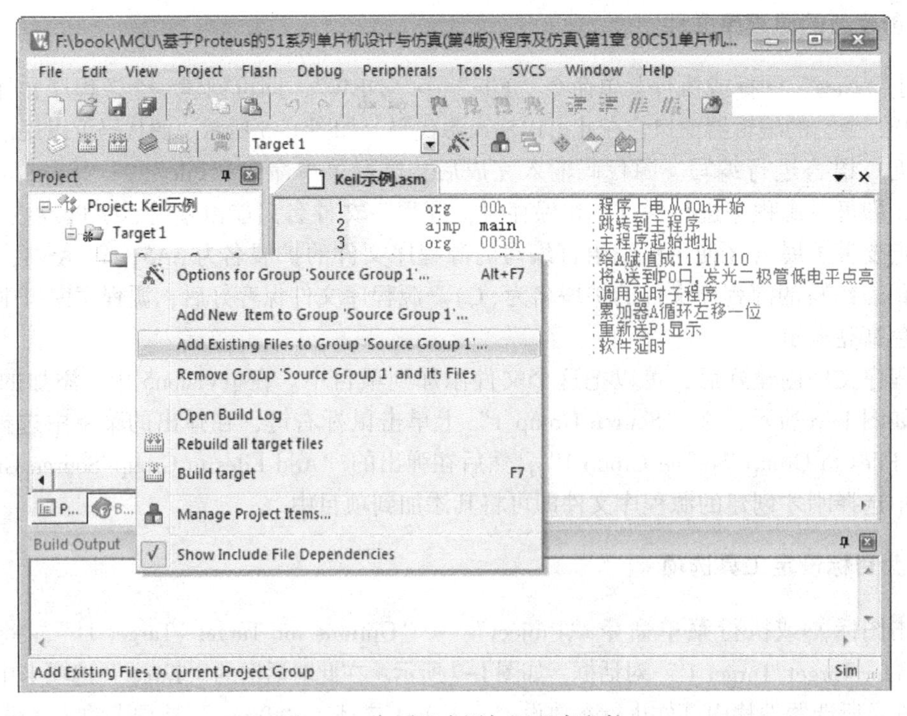

图 1-6 在项目中添加源程序文件

图 1-7　“Options for Target 'Target 1'”对话框（“Target”选项卡）

表 1-1　“Target”选项卡的选项说明

选　项	说　明
Xtal（MHz）	指定器件的 CPU 时钟频率，在多数情况下，它的值与 XTAL 的频率相同
Use On-chip ROM	使用片上自带的 ROM 作为程序存储器
Memory Model	指定 C51 编译器的存储模式，在开始编辑新应用时，默认为 Small
Code Rom Size	指定 ROM 存储器的大小
Operating system	操作系统的选择
Off-chip Code memory	指定目标器件上所有外部地址存储器的地址范围
Off-chip Xdata memory	指定目标器件上所有外部数据存储器的地址范围
Code Banking	指定 Code Banking 块数

4. 编译项目并创建 HEX 文件

在“Target”选项卡中设置好参数后，即可对源程序进行编译。单击图标或执行菜单命令“Project”→“Build Target”，可以编译源程序并生成应用程序。当所编译的源程序有语法错误时，μVision5 将会在“Build Output”窗口中显示错误和警告信息，如图 1-8 所示。双击某一条信息，光标将停留在 μVision5 文本编辑窗口中出现该错误或警告的源程序位置上。

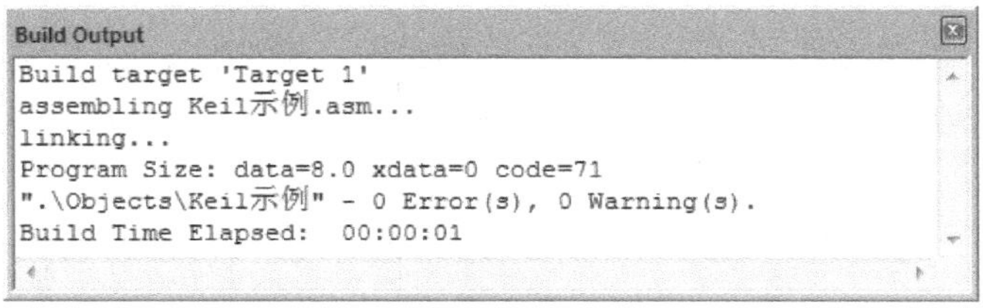

```
Build target 'Target 1'
assembling Keil示例.asm...
linking...
Program Size: data=8.0 xdata=0 code=71
".\Objects\Keil示例" - 0 Error(s), 0 Warning(s).
Build Time Elapsed:  00:00:01
```

图 1-8　错误和警告信息

若成功创建并编译了应用程序，就可以开始调试。程序调试好后，要求创建一个 HEX 文件，生成的 .HEX 文件可以下载到 EPROM 编程器或模拟器中。

若要创建 HEX 文件，必须将“Options for Target 'Target 1'”对话框“Output”选项卡中的“Create HEX File”选项选中，如图 1-9 所示。

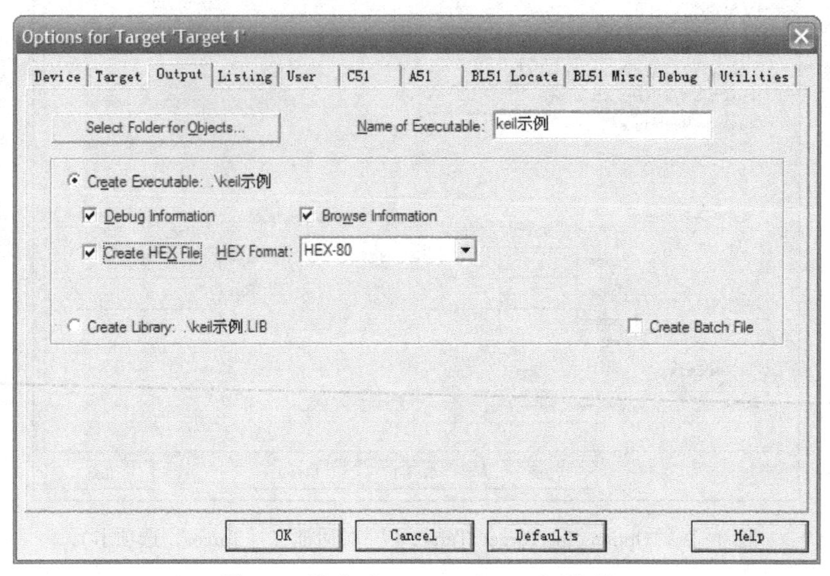

图 1-9　选中“Create HEX File”选项

1.1.2　仿真设置

使用 μVision5 调试器可对源程序进行仿真测试，μVision5 提供了两种仿真模式，这两种模式可以在“Option for Target 'Target 1'”对话框的“Debug”选项卡中选择，如图 1-10 所示。

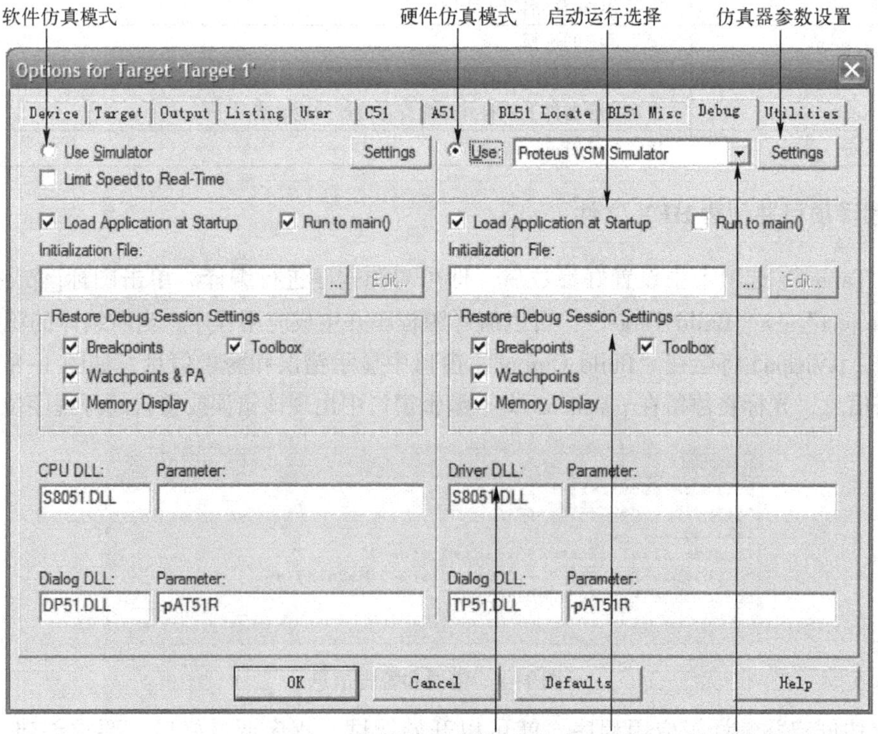

图 1-10　仿真设置

☺ Use Simulator：软件仿真模式，将 μVision5 仿真器配置成纯软件产品，能够仿真 8051 系列产品的绝大多数功能而不需要任何硬件目标板，如串行口、外部 I/O 和定时器等，这些外围部件设置是在从元器件数据库选择 CPU 时选定的。

☺ Use：硬件仿真模式，如 TKS Debugger，用户可以直接把这个环境与仿真程序或 Keil 监控程序相连。

1. CPU 仿真

μVision5 仿真器可以模拟 16MB 的存储器，该存储器被映射为读、写或代码执行访问区域。除了映射存储器，仿真器还支持各种 80C51 派生产品的集成外围器件。在“Debug”选项卡中，可以选择和显示片内外围部件，也可以通过设置其内容来改变各种外设的值。

2. 启动调试

源程序编译好后，选择相应的仿真模式，即可进行源程序的调试。单击图标或执行菜单命令“Debug”→“Star/Stop Debug Session”，即可启动 μVision5 的调试模式，如图 1-11 所示。

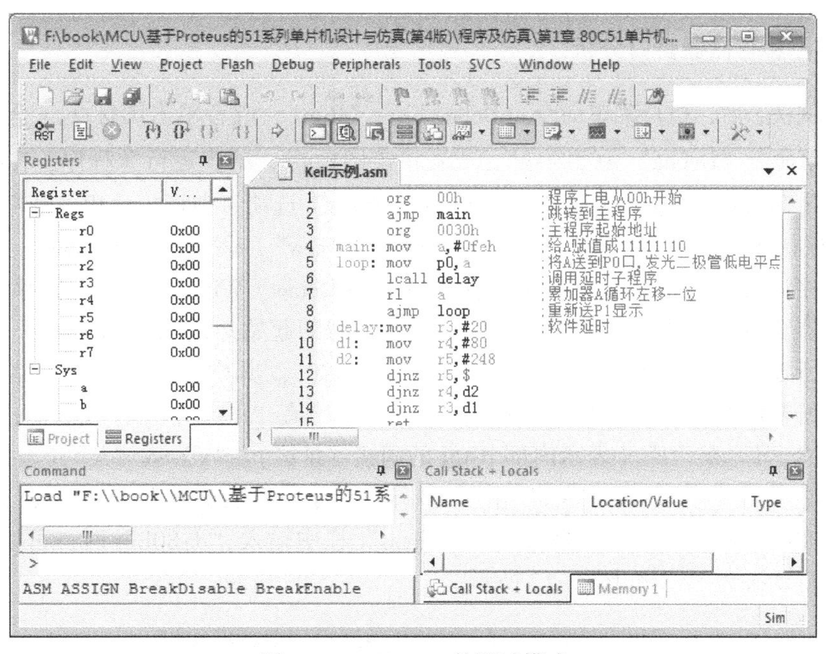

图 1-11　μVision5 的调试模式

3. 断点的设定

在编辑源程序的过程中，或者在源程序尚未编译时，用户可以设置执行断点。在 μVision5 中，可用下述方法来定义断点。

☺ 在文本编辑窗口或反汇编窗口中选定所在行，然后单击“File Toolbar”按钮或图标。

☺ 在文本编辑窗口或反汇编窗口单击鼠标右键，弹出快捷菜单，进行断点设置。

☺ 执行菜单命令“Debug”→“Breakpoint”，打开“Breakpoint”对话框，在此对话框中可以查看、定义或更改断点的设置。

☺ 在“Command”窗口中可以使用 BreakSet、BreakKill、BreakList、BreakEnable 和 BreakDisable 等命令。

4. 目标程序的执行

可以利用下述方法执行目标程序。

☺ 执行菜单命令“Debug”→“Run”，或者直接单击图标。

☺ 在文本编辑窗口或反汇编窗口单击鼠标右键，在弹出的快捷菜单上选择“Run till Cursor line”命令。

☺ 在“Command”窗口中可以使用 Go、Ostep、Pstep、Tsetp 命令。

1.1.3　Keil 程序调试与分析

前面讲述了如何在 Keil 中建立、编译、连接项目，并获得目标代码，但是做到这一步仅代表源程序没有语法错误，而源程序中存在的其他错误，必须通过调试才能发现并解决。事实上，除了极简单的源程序外，绝大多数的源程序都要经过反复调试才能得到正确的结果，因此，调试是软件开发中的一个重要环节。

1. 寄存器和存储器窗口分析

进入调试状态后，执行菜单命令“Debug”→“Run”，或者单击图标，全速运行源程序；执行菜单命令“Debug”→“Step”，或者单击图标，单步运行源程序。在源程序运行过程中，项目工作区（Project Workspace）的“Registers”选项卡中将显示相关寄存器当前的内容。若在调试状态下未显示此窗口，可执行菜单命令“View”→“Project Window”将其打开。

在源程序运行过程中，可以通过存储器窗口（Memory Window）来查看存储区中的数据。在存储器窗口的上部，有供用户输入存储器类型的起始地址的“Address”栏，用于设置关注对象所在的存储区域和起始地址，如“D：0x30”。其中，前缀表示存储区域，冒号后为要观察的存储单元的起始地址。常用的存储区前缀有“d”或“D”（表示内部 RAM 的直接寻址区）、“i”或“I”（表示内部 RAM 的间接寻址区）、“x”或“X”（表示外部 RAM 区）、“c”或“C”（表示 ROM 区）。由于 P0 端口属于特殊功能寄存器（SFR），片内 RAM 字节地址为 80H，所以在存储器窗口的“Address”栏中输入“d:80h”时，可以看到 P0 端口的当前运行状态为 FE，如图 1-12 所示。

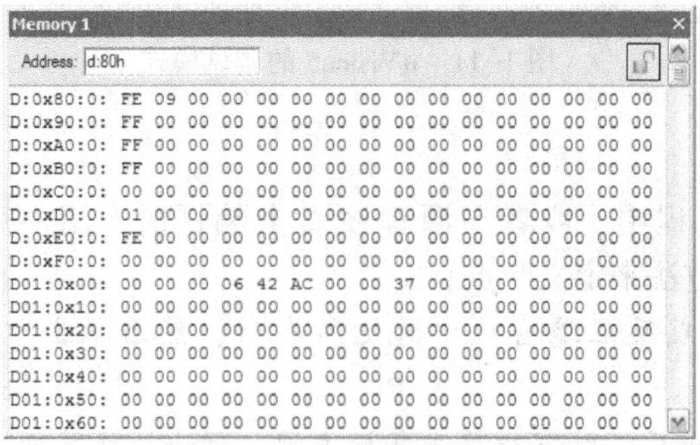

```
Memory 1
Address: d:80h
D:0x80:0: FE 09 00 00 00 00 00 00 00 00 00 00 00 00 00 00
D:0x90:0: FF 00 00 00 00 00 00 00 00 00 00 00 00 00 00 00
D:0xA0:0: FF 00 00 00 00 00 00 00 00 00 00 00 00 00 00 00
D:0xB0:0: FF 00 00 00 00 00 00 00 00 00 00 00 00 00 00 00
D:0xC0:0: 00 00 00 00 00 00 00 00 00 00 00 00 00 00 00 00
D:0xD0:0: 01 00 00 00 00 00 00 00 00 00 00 00 00 00 00 00
D:0xE0:0: FE 00 00 00 00 00 00 00 00 00 00 00 00 00 00 00
D:0xF0:0: 00 00 00 00 00 00 00 00 00 00 00 00 00 00 00 00
D01:0x00: 00 00 00 06 42 AC 00 00 37 00 00 00 00 00 00 00
D01:0x10: 00 00 00 00 00 00 00 00 00 00 00 00 00 00 00 00
D01:0x20: 00 00 00 00 00 00 00 00 00 00 00 00 00 00 00 00
D01:0x30: 00 00 00 00 00 00 00 00 00 00 00 00 00 00 00 00
D01:0x40: 00 00 00 00 00 00 00 00 00 00 00 00 00 00 00 00
D01:0x50: 00 00 00 00 00 00 00 00 00 00 00 00 00 00 00 00
D01:0x60: 00 00 00 00 00 00 00 00 00 00 00 00 00 00 00 00
```

图 1-12　存储器窗口

2. 延时子程序的调试与分析

在源程序编辑状态下，执行菜单命令“Project”→“Options for Target 'Target 1'”，或者在工具栏中单击图标，在弹出的对话框中选择“Target”选项卡，在“Xtal(MHz)”栏中输入12，即设置单片机的晶振频率为12MHz。然后在工具栏中单击图标，再次对源程序进行编译。

执行菜单命令“Debug”→“Start/Stop Debug Session”，或者在工具栏中单击图标，进入调试状态。在调试状态下，单击图标，使光标首次指向“LCALL DELAY”所在行后，项目工作区“Registers”选项卡中“Sys”项的sec值为0.00000400，表示进入首次运行到“LCALL DELAY”所在行时花费了0.00000400s，如图1-13所示。

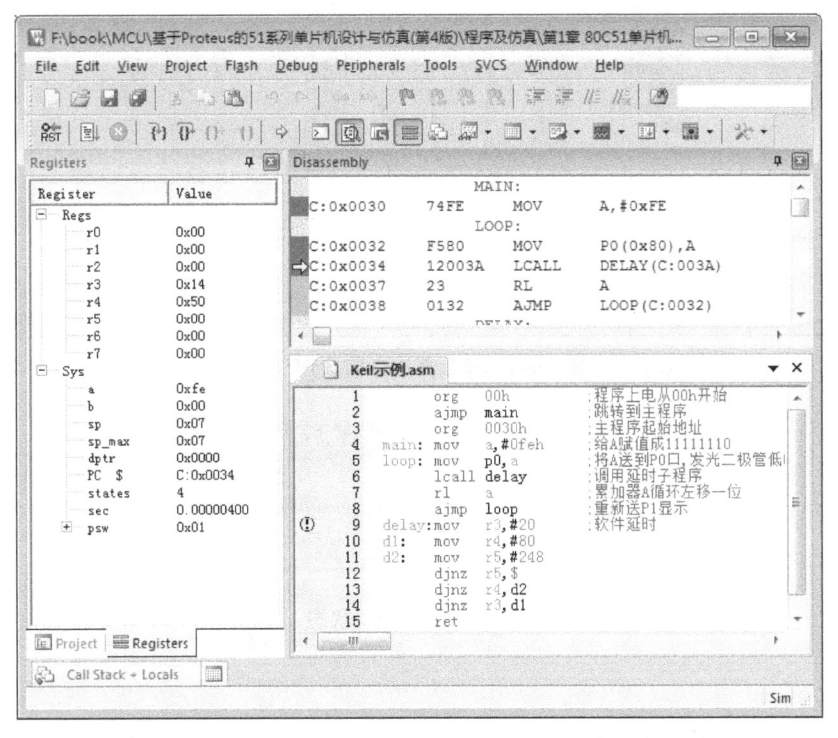

图1-13　光标首次指向“LCALL DELAY”所在行

再次单击图标，光标指向“RL A”所在行，“Sys”项的sec值为0.79846900，如图1-14所示。因此，DELAY的延时时间为二者之差，即0.79846500s，也就是说延时约为0.8s。

3. P0端口运行模拟分析

执行菜单命令“Debug”→“Start/Stop Debug Session”，或者在工具栏中单击图标，进入调试状态。

执行菜单命令“Peripherals”→“I/O Ports”→“Port 0”，弹出“Parallel Port 0”窗口。“Parallel Port 0”窗口的初始状态如图1-15（a）所示，表示P0端口的初始值为0xFF，即FFH。单击图标或多次单击图标后，“Parallel Port 0”窗口的状态将会发生变化，如图1-15（b）所示，表示P0端口当前为0xFB，即FBH。

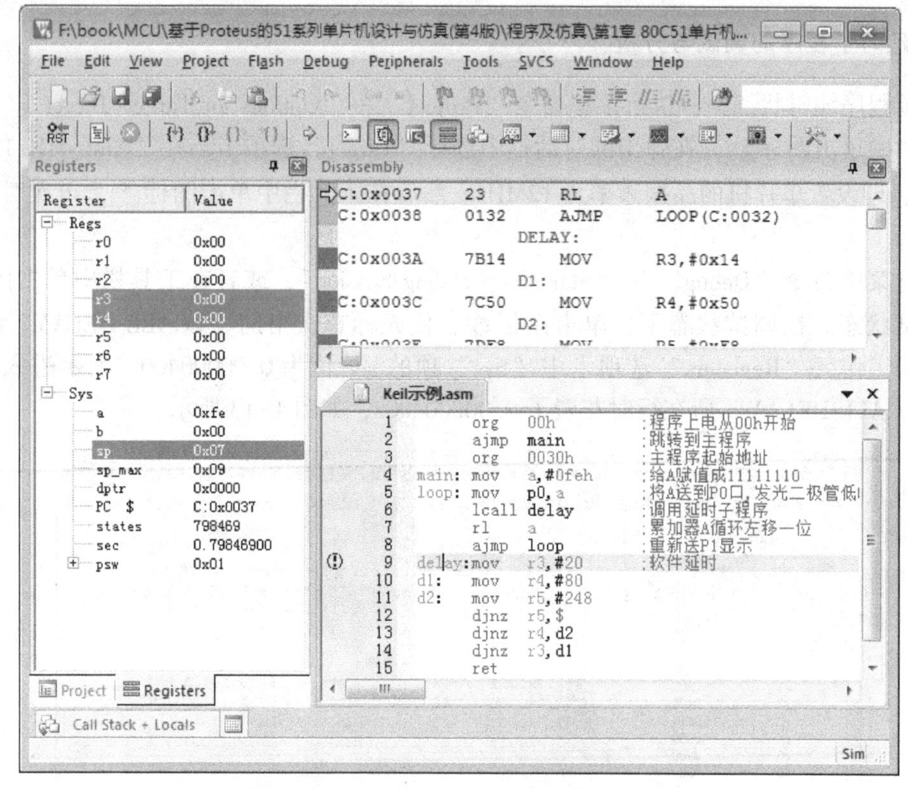

图 1-14　光标首次指向“RL A”

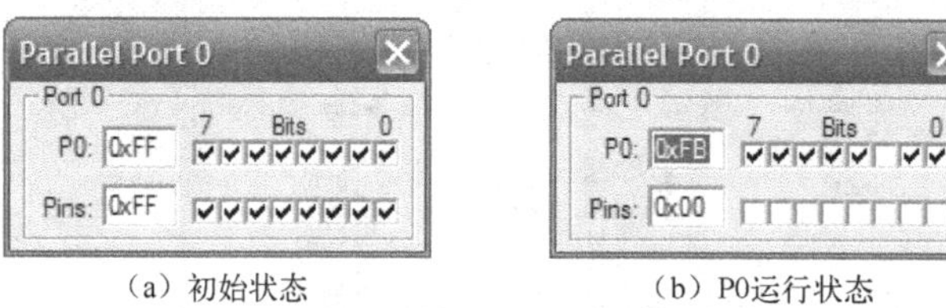

（a）初始状态　　（b）P0运行状态

图 1-15　P0 端口状态

1.2　ISP 下载

在系统可编程（In System Programming，ISP）技术指的是在单片机固化程序时，不必将单片机从目标板上移出，直接利用 ISP 专用下载线即可对单片机进行程序固化操作。

因单片机生产厂商众多，片内带闪存（Flash Memory）的单片机型号也较多，所以 ISP 专用下载线及相应的 ISP 固化软件也不尽相同。下面介绍目前流行的 AT89 系列单片机及 STC89 系列单片机的 ISP 下载方法。

1.2.1　AT89 系列单片机下载

首先使用 USB 口转换串口下载线将单片机与计算机连接好，并双击安装文件 CH341SER.INF，在弹出的安装对话框中单击“INSTALL”按钮，将其安装到计算机中，如图 1-16 所示。

然后双击安装文件 CH341PAR. INF，在弹出的安装对话框中单击“INSTALL”按钮，也将其安装到计算机中。

安装完这两个程序后，可以通过 USB 口转换串口下载线向 AT89S51 和 AT89S52 单片机固化程序。

固化程序时，双击 CH341DP 下载软件，弹出如图 1-17 所示对话框。如果单片机与计算机之间未连接好，将在“程序提示”栏中显示“正在监视 CH341 设备插拔...”；如果已连接好，则在“程序提示”栏中显示“成功打开 CH341 设备”。

将单片机与计算机连接好后，在图 1-17 所示对话框中单击“浏览”按钮，找到下载文件，并选择合适的单片机型号，然后单击“配置”按钮，即可将 . HEX 文件固化到单片机中。

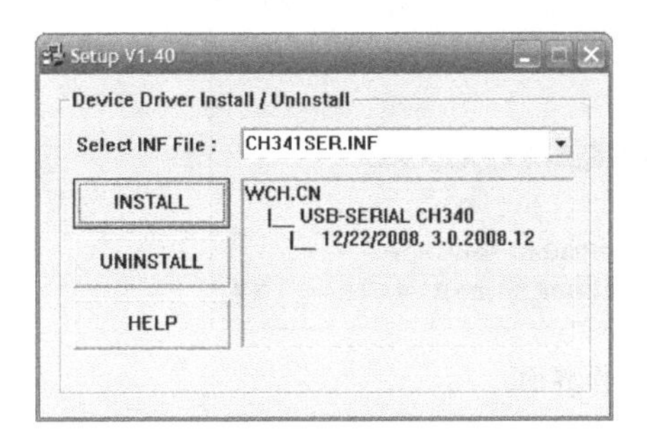

图 1-16　安装 CH341SER . INF

图 1-17　“CH341DP V1. 3”对话框

1. 2. 2　STC89 系列单片机下载

STC89 系列单片机的在线下载是通过单片机 UART 串口，并在 STC 下载软件的控制下实现的。为了实现串行下载，必须先将串行电缆（或 USB 转串口电缆）将计算机的 COM 端口与实验开发板上的 RS-232 串口连接起来，然后在计算机上运行 STC-ISP 程序，在断电情况下将 40 引脚 DIP 封装的芯片直接插入实验开发板的 CPU 插座上，即可进行应用程序的下载。

STC-ISP 程序可以从深圳市宏晶科技有限公司的网页上免费下载。双击 STC-ISP 程序图标，启动 STC-ISP 程序的下载操作界面，如图 1-18 所示。

使用 STC-ISP 程序对 STC89 系列单片机的在线下载操作非常简单，下面结合图 1-18，对在线下载的具体操作步骤进行说明。

1. 直接使用串行电缆下载

（1）使用串行电缆将单片机实验开发板与计算机的 COM 端口连接好，并断开单片机实验开发板电源。

（2）在“单片机型号”栏中选择“STC89C52RC/LE52RC”（用户可根据单片机型号进行选择）。

（3）单击“打开程序文件”按钮，打开要固化的用户程序/数据文件（. HEX），将其调入缓冲区并显示在右侧的窗口中。

（4）根据串口与计算机的连接情况，选择相应的 COM 端口。在“我的电脑”图标上单击鼠标右键，从弹出的菜单中选择“属性”，弹出“系统属性”对话框，选择“硬件”选项卡，单击“设备管理器”按钮，弹出“设备管理器”窗口，单击“端口”，即可查看到 COM 端口。波特率一般保持默认值，如果遇到下载问题，可以适当下调一些。

图 1-18　STC-ISP 程序的下载操作界面

（5）下述 5 个硬件选项在重新设置后，要对芯片进行冷启动才能生效。所谓冷启动，是指芯片彻底停电后再重新上电。通常情况，用户可直接使用默认设置。

☺ 设置单片机工作采用单倍速模式（每个机器周期由 12 个时钟周期构成），还是双倍速模式（每个机器周期由 6 个时钟周期构成）。该设置可反复进行，但个别型号单片机内部已经设置好，用户不能对其进行更改。

☺ 设置单片机时钟振荡器的内部增益是全增益（Full Gain）还是半增益（1/2 Gain）。若选择半增益，可降低单片机对外界的电磁辐射。

☺ 设置 ISP 下载的先决条件。对一般的 STC89C52RC/RD 单片机来说，P1.0/P1.1 与下载无关；对包含 A/D 转换功能的 STC89LE 单片机来说，P1.0 和 P1.1 均为 0 时才可下载程序，并应在硬件下载电路上作相应安排。

☺ 根据实际情况，设置是否使用单片机片内扩展的外部 RAM。

☺ 根据实际情况，设置下次下载用户程序时，是否将芯片中的数据闪存区一并擦除。

（6）单击“下载/编程”按钮，将程序和数据下载到单片机中。其固化速度比一般通用编程器的要快。在下载前，用户可对以下两个选项进行设置。

☺ 每次下载前都重新装载目标文件。

☺ 当目标文件改变时自动装载并发送下载命令。

如果将这两个选项全部选中，可以在每次编译 Keil 时将 HEX 代码自动加载到 STC-ISP 程序中。

（7）接通单片机实验开发板电源，可将 .HEX 文件写入单片机内。

> 注意
>
> 下载前，必须先断开单片机实验开发板上的电源，并等待一段时间，以便让实验开发板上的滤波电容充分放电，确保固化时单片机处于冷启动后状态，只有这样才能正确执行单片机内的 ISP 启动程序。

2. 使用 USB 转串口电缆下载

使用 USB 转串口电缆下载的方法与使用串行电缆的方法基本相同，只是在使用过程需要注意以下事项。

（1）必须安装好 USB 转串口的驱动程序。

（2）最高波特率最好设置为 115200bit/s。

1.3　串行调试软件

在单片机系统开发中，会经常进行串行调试操作。串行调试软件的种类也较多，其中串口调试助手是一款优秀的串行调试工具，可从网上免费下载这款软件，安装后其界面如图 1-19 所示。

图 1-19　串口调试助手界面

为使单片机串口上的数据显示到串口调试助手窗口中，需要使用 9 芯串行线将单片机系统的串行口与计算机的 COM 串行口连接起来，或者使用虚拟串口软件将串口调试助手与计算机的 COM 串行口虚拟连接起来。

连接后，在串口调试助手界面中进行参数设置。在“串口号”栏中选择使用已占用的计算机 COM 口；在“波特率”栏中设置串行通信的传输速率。

成功连接及设置后，给单片机系统通电。当系统向串口输出信息时，在此窗口中就可看到所发出的信息。

第 2 章　Proteus 8.7 快速入门

Proteus 软件是由英国 Lab Center Electronics 公司开发的 EDA 工具软件。Proteus 软件除了具有和其他 EDA 工具软件类似的原理编辑、PCB 设计功能，还具有交互式的仿真功能。它不仅是模拟电路、数字电路、模/数混合电路的设计与仿真平台，更是目前世界上最先进、最完整的多种型号微处理器系统的设计与仿真平台，真正实现了在计算机上完成原理图设计，电路分析与仿真，微处理器程序设计与仿真，系统测试与功能验证，到形成 PCB 的完整电子设计、研发过程。

2.1　Proteus 电路图绘制软件的使用

Proteus 电路设计是在 Proteus 电路图绘制软件环境中进行的，该软件编辑环境具有友好的交互式人机界面，设计功能强大，使用方便。

2.1.1　Proteus 电路图绘制软件编辑环境及参数设置

在计算机中安装好 Proteus 8.7 软件后，选择“开始”→“程序”→“Proteus 8 Professional”→“Proteus 8 Professional”或在桌面上双击图标，弹出图 2-1 所示的 Proteus 8 Professional 启动界面。

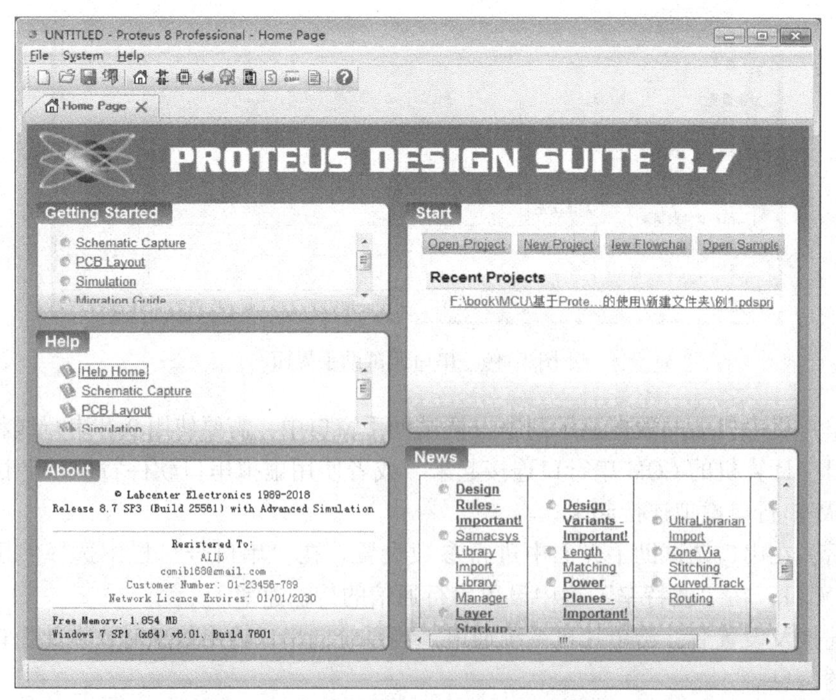

图 2-1　Proteus 8 Professional 启动界面

Proteus 软件主要由电路图绘制（Schematic Capture）和印制电路板绘制（PCB Layout）两个软件构成，其中电路图绘制是一款智能原理图输入系统软件，可作为电子系统仿真平台；印制电路板绘制是一款高级布线编辑软件，用于设计 PCB。由于本书主要是应用 Proteus 进行程序仿真，所以本书只讲述与电路图绘制相关的内容。

1. 电路图绘制软件编辑环境

在 Proteus 8 Professional 启动界面上单击图标，打开电路图绘制软件，如图 2-2 所示。它由菜单栏、主工具栏、预览窗口、元器件选择按钮、工具箱、原理图编辑窗口、对象选择器、仿真按钮、二维图形绘制按钮、方向工具栏、状态栏等部分组成。

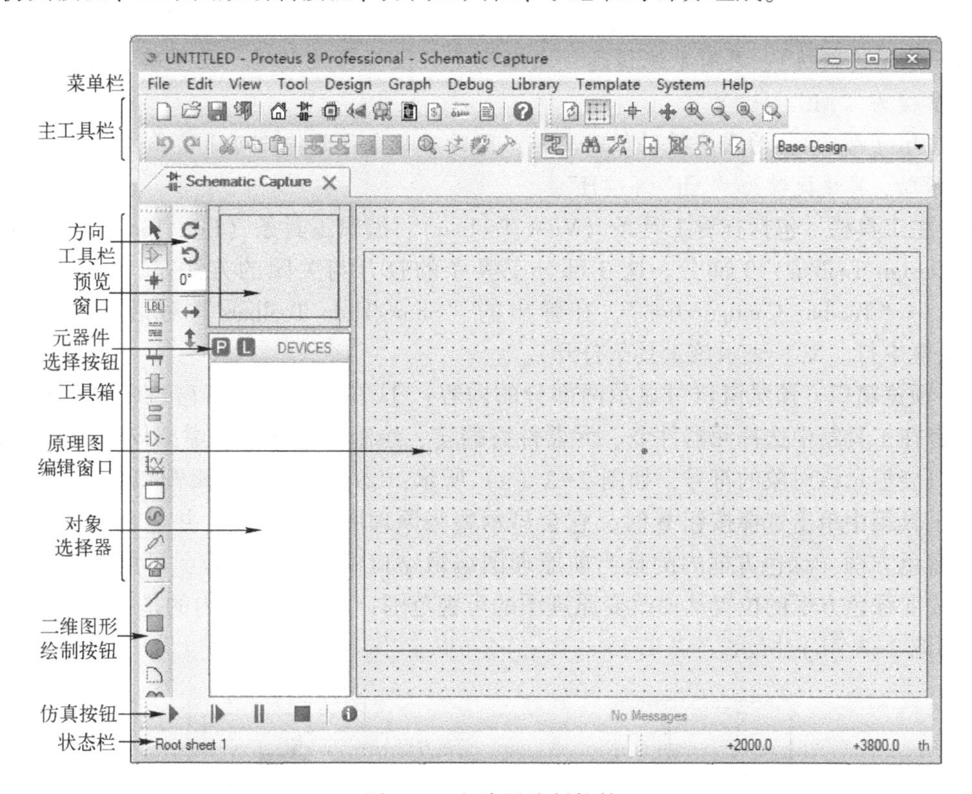

图 2-2　电路图绘制软件

1）菜单栏　Proteus 电路图绘制软件共有如下 11 项菜单，每项都有下一级菜单。

☺ File（文件）：包括项目新建、保存、导入、导出、打印等操作，其快捷键为“Alt”+“F”。
☺ Edit（编辑）：包括对原理图编辑窗口中元器件的剪切、复制、粘贴、撤销、恢复等操作，其快捷键为“Alt”+“E”。
☺ View（查看）：包括原理图编辑窗口定位、栅格调整及图形缩放等操作，其快捷键为“Alt”+“V”。
☺ Tool（工具）：具有实时标注、自动布线、搜索并标志、属性分配工具、全局标注、ASCII 文本数据导入、材料清单、电气规则检查、网络表编译、模型编译、将网络表导入 PCB、从 PCB 返回原理图设计等功能，其快捷键为“Alt”+“T”。
☺ Design（设计）：具有编辑设计属性、编辑面板属性、编辑设计注释、配置电源线、新建原理图、删除原理图、转到前一个原理图、转到下一个原理图、转到原理图、设计浏览等功能，其快捷键为“Alt”+“D”。

☺ Graph（图形）：具有编辑仿真图形、增加跟踪曲线、仿真图形、查看日志、导出数据、清除数据、图形一致性分析、批处理模式一致性分析等功能，其快捷键为“Alt”+“G”。

☺ Debug（调试）：具有调试、运行、断点设置等功能，其快捷键为“Alt”+“B”。

☺ Library（库）：具有选择元器件/符号、制作元器件、制作符号、封装工具、分解元器件、编译到库、自动放置到库、验证封装、库管理等功能，其快捷键为“Alt”+“L”。

☺ Template（模板）：具有完成图形、颜色、字体、连线等功能，其快捷键为“Alt”+“M”。

☺ System（系统）：具有系统信息、文本浏览、设置系统环境、设置路径等功能，其快捷键为“Alt”+“Y”。

☺ Help（帮助）：为用户提供帮助文档，同时对每个元器件均可通过属性中的Help获得帮助，其快捷键为“Alt”+“H”。

2）主工具栏 包括查看工具条（View Toolbar）、编辑工具条（Edit Toolbar）和调试工具条（Design Toolbar）3部分。这3部分工具条的打开与关闭的方法是，执行菜单命令“View”→“Toolbar Configuration”，在弹出的“Show/Hide Toolbars”对话框中进行设置（在复选框中打“√”表示该工具条打开）。

3）预览窗口 预览窗口可显示两部分的内容：①在对象选择器窗口中单击某个元器件，或者在工具箱中选择元器件、元器件终端、绘制子电路、虚拟仪器等对象时，预览窗口会显示该对象的符号，如图2-3（a）所示；②在原理图编辑窗口单击鼠标左键，或者在工具箱中单击选择按钮时，它会显示整张原理图的缩略图，并显示一个绿色方框和一个蓝色方框（绿色方框内的是当前原理图编辑窗口中显示的内容，可用鼠标在它上面单击来改变绿色方框的位置从而改变原理图的可视范围；而蓝色方框内的是可编辑区的缩略图），如图2-3（b）所示。

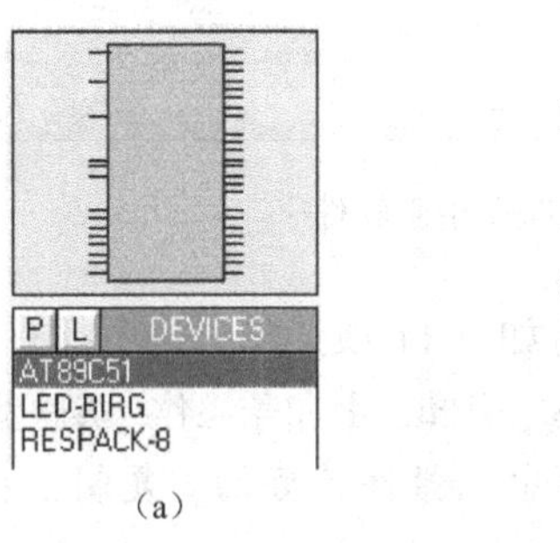

（a）

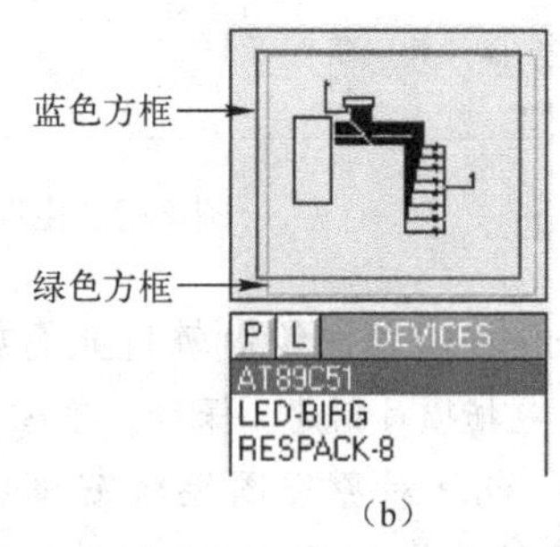

（b）

图2-3 预览窗口

4）元器件选择按钮 在工具箱中单击元器件按钮后，才会出现元器件选择按钮。元器件选择按钮中的“P”按钮为对象选择按钮，“L”按钮为库管理按钮。单击“P”按钮时，将弹出如图2-4所示的“Pick Devices”对话框。在该对话框的“Keywords”栏中输入元器件名称，单击“OK”按钮，就可从库中选择元器件，并将所选元器件名称逐一列在对象选择器窗口中。

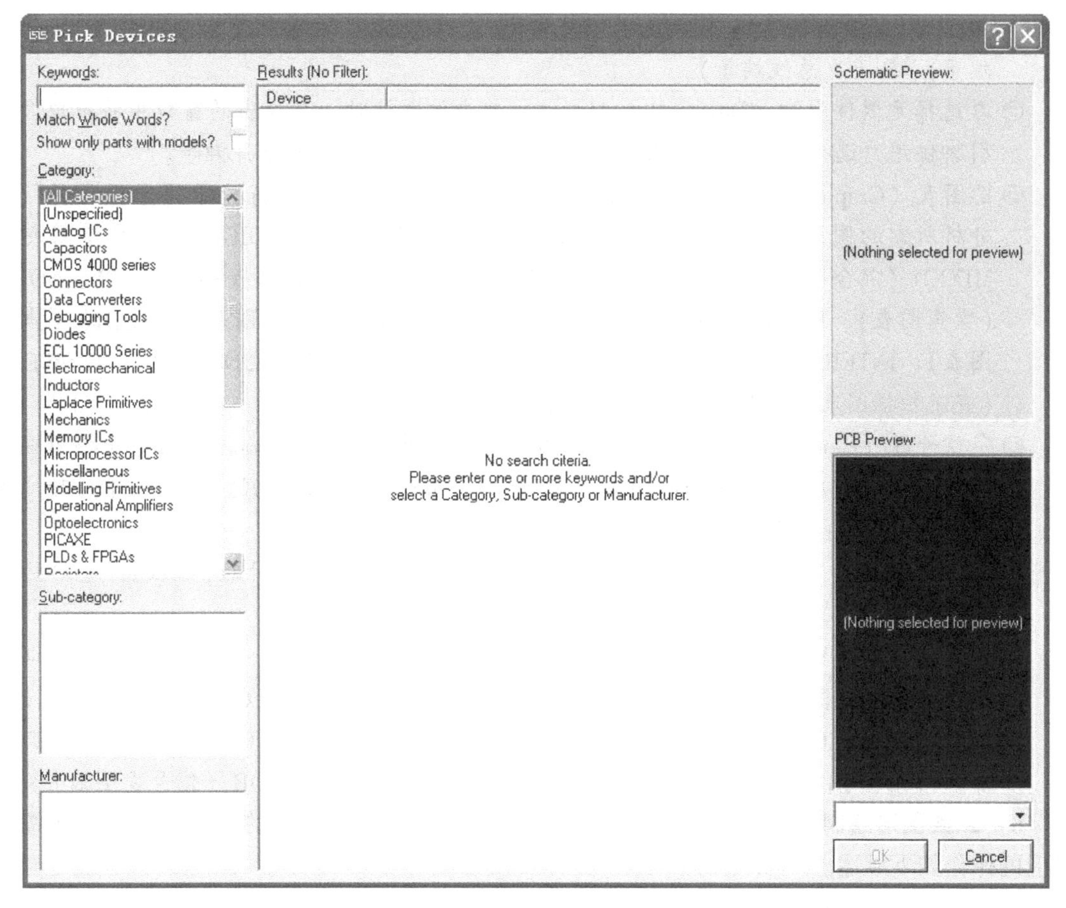

图 2-4　“Pick Devices”对话框

5）工具箱　Proteus 电路图绘制软件提供了许多工具按钮，其对应的操作如下所述。

☺ 选择按钮（Selection Mode）：使用户可以在原理图编辑窗口中通过单击选择任意元器件并编辑元器件的属性。

☺ 选择元器件（Components Mode）：单击“P”按钮时，可以根据需要从库中添加元器件，也可在列表中选择元器件。

☺ 连接点（Junction Dot Mode）：在原理图中放置连接点；也可在不用画线工具的前提下，直接在节点之间或节点到电路中任意点或线之间连线。

☺ 连线的网络标号（Wire Label Mode）：在绘制电路图时，使用网络标号可使连线简单化。例如，在 AT89C51 单片机的 P1.0 口和二极管的阳极处各绘制一根短线，并标注相同的网络标号，这就说明 AT89C51 的 P1.0 口与二极管的阳极是连接在一起的。

☺ 插入文本（Text Script Mode）：在电路图中插入文本。

☺ 总线（Buses Mode）：总线在电路图中显示出来就是一条粗线，它还应有一组口线（由多根单线组成）。使用总线时，总线和分支线都要标注好相应的网络标号。

☺ 绘制子电路（Sub circuits Mode）：用于绘制子电路块。

☺ 终端（Terminals Mode）：绘制电路图时，通常会涉及各种端子，如输入、输出、电源和地等。单击此图标时，将弹出“Terminals Selector”窗口，在此窗口中有多种常用的端子供用户选择，如 DEFAULT（默认的无定义端子）、INPUT（输入端子）、

OUTPUT（输出端子）、BIDIR（双向端子）、POWER（电源端子）、GROUND（接地端子）、BUS（总线端子）。

☺ 选择元器件引脚（Device Pins Mode）：单击该图标时，在弹出的窗口中将出现多种引脚供用户选择，如普通引脚、时钟引脚、反电压引脚、短接引脚等。

☺ 图表（Graph Mode）：单击该图标时，在弹出的“Graph”窗口中将出现多种仿真分析所需的图表供用户选择，如ANALOGUE（模拟图表）、DIGITAL（数字图表）、MIXED（混合图表）、FREQUENCY（频率图表）、TRANSFER（转换图表）、NOISE（噪声图表）、DISTORTION（失真图表）、FOURIER（傅里叶图表）、AUDIO（声波图表）、INTERACTIVE（交互式图表）、CONFORMANCE（一致性图表）、DC SWEEP（直流扫描图表）、AC SWEEP（交流扫描图表）。

☺ 信号源（Generator Mode）：单击该图标时，在弹出的“Generator”窗口中将出现多种激励源供用户选择，如DC（直流激励源）、SINE（正弦激励源）、PULSE（脉冲激励源）、EXP（指数激励源）等。

☺ 电压探针（Voltage Probe Mode）：在原理图中添加电压探针后，在进行电路仿真时，可显示各探针处的电压值。

☺ 虚拟仪器（Virtual Instruments）：单击该图标时，在弹出的“Instruments”窗口中将出现虚拟仪器供用户选择，如OSCILLOSCOPE（示波器）、LOGIC ANALYSER（逻辑分析仪）、COUNTER TIMER（计数器/定时器）、SPI DEBUGGER（SPI总线调试器）、I2C DEBUGGER（I^2C总线调试器）、SIGNAL GENERATOR（信号发生器）等。

6）二维图形绘制按钮 Proteus电路图绘制软件提供了2D图形的绘制按钮，这些按钮对应的操作如下所述。

☺ 画线（2D Graphics Line Mode）：绘制直线。单击该图标时，在弹出的窗口中将出现多种画线工具供用户选择，如COMPONENT（元器件连线）、PIN（引脚连线）、PORT（端口连线）、MARKER（标志连线）、ACTUATOR（激励源连线）、INDICATOR（指示器连线）、VPROBE（电压探针连线）、IPROBE（电源探针连线）、TAPE（录音机连线）、GENERATOR（信号发生器连线）、TERMINAL（端子连线）、SUBCIRCUIT（支路连线）、2D GRAPHIC（二维图连线）、WIRE DOT（线连接点连线）、WIRE（线连接）、BUS WIRE（总线连线）、BORDER（边界连线）、TEMPLATE（模板连线）。

☺ 方框（2D Graphics Box Mode）：绘制方框。

☺ 圆形（2D Graphics Circle Mode）：绘制圆形。

☺ 弧线（2D Graphics Arc Mode）：绘制弧线。

☺ 曲线（2D Graphics Path Mode）：绘制任意形状的曲线。

☺ A字符/文字（2D Graphics Text Mode）：插入文字说明。

☺ 符号（2D Graphics Symbol Mode）：放置符号。

☺ 坐标原点：放置坐标原点。

7）原理图编辑窗口 原理图编辑窗口用于放置元器件，进行连线，绘制原理图。窗口中蓝色方框内的区域为可编辑区，电路设计必须在此区域内完成。该窗口没有滚动条，用户单击预览窗口，拖动鼠标移动预览窗口中的绿色方框就可以改变可视原理图区域。

在原理图编辑窗口中的操作与常用的Windows应用程序不同，其操作特点如下所述。

☺ 3D 鼠标的中间滚轮：放大或缩小原理图；
☺ 单击鼠标左键：放置元器件、连线；
☺ 单击鼠标右键：选择元器件、连线和其他对象，若操作对象被选中，默认情况下将以红色显示；
☺ 双击鼠标右键：删除元器件、连线；
☺ 先单击鼠标右键，然后单击鼠标左键：编辑元器件属性；
☺ 按住鼠标右键拖出方框：选中方框中的多个元器件及其连线；
☺ 先单击鼠标右键选中对象，然后按住鼠标左键并移动：拖动元器件、连线等。

8）仿真按钮　仿真按钮 ▶ ⏵ ⏸ ■ 用于仿真运行控制。

☺ ▶：运行。
☺ ⏵：单步运行。
☺ ⏸：暂停。
☺ ■：停止。

9）方向工具栏

☺ 0° 旋转控制：第 1 个和第 2 个图标是旋转按钮，第 3 个图标用于输入旋转角度，旋转角度只能是 90°的整数倍。直接单击旋转按钮，则以 90°为递增量进行旋转。
☺ ↔ ↕ 翻转控制：用于水平翻转和垂直翻转。

使用方法：先用鼠标右键单击元器件，再单击相应的旋转按钮。

2. Proteus 电路图绘制软件参数设置

Proteus 电路图绘制软件参数设置主要是指对编辑环境和系统参数进行设置。

1）编辑环境设置　Proteus 电路图绘制软件编辑环境的设置主要是对模板、图纸尺寸、文本编辑器和网格点的设置。

（1）模板的设置：执行菜单命令“Template”→“Set Design Colours”，弹出图 2-5 所示的窗口，进行设计默认值的设置。在此窗口中，可设置纸张（Paper）、网格点（Grid Dot）、工作区（Work Area Box）、提示（Highlight）、拖动（Drag）等项目的颜色；设置电路仿真（Animation）时正（Positive）、负（Negative）、地（Ground）、逻辑高（1）/低（0）等项目的颜色；设置隐藏对象（Hidden Objects）是否显示及颜色；设置默认字体（Font）。

执行菜单命令“Template”→“Set Graph & Trace Colours”，弹出图 2-6 所示的窗口，进行图形颜色的设置。在此窗口中，可设置图形轮廓（Graph Outline）、底色（Background）、图形标题（Graph Title）、图形文本（Graph Text）的颜色；设置模拟跟踪曲线（Analogue Traces）中不同曲线的颜色；设置数字跟踪曲线（Digital Traces）的颜色。

执行菜单命令“Template”→“Set Graphics Styles”，弹出图 2-7 所示的窗口，进行图形格式的设置。在此窗口的“Style”栏中可选择不同的系统图形风格；可设置线型（Line style）、线宽（Width）、线的颜色（Colour）；设置图形填充方式（Fill style）、填充颜色（Fg. colour）。

执行菜单命令“Template”→“Set Text Styles”，弹出图 2-8 所示的窗口，进行全局文本格式的设置。在此窗口中，可进行字体的选择（Font face），设置字体的高度（Height）、宽度（Width）、颜色（Colour），以及是否加粗（Bold）、倾斜（Italic）、下划线（Underline）、横线（Strikeout）、显示（Visible）。

图 2-5 “Edit Design Defaults” 窗口

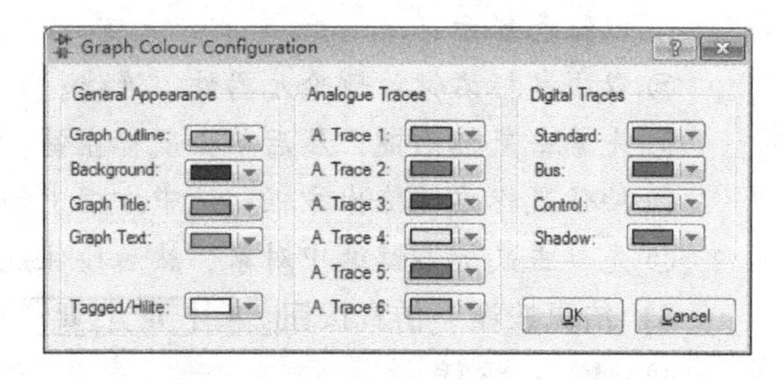

图 2-6 “Graph Colour Configuration” 窗口

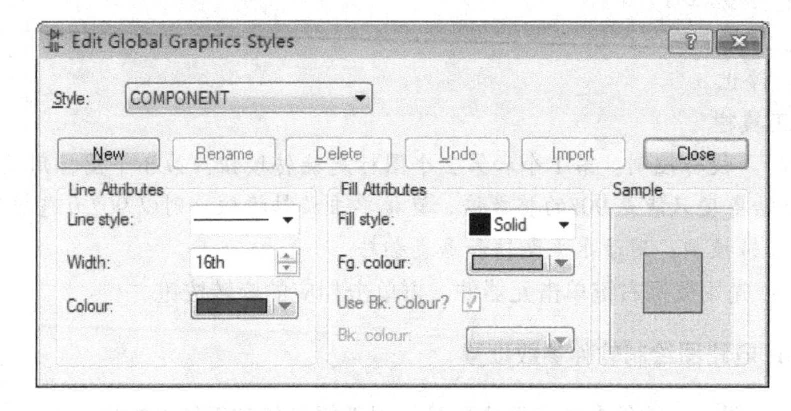

图 2-7 “Edit Global Graphics Styles” 窗口

图 2-8 “Edit Global Text Styles” 窗口

执行菜单命令“Template”→“Set 2D Graphics Defaults”，弹出图 2-9 所示的窗口，进行 2D 图形文本的设置。在此窗口中，可进行字体的选择（Font face）；字体在文本框中的水平位置（Horizontal）和垂直位置（Vertical），水平位置分为左（Left）、中心（Centre）、右（Right）3 个位置，垂直位置分为上（Top）、中间（Middle）、下（Bottom）3 个位置；字体是否加粗（Bold）、倾斜（Italic）、下划线（Underline）、横线（Strikeout）；设置字体的高度（Height）、宽度（Width）。

执行菜单命令“Template”→“Set Junction Dots Styles”，弹出图 2-10 所示的窗口，进行连接点的设置。在此窗口中，可以设置连接点的大小（Size）和形状（Shape），连接点的形状可选方形（Square）、圆点（Round）、菱形（Diamond）。

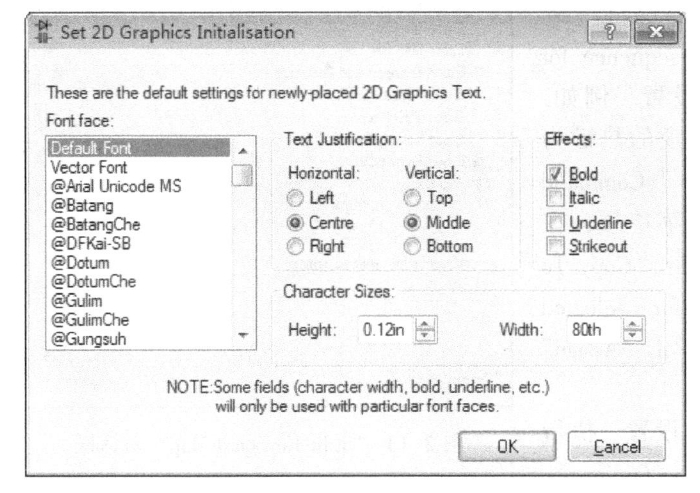

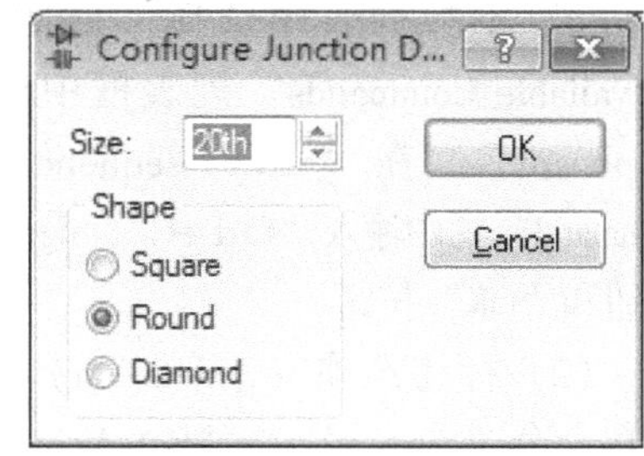

图 2-9　“Set 2D Graphics Initialisation”窗口　　图 2-10　“Configure Junction Dots”窗口

（2）图纸尺寸的设置：执行菜单命令“System”→“Set Sheet Sizes”，弹出图 2-11 所示的窗口，进行图纸的设置。

（3）文本编辑器的设置：执行菜单命令“System”→“Set Text Editor”，弹出图 2-12 所示的“字体”对话框。在该对话框中，可设置字体、字形、字号大小、字体颜色、字体效果。

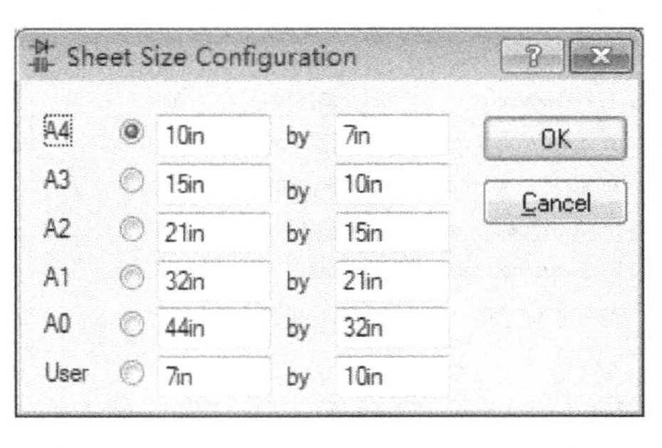

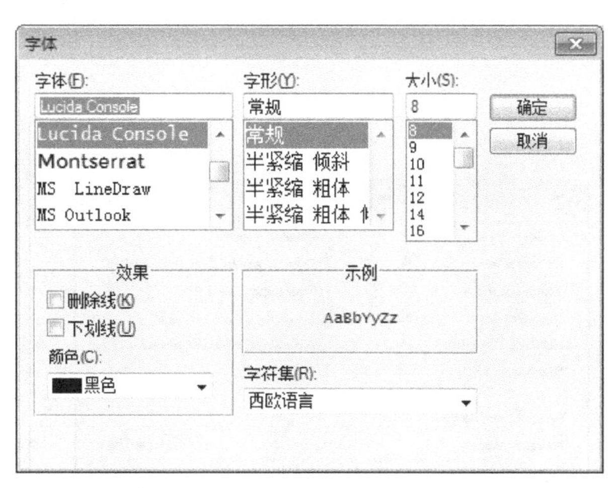

图 2-11　“Sheet Size Configuration”窗口　　图 2-12　“字体”对话框

（4）网格点的设置：执行菜单命令“View”→“Toggle Grid”，可显示/隐藏原理图编辑器中的网格点。显示网格点时，执行菜单命令“View”→“Snap 10th”或“Snap 50th”、“Snap 0.1in”、“Snap 0.5in”，可设置网格点的间距。

2）系统参数设置　Proteus 电路图绘制软件系统参数的设置主要是对热键（Keyboard）、

标注选项（Animation）、仿真参数（Simulator）的设置。

（1）热键（Keyboard）的设置：执行菜单命令“System”→“Set Keyboard Mapping”，弹出图 2-13 所示的对话框，进行热键（快捷键）的设置。单击“Command Groups”下拉列表，可选择相应的菜单项。“Available Commands”列表框中为可设置热键项。“Key sequence for selected command”栏中为热键的设置。例如，若要设置“Edit”菜单中“Copy”项的热键为“Ctrl”+“C”，其操作为，在“Command Groups”下拉列表中选择“Edit”菜单项，在“Available Commands”列表框中单击“Copy To Clipboard”，在“Key sequence for selected command”栏中输入“Ctrl +C”，最后单击“Assign”按钮和“OK”按钮。

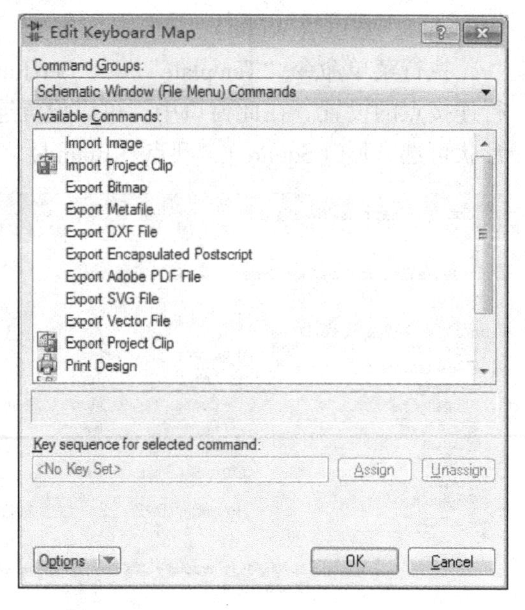

图 2-13 “Edit Keyboard Map”对话框

（2）标注选项（Animation）的设置：执行菜单命令“System”→“Set Animation Options”，弹出图 2-14 所示的对话框，进行标注选项的设置。在此对话框中，可设置仿真速度、电压/电流的范围，也可对其他功能进行设置。其中，“Show Voltage & Current on Probes?”选项用于设置是否在探测点显示电压值和电流值；“Show Logic State of Pins?”选项用于设置是否显示引脚的逻辑状态；“Show Wire Voltage by Colour?”选项用于设置是否用不同的颜色表示线的电压；“Show Wire Current with Arrows?”选项用于设置是否用箭头表示线的电流方向。

（3）仿真参数（Simulator）的设置：执行菜单命令“System”→“Set Simulator Options”，弹出图 2-15 所示的对话框，进行仿真参数的设置。

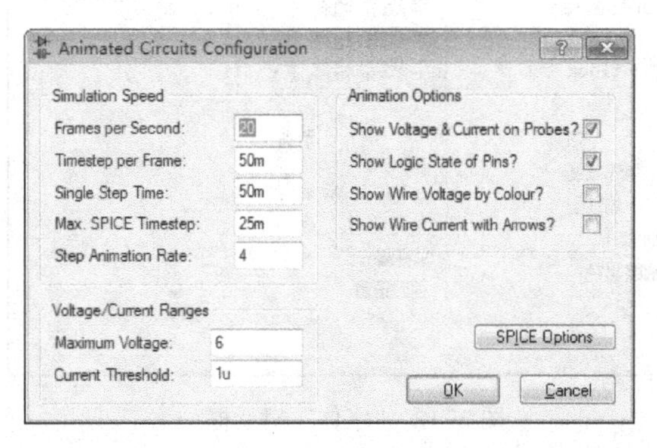

图 2-14 “Animated Circuits Configuration”对话框

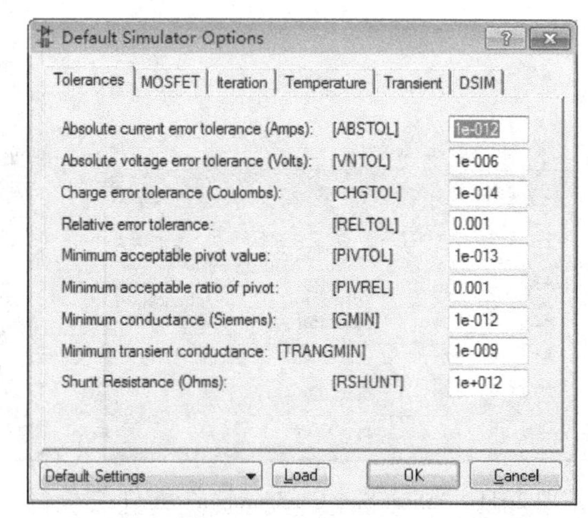

图 2-15 “Default Simulator Options”对话框

2.1.2 Proteus 原理图绘制

下面以图 2-16 为例，介绍在 Proteus 中进行原理图绘制的方法。

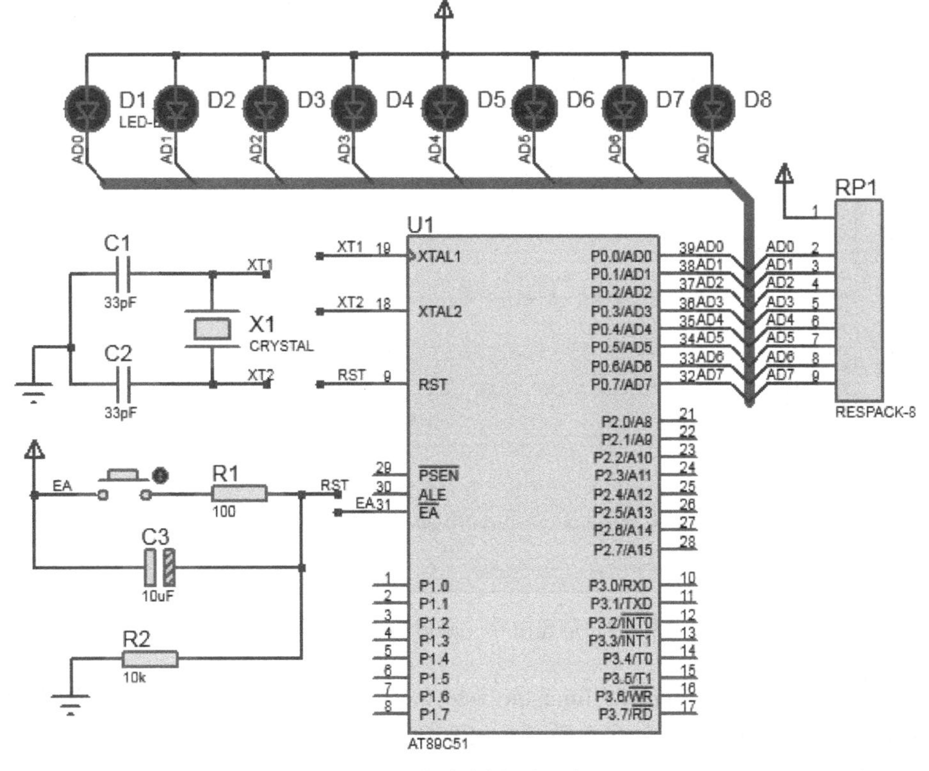

图 2-16　动手绘制一幅原理图

1. 新建项目

在桌面上双击图标，打开 Proteus 电路图绘制窗口。执行菜单命令“File”→“New Project”，弹出如图 2-17 所示的项目创建向导（开始）对话框。在此对话框中，可以设置项目名称（Name）及项目保存路径（Path）。

图 2-17　项目创建向导（开始）对话框

设置项目名称及保存路径后，单击“Next”按钮，弹出项目创建向导（原理图模板设置）对话框，如图 2-18 所示。在此对话框中，若选中“Do not create a schematic”选项，表示不再新建原理图；若选中“Create a schematic from the selected template”选项，表示新建原理图，并应在列表中选择合适的模板样式。其中，“Landscape”表示横向图纸，“Portrait”表示纵向图纸，“DEFAULT”表示默认模板；A0～A4 表示图纸尺寸大小。

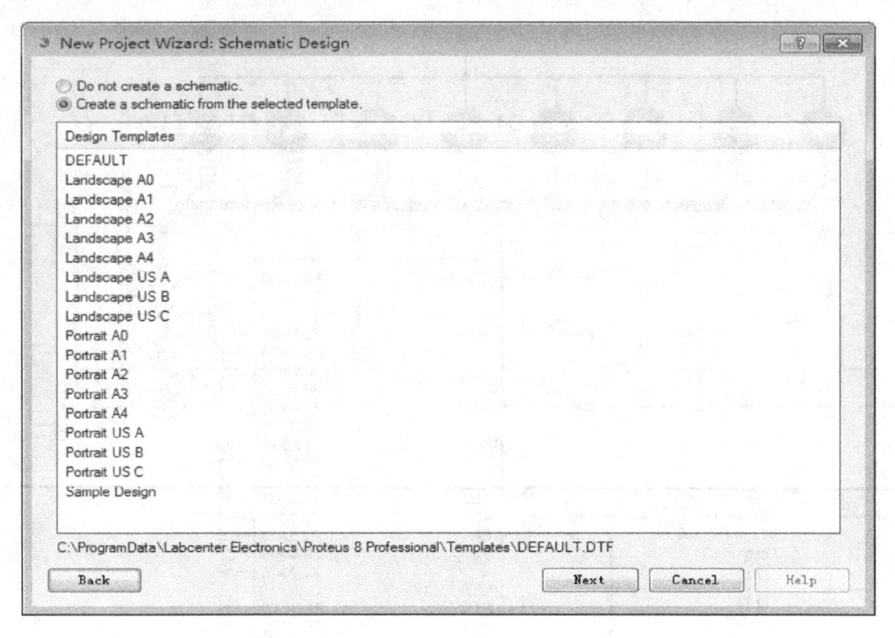

图 2-18 项目创建向导（原理图模板设置）对话框

在此选中“Create a schematic from the selected template”选项，并选择“DEFAULT”，单击“Next”按钮，弹出项目创建向导（PCB 版图设置）对话框，如图 2-19 所示。在此对话框中，若选中“Do not create a PCB layout”选项，表示不再新建 PCB 版图；若选中“Create a PCB layout from the selected template”选项，表示新建 PCB 版图，并应在列表中选择合适的版图样式。

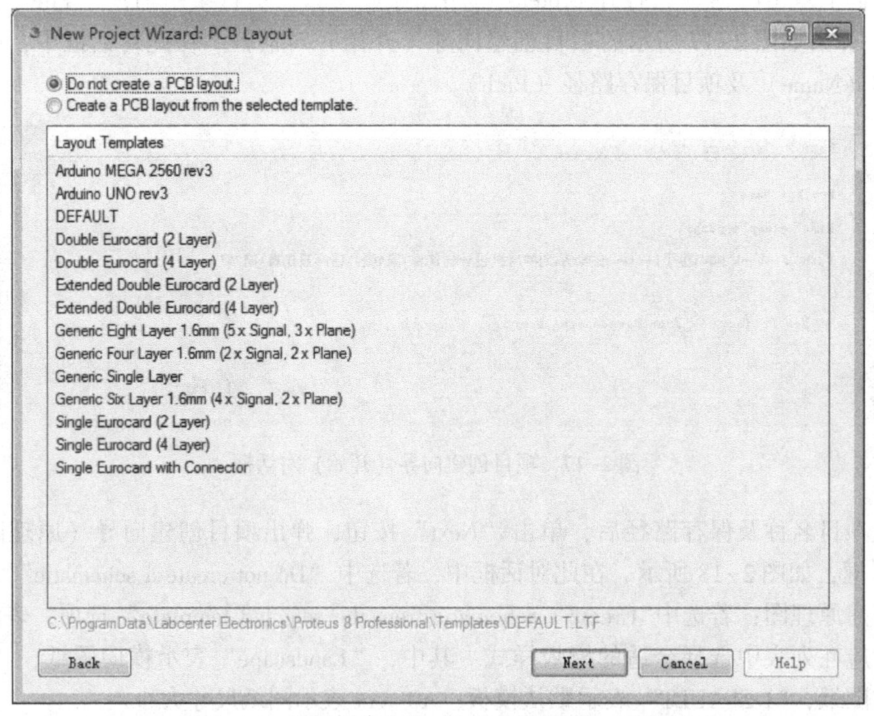

图 2-19 项目创建向导（PCB 版图设置）对话框

在此选中“Do not create a PCB layout”选项，单击“Next”按钮，弹出项目创建向导（固件设置）对话框，如图 2-20 所示。在此对话框中，若选中“No Firmware Project”选项，表示创建的项目中不包含固件；若选中“Create Firmware Project”选项，表示创建包含固件的项目，并可设置相应的固件系列（Family）、控制器（Controller）和编译器（Compiler）。

图 2-20　项目创建向导（固件设置）对话框

在此选中“Create Firmware Project”选项，单击“Next”按钮，弹出项目创建向导（项目概要）对话框，如图 2-21 所示。在此对话框中显示了项目保存路径和项目名称。文件保存后，在 Professional 电路图绘制软件的标题栏上显示为“New ”。

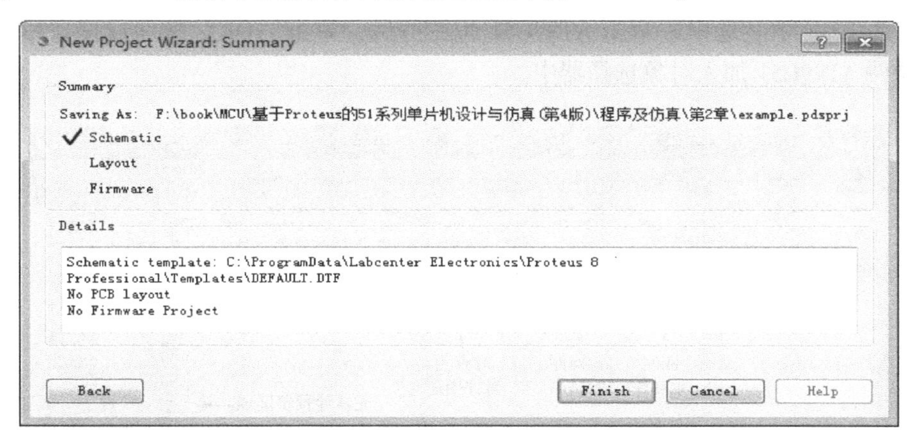

图 2-21　项目创建向导（项目概要）对话框

2. 添加元器件

本例所用元器件列表见表 2-1。

表 2-1　本例所用元器件列表

单片机 AT89C51	瓷片电容 CAP 33pF	晶振 CRYSTAL 12MHz	按钮 BUTTON
发光二极管 LED-RED	发光二极管 LED-GREEN	发光二极管 LED-YELLOW	发光二极管 LED-BULE
电解电容 CAP-ELEC	电阻 RES	电阻排 RESPACK-8	

在元器件选择按钮 P L DEVICES 中单击“P”按钮，或者执行菜单命令“Library”→“Pick Device/Symbol”，弹出图 2-22 所示的对话框。在此对话框中添加元器件的方法有以下两种。

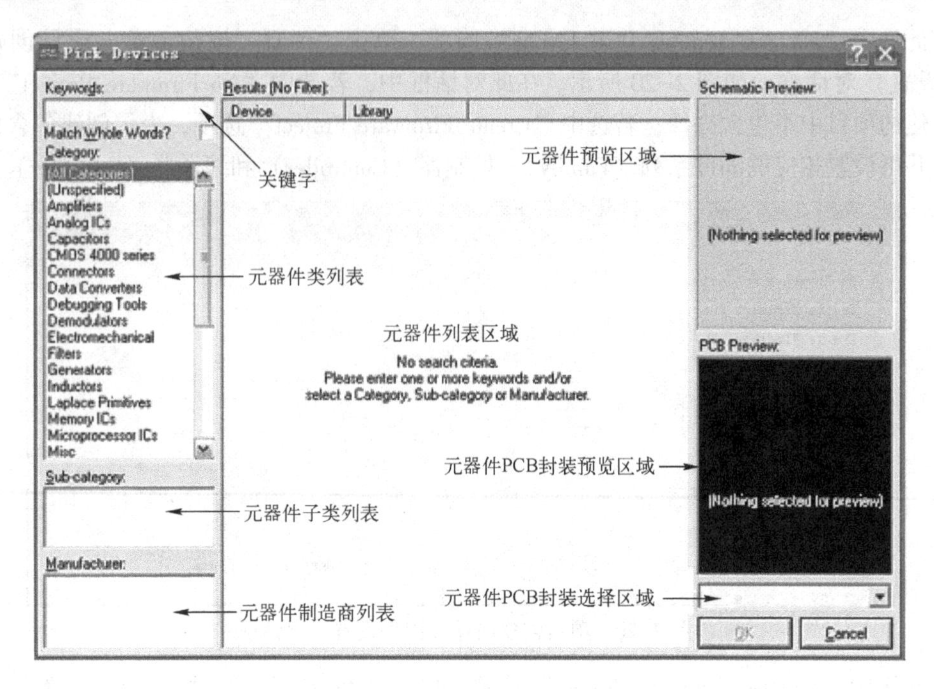

图 2-22　元器件库选择对话框

（1）在关键字栏中输入元器件名称，如“AT89C51”，则出现与关键字匹配的元器件列表，如图 2-23 所示。选中并双击 AT89C51 所在行后，单击“OK”按钮或按“Enter”键，即可将器件 AT89C51 加入对象选择器中。

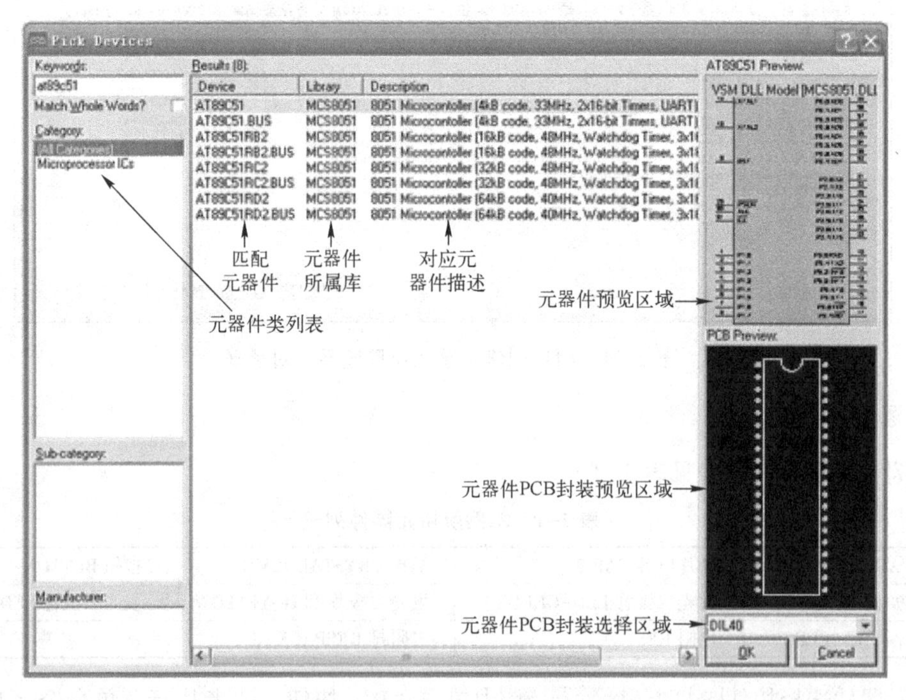

图 2-23　选择元器件

（2）在元器件类列表中选择元器件所属类，在子类列表中选择所属子类，如果对元器件的制造商有要求，还要在制造商列表中选择期望的厂商，然后在元器件列表区域选择相应的元器件即可。

按照上述方法，将表 2-1 中所列元器件添加到对象选择器中。

3. 放置、移动、旋转、删除对象

将元器件添加到对象选择器中后，单击要放置的元器件，在原理图编辑窗口中单击鼠标左键，在光标处会出现一个元器件符号；移动光标至合适位置，再次单击鼠标左键，即可将元器件放置在预定位置。

在原理图编辑窗口中若要移动元器件或连线，应先用鼠标右键单击对象，使其处于选中状态（默认情况下为红色），再按住鼠标左键并拖动，元器件或连线就会跟随光标移动，到达合适位置时，松开鼠标左键即可。

单击要放置的元器件，在放置元器件前，单击方向工具栏上相应的转向按钮，即可旋转元器件，然后在原理图编辑窗口中单击，就能放置一个更改方向的元器件。若需要在原理图编辑窗口中更改元器件方向，应单击选中该元器件，再单击块旋转图标，在弹出的对话框中输入旋转的角度即可。

若要在原理图编辑窗口中删除元器件，用鼠标右键双击该元器件即可；或者先单击选中该元器件，再按“Delete”键也可以将其删除。

通过放置、移动、旋转、删除等操作，即可将各元器件放置在原理图编辑窗口中的合适位置上，如图 2-24 所示。

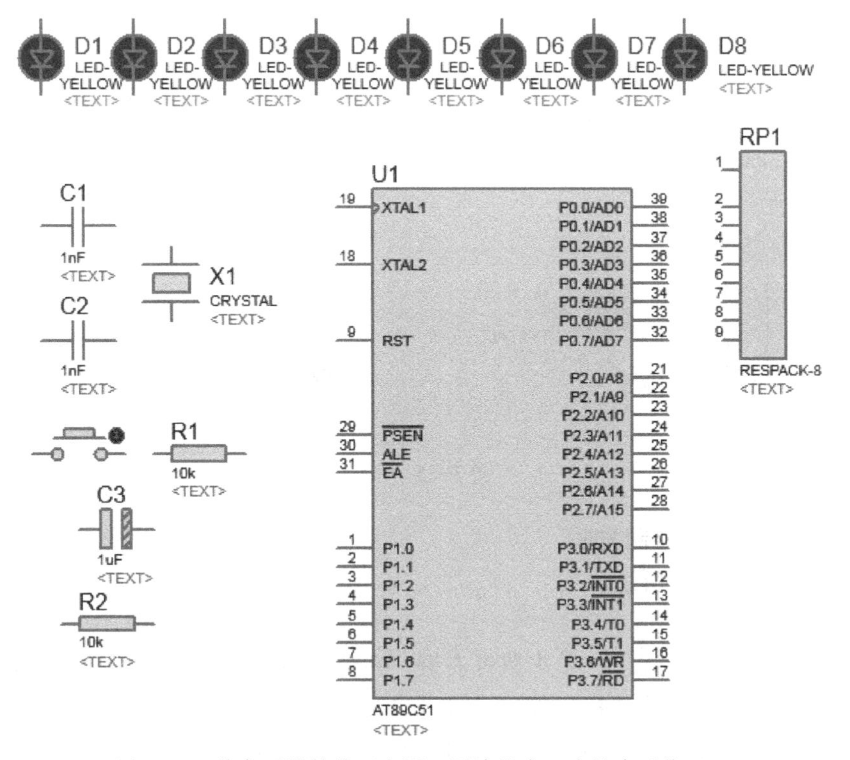

图 2-24　将各元器件放置在原理图编辑窗口中的合适位置上

4. 放置电源、地

单击工具箱中图标，在对象选择器中单击“POWER”，然后将其放置在原理图编辑窗口中的合适位置上。同样，在对象选择器中单击“GROUND”，然后将其放置在原理图编辑窗口中的合适位置上。

5. 布线

系统默认自动布线有效，因此可直接进行布线操作。

1）在两个对象间连线

（1）将光标靠近一个对象引脚末端，该处自动出现一个方块符号，单击鼠标左键开始布线。

（2）移动光标至另一对象的引脚末端，当该处出现一个方块符号时，再次单击鼠标左键，即可绘制一条连线，如图 2-25（a）所示；若想手动设定布线路径，可以在想要拐点处单击鼠标左键来设定布线路径，如图 2-25（b）所示；在移动鼠标过程中按下“Ctrl”键，即可绘制斜线，如图 2-25（c）所示。

2）移动连线、更改线型

（1）选中连线后，当光标靠近该连线时，会出现一个双向箭头符号，如图 2-25（d）所示。此时按住鼠标左键，移动光标，该布线就随之移动。

（2）若要同时移动多个布线，可以先框选这些线，再单击块移动按钮，移动光标，在合适位置单击即可。

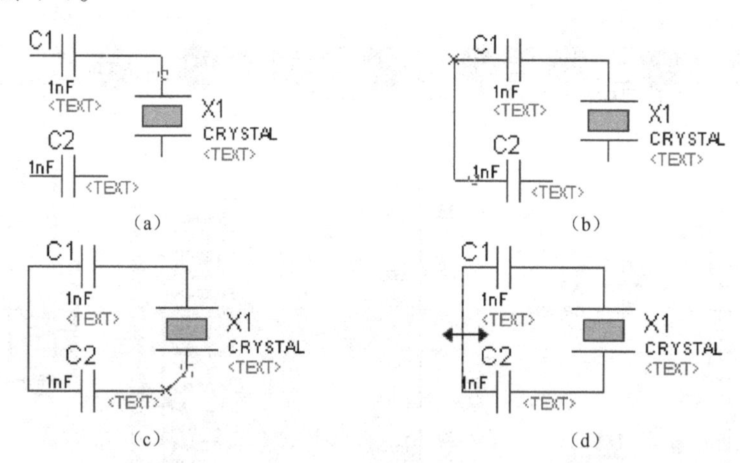

图 2-25　布线

3）总线及分支线的绘制方法

绘制总线的步骤如下所述。

（1）绘制一条直线。

（2）将光标移至该直线上，单击鼠标右键，在弹出的菜单中选择“Edit Wire Style”，如图 2-26（a）所示，弹出的“Edit Wire Style”对话框，在“Global Style”下拉列表中选择“BUS WIRE”，如图 2-26（b）所示。绘制的总线如图 2-27 所示。

绘制总线分支线的步骤如下所述。

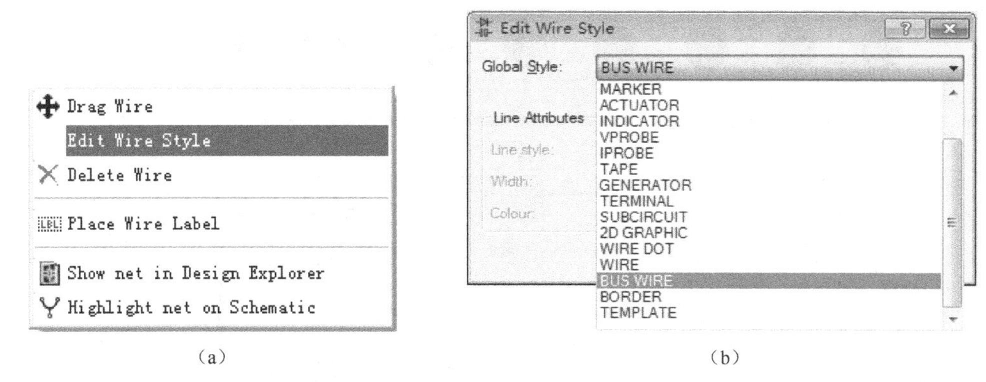

（a）　　　　　　　　（b）

图 2-26　绘制总线的操作

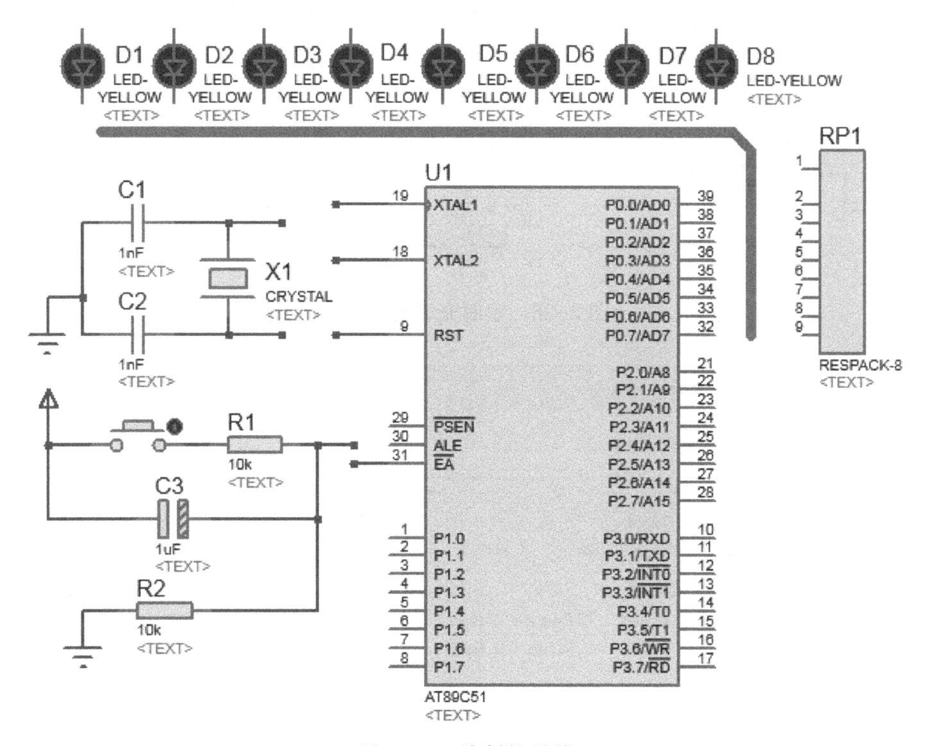

图 2-27　绘制的总线

（1）将光标靠近一个对象引脚末端，该处自动出现一个方块符号，单击鼠标左键，开始布线。

（2）移动光标至靠近总线的合适位置，单击鼠标左键，即可绘制出一条直线。

（3）按住“Ctrl”键，将光标移至总线上的合适位置，单击鼠标左键，即可完成一个分支线的绘制。图 2-28 所示的是绘制完成的分支线。

（4）在工具箱中单击图标 LBL，然后在总线或各分支线上单击鼠标左键，弹出“Edit Wire Label”对话框，如图 2-29 所示。在“Label”选项卡的“String”栏中输入相应的线路标号，如总线为 AD[0..7]（表示有 AD0~AD7 共 8 根数据线），分支线为 AD0、AD1 等。

4）网络标识法

（1）靠近需要进行网络标识的引脚末端，该处自动出现一个方块符号，单击鼠标左键；

（2）移动光标，在合适的位置双击鼠标左键，绘制一段导线；

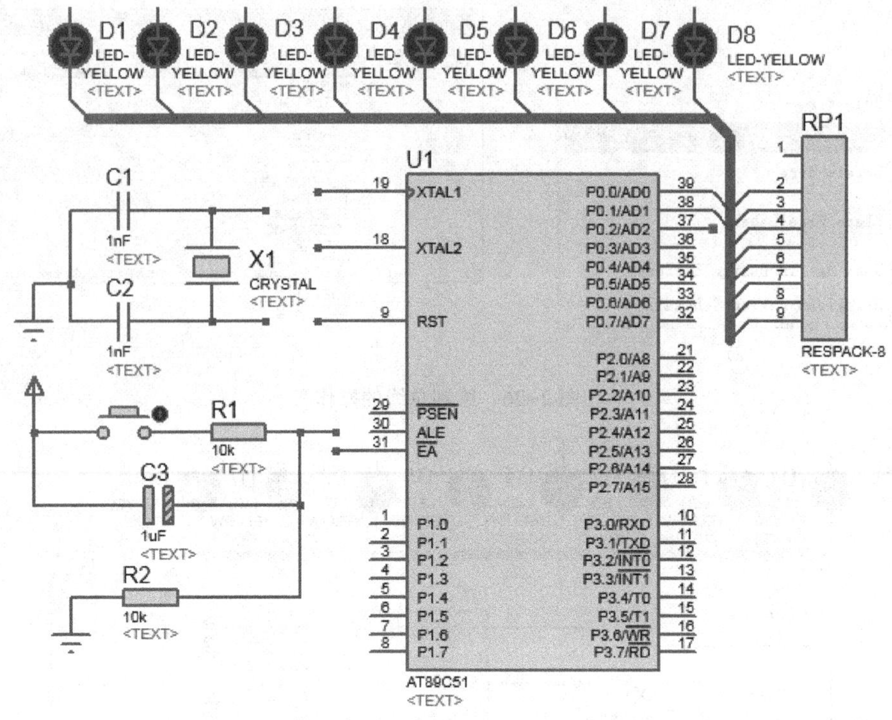

图 2-28 绘制完成的分支线

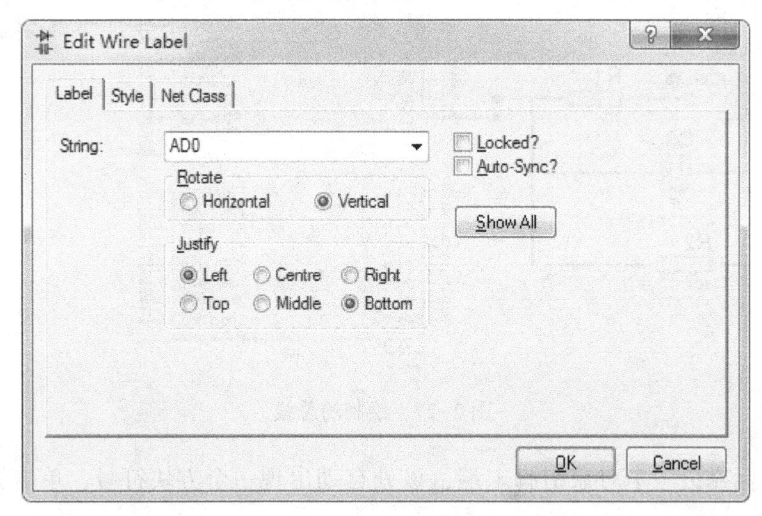

图 2-29 “Edit Wire Label”对话框

（3）在工具箱中单击图标 LBL，然后在需要连接的线上单击鼠标左键，弹出图 3-29 所示对话框。在“Label”选项卡的“String”栏中输入相应的线路标号，如 XT1 等。注意，同一连接点的线路标号应相同。

6. 设置、修改元器件属性

在需要修改属性的元器件上单击鼠标右键，在弹出的菜单中选择“Edit Properties”，或按快捷键“Ctrl”+“E”，将出现“Edit Component”对话框，在此对话框中设置相关信息（例如，修改电容值为 33pF），如图 2-30 所示。

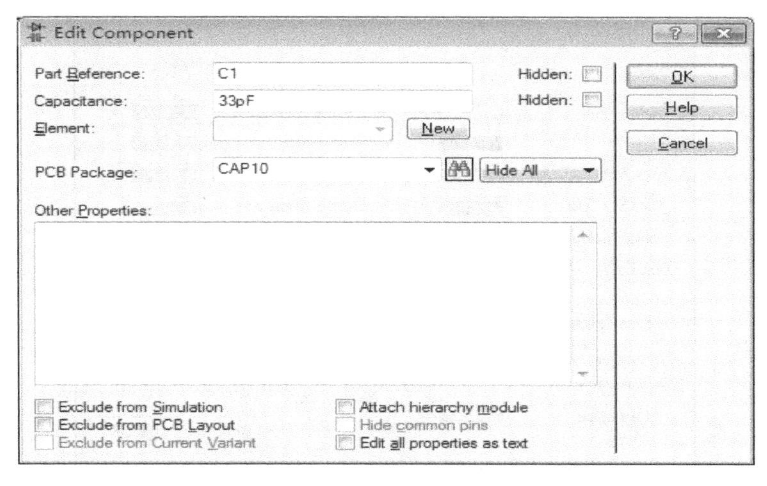

图 2-30　“Edit Component” 对话框

根据以上步骤及方法在原理图编辑窗口中绘制出图 2-31 所示的电路图。

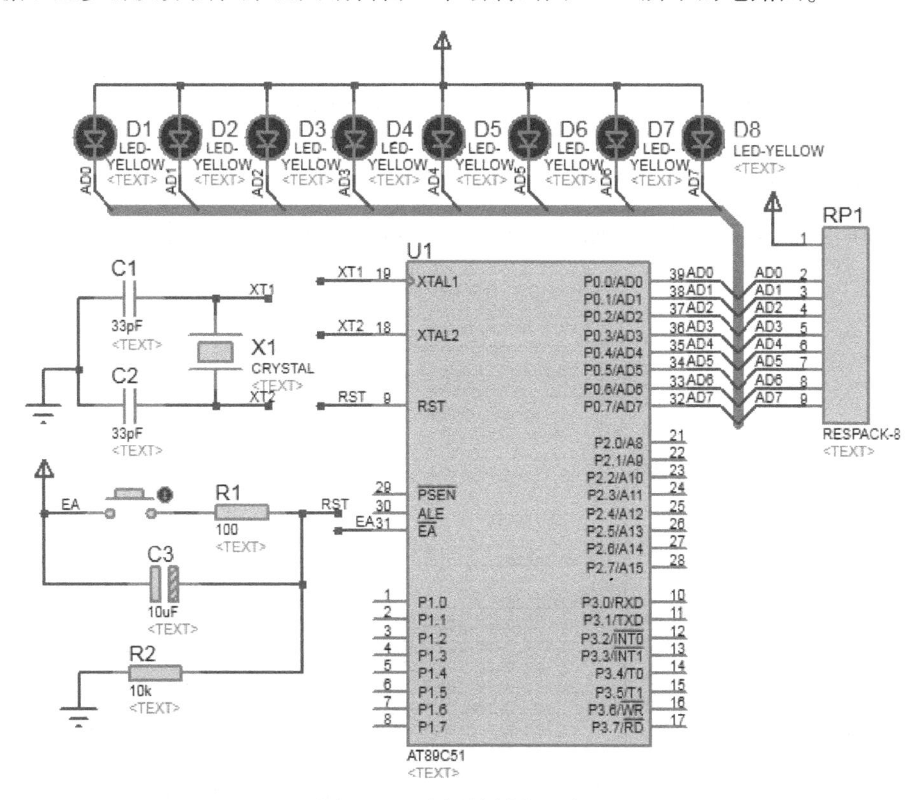

图 2-31　实际绘制的电路图

7. 隐藏文本

执行菜单命令 “Template” → “Set Design Colours”，弹出 “Edit Design Defaults” 对话框，如图 2-32 所示。在此对话框中，选中 “Show hidden text” 选项，单击 “OK” 按钮，则图 2-31 中的<TEXT>全部隐藏。双击发光二极管，弹出的 “Edit Component” 对话框，选中 “Part Value” 栏后的 “Hidden” 选项，得到的效果与图 2-16 完全一致。

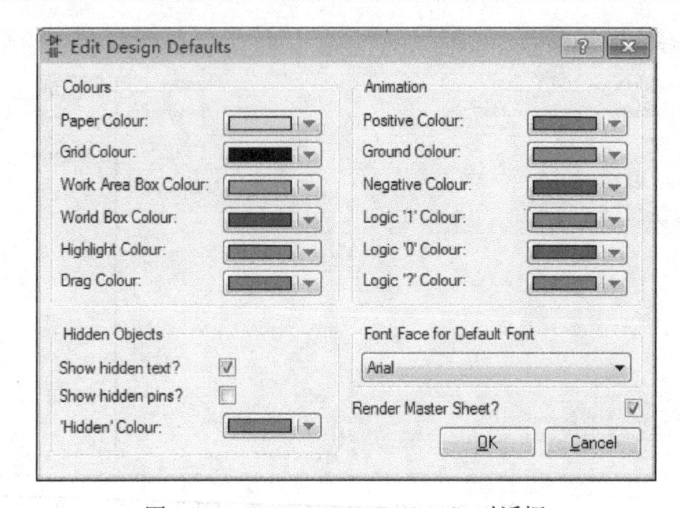

图 2-32 “Edit Design Defaults” 对话框

8. 建立网络表

网络就是一个设计中有电气连接的通路，如本电路中 AT89C51 的 P0.0 口与发光二极管 D1 的一个引脚就是连接在一起的。执行菜单命令 “Tool” → “Netlist Compiler”，弹出 “Netlist Compiler” 对话框，如图 2-33 所示。在此对话框中，可设置网络表的输出形式、模式、范围、深度和格式等，在此不进行修改，单击 “OK” 按钮，以默认方式输出图 2-34 所示内容。单击 “Close” 按钮，关闭 “NETLIST-Schematic Capture” 窗口。

图 2-33 “Netlist Compiler” 对话框

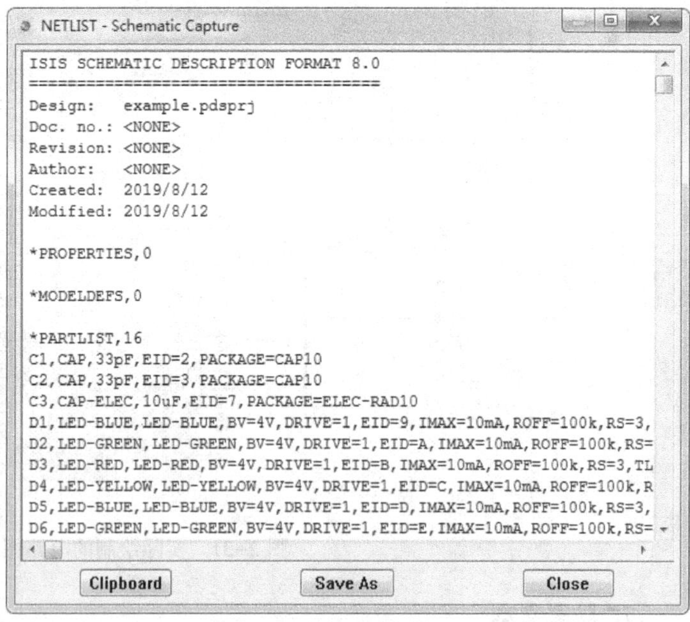

图 2-34 输出网络表内容

9. 电气检测

绘制好电路图并生成网络表后，可以进行电气检测。执行菜单命令 “Tools” → “Electrical Rule Check” 或单击按钮，弹出图 2-35 所示的电气检测结果窗口。此窗口中，前面是一些文本信息，接着是电气检测结果，若有错，就会有详细的说明。从窗口内容中可看出，网络表已产生，并且无电气错误。

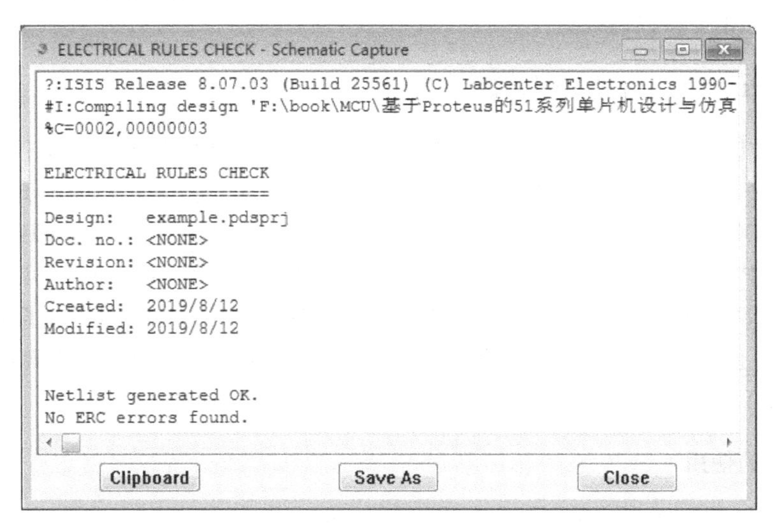

图 2-35　电气检测结果窗口

2.2　Proteus VSM 虚拟系统模型

Proteus 提供了一系列可视化虚拟仪器及激励源，以便进行虚拟仿真及图形分析。

2.2.1　激励源

激励源为虚拟仿真提供激励，并允许用户对其进行参数设置。在工具箱中单击图标(信号源)，在打开的“GENERATORS”窗口中将出现多种激励源供用户选择。

☺ DC：直流信号发生器，即直流激励源。

☺ SINE：幅值、频率和相位可控的正弦波发生器，即正弦波激励源。

☺ PULSE：幅值、周期和上升沿/下降沿时间可控的模拟脉冲信号发生器，即模拟脉冲信号激励源。

☺ EXP：指数信号发生器，可产生与 RC 充电/放电电路相同的脉冲波，即指数信号激励源等。

☺ SFFM：单频率调频波信号发生器，即单频率调频波信号激励源。

☺ PWLIN：PWLIN 信号发生器，可产生任意分段线性信号，即分段线性信号激励源。

☺ FILE：FILE 信号发生器，它的数据来源于 ASCII 文件，即 FILE 信号激励源。

☺ AUDIO：音频信号发生器，使用 Windows WAV 文件作为输入文件，结合音频分析图表，可以听到电路对音频信号处理后的声音，即音频信号激励源。

☺ DSTATE：数字单稳态逻辑电平发生器，即数字单稳态逻辑电平激励源。

☺ DEDGE：单边沿信号发生器，即单边沿信号激励源。

☺ DPULSE：单周期数字脉冲信号发生器，即数字单脉冲信号激励源。

☺ DCLOCK：数字时钟信号发生器，即数字时钟信号激励源。

☺ DPATTERN：数字序列信号发生器，即序列信号激励源。

在仿真时，若需要用到激励源，可将其放置到原理图中并与相应电路连接，双击该激励源，可对其进行相关参数的设置。

2.2.2 Proteus VSM 虚拟仪器的使用

在 Proteus 中提供了许多的虚拟仪器供用户使用。在工具箱中单击虚拟仪器图标，在打开的“INSTRUMENTS”窗口中将出现虚拟仪器供用户选择，包括示波器（OSCILLOSCOPE）、逻辑分析仪（LOGIC ANALYSER）、计数器/定时器（COUNTER TIMER）、虚拟终端（VIRTUAL TERMINAL）、SPI 总线调试器（SPI DEBUGGER）、I^2C 总线调试器（I2C DEBUGGER）、信号发生器（SIGNAL GENERATOR）、序列发生器（PATTERIN GENERATOR）、直流电压表（DC VOLTMETER）、直流电流表（DC AMMETER）、交流电压表（AC VOLTMETER）、交流电流表（AC AMMETER）。

1. 示波器的使用

在 Proteus 中提供了 4 通道虚拟示波器供用户使用。

1）示波器的功能 在工具箱中单击图标，在打开的“INSTRUMENTS”窗口中单击“OSCILLOSCOPE”，再在原理图编辑窗口中单击，即可添加示波器。将示波器与被测点连接好，单击运行按钮，将弹出虚拟示波器界面，如图 2-36 所示。其功能如下所述。

☺ 四通道 A、B、C、D，波形分别用黄色、蓝色、红色、绿色表示。

☺ 20~2mV/div 的可调增益。

☺ 扫描速度为 200~0.5μs/div。

☺ 可选择 4 个通道中的任一通道作为同步源。

☺ 交流或直流输入。

2）示波器的使用 虚拟示波器与真实示波器的使用方法类似。

☺ 按照电路的属性设置扫描速度，用户可看到所测量的信号波形。

☺ 如果被测信号有直流分量，则在相应的信号输入通道选择交流耦合方式。

☺ 调整增益，以便在示波器中显示适当大小的波形。

☺ 调节垂直位移滑轮，以便在示波器中显示适当位置的波形。

☺ 拨动相应的通道定位选择按钮，再调节水平定位和垂直定位，以便观测波形。

☺ 如果在大的直流电压波形中含有小的交流信号，需要在连接的测试点和示波器之间加一个电容器。

3）示波器的工作方式 虚拟示波器有以下 3 种工作方式。

☺ 单踪工作方式：可以在 A、B、C、D 四个通道中选择任一通道作为显示。

☺ 双踪工作方式：可以在 A、B、C、D 四个通道中选择任一通道作为触发信号源。

☺ 叠加工作方式：A、B 通道有效，选择 A+B 时，可将 A、B 两路输入相互叠加产生波形；C、D 通道有效，选择 C+D 时，可将 C、D 两路输入相互叠加产生波形。

4）示波器的触发 虚拟示波器具有自动触发功能，使得输入波形可以与时基同步。

☺ 可以在 A、B、C、D 四个通道中选择任一通道作为触发器。

☺ 触发旋钮的刻度表循环可调，这样方便操作。

☺ 每个输入通道可以选择 DC（直流）、AC（交流）、GND（接地）3 种方式之一，也可选择 OFF 将其关闭。

☺ 触发方式分为上升沿触发和下降沿触发两种。如果超过一个时基的时间内没有触发发生，将会自动扫描。

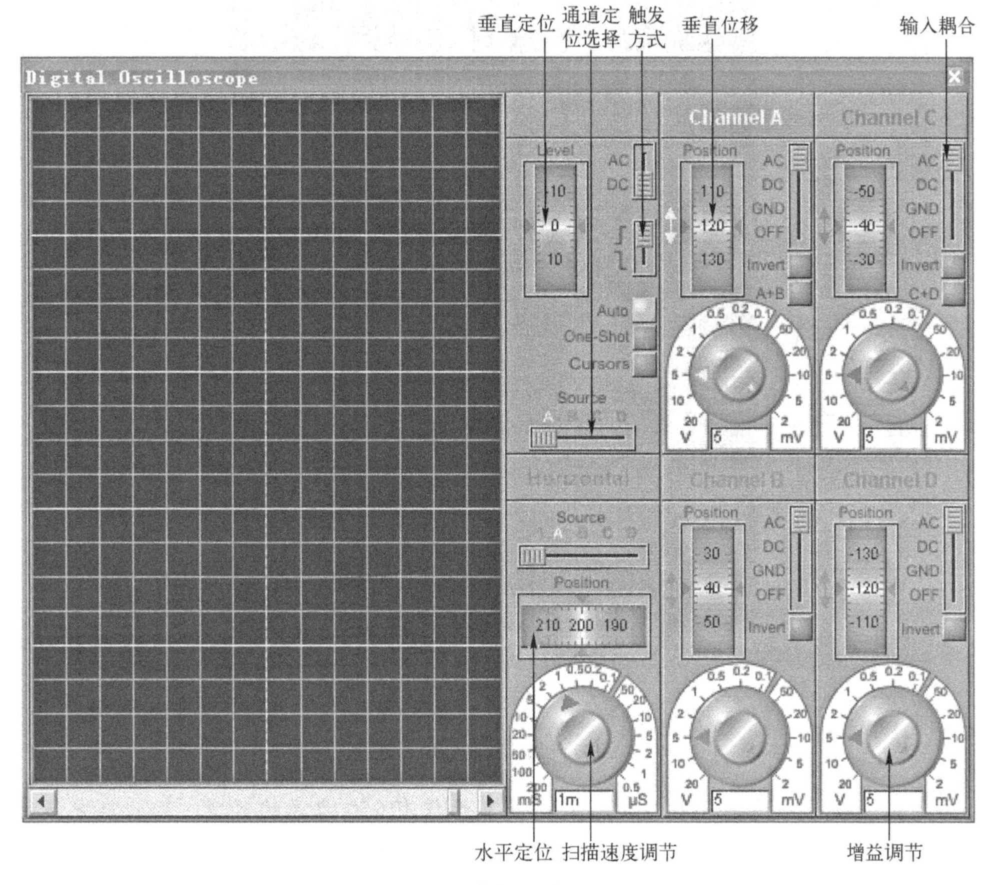

图 2-36　虚拟示波器界面

2. 逻辑分析仪的使用

逻辑分析仪可以将连续记录的输入数字信号保存到容量非常大的数据缓冲区中。这是一个采样的过程，因此有一个可调的用于设定能够记录最小脉冲的调节值，即采样周期。

1）逻辑分析仪的功能　在工具箱中单击图标，在打开的“INSTRUMENTS”窗口中单击“LOGIC ANALYSER”，再在原理图编辑窗口中单击，添加虚拟逻辑分析仪。将虚拟逻辑分析仪与被测点连接好，单击运行按钮，将弹出虚拟逻辑分析仪界面，如图 2-37 所示。

☺ 具有 16 个 1 位的通道和 4 个 8 位的总线通道。

☺ 每次采样间隔 0.5ns~200μs，相应的数据采集时间为 5ms~2s。

☺ 显示的缩放范围为 1~1000 次采样。

2）逻辑分析仪的使用

☺ 设置一个合适的采样间隔值，用于设定能够被记录的脉冲最小宽度。采样间隔越小，数据采集时间越短。

☺ 设置触发条件，拨动开关选择下降沿触发或上升沿触发。

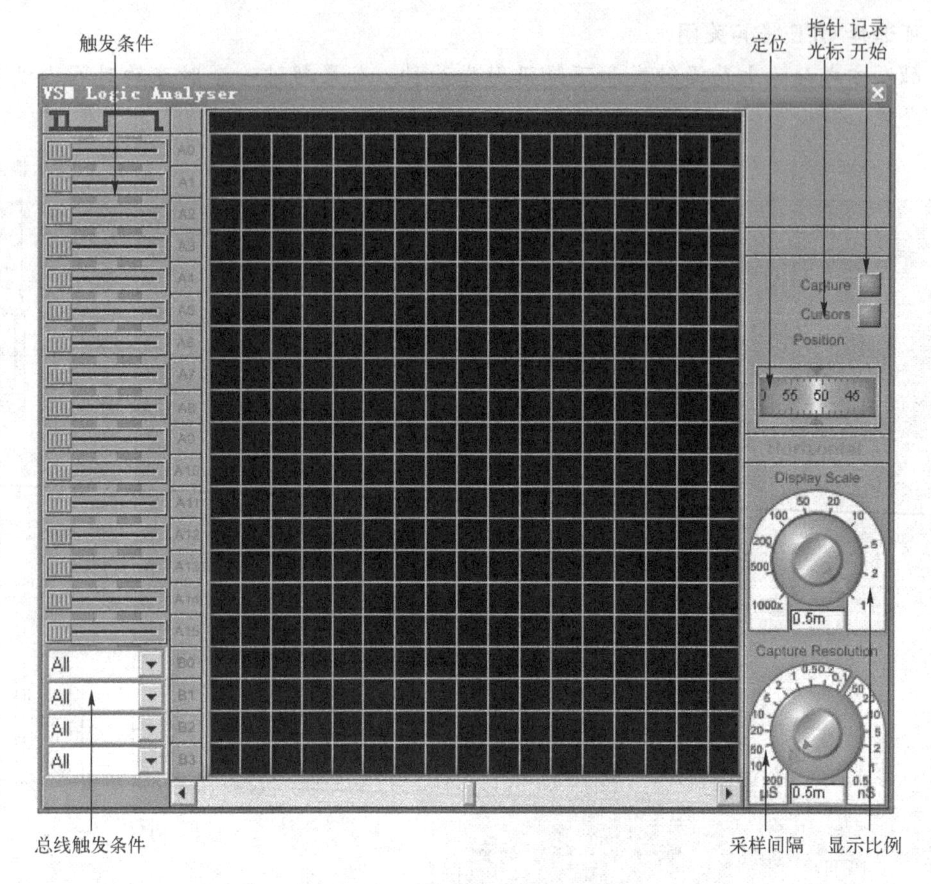

图2-37　虚拟逻辑分析仪界面

☺ 由于采集缓冲区允许10000次采样，而显示仅有250像素的宽度，因此在采集缓冲区中需进行缩放观看，通过旋转显示比例按钮可以设置缩放观看。

3. 计数器/定时器的使用

虚拟计数器/定时器可用于测量时间间隔、信号频率的脉冲数。

1）计数器/定时器的功能　在工具箱中单击图标，在打开的“INSTRUMENTS”窗口中单击“COUNTER TIMER”，再在原理图编辑窗口中单击，添加计数器/定时器。将计数器/定时器与被测点连接好，单击运行按钮，将弹出虚拟计数器/定时器界面，如图2-38所示。其主要功能如下所述。

☺ 定时器模式（显示秒），分辨率为1μs。

☺ 定时器模式（显示时、分、秒），分辨率为1ms。

☺ 频率计模式，频率分辨率为1Hz。

☺ 计数器模式，计数范围为0~99999999。

2）计数器/定时器的使用

（1）定时器模式：计数器/定时器有3个引脚，即CE、RST和CLK。其中，CE为时钟使能引脚，这个信号将会在时间显示前得到控制，若不需要它，可将该引脚悬空；RST为复位引脚，它可将定时器复位清零，若不需要它，也可将该引脚悬空；RST为边沿触发引脚。如果需要保持定时器为零状态，可以将CE和RST引脚连接起来。

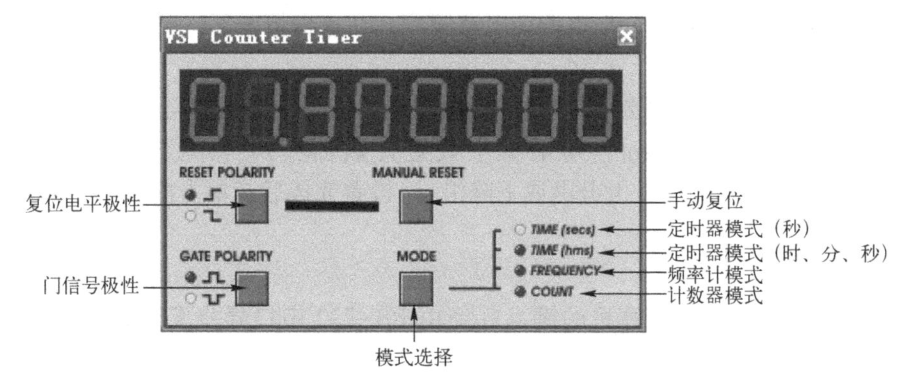

图 2-38　虚拟计数器/定时器界面

若定时器连接好后，将光标指向定时器，并按“Ctrl”+“E”键，或者单击鼠标右键，在弹出的菜单中选择“Edit Properties”，打开“Edit Component”对话框，如图 2-39 所示。在此对话框中，根据需要设置工作模式（秒或时、分、秒模式）、计数使能极性（LOW 或 HIGH）和复位信号边沿极性（上升沿或下降沿）。设置完成后，单击按钮 ▶ 进行仿真。

Edit Component
Part Reference:　Hidden:
Part Value:　Hidden:
Element:　New
OK
Help
Cancel
工作模式 Operating Mode: Time (secs)　Hide All
计数使能极性 Count Enable Polarity: High　Hide All
复位信号边沿极性 Reset Edge Polarity: Low-High　Hide All
Other Properties:
Exclude from Simulation
Exclude from PCB Layout
Exclude from Current Variant
Attach hierarchy module
Hide common pins
Edit all properties as text

图 2-39　“Edit Component”对话框

（2）频率计模式：根据需要将计数器/定时器的时钟引脚 CLK 与被测量的信号连接起来（在频率计模式下 CE 和 RST 引脚无效），并在“Edit Component”对话框中将工作模式设置为频率计模式，然后单击按钮 ▶ 进行仿真。

虚拟频率计实际上是在仿真过程中测量 1s 内上升沿的个数，因此要求输入信号稳定并且在完整的 1s 内有效。如果仿真不是在实时速率下进行（如计算机 CPU 运行程序较多）的，频率计可能会延长读数产生的时间。

由于计数器/定时器为纯数字元器件，因此测量低电平模拟信号频率时，需要在计数器/定时器的 CLK 引脚前放置一个 ADC（A/D 转换器）及其他逻辑开关，用于确立一个合适的阈值。因为在 Proteus 中，模拟信号的仿真速度比数字信号的仿真速度慢 1000 倍，计数器/

定时器不适合测量高于 10kHz 的模拟振荡电路频率，在这种情况下，用户可以使用虚拟振荡器测量信号。

（3）计数器模式：根据需要将计数器/定时器的 CE 和 RST 引脚与被测量信号连接起来或悬空，并在“Edit Component”对话框中设置计数器模式、计数使能极性（LOW 或 HIGH）和复位信号边沿极性（上升沿或下降沿）。设置完成后，单击按钮 ▶ 进行仿真。

4. 虚拟终端的使用

虚拟终端允许用户通过计算机的键盘并经由 RS-232 串口异步发送数据到仿真微处理系统。

虚拟终端在嵌入系统中有特殊的用途，可以用它显示正在开发的软件所产生的信息。

1）虚拟终端的功能　在工具箱中单击图标，在打开的“INSTRUMENTS”窗口中单击“VIRTUAL TERMINAL”，再在原理图编辑窗口中单击，添加虚拟终端。将虚拟终端与相应引脚连接好，单击运行按钮，将弹出虚拟终端界面，如图 2-40 所示。其主要功能如下所述。

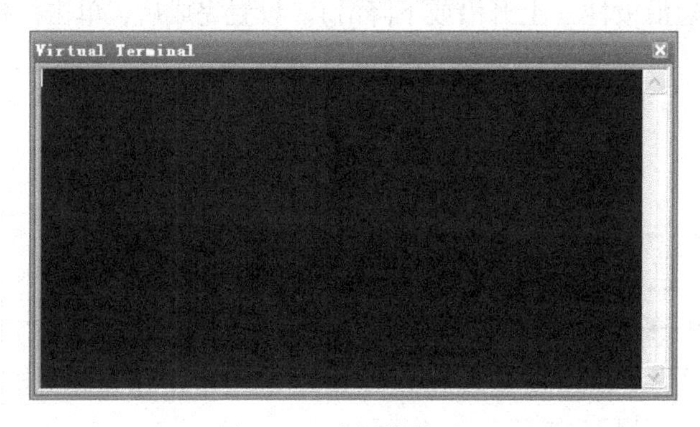

图 2-40　虚拟终端界面

☺ 全双工，可同时接收和发送 ASCII 码数据。

☺ 简单两线串行数据接口，RXD 用于接收数据，TXD 用于发送数据。

☺ 简单的双线硬件握手方式，RTS 用于准备发送，CTS 用于清除发送。

☺ 波特率范围为 300~57600bit/s。

☺ 7 或 8 个数据位。

☺ 包含奇校验、偶校验和无校验。

☺ 具有 0、1 或 2 位停止位。

☺ 除了硬件握手，系统还提供了 XON/XOFF 软件握手方式。

☺ 可对 RXD/TXD 和 RTS/CTS 引脚输出极性不变或极性反向的信号。

2）虚拟终端的使用　虚拟终端有 4 个引脚，即 RXD、TXD、RTS 和 CTS。其中，RXD 为数据接收引脚；TXD 为数据发送引脚；RTS 为请求发送信号引脚；CTS 为清除传送引脚（用于响应 RTS 信号）。将 RXD 和 TXD 引脚连接到系统的发送和接收线上，如果目标系统用硬件握手逻辑，就把 RTS 和 CTS 引脚连接到合适的溢出控制线上。

将虚拟终端连接好后，将光标指向虚拟终端，按“Ctrl”+“E”键，或者单击鼠标右键，从弹出的菜单中选择“Edit Properties”，打开“Edit Component”对话框，如图 2-41 所示。在此对话框中，根据需要设置传输波特率、数据长度（7 位或 8 位）、奇偶校验（EVEN 为偶校验，ODD 为奇校验）、极性和溢出控制等。设置好后，单击按钮 ▶ 进行仿真。

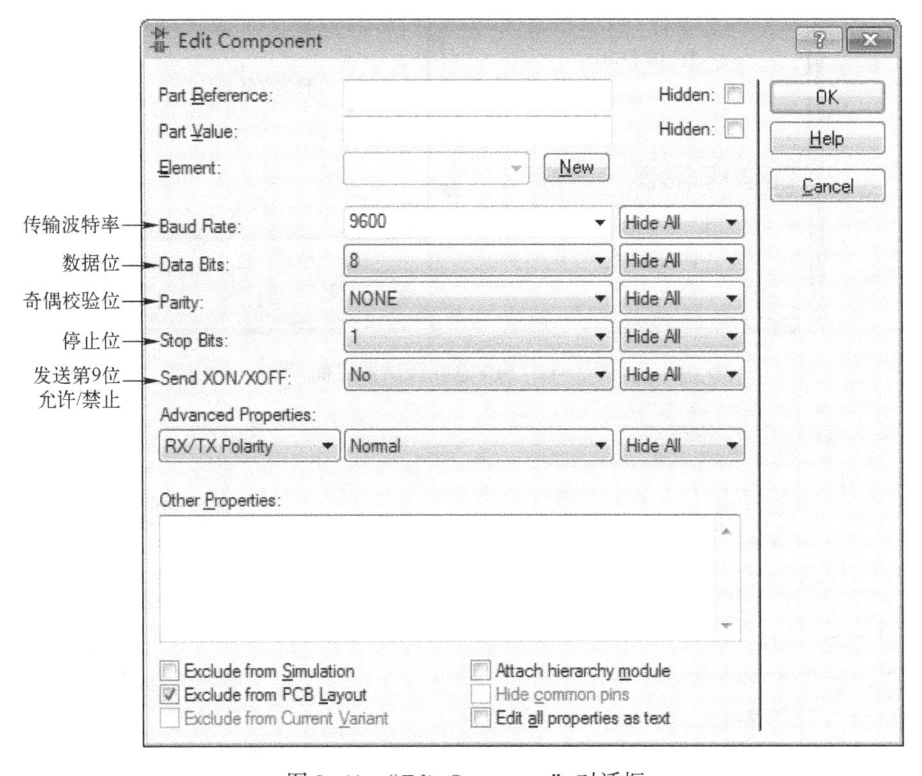

图 2-41　“Edit Component”对话框

仿真时，虚拟终端接收到数据后，会立即显示输入数据；当数据传送到系统时，将光标置于虚拟终端窗口，通过计算机的键盘可以输入所需要的文字。

5. SPI 总线调试器的使用

SPI（Serial Peripheral Interface）总线是 Motorola 公司最先推出的一种串行总线技术，它是在芯片之间通过串行数据线（MISO、MOSI）和串行时钟线（SCLK）实现同步串行数据传输的技术。SPI 提供访问一个 4 线、全双工串行总线的能力，支持在同一总线上连接一个主设备和多个从设备。

SPI 总线调试器用于监测 SPI 接口，它允许用户监控 SPI 接口的双向信息，观察数据在 SPI 总线上传输的情况。

1）SPI 总线调试器　在工具箱中单击图标，在打开的“INSTRUMENTS”窗口中单击“SPI DEBUGGER”，再在原理图编辑窗口中单击，添加 SPI 总线调试器。将 SPI 总线调试器与相应引脚连接好，单击运行按钮，弹出 SPI 总线调试器界面，如图 2-42 所示。

SPI 总线调试器有 4 个引脚，即 DIN、DOUT、SCK、$\overline{\text{SS}}$和 TRIG。其中，DIN 为数据输入引脚，用于接收数据；DOUT 为数据输出引脚，用于发送数据；SCK 为时钟引脚，用于连接 SPI 总线的时钟线；$\overline{\text{SS}}$为从设备选择引脚，用于激活期望的调试元器件；TRIG 为触发信号引脚，用于发送设定的数据。单击 SPI 总线调试器，按“Ctrl”+“E”键，弹出图 2-43 所示的对话框。

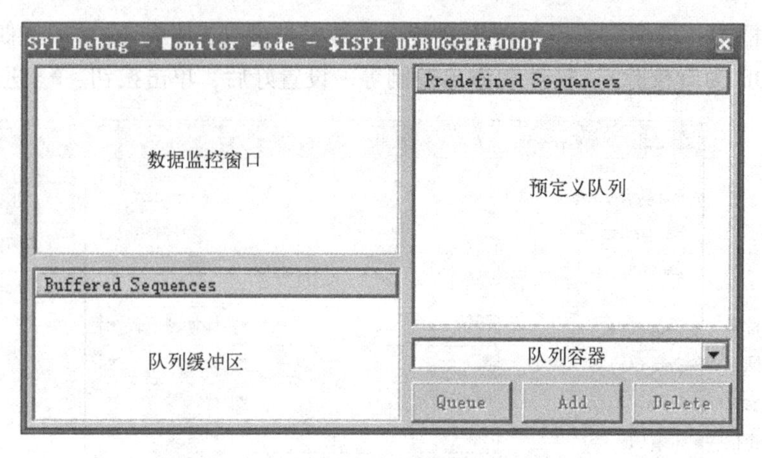

图2-42　SPI总线调试器界面

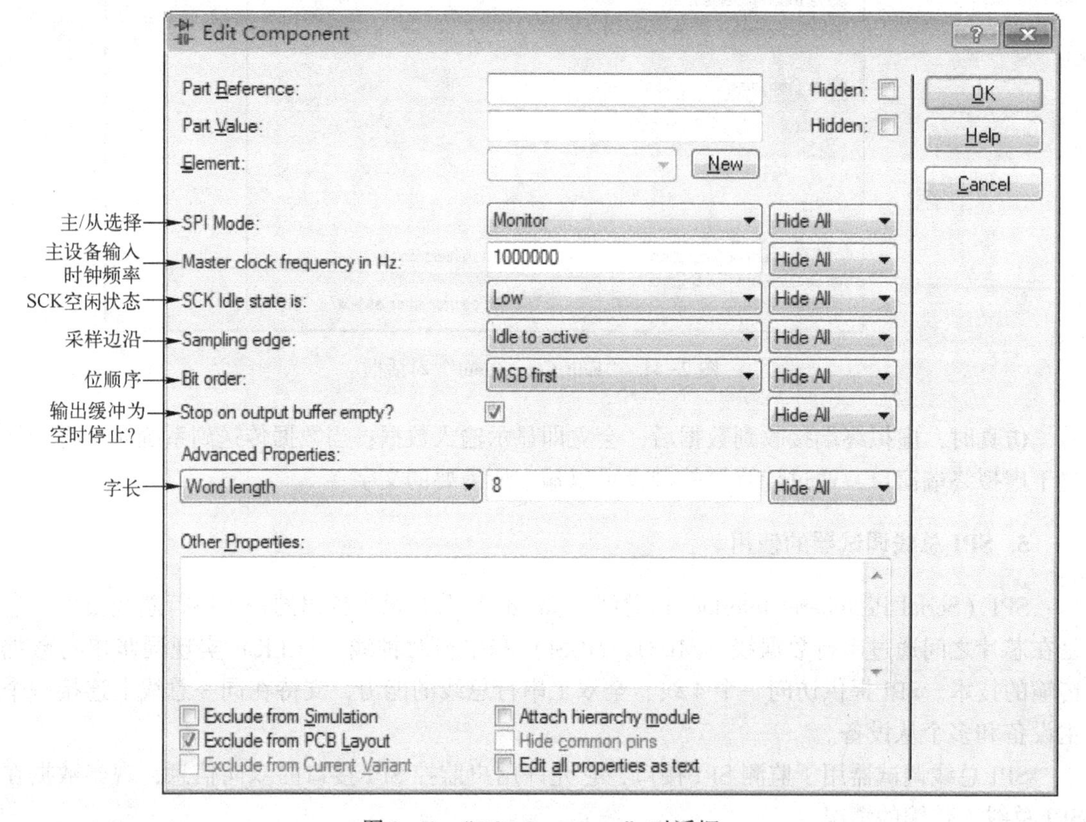

图2-43　“Edit Component”对话框

☺ 主/从选择：指定为主设备（Monitor）还是从设备（Slave）。

☺ SCK空闲状态：指定SCK为高电平或低电平时空闲。

☺ 采样边沿：指定DIN引脚采样的边沿，或者当SCK从空闲到激活，或者从活跃到空闲时进行采样。

☺ 字长：指定每一个传输数据的位数，可以选择的位数为1~16。

2）SPI总线调试器的使用　SPI总线调试器传输数据的操作步骤如下所述。

（1）将SPI总线调试器放在原理图编辑窗口中，将SCK和DIN的引脚与相关设备引脚连接。

（2）单击 SPI 总线调试器，按“Ctrl”+“E”键，在弹出的“Edit Component”对话框中进行相关设置，如字长、位顺序、采样边沿的设置等。

（3）设置好后，单击按钮 ⏸，弹出图 2-42 所示界面，在队列容器中输入需要传输的数据。

（4）当输入需要传输的数据后，既可直接传输数据，也可单击“Add”按钮，将数据存放到预定义队列中。

（5）单击按钮 ▶，在图 2-42 所示的队列缓冲区中初始化传输项。

（6）再次单击按钮 ⏸ 时，若队列输入为空，也可选择预定义队列，单击“Queue”按钮，将预定义队列中的内容复制到队列缓冲区中。

（7）再次单击按钮 ▶ 时，队列被传输。

6. I²C 总线调试器的使用

I²C（Inter-Integrated Circuit）总线是由 Philips 公司推出的一种两线式串行总线，用于连接微控制器及其外围设备，以实现同步双向串行数据的传输。I²C 总线于 20 世纪 80 年代推出，是一种具有串行数据线和串行时钟线的标准总线，该串行总线的推出为单片机应用系统的设计带来了极大的方便，它有利于系统设计的标准化和模块化，大大减少了各种电路板之间的连线，从而提高了可靠性，降低了成本，使系统的扩展更加方便灵活。

I²C 总线调试器用于监控 I²C 接口的信息，观察 I²C 总线传送数据的情况。

1）I²C 总线调试器　在工具箱中单击图标，在打开的“INSTRUMENTS”窗口中单击“I2C DEBUGGER”，再在原理图编辑窗口中单击，添加 I²C 总线调试器。将 I²C 总线调试器与相应引脚连接好后，单击运行按钮，弹出 I²C 总线调试器界面，如图 2-44 所示。

图 2-44　I²C 总线调试器界面

I²C 总线调试器有 3 个引脚，即 SCL、SDA 和 TRIG。其中，SCL 为输入引脚，用于连接 I²C 总线的时钟线；SDA 为双向数据传输引脚；TRIG 为触发信号引脚。单击 I²C 总线调试器，按“Ctrl”+“E”键，弹出图 2-45 所示的对话框。

☺ 字节地址 1：使用该终端对从设备进行仿真时，该属性用于指定从设备的第 1 个地址字节。主机使用最低有效位作为系统进行读/写的标志位，而在寻址时，该位被忽略。如果该位没有被设置或设置为默认值时，该终端不能作为从设备。

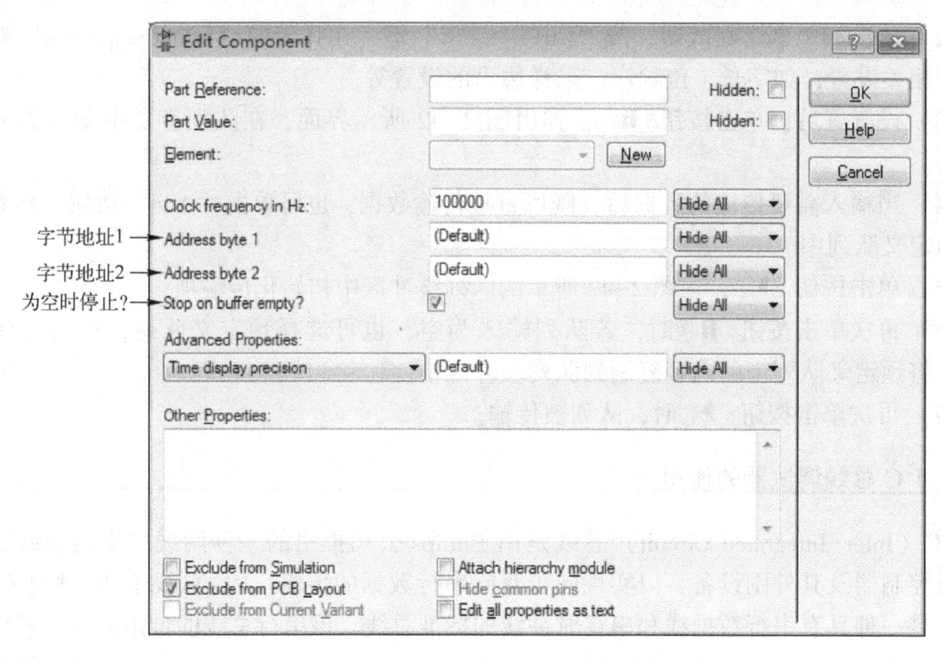

图2-45 “Edit Component”对话框

☺ 字节地址2：使用该终端对从设备进行仿真，并希望使用10位地址，则本属性用于指定从设备地址和第2个地址字节。如果该属性未被设置，就会采用7位寻址。

☺ 为空时停止：设置当输出缓冲器为空，或一个字节要求被发送时，是否暂停仿真。

☺ Advanced Properties：允许用户指定预先存放输出队列的文本文件的名称。如果该属性未被设置，队列作为元器件属性的一部分进行保存。

除了以上属性，I²C总线接收数据时，还采用一项特殊的队列语句，该语句显示在输入数据显示窗口，即I²C总线调试器窗口的左上角。显示的队列字符如下所述。

☺ S：Start Sequence，启动队列。

☺ Sr：Restart Sequence，重新启动队列。

☺ P：Stop Sequence，停止队列。

☺ N：Negative Acknowledge Received，接收但未确认。

☺ A：Acknowledge Received，接收且确认。

2）I²C总线调试器的使用 I²C总线调试器传输数据的操作步骤如下所述。

（1）I²C总线调试器放在原理图编辑窗口中，将SCL和SDA的引脚与相关设备引脚连接。单击I²C总线调试器，按“Ctrl”+“E”键，在弹出的“Edit Component”对话框中进行相关设置，如字节地址设置等。设置好后，单击按钮 ⏸ ，弹出图2-44所示界面，在队列容器中输入需要传输的数据。输入需要传输的数据后，既可直接传输数据，也可单击“Add”按钮，将数据存放到预定义队列中。

（2）单击按钮 ▶ ，在图2-44所示的队列缓冲区中初始化传输项。

（3）再次单击按钮 ⏸ 时，若队列输入为空，也可选择预定义队列，单击“Queue”按钮，将预定义队列中的内容复制到队列缓冲区中。

（4）再次单击按钮 ▶ 时，队列被传输。

7. 信号发生器的使用

虚拟信号发生器模拟一个简单的音频发生器，它可以产生正弦波、三角波、方波、锯齿波等信号，具有调频和调幅输入功能。其中，调频分为 8 个波段，频率范围为 0~12MHz；调幅分为 4 个波段，幅值范围为 0~12V。

在工具箱中单击图标，在打开的“INSTRUMENTS”窗口中单击“SIGNAL GENERATOR”，再在原理图编辑窗口中单击，添加信号发生器。将信号发生器与相应引脚连接好，单击运行按钮，弹出虚拟信号发生器界面，如图 2-46 所示。

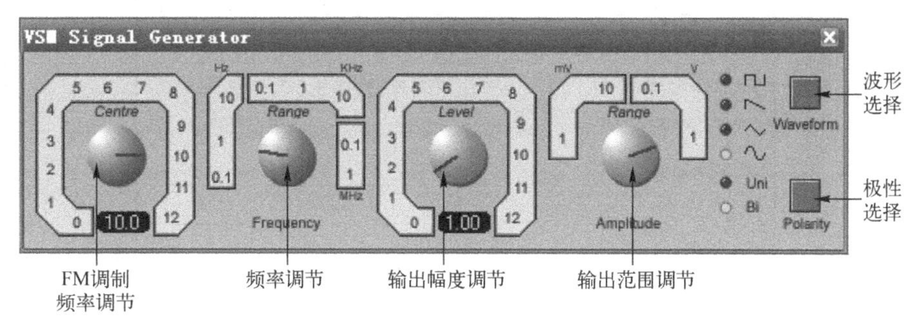

图 2-46　虚拟信号发生器界面

波形选择按钮用于选择正弦波、三角波、方波或锯齿波；极性选择按钮用于选择输出信号是单极性的还是双极性的；输出范围调节旋钮可选择 1mV 挡、10mV 挡、0.1V 挡和 1V 挡。在相应挡位的范围内，还可以通过幅度调节旋钮调节输出信号的幅度。FM 调制频率调节旋钮用于调节输出信号的调频调制方式的调制系数。调制输入的电压加上 FM 调制频率调节值，再乘以频率调节旋钮对应的值，即幅度的瞬时输出频率。例如，FM 调制频率调节值为 2，频率调节旋钮值为 1kHz，则 3V 调频信号的输出频率为 5kHz（即(2+3)×1）。

8. 序列发生器的使用

虚拟序列发生器是一种 8 路可编程发生器，它可以按照事先设定的速度将预先储存的 8 路数据逐个循环输出。在数字系统中，可以利用虚拟序列发生器产生各种复杂的测试信号。

1）序列发生器引脚及设置　在工具箱中单击图标，在打开的“INSTRUMENTS”窗口中单击“PATTERIN GENERATOR”，再在原理图编辑窗口中单击，添加虚拟序列发生器到编辑窗口中，如图 2-47 所示。

☺ CLKIN：时钟输入引脚，用于输入外部时钟信号。系统提供了 External Pos Edge（外部正沿时钟）和 External Neg Edge（外部负沿时钟）两种模式。

☺ CLKOUT：时钟输出引脚。当序列发生器使用的是内部时钟时，用户可以配置这一引脚，与外部时钟镜像。系统提供的内部时钟是一个负沿时钟，可在仿真前单击序列发生器，按“Ctrl”+“E”键，在弹出图 2-48 所示的对话框中进行设置；也可在仿真时暂停，然后通过时钟模式键来指定。

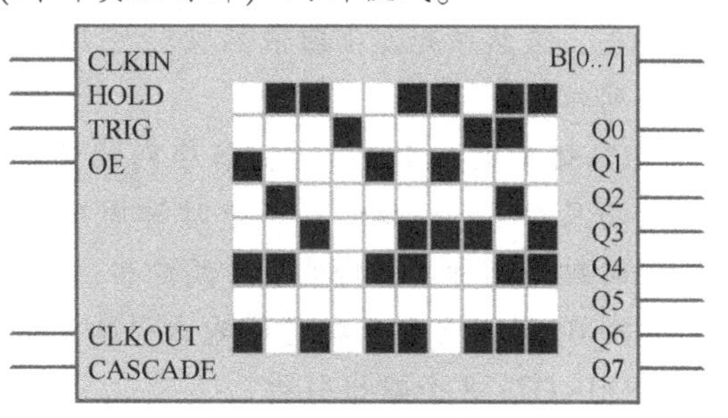

图 2-47　虚拟序列发生器

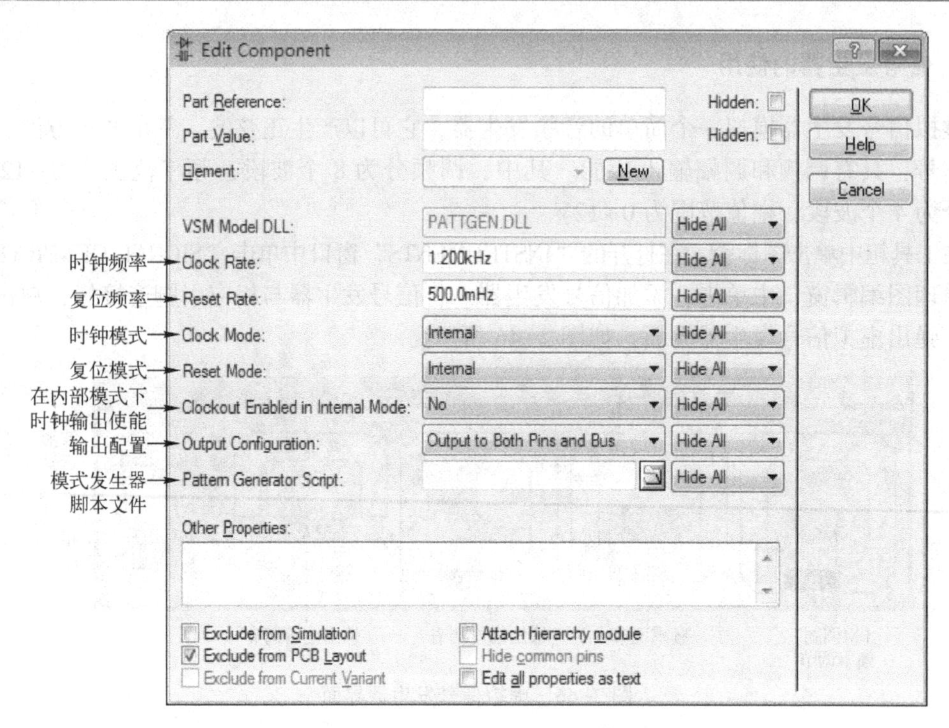

图 2-48　虚拟序列发生器编辑对话框

☺ HOLD：保持引脚。若给该引脚输入高电平，序列发生器将暂停，直至该引脚输入高电平被撤销为止。对于内部时钟或内部触发，将从暂停点重新开始执行。

☺ TRIG：触发引脚，用于将外部触发脉冲反馈到序列发生器中。系统提供了 5 种触发模式，即 Internal（内部触发）、Async External Pos Edge（外部异步正脉冲触发）、Sync External Pos Edge（外部同步正脉冲触发）、Async External Neg Edge（外部异步负脉冲触发）和 Sync External Neg Edge（外部同步负脉冲触发）。

内部触发模式是按照指定的时间间隔触发；外部异步正脉冲触发模式是指触发器由触发引脚的正沿跳变信号触发，当触发发生时，触发器立即动作，在下一个时钟边沿发生由低到高的转换；外部同步正脉冲触发模式是指触发器由触发引脚的正沿转换信号触发，触发发生后，触发被锁定，与下一个时钟的下降沿同步动作；外部异步负脉冲触发模式是指触发器的触发引脚由负边沿转换信号触发，当触发发生时，触发器立即动作，且序列的第一位在输出引脚输出；外部同步负脉冲触发是指触发器由触发引脚的负边沿转换信号触发，触发发生后，触发被锁定，并与下一个时钟的下降沿同步动作。

☺ OE：输出使能引脚，如果该引脚为高电平，则使能输出；如果该引脚未被置为高电平，虽然序列发生器依然按特定序列运行，但不能驱动序列发生器在该引脚输出序列信号。

☺ CASCADE：级联引脚，若序列的第一位被置为高电平，则级联引脚被置为高电平，而且在下一位信号（一个时钟周期后）到来前始终为高，即当仿真开始后，第一个时钟周期时该引脚被置为高电平。

☺ B[0..7]：8 位数据总线输出引脚。

☺ Q0~Q7：8 个输出引脚。

序列发生器的输出配置提供了 4 种模式，即 Default（默认）、Output to Both Pins and Bus

(引脚和总线均输出)、Output to Pins Only（仅在引脚输出)、Output to Bus Only（仅在总线输出)。

模式发生器脚本为纯文本文件，每个字节之间由逗点分隔。每个字节代表栅格上的一栏，字节可以用二进制、十进制或十六进制表示（默认为十六进制)。

2）序列发生器的使用　序列发生器的使用步骤如下所述。

(1）在工具箱中单击图标，在打开的“INSTRUMENTS”窗口中单击“PATTERN GENERATOR”，再在原理图编辑窗口中单击，添加虚拟序列发生器到编辑窗口中，根据需要将虚拟序列发生器相关引脚与电路连接。

(2）单击序列发生器，按“Ctrl”+“E”键，弹出图 2-48 所示的对话框。根据系统要求，配置触发选项和时钟选项。

(3）在模式发生器脚本文件中加载期望的序列文件。

(4）退出图 2-48 所示的对话框，单击按钮 ▶ ，弹出图 2-49 所示界面，进行仿真。

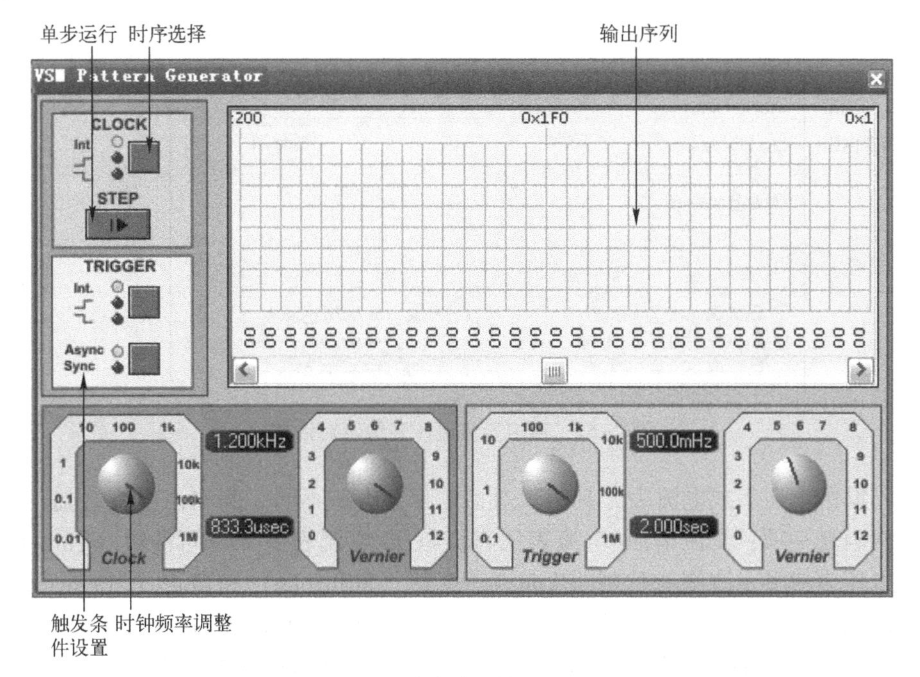

图 2-49　虚拟序列发生器界面

9. 电压表与电流表的使用

在 Proteus 虚拟仪器中，提供了直流电压表（DC VOLTMETER)、直流电流表（DC AMMETER)、交流电压表（AC VOLTMETER)、交流电流表（AC AMMETER)。这些虚拟的电压表或电流表可直接连接到电路中，以便进行电压或电流的测量。

电压表或电流表的使用步骤如下所述。

(1）在工具箱中单击图标，在打开的“INSTRUMENTS”窗口中，单击“DC VOLTMETER”、“DC AMMETER”、“AC VOLTMETER”或“AC AMMETER”，再在原理图编辑窗口中单击，添加电压表或电流表到编辑窗口中，如图 2-50 所示。根据需要将电压表或电流表与被测电路连接起来。

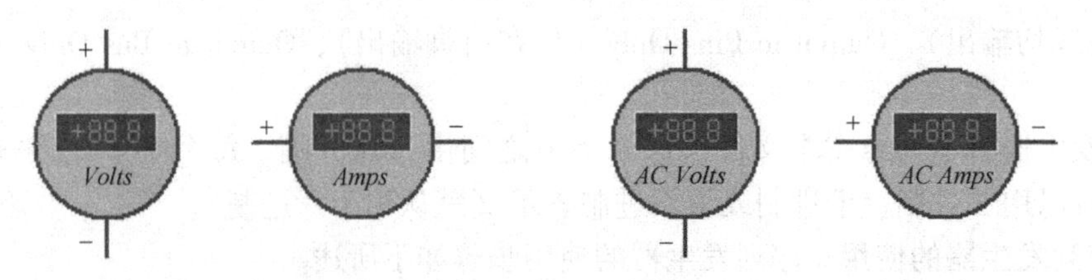

图 2-50　虚拟交/直流电压表与电流表

（2）单击电压表或电流表，按“Ctrl”+“E”键，弹出“Edit Component”对话框。图 2-51 所示的是虚拟直流电压表编辑对话框，在此根据测量要求，设置相应选项。

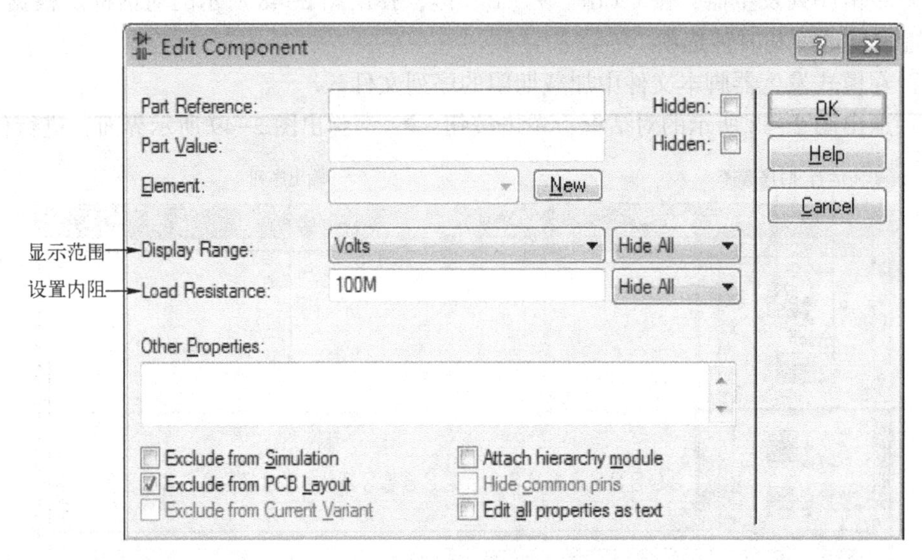

图 2-51　虚拟直流电压表编辑对话框

选择不同的电压表或电流表，其编辑对话框也会有所不同。例如，直流电流表对话框中没有设置内阻这一项；交流电压/电流表比直流电压/电流表多了时间常数（Time Constant）这一项。电压表的显示范围有伏特（Volts）、毫伏（Millivolts）和微伏（Microvolts）；电流表的显示范围有安培（Amps）、毫安（Milliamps）和微安（Microamps）。

（3）退出编辑对话框，单击按钮 ▶ ，即可进行电压或电流的测量。

2.2.3　Keil C51 与 Proteus 的联机

在 Proteus 电路图绘制软件中绘制好原理图后，可以与已创建的 Keil 项目进行联机。在此以 2.1.2 节中已绘制的原理图及 1.1 节已创建的 Keil 项目为例，讲述 Keil C51 与 Proteus 的联机方法。

在 Proteus 中打开已绘制的原理图，双击 AT89C51 单片机，弹出“Edit Component”对话框，如图 2-52 所示。

在“Edit Component”对话框的“Program File”栏中添加 1.1 节中由 Keil C51 生成的“Keil 示例 .hex”文件，即可实现 Proteus 与 Keil C51 的联机操作。在“Clock Frequency”栏中，将单片机的工作频率设置为 12MHz。设置好后，单击“OK”按钮，然后保存原理图文件。回到原理图编辑界面后，单击仿真按钮，即可进行程序仿真，如图 2-53 所示。

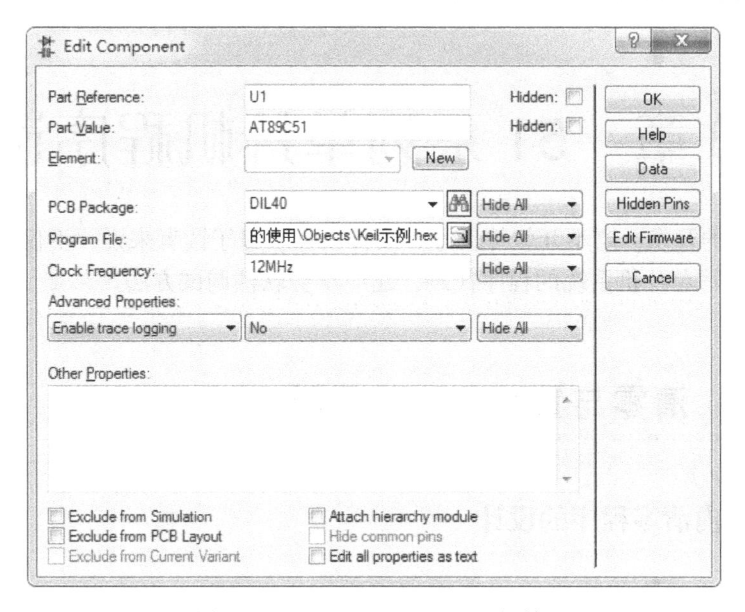

图 2-52　“Edit Component” 对话框

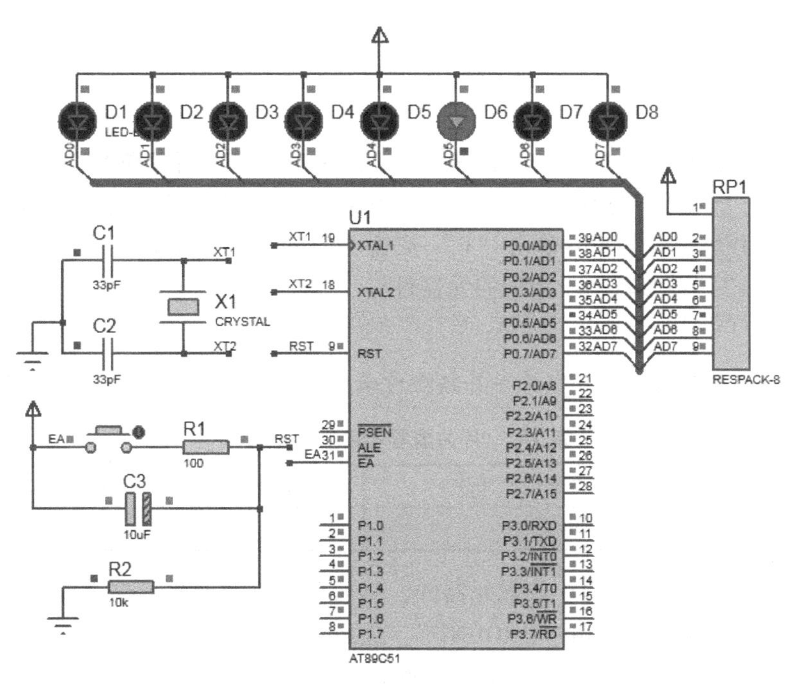

图 2-53　Keil 示例程序仿真图

> **说明** 在仿真过程中，元器件引脚上显示红色的小方块，表示该引脚为高电平状态；引脚上显示蓝色的小方块，表示该引脚处于低电平状态。

仿真过程中，如果在 Keil C51 中进行了程序修改，需要重新进行编译。编译成功后，在 Proteus 中重新单击仿真按钮，即可观察修改程序后的仿真效果。

第 3 章　51 系列单片机程序设计

单片机系统的开发，离不开软件设计和硬件设计。对于读者来说，不仅要学会使用汇编语言或 C 语言编写单片机系统的程序代码，还应学会软件调试方法。

3.1　清零与置数程序的设计

3.1.1　片内清零程序的设计

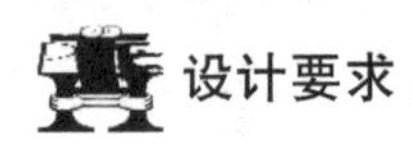

设计要求

将片内 30H 地址开始的连续 30 个地址中的内容清零。

硬件设计

在桌面上双击图标，打开 Proteus 8 Professional 软件。执行菜单命令“File”→“New Project”，新建一个原理图的 DEFAULT 模板，保存项目名称为“片内清零 . pdsprj”。在元器件选择按钮 P L DEVICES 中单击“P”按钮，或者执行菜单命令“Library”→“Pick parts from libraries”，添加表 3-1 所列的元器件。

Proteus 电路图绘制软件中的单片机型号必须与在 Keil C51 中选择的型号完全一致。

表 3-1　片内清零项目所用元器件

单片机 AT89C51	瓷片电容 CAP 30pF	晶振 CRYSTAL 11.0592MHz
电阻 RES	按钮 BUTTON	电解电容 CAP-ELEC

在 Proteus 原理图编辑窗口中放置元器件，然后单击工具箱中元器件终端图标，在对象选择器中单击“POWER”和“GROUND”，放置电源和地。完成元器件放置和布线后，设置各元器件的参数，完成电路图的设计，如图 3-1 所示。

程序设计

使用汇编语言编写片内连续地址内容清零程序时，首先设定起始地址并指定清零个数，然后使用 DJNZ 指令进行循环判断，其程序流程图如图 3-2 所示。

使用 C 语言编写片内连续地址内容清零程序时，需使用“include <absacc.h>”指令，以允许直接访问 8051 单片机不同区域的存储器。由于本设计是访问片内 RAM，因此需使用 DBYTE 函数，该函数允许访问 8051 片内 RAM 中的字节。要将连续单元清零，可以使用 for 语句来设置循环次数。

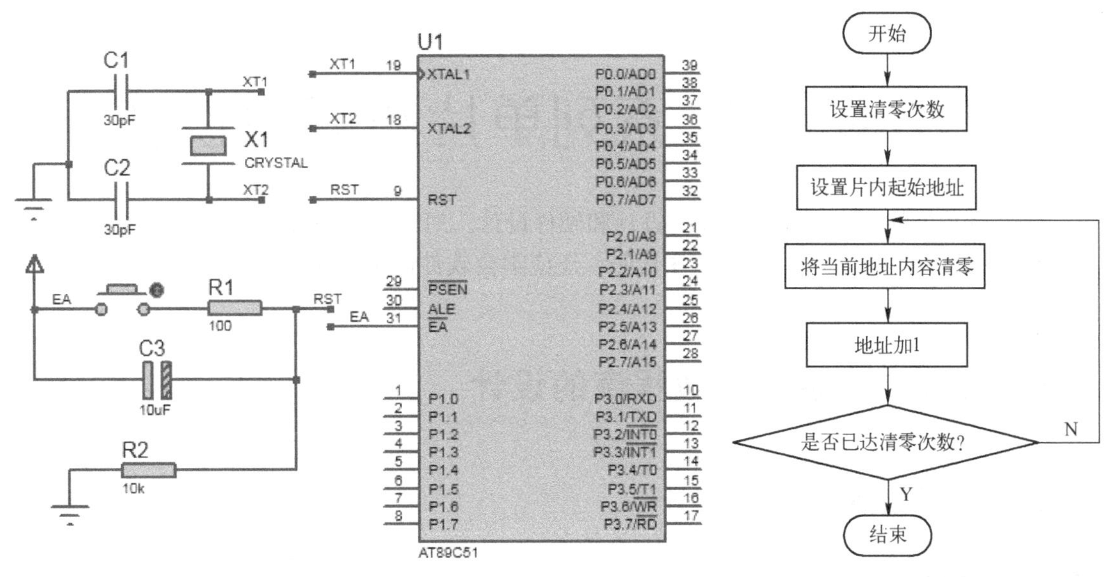

图 3-1　片内清零项目电路图　　　　图 3-2　片内清零程序流程图

1）汇编语言源程序

```
        ORG     00H
        AJMP    MAIN
        ORG     0030H
MAIN:   MOV     R0,#30      ;清零次数设置
        MOV     R1,#40H     ;指向清零起始地址
CLEAR:  CLR     A           ;将累加器 A 清零
        MOV     @R1,A       ;将累加器的内容送入地址
        INC     R1          ;指向下一个地址
        DJNZ    R0,CLEAR    ;是否已达清零次数？若否，继续清零
        SJMP    $
        END
```

2）C 语言源程序

```
#include "reg51.h"
#include "absacc.h"
#defineuchar unsigned char
void main(void)
{
  uchar i;
  for(i=0;i<30;i++)
    {
      DBYTE[0x40+i]=0x00;
    }
  while(1);
}
```

第 3 章　51 系列单片机程序设计

单片机系统的开发，离不开软件设计和硬件设计。对于读者来说，不仅要学会使用汇编语言或 C 语言编写单片机系统的程序代码，还应学会软件调试方法。

3.1　清零与置数程序的设计

3.1.1　片内清零程序的设计

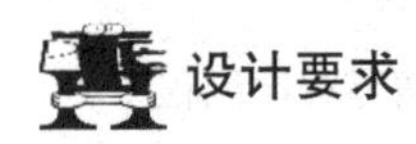

设计要求

将片内 30H 地址开始的连续 30 个地址中的内容清零。

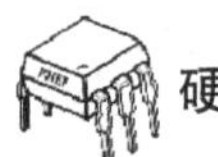

硬件设计

在桌面上双击图标，打开 Proteus 8 Professional 软件。执行菜单命令“File”→“New Project”，新建一个原理图的 DEFAULT 模板，保存项目名称为“片内清零 . pdsprj”。在元器件选择按钮 P L DEVICES 中单击“P”按钮，或者执行菜单命令“Library”→“Pick parts from libraries”，添加表 3-1 所列的元器件。

Proteus 电路图绘制软件中的单片机型号必须与在 Keil C51 中选择的型号完全一致。

表 3-1　片内清零项目所用元器件

单片机 AT89C51	瓷片电容 CAP 30pF	晶振 CRYSTAL 11. 0592MHz
电阻 RES	按钮 BUTTON	电解电容 CAP-ELEC

在 Proteus 原理图编辑窗口中放置元器件，然后单击工具箱中元器件终端图标，在对象选择器中单击“POWER”和“GROUND”，放置电源和地。完成元器件放置和布线后，设置各元器件的参数，完成电路图的设计，如图 3-1 所示。

程序设计

使用汇编语言编写片内连续地址内容清零程序时，首先设定起始地址并指定清零个数，然后使用 DJNZ 指令进行循环判断，其程序流程图如图 3-2 所示。

使用 C 语言编写片内连续地址内容清零程序时，需使用“include <absacc. h>”指令，以允许直接访问 8051 单片机不同区域的存储器。由于本设计是访问片内 RAM，因此需使用 DBYTE 函数，该函数允许访问 8051 片内 RAM 中的字节。要将连续单元清零，可以使用 for 语句来设置循环次数。

图 3-4　存储器数据

3.1.2　置数程序的设计

设计要求

将片内从 40H 地址开始的连续 48 个地址中的内容置为 0FEH。

硬件设计

本设计可使用图 3-1 所示的硬件电路图。

程序设计

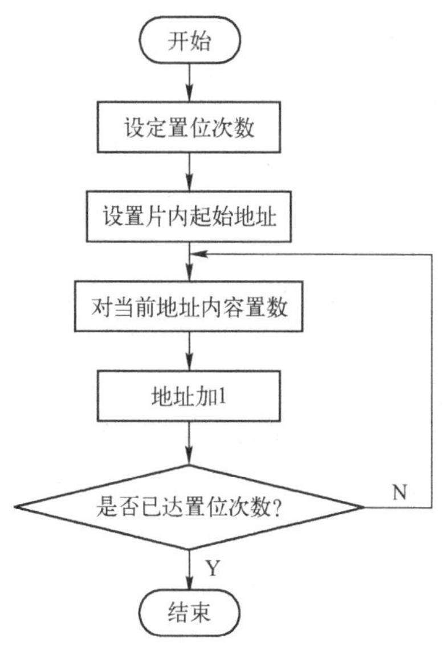

图 3-5　置数程序流程图

使用汇编语言编写片内连续地址内容置数程序时，可首先设定起始地址，并指定置位个数，然后使用 CJNE 指令进行循环判断，其程序流程图如图 3-5 所示。

使用 C 语言编写片内连续地址内容置数程序时，同样需使用 DBYTE 函数。将连续单元置数时，可以使用 for 语句来设置循环次数，循环体可使用“DBYTE[0x40+i]=0xFE”。

1）汇编语言源程序

```
        ORG   00H
        AJMP  MAIN
        ORG   0030H
MAIN:   MOV   R0,#0D0H        ;置位次数设置(256-48=0D0H)
        MOV   R1,#40H         ;指向置数起始地址
SETD:   MOV   A,#0FEH         ;将累加器 A 置数
        MOV   @R1,A           ;将累加器的内容送入地址
        INC   R1              ;指向下一个地址
        INC   R0              ;次数加 1
        CJNE  R0,#00H,SETD    ;是否已达置位次数？若没有,继续置数
        SJMP  $
        END
```

2）C语言源程序

```
#include "reg51.h"
#include "absacc.h"
#defineuchar unsigned char
void main(void)
{
  uchar i;
  for(i=0;i<48;i++)
     {
        DBYTE[0x40+i]=0xFE;
     }
  while(1);
}
```

调试与仿真

1）在Keil中调试程序　打开Keil软件，创建“置数程序”项目，输入汇编语言（或C语言）源程序，并将该源程序文件添加到项目中。编译源程序，生成“置数程序.HEX”文件。

执行菜单命令“Debug”→“Start/Stop Debug Session”，按“F11”键，单步运行程序。在“Memory”窗口的“Address”栏中输入“D：40H”，可以看到相应地址的内容均为FEH。

2）在Proteus中调试程序　在已绘制好的Proteus电路图中双击AT89C51单片机，并添加在Keil中生成的“置数程序.HEX”文件，实现Keil与Proteus的联机。

单击按钮 II ，进入程序调试状态。打开“8051 CPU Registers”和“8051 CPU Internal（IDATA）Memory”窗口，单步运行程序。在程序运行过程中，可以在这两个窗口中看到各寄存器及存储单元的变化。程序运行完后，ACC中的内容为FEH，R1中的地址为70H。由于源程序中设置R1的初值为40H，这说明置数操作被执行了48次（70H-40H=30H=48），40H~70H的单元内容均为FEH，如图3-6所示。

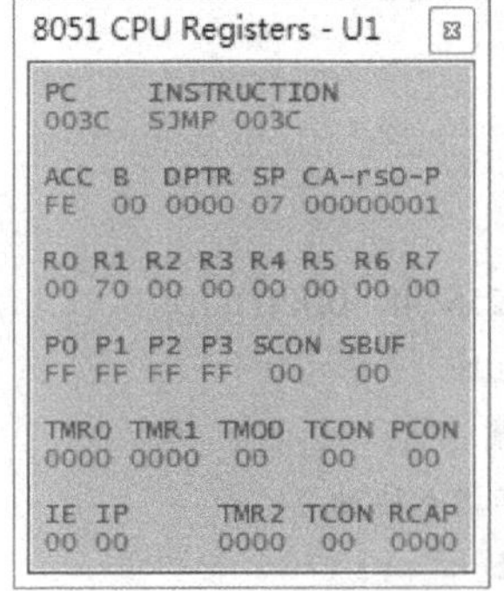

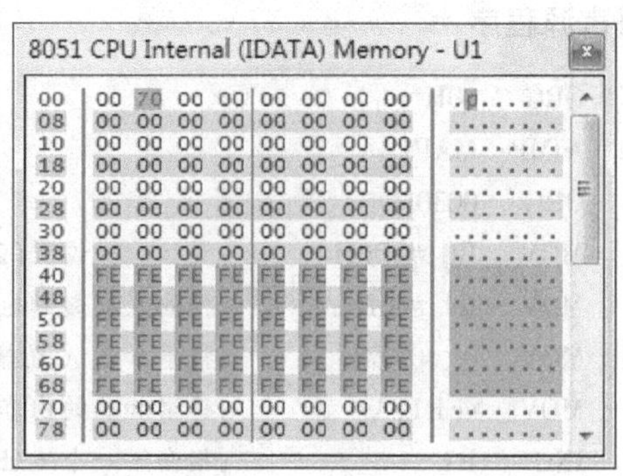

图3-6　存储器数据

3.2　拼字与拆字程序的设计

拼字指的是将不同存储单元中的两个数据按照一定的要求将相关位拼在一起；而拆字与拼字是互逆操作，它指的是将某存储单元中的内容拆成高位和低位，然后分别存放到另外两个存储单元中。

3.2.1　片内拼字程序的设计

设计要求

将片内 30H 单元中的低位和 40H 单元中的低位拼成一个数据，存放在 50H 单元中。

硬件设计

本设计可使用图 3-1 所示的硬件电路图。

程序设计

使用汇编语言实现片内拼字程序时，首先将 30H 单元中的内容暂存在寄存器 A 中，使用“与”指令取其低位并存入 50H 单元中；然后再将 40H 单元的内容暂存在寄存器 A 中，使用“与”指令取其低位并将其高、低位互换，然后再与 50H 单元中的内容进行“或”操作，并将“或”的结果存入 50H 单元中，其程序流程图如图 3-7 所示。

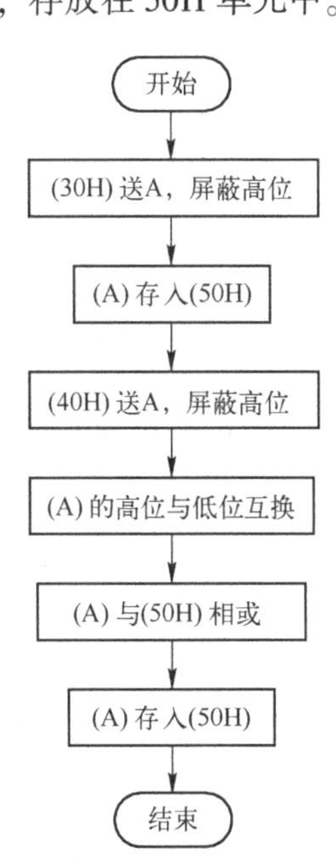

图 3-7　片内拼字程序流程图

使用 C 语言实现片内拼字程序时，首先将 0x30 单元中的内容与 0x0F 进行逻辑“与”操作，再将 0x40 单元中的内容与 0x0F 进行逻辑“与”操作并进行高低位互换，然后将这两个逻辑操作的结果进行逻辑“或”操作后，将其结果送到 0x50 单元中。

1）汇编语言源程序

```
        ORG     00H
        AJMP    MAIN
        ORG     0030H
MAIN:   MOV     30H,#56H        ;给 30H 和 40H 赋值
        MOV     40H,#43H
        MOV     A,30H           ;取(30H)送 A
        ANL     A,#0FH          ;屏蔽高位
        MOV     50H,A           ;低位送 50H
        MOV     A,40H           ;取(40H)送 A
        ANL     A,#0FH          ;屏蔽高位
        SWAP    A               ;(A)高低位互换
```

```
        ORL     A,50H           ;(A)与(50H)相或
        MOV     50H,A           ;结果送(50H)
        END
```

2）C 语言源程序

```
#include "reg51.h"
#include "absacc.h"
#defineuchar unsigned char
void main(void)
{
    uchar a,b;
    DBYTE[0x30]=0x56;                    //给 0x30 赋值
    DBYTE[0x40]=0x43;                    //给 0x40 赋值
    a=DBYTE[0x30]&0x0F;                  //取 0x30 单元低 4 位
    b=DBYTE[0x40]&0x0F;                  //取 0x40 单元低 4 位
    b=b<<4;                              //将 0x40 单元低 4 位移位后变成高 4 位
    DBYTE[0x50]=a|b;                     //拼字
    while(1);
}
```

调试与仿真

1）在 Keil 中调试程序　打开 Keil 软件，创建“片内拼字”项目，输入汇编语言（或 C 语言）源程序，并将该源程序文件添加到项目中。编译源程序，生成“片内拼字 . HEX”文件。

执行菜单命令“Debug”→“Start/Stop Debug Session”，按“F11”键，单步运行程序。在“Memory”窗口的“Address”栏中输入“D:30H”，可以看到相应存储单元中的内容，如图 3-8 所示。

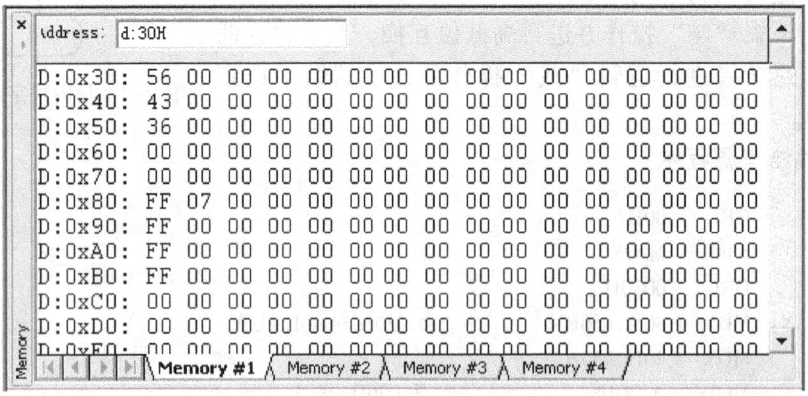

```
Address: d:30H
D:0x30: 56 00 00 00 00 00 00 00 00 00 00 00 00 00 00 00
D:0x40: 43 00 00 00 00 00 00 00 00 00 00 00 00 00 00 00
D:0x50: 36 00 00 00 00 00 00 00 00 00 00 00 00 00 00 00
D:0x60: 00 00 00 00 00 00 00 00 00 00 00 00 00 00 00 00
D:0x70: 00 00 00 00 00 00 00 00 00 00 00 00 00 00 00 00
D:0x80: FF 07 00 00 00 00 00 00 00 00 00 00 00 00 00 00
D:0x90: FF 00 00 00 00 00 00 00 00 00 00 00 00 00 00 00
D:0xA0: FF 00 00 00 00 00 00 00 00 00 00 00 00 00 00 00
D:0xB0: FF 00 00 00 00 00 00 00 00 00 00 00 00 00 00 00
D:0xC0: 00 00 00 00 00 00 00 00 00 00 00 00 00 00 00 00
D:0xD0: 00 00 00 00 00 00 00 00 00 00 00 00 00 00 00 00
Memory #1 | Memory #2 | Memory #3 | Memory #4
```

图 3-8　片内拼字程序窗口

2）在 Proteus 中调试程序　在已绘制好的 Proteus 电路图中双击 AT89C51 单片机，添加在 Keil 中生成的“片内拼字 . HEX”文件，实现 Keil 与 Proteus 的联机。

单击按钮 **II**，进入程序调试状态。打开“8051 CPU Registers”和“8051 CPU Internal（IDATA）Memory”窗口，单步运行程序。在程序运行过程中，可以在这两个窗口中看到各寄存器及存储单元的变化。程序运行完后，30H 单元中的内容为 56H，40H 单元中的内容为 43H，50H 单元中的内容为 36H，如图 3-9 所示。

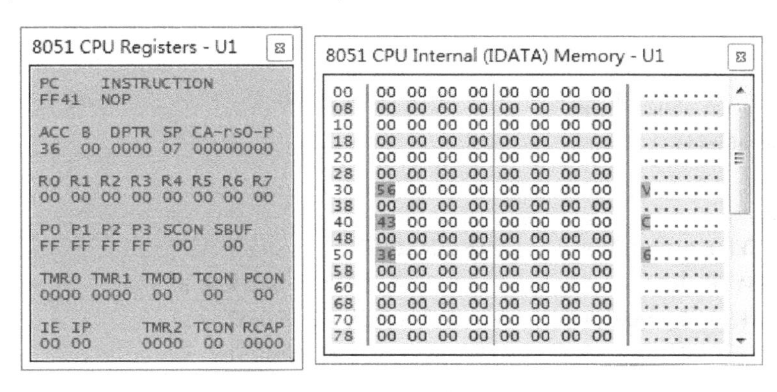

图 3-9　片内拼字程序运行结果

3.2.2　片内拆字程序的设计

设计要求

将片内 30H 单元中的内容拆成高位和低位，然后将高位存入 31H 单元中，低位存入 32H 单元中。

硬件设计

本设计可使用图 3-1 所示的硬件电路图。

程序设计

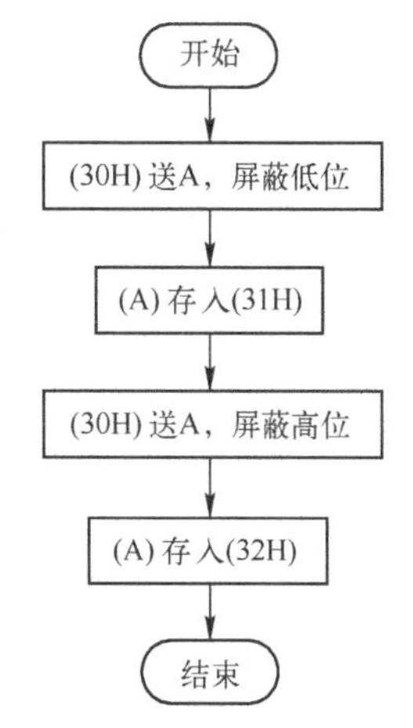

图 3-10　片内拆字程序流程图

使用汇编语言实现片内拆字程序时，可使用 ANL 指令对相关位进行屏蔽，取高位时使用“ANL A，#0F0H”指令，取低位时使用“ANL A，#0FH”指令，其程序流程图如图 3-10 所示。

使用 C 语言实现片内拆字程序时，可以先将 0x30 单元中的内容送变量 a，再将 a 通过逻辑“与”操作进行高、低 4 位的分离，然后分别送入 0x31 和 0x32 中即可。

1）汇编语言源程序

```
        ORG     00H
        AJMP    MAIN
        ORG     0030H
MAIN:   MOV     30H,#0A3H       ;给 30H 赋初值
        MOV     A,30H           ;(30H)送 A
        ANL     A,#0F0H         ;取(30H)高位,送(31H)
        MOV     31H,A
        MOV     A,30H           ;(30H)送 A
```

```
        ANL     A,#0FH          ;取(30H)低位,送(32H)
        MOV     32H,A
        END
```

2）C 语言源程序

```
#include "reg51.h"
#include "absacc.h"
#define uchar unsigned char
void main(void)
{
  uchar a;
  DBYTE[0x30]=0xA3;         //给 0x30 赋值
  a=DBYTE[0x30];            //将 0x30 单元中的内容送变量 a
  DBYTE[0x32]=a&0x0F;       //取变量 a 的低 4 位送 0x32
  DBYTE[0x31]=a&0xF0;       //取变量 a 的高 4 位送 0x31
  while(1);
}
```

调试与仿真

1）在 Keil 中调试程序 打开 Keil 软件，创建“片内拆字”项目，输入汇编语言（或 C 语言）源程序，并将该源程序文件添加到项目中。编译源程序，生成“片内拆字 .HEX”文件。

执行菜单命令“Debug”→“Start/Stop Debug Session”，按“F11”键，单步运行程序。在“Memory”窗口的“Address”栏中输入“D:30H”，可以看到 30H、31H 和 32H 单元的内容，如图 3-11 所示。

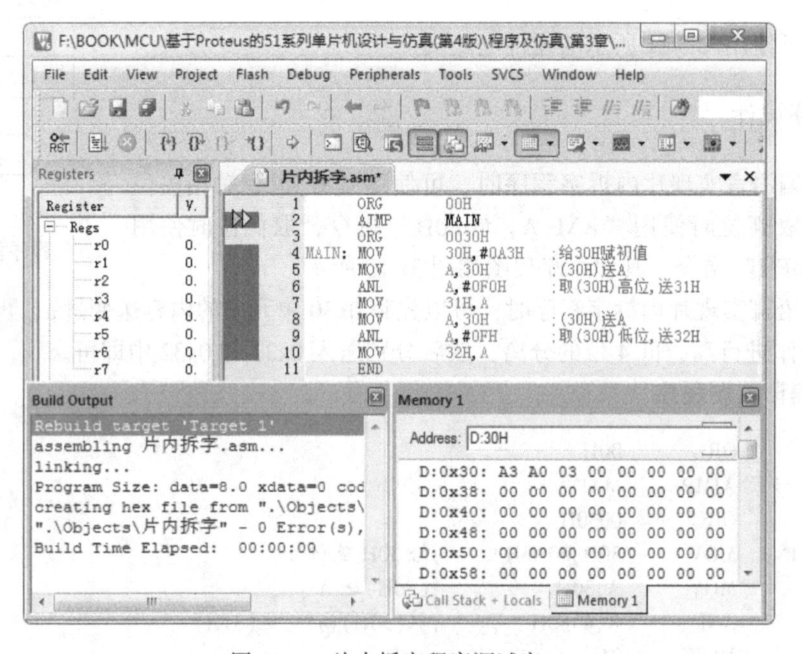

图 3-11　片内拆字程序调试窗口

2）在 Proteus 中调试程序　在已绘制好的 Proteus 电路图中双击 AT89C51 单片机，添加在 Keil 中生成的“片内拆字.HEX”文件，实现 Keil 与 Proteus 的联机。

单击按钮 ‖ ，进入程序调试状态。打开“8051 CPU Registers”和“8051 CPU Internal (IDATA) Memory”窗口，单步运行程序。在程序运行过程中，可以在这两个窗口中看到各寄存器及存储单元的变化。程序运行完后，30H 单元中的内容为 A3H，31H 单元中的内容为 A0H，32H 单元中的内容为 03H，如图 3-12 所示。

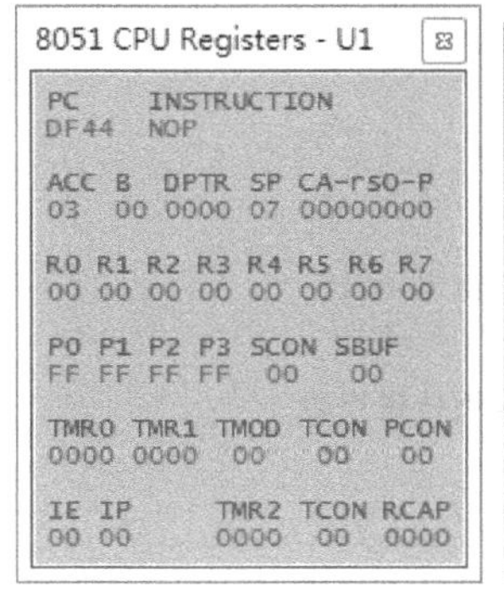

图 3-12　片内拆字程序运行结果

3.3　数据块传送与排序程序的设计

3.3.1　数据块传送程序的设计

设计要求

数据块传送指的是将某一连续的存储单元的数据传送到另一连续的存储单元中。要求将片内从 30H 开始的连续 7 个单元的数据送入从 40H 开始的存储单元中。

硬件设计

本设计可使用图 3-1 所示的硬件电路图。

程序设计

使用汇编语言编写程序时，首先指定传送地址和传送个数，然后利用 DJNZ 指令来判断是否传送完，其程序流程图如图 3-13 所示。

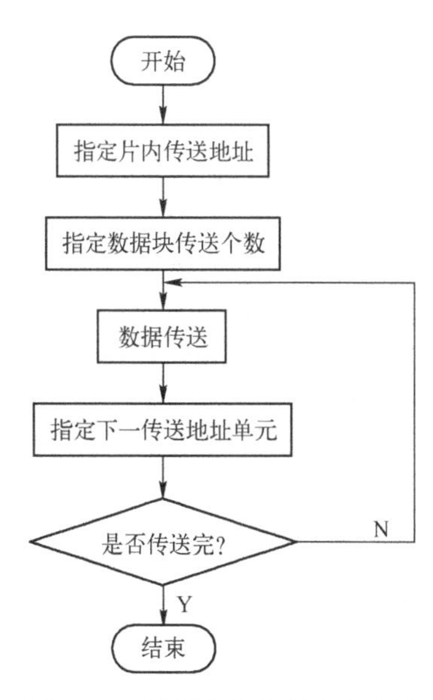

图 3-13　数据块传送程序流程图

使用 C 语言编写程序时，可以使用 for 语句来设置传送个数，在循环体中使用“DBYTE[0x40+i]=DBYTE[30+i]”指令来实现数据块传送操作。

1）汇编语言源程序

```
        ORG     00H
        AJMP    MAIN
        ORG     0030H
MAIN:   MOV     30H,#03H        ;指定 30H 至 36H 单元内容初值
        MOV     31H,#0A3H
        MOV     32H,#32H
        MOV     33H,#9AH
        MOV     34H,#0BAH
        MOV     35H,#0ACH
        MOV     36H,#09H
        MOV     R0,#30H         ;指定片内传送地址
        MOV     R1,#40H
        MOV     R2,#07H         ;指定数据块传送个数
LP:     MOV     A,@R0           ;数据传送
        MOV     @R1,A
        INC     R0              ;指定下一传送地址单元
        INC     R1
        DJNZ    R2,LP           ;是否传送完？若没有,则继续
        SJMP    $
        END
```

2）C 语言源程序

```
#include "reg51.h"
#include "absacc.h"
#define uchar unsigned char
void main(void)
{
  uchari;
  DBYTE[0x30]=0x03;                    //给 0x30 开始连续单元赋值
  DBYTE[0x31]=0xA3;
  DBYTE[0x32]=0x32;
  DBYTE[0x33]=0x9A;
  DBYTE[0x34]=0xBA;
  DBYTE[0x35]=0xAC;
  DBYTE[0x36]=0x09;
  for(i=0;i<7;i++)
    {
      DBYTE[0x40+i]=DBYTE[0x30+i];     //数据传送
    }
  while(1);
}
```

调试与仿真

1）在 Keil 中调试程序　打开 Keil 软件，创建“数据块传送”项目，输入汇编语言

（或 C 语言）源程序，并将该源程序文件添加到项目中。编译源程序，生成“数据块传送 . HEX”文件。

执行菜单命令“Debug”→“Start/Stop Debug Session”，按“F11”键，单步运行程序。在“Memory”窗口的“Address”栏中输入“D：30H”，可看出已将 30H～36H 单元中的数据传送到 40H～46H 单元，如图 3-14所示。

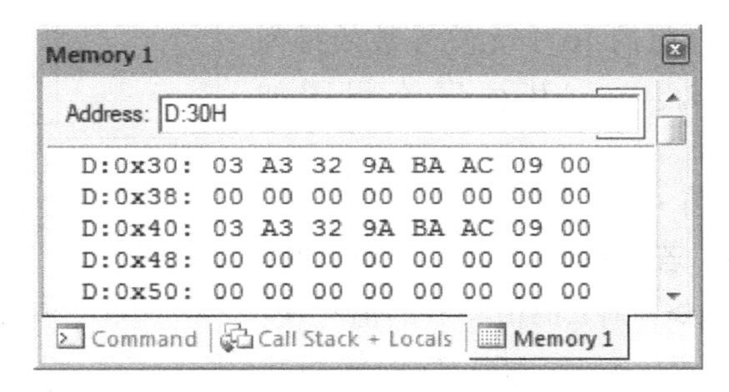

图 3-14　数据块传送程序存储器调试窗口

2）在 Proteus 中调试程序　在已绘制好的 Proteus 电路图中双击 AT89C51 单片机，添加在 Keil 中生成的“数据块传送 . HEX”文件，实现 Keil 与 Proteus 的联机。

单击按钮 II ，进入程序调试状态。打开“8051 CPU Registers”和“8051 CPU Internal（IDATA）Memory”窗口，单步运行程序。在程序运行过程中，可以在这两个窗口中看到各寄存器及存储单元的变化。数据块传送程序运行结果如图 3-15 所示。

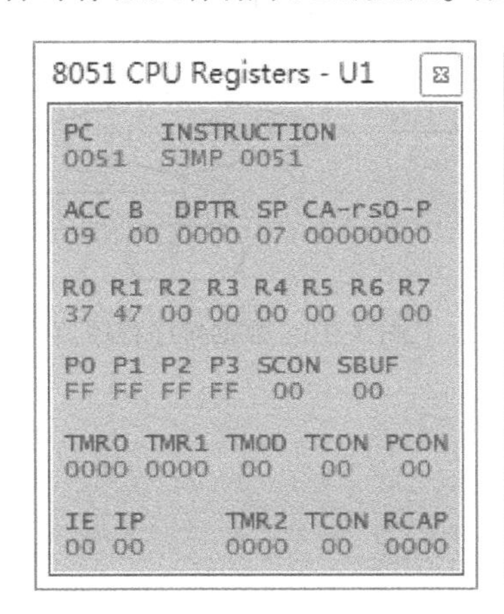

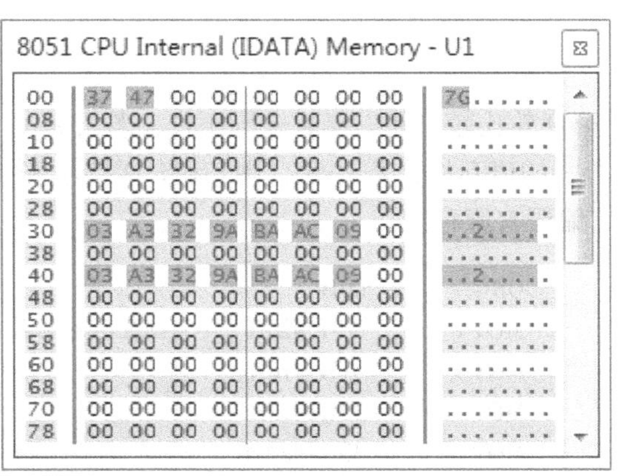

图 3-15　数据块传送程序运行结果

3.3.2　数据排序程序的设计

设计要求

将片内从 30H 单元开始的 10 个无符号数，按从小到大的顺序排列。

硬件设计

本设计可使用图 3-1 所示的硬件电路图。

程序设计

实现数据从小到大排序的算法有很多种，本节仅以冒泡算法为例进行介绍，该算法是因在数据比较过程中较小的数据向上冒、较大的数据往下沉而得名的。在本例中，假设排序前的 10 个无符号数的排列顺序为 i_1、i_2、……、i_9、i_{10}。其程序流程图如图 3-16所示。

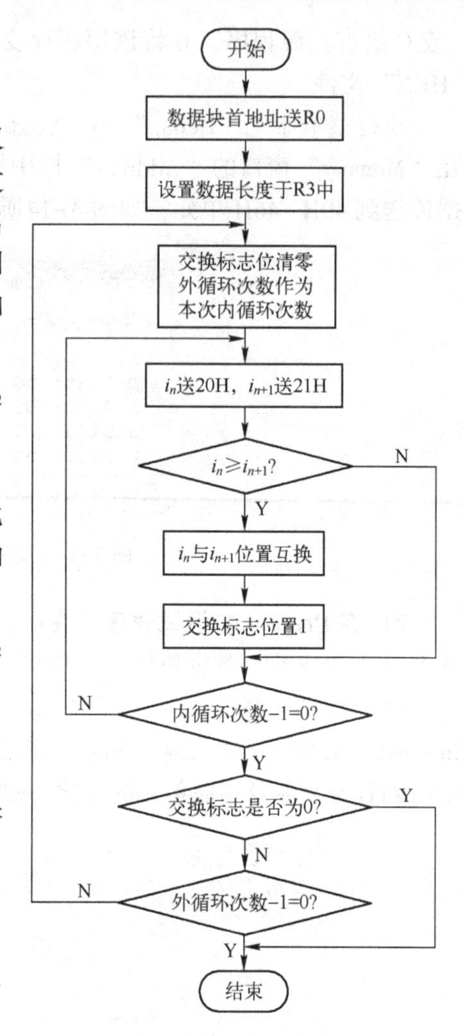

图 3-16　数据排序程序流程图

（1）第 1 轮比较：将 i_1与 i_2进行比较，若 $i_1 \geq i_2$则 i_1的值与 i_2的值互换，若 $i_1 < i_2$则 i_1和 i_2保持不变；将 i_2与 i_3进行比较，若 $i_2 \geq i_3$则 i_2的值与 i_3的值互换，若 $i_2 < i_3$则 i_2和 i_3保持不变；……；将 i_9与 i_{10}进行比较，若 $i_9 \geq i_{10}$则 i_9的值与 i_{10}的值互换，若 $i_9 < i_{10}$则 i_9和 i_{10}保持不变。

（2）第 2 轮比较：将 i_1与 i_2进行比较，若 $i_1 \geq i_2$则 i_1的值与 i_2的值互换，若 $i_1 < i_2$则 i_1和 i_2保持不变；将 i_2与 i_3进行比较，若 $i_2 \geq i_3$则 i_2的值与 i_3的值互换，若 $i_2 < i_3$则 i_2和 i_3保持不变；……；将 i_8与 i_9进行比较，若 $i_8 \geq i_9$则 i_8的值与 i_9的值互换，若 $i_8 < i_9$则 i_8和 i_9保持不变。

……

（9）第 9 轮比较：将 i_1与 i_2进行比较，若 $i_1 \geq i_2$，则 i_1的值与 i_2的值互换；若 $i_1 < i_2$，则 i_1和 i_2保持不变。

1）汇编语言源程序

```
        ORG     00H
        MOV     30H,#20H        ;设置排序初值
        MOV     31H,#16H
        MOV     32H,#10H
        MOV     33H,#2AH
        MOV     34H,#29H
        MOV     35H,#06H
        MOV     36H,#1AH
        MOV     37H,#0EH
        MOV     38H,#0ACH
        MOV     39H,#03H
        MOV     R0, #30H        ;数据区首地址送 R0
        MOV     R3, #9H         ;将外循环次数送 R3
LP0:    CLR     7FH             ;将交换标志位 2FH.7 清零
        MOV     A, R3           ;取外循环次数
        MOV     R2, A           ;设置内循环次数
        MOV     R0,#30H         ;重新设置数据区首址
LP1:    MOV     20H, @R0        ;数据区数据送 20H 单元中
```

```
        MOV     A, @ R0         ;将 20H 单元数据送 A
        INC     R0              ;修改地址指针(R0+1)
        MOV     21H, @ R0       ;下一个单元的数据送 21H
        CLR     C               ;Cy 清零
        SUBB    A, 21H          ;将当前单元的数据与下一个单元的数据比较
        JC      LP2             ;CY=1,前者小,程序转移;CY=0,前者大,不转移,继续执行
        MOV     @ R0, 20H       ;前、后单元的数据互换
        DEC     R0
        MOV     @ R0, 21H
        INC     R0              ;修改地址指针(R0+1)
        SETB    7FH             ;置位交换标志位 2FH.7 为 1
        ;内循环次数 R2-1=0? 若 R2 不等于 0,继续比较;若 R2=0,程序结束循环,程序往下执行
LP2:    DJNZ    R2, LP1
        JNB     7FH, LP3        ;交换标志位 2FH.7 若为 0,则程序转到 LP3 处结束循环
        ;外循环次数 R3-1=0? 若 R3 不等于 0,继续比较;若 R3=0,程序结束循环,程序往下执行
        DJNZ    R3, LP0
LP3:    SJMP    $
        END
```

2）C 语言源程序

```
#include "reg51.h"
#include "absacc.h"
#define uchar unsigned char
void main(void)
{
  uchari,j,k,m;
  DBYTE[0x30]=0x20;             //给 0x30 开始的连续单元赋值
  DBYTE[0x31]=0x16;
  DBYTE[0x32]=0x10;
  DBYTE[0x33]=0x2A;
  DBYTE[0x34]=0x29;
  DBYTE[0x35]=0x06;
  DBYTE[0x36]=0x1A;
  DBYTE[0x37]=0x0E;
  DBYTE[0x38]=0xAC;
  DBYTE[0x39]=0x03;
  for(i=0;i<10;i++)
   {
     k=i;
        for(j=i;j<10;j++)
         {
           if(DBYTE[0x30+k]>DBYTE[0x30+j])
             {
               k=j;
             }
            m=DBYTE[0x30+k];
            DBYTE[0x30+k]=DBYTE[0x30+i];
```

```
                DBYTE[0x30+i]=m;
            }
        }
        while(1);
    }
```

调试与仿真

1）在 Keil 中调试程序 打开 Keil 软件，创建“数据排序”项目，输入汇编语言（或 C 语言）源程序，并将该源程序文件添加到项目中。编译源程序，生成“数据排序.HEX”文件。

执行菜单命令“Debug”→“Start/Stop Debug Session”，按“F11”键，单步运行程序。在“Memory”窗口的“Address”栏中输入“D：30H”，可以看到 30H~39H 单元的数据由小到大按顺序排序，如图 3-17 所示。

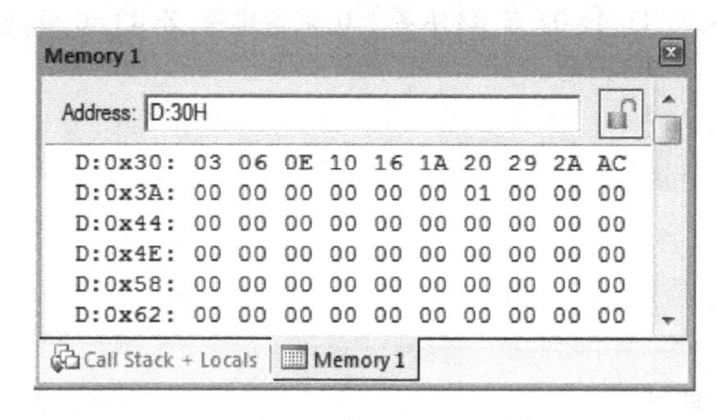

图 3-17 数据排序程序运行结果（Keil）

2）在 Proteus 中调试程序 在已绘制好的 Proteus 电路图中双击 AT89C51 单片机，添加在 Keil 中生成的“数据排序.HEX”文件，实现 Keil 与 Proteus 的联机。

单击按钮 ‖ ，进入程序调试状态。打开“8051 CPU Registers”和“8051 CPU Internal（IDATA）Memory”窗口，单步运行程序。在程序运行过程中，可以在这两个窗口中看到各寄存器及存储单元的变化。程序运行完后，30H~39H 单元的内容由小到大按顺序排序，如图 3-18 所示。

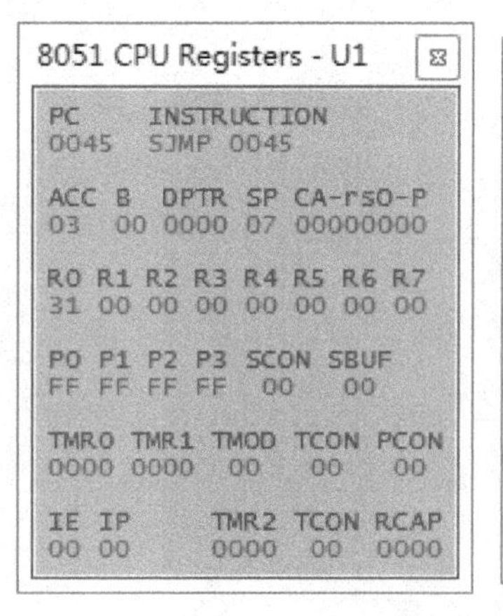

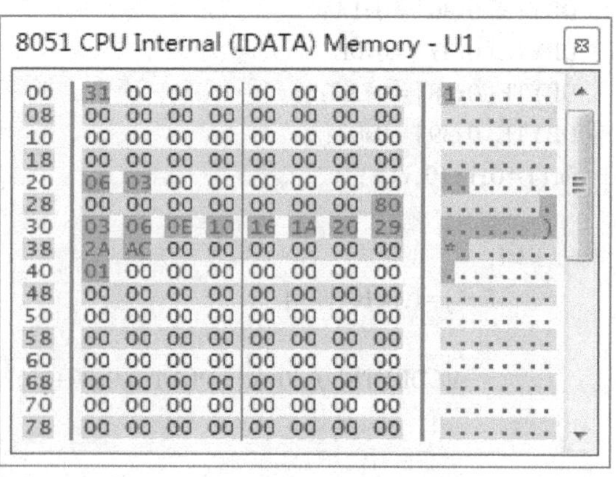

图 3-18 数据排序程序运行结果（Proteus）

第 4 章　51 系列单片机通用 I/O 端口控制

单片机的输入/输出（Input/Output，I/O）端口，又称 I/O 接口、I/O 通道、I/O 通路，它是单片机与外围器件或外部设备实现控制和信息交换的桥梁。51 系列单片机有 4 个双向 8 位 I/O 端口 P0~P3，共 32 根 I/O 引线。每个双向 I/O 端口都包含了一个锁存器（即专用寄存器 P0~P3）、一个输出驱动器和一个输入缓冲器。

4.1　声光控制

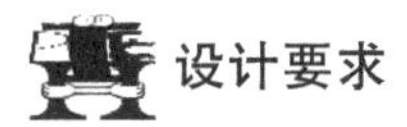

4.1.1　声光报警控制

设计要求

在某控制系统中，当系统发生故障时，能产生声光报警信号，直至技术人员将故障排除为止。利用单片机 P1 端口实现该报警功能。

硬件设计

本例中，用开关替代故障信号：发生故障，开关有效；解除故障后，开关恢复常态（无效）。LED 作为故障信号灯，由 P1.1 输出控制（需连接限流电阻）；声音则通过 P1.7 输出控制蜂鸣器发声，蜂鸣器由 NPN 型三极管（如 8050）进行驱动。

在桌面上双击图标，打开 Proteus 8 Professional 软件。新建一个 DEFAULT 模板，添加表 4-1 所列的元器件，并完成图 4-1 所列的硬件电路图设计。

表 4-1　声光报警项目所用元器件

单片机 AT89C51	瓷片电容 CAP 30pF	晶振 CRYSTAL 11.0592MHz	电解电容 CAP-ELEC
电阻 RES	按钮 BUTTON	发光二极管 LED-GREEN	三极管 NPN
开关 SWITCH	蜂鸣器 SOUNDER		

程序设计

报警灯需要闪烁，因此设计程序时，将 P1.1 引脚每次取反后，延时一定的时间；报警声是由 P1.7 引脚有规律地输出脉冲，以此来驱动蜂鸣器发出声音。该脉冲分为 500Hz 信号（信号周期为 2ms）和 1kHz 信号（信号周期为 1ms）。声光报警程序流程图如图 4-2 所示。

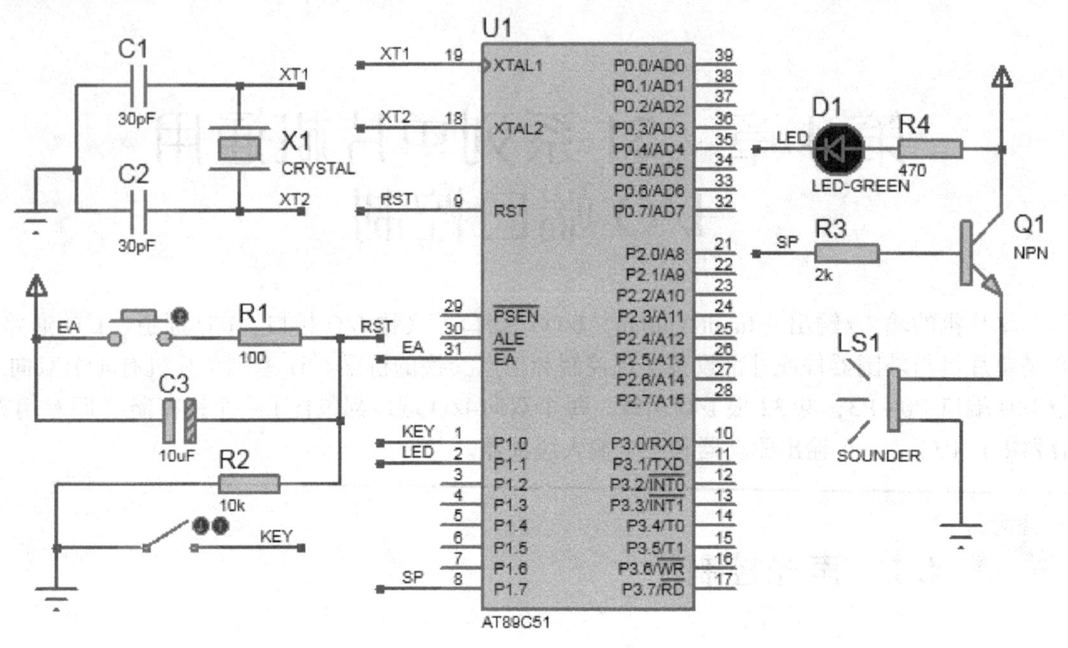

图 4-1　声光报警电路图

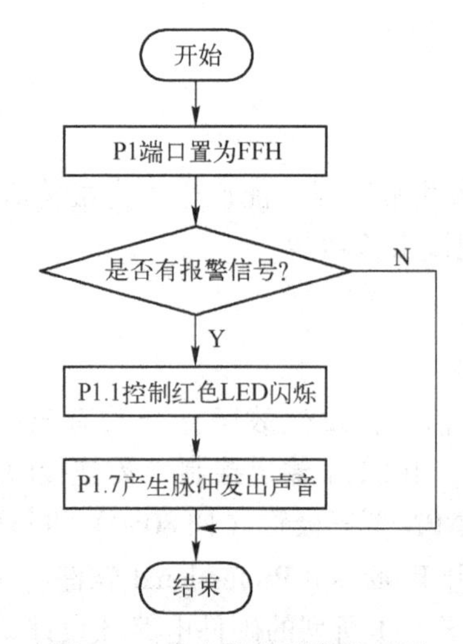

图 4-2　声光报警程序流程图

1）汇编语言源程序

```
        SWITCH   BIT  P1.0
        LED      BIT  P1.1
        BEEP     BIT  P1.7
        ORG      0000H
        JMP      MAIN
        ORG      0030H
MAIN:   MOV      P1,#0FFH             ;将 P1 端口全置 1
LOOP:   JB       SWITCH,EXIT          ;判断 P1.0 是否为低电平
        LCALL    LAMP
        LCALL    SOUND
```

```
        SJMP    MAIN
LAMP:   CPL     LED             ;P1.1 闪烁
        LCALL   DELAY
        CPL     LED
        LCALL   DELAY
        RET
SOUND:  MOV     R2,#200         ;P1.7 控制蜂鸣器发声
SOUND1: CPL     BEEP            ;输出频率为 500Hz,晶振为 11.0592MHz
        LCALL   DELAY500        ;延时 1ms
        LCALL   DELAY500
        DJNZ    R2,SOUND1
        MOV     R2,#200
SOUND2: CPL     BEEP            ;输出频率为 1kHz,晶振为 11.0592MHz
        LCALL   DELAY500        ;延时 500μs
        DJNZ    R2,SOUND2
        RET
DELAY:  MOV     R7,#200
DELA:   MOV     R6,#230
        DJNZ    R6,$
        DJNZ    R7,DELA
        RET
DELAY500:MOV    R7,#230
        DJNZ    R7,$
        RET
EXIT:   NOP
        END
```

2）C 语言源程序

```
#include <reg51.h>
#define uchar unsigned char
#define uint  unsigned int
sbit  SWITCH=P1^0;
sbit  LED=P1^1;
sbit  BEEP=P1^7;
void delay(void)
  {
     uchar i,j;
     for(i=200;i>0;i--)
     for(j=230;j>0;j--);
  }
void delay500(void)               //500μs 延时函数
  {
     uchar  i;
     for(i=230;i>0;i--);
  }
void  LAMP(void)
  {
```

```
        LED=~LED;
        delay();
        LED=~LED;
        delay();
    }
void  SOUND(void)
    {
        uchar j;
        for(j=200;j>0;j--)
          {
            BEEP=~BEEP;           //输出频率为1kHz
            delay500();           //延时500μs
          }
        for(j=200;j>0;j--)
          {
            BEEP=~BEEP;           //输出频率为500Hz
            delay500();           //延时1ms
            delay500();
          }
    }
void  main()
    {
        P1=0xFF;
        while(1)
          {
            if(SWITCH==0)
              {
                LAMP();
                SOUND();
              }
          }
}
```

调试与仿真

打开Keil软件，创建“声光报警”项目，输入汇编语言（或C语言）源程序，并将该源程序文件添加到项目中。编译源程序，生成“声光报警.HEX”文件。

在已绘制好的Proteus电路图中双击AT89C51单片机，添加在Keil中生成的“声光报警.HEX”文件，实现Keil与Proteus的联机。

在Proteus中单击按钮▶，进入仿真状态。没有故障信号时的运行结果如图4-3所示。系统发生故障时（开关闭合），LED闪烁，蜂鸣器发出声音，如果计算机与音箱连接好，则音箱会发出相应的声音。如果计算机没有连接音箱，可以将单片机的P1.7引脚与虚拟示波器的通道A连接起来，则在运行状态下，当系统发生故障时（开关闭合），LED闪烁，蜂鸣器发出声音，同时虚拟示波器输出频率变化的方波，如图4-4所示。

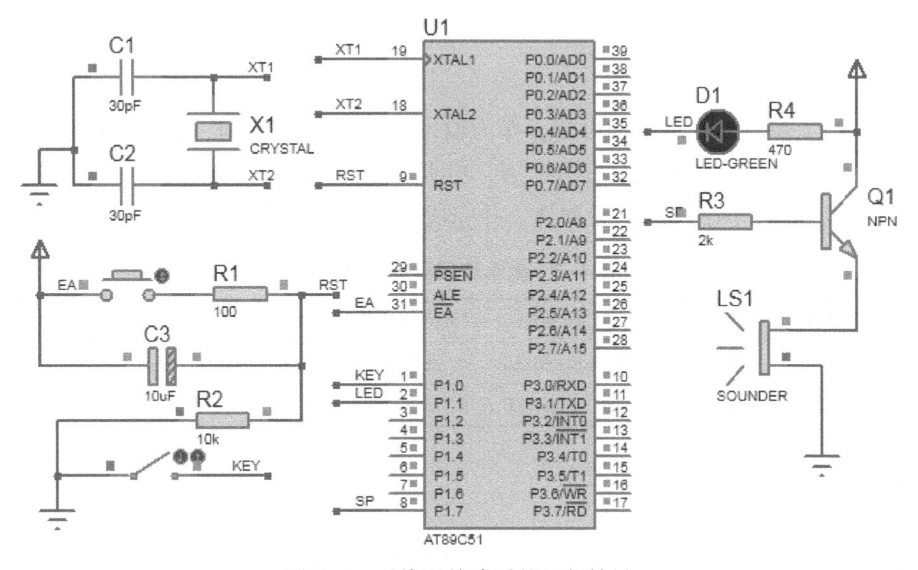

图 4-3　系统无故障时的运行结果

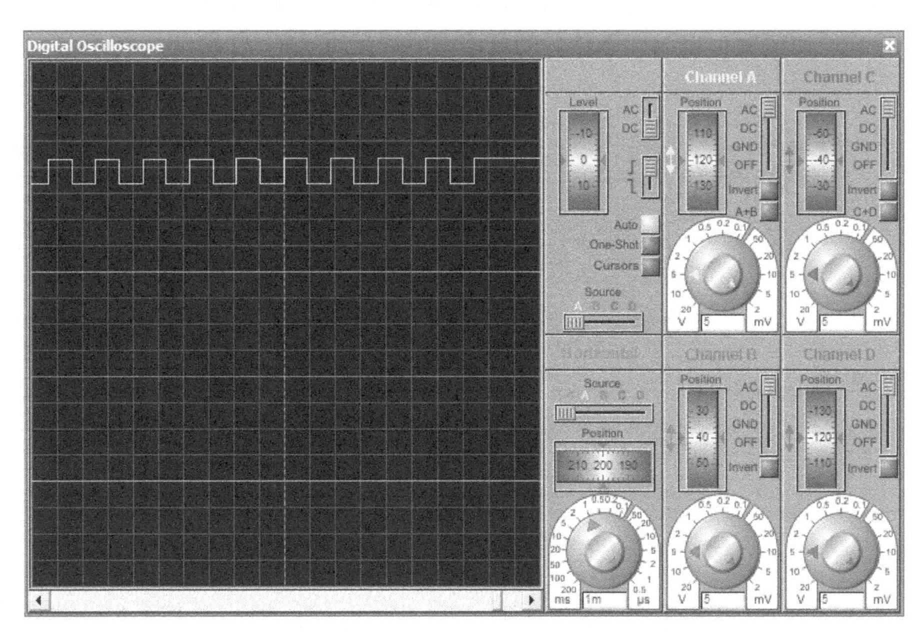

图 4-4　系统发生故障时示波器输出的波形

在 Keil 中修改延时时间的长短，则 LED 闪烁间隔时长不同，蜂鸣器发出的声音也有所不同。

4.1.2　流水灯控制

 **设计要求**

使用单片机 P2 端口实现 8 个 LED 的流水灯（D1～D8）控制。

硬件设计

由单片机 P2 端口的内部结构可知，作为输出端口驱动 LED 时，需外接限流电阻。限流电阻通常可取 470Ω。在桌面上双击图标，打开 Proteus 8 Professional 软件。新建一个 DEFAULT 模板，添加表 4-2 所列的元器件，并完成图 4-5 所示的硬件电路图设计。

表 4-2　流水灯项目所用元器件

单片机 AT89C51	瓷片电容 CAP 30pF	晶振 CRYSTAL 11.0592MHz	电解电容 CAP-ELEC
电阻 RES	发光二极管 LED-BLUE	发光二极管 LED-GREEN	发光二极管 LED-YELLOW
按钮 BUTTON	发光二极管 LED-RED		

程序设计

流水灯又称跑马灯，可使用循环移位指令来实现。使用汇编语言编写源程序时，需要使用 RL　A 指令，其程序流程图如图 4-6 所示。使用 C 语言编写程序时，需要使用 j=j<<1 指令，且将移位初值置为 0x01，移位后的数值需要取反再送给 P2 端口。

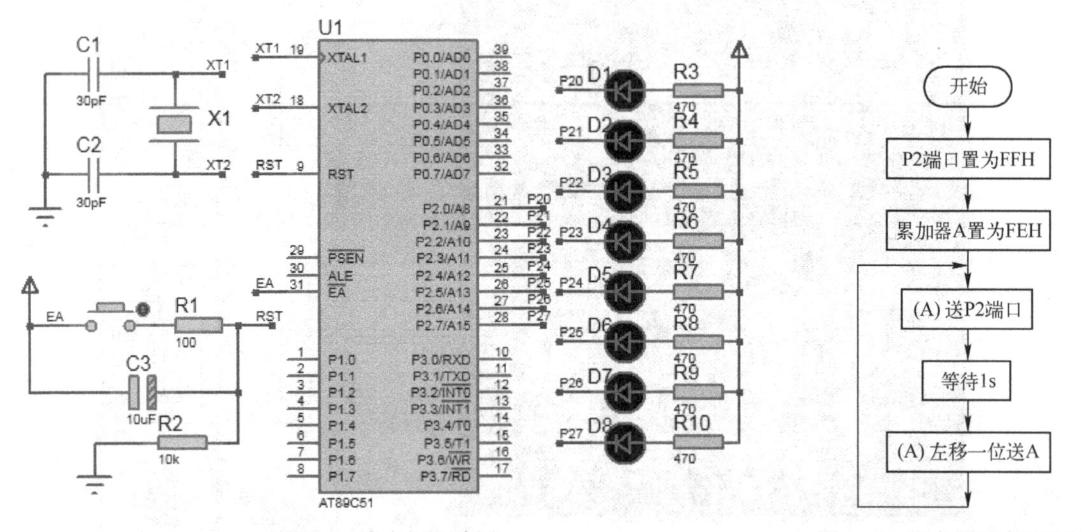

图 4-5　流水灯电路图　　　　图 4-6　流水灯程序流程图

1）汇编语言源程序

```
+          ORG      00H
           AJMP     MAIN
           ORG      0030H        ;从 RAM 内存地址 30 开始执行程序
MAIN:      MOV      P0,#0FFH     ;将 P0、P1、P2 端口初始化为高电平
           MOV      P1,#0FFH
           MOV      P2,#0FFH
           MOV      A, #0FEH     ;0FEH 的二进制码为 11111110,置为 0 的引脚就会亮灯
MAIN2:     MOV      P2, A        ;(A)送 P2 端口,使相应 LED 点亮
           ACALL    DELAY        ;调用延时子程序
           RL       A            ;累加器内容左移一位
```

```
        AJMP    MAIN2       ;跳转到主程序入口 MAIN2
DELAY:  MOV     R7,#10      ;延时 1s
DE1:    MOV     R6,#200
DE2:    MOV     R5,#230
        DJNZ    R5,$
        DJNZ    R6,DE2
        DJNZ    R7,DE1
        RET
        END
```

2）C 语言源程序

```
#include "reg51.h"
#define uint unsigned int
#define uchar unsigned char
void delay(void)
  {
      uint i,j,k;
      for(i=10;i>0;i--)
        {for(j=200;j>0;j--)
          {for(k=230;k>0;k--); }}
  }
void main(void)
  {
      uchar i,j;
      P2=0xFF;
      while(1)
        {
          j=0x01;
          for(i=0;i<8;i++)
            {
              P2=~j;
              delay();
              j=j<<1;
            }
        }
}
```

调试与仿真

打开 Keil 软件，创建“流水灯”项目，输入汇编语言（或 C 语言）源程序，并将该源程序文件添加到项目中。编译源程序，生成“流水灯 . HEX”文件。

在已绘制好的 Proteus 电路图中双击 AT89C51 单片机，添加在 Keil 中生成的“流水灯 . HEX”文件，实现 Keil 与 Proteus 的联机。

在 Proteus 电路图绘制软件的编辑窗口中单击按钮 ▶ ，可以看到，首先 D1 点亮，等待 1s 后熄灭；同时 D2 点亮，同样等待 1s 后熄灭；……D8 点亮，等待 1s 熄灭后；D1 点亮……如此循环，其运行结果如图 4-7 所示。

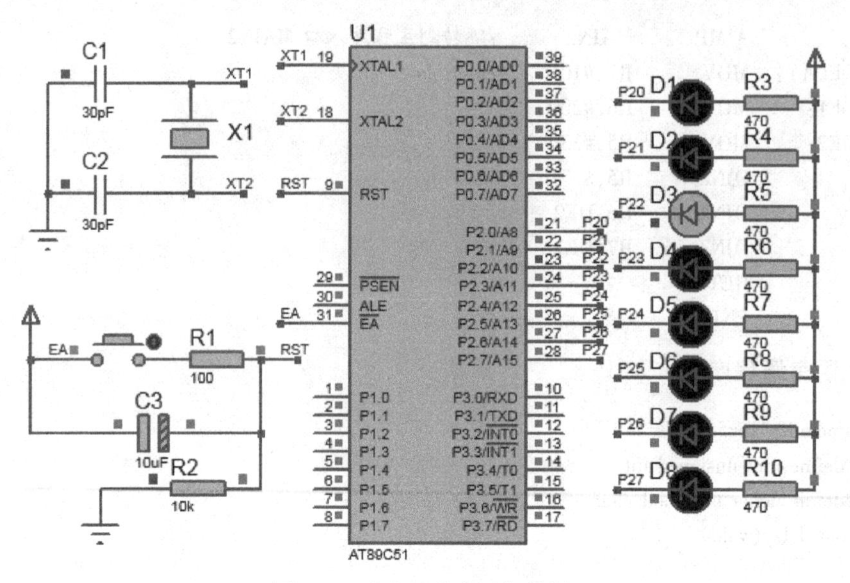

图 4-7　流水灯程序运行结果

4.1.3　花样灯控制

设计要求

使用 P0 端口控制 8 个 LED（D1～D8）进行花样显示。显示顺序规律如下所述。

（1）8 个 LED 依次左移点亮。

（2）8 个 LED 依次右移点亮。

（3）D1、D3、D5、D7 亮 1s 后熄灭，D2、D4、D6、D8 亮 1s 后熄灭；循环 3 次。

（4）D1～D4 亮 1s 后熄灭，D5～D8 亮 1s 后熄灭；循环 2 次。

（5）D3、D4、D7、D8 亮 1s 后熄灭，D1、D2、D5、D6 亮 1s 后熄灭；循环 3 次。

（6）返回步骤（1）进行循环显示。

硬件设计

由单片机 P0 端口的内部结构可知，作为 I/O 端口使用时，需外接约 4.7kΩ 的上拉电阻，在此采用电阻排。

在桌面上双击图标，打开 Proteus 8 Professional 软件。新建一个 DEFAULT 模板，添加表 4-3 所列的元器件，并完成图 4-8 所示的硬件电路图设计。

表 4-3　花样灯项目所用元器件

单片机 AT89C51	瓷片电容 CAP 30pF	晶振 CRYSTAL 11.0592MHz	电解电容 CAP-ELEC
电阻 RES	电阻排 RESPACLK-8	发光二极管 LED-GREEN	发光二极管 LED-YELLOW
按钮 BUTTON	发光二极管 LED-RED	发光二极管 LED-BLUE	

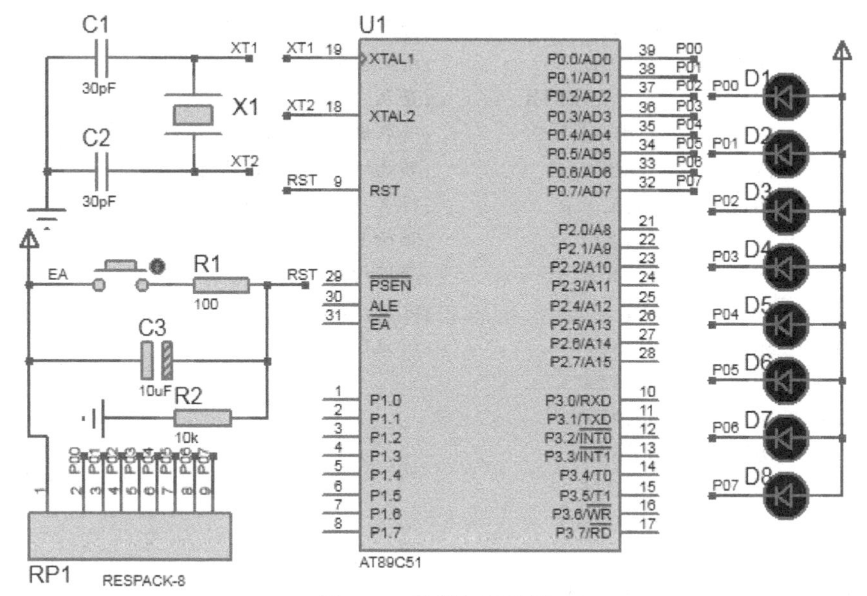

图 4-8　花样灯电路图

程序设计

由于此程序的花样显示较复杂，利用查表方式编程较简单，如果想显示不同的花样，只需将表中的代码更改即可，其程序流程图如图 4-9 所示。

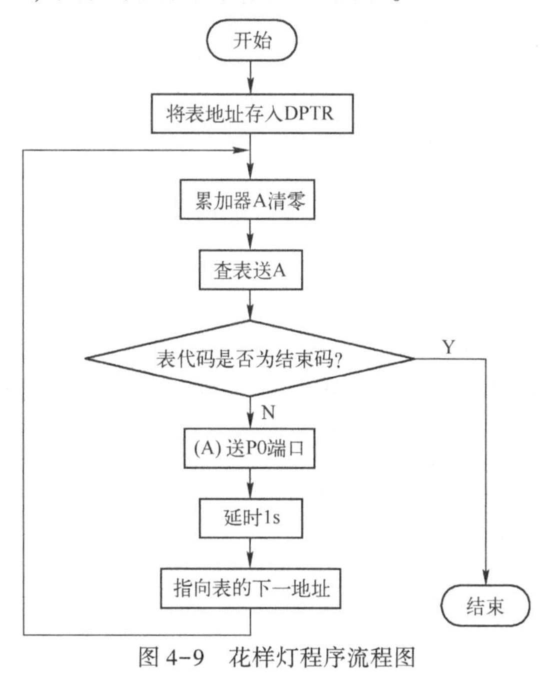

图 4-9　花样灯程序流程图

1）汇编语言源程序

```
ORG     00H
AJMP    START
ORG     30H
```

```
START: MOV      DPTR,#TABLE         ;将表地址存入DPTR
LP1:   MOV      A,#00H              ;清除累加器
       MOVC     A,@A+DPTR           ;查表
       CJNE     A,#1BH,LP2          ;若取出的代码不是结束码,则进行下一步操作
       JMP      START               ;若是结束码,则重新进行操作
LP2:   MOV      P0,A                ;将A中的值送P0端口,显示
       LCALL    DELAY               ;等待1s
       INC      DPTR                ;数据指针加1,指向下一个码
       JMP      LP1                 ;返回,取码
DELAY: MOV      R7,#10              ;1s延时子程序
DE1:   MOV      R6,#200
DE2:   MOV      R5,#230
       DJNZ     R5,$
       DJNZ     R6,DE2
       DJNZ     R7,DE1
       RET
TABLE: DB  0feH,0fdH,0fbH,0f7H      ;正向流水灯
       DB  0efH,0dfH,0bfH,07fH
       DB  0bfH,0dfH,0efH,0f7H      ;反向流水灯
       DB  0fbH,0fdH,0feH,0ffH
       DB  0aaH,55H,0aaH,55H        ;隔灯闪烁
       DB  0aaH,55H,0ffH
       DB  0f0H,0fH,0f0H,0fH,0ffH   ;高4盏低4盏闪烁
       DB  33H,0ccH,33H,0ccH
       DB  33H,0ccH,0ffH            ;隔两盏闪烁
       DB  1BH                      ;退出码
       END
```

2）C语言源程序

```
#include"reg51.h"
#define uint unsigned int
#define uchar unsigned char
const tab[] = {0xfe,0xfd,0xfb,0xf7,0xef,0xdf,0xbf,0x7f,        //正向流水灯
              0xbf,0xdf,0xef,0xf7,0xfb,0xfd,0xfe,0xff,          //反向流水灯
              0xaa,0x55,0xaa,0x55,0xaa,0x55,0xff,               //隔灯闪烁
              0xf0,0x0f,0xf0,0x0f,0xff,                         //高4盏低4盏闪烁
              0x33,0xcc,0x33,0xcc,0x33,0xcc,0xff};              //隔两盏闪烁
void delay(void)
  {
    uint i,j,k;
    for(i=10;i>0;i--)
      {for(j=200;j>0;j--)
        {for(k=230;k>0;k--); }}
  }
void main(void)
{
  uchar i;
```

```
    while(1)
      {
        for(i=0;i<35;i++)
          {
              P0=tab[i];
              delay();
          }
      }
}
```

调试与仿真

打开 Keil 程序，创建“花样灯”项目，输入汇编语言（或 C 语言）源程序，并将该源程序文件添加到项目中。编译源程序，生成“花样灯 . HEX”文件。

在已绘制好的 Proteus 电路图中双击 AT89C51 单片机，添加在 Keil 中生成的“花样灯 . HEX”文件，实现 Keil 与 Proteus 的联机。

在 Proteus 电路图绘制软件的编辑窗口中单击按钮 ▶ ，可看到 8 个 LED 按设计要求进行显示，其运行结果如图 4-10 所示。

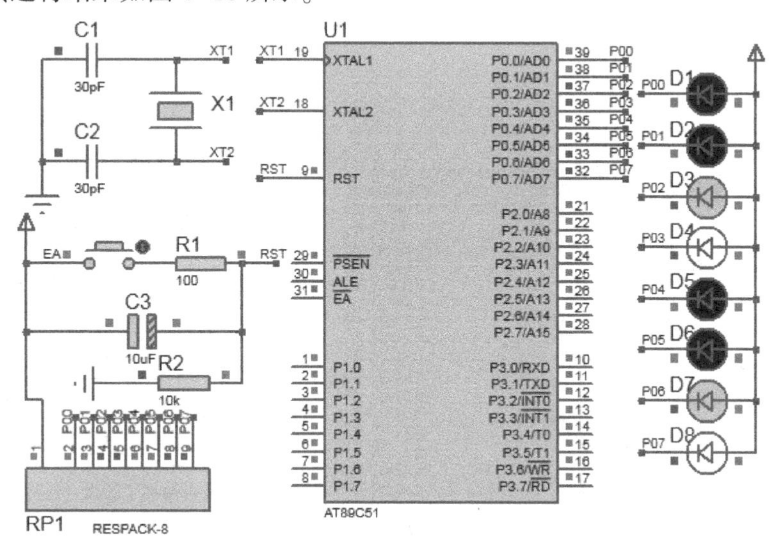

图 4-10　花样灯程序运行结果

4.2　定时器/计数器控制

4.2.1　延时控制

设计要求

使用定时器/计数器进行延时控制，要求在与 P1.0 和 P1.1 连接的两个 LED 之间按 1s 间隔闪烁。

硬件设计

在桌面上双击图标，打开 Proteus 8 Professional 软件。新建一个 DEFAULT 模板，添加表 4-4 所列的元器件，并完成图 4-11 所示的硬件电路图设计。

表 4-4 延时控制项目所用元器件

单片机 AT89C51	瓷片电容 CAP 30pF	晶振 CRYSTAL 12MHz	电解电容 CAP-ELEC
电阻 RES	按钮 BUTTON	发光二极管 LED-GREEN	发光二极管 LED-RED

程序设计

由于定时器直接延时的最大时间 $t_{max}=(2^{16}-0)\times12/(12\times10^{6})\,s=65536\mu s$，为延时 1s，必须采用循环计数方式实现。其方法为，定时器每延时 50ms，单片机内部寄存器加 1，然后定时器重新开始延时，当内部寄存器计数达 20 次时，表示已延时 1s。设定定时器 T0 工作在方式 1，延时 50ms，初始值 TMOD 为 10H，TH0 为 4CH，TL0 为 00H。其程序流程图如图 4-12 所示。

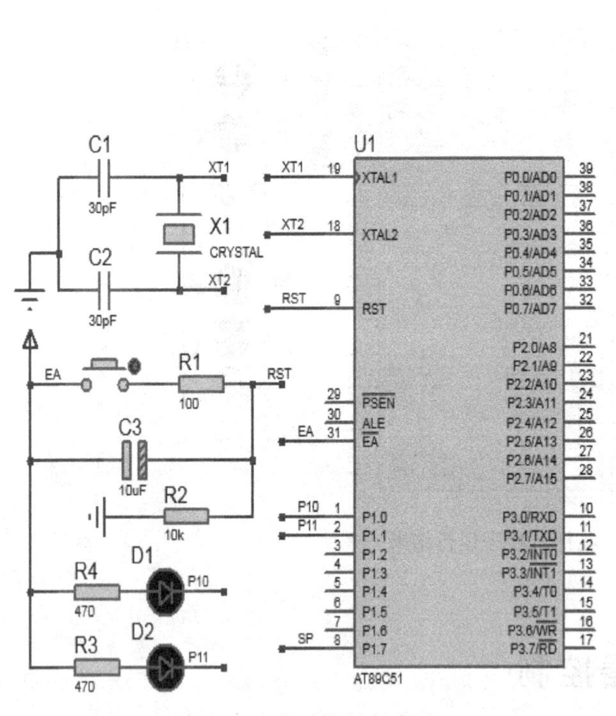

图 4-11 延时控制电路图

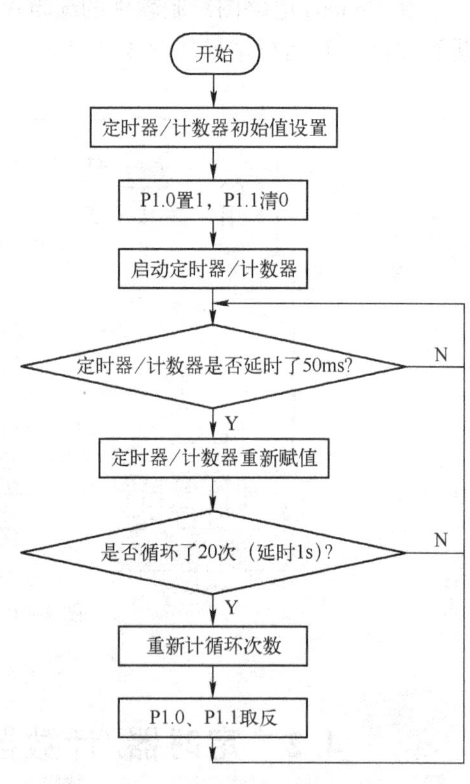

图 4-12 延时控制程序流程图

1）汇编语言源程序

```
D1      BIT     P1.0
D2      BIT     P1.1
ORG     0000H
        AJMP    MAIN
```

```
        ORG     0030H
MAIN:   MOV     SP,#60H          ;初始化堆栈
        ;给定时器0赋初值
        MOV     TMOD,#001H       ;使用16位模式[方式1,M1=0,M0=1]
        MOV     TH0,#4CH         ;初始化定时器0的溢出间隔时间为50ms
        MOV     TL0,#00H         ;TH为高位,TL为低位
        SETB    TR0              ;启用定时器0
        SETB    D1
        CLR     D2
        MOV     R7,#00H          ;用R7计数
LOOP:   JNB     TF0,LOOP         ;当计数溢出时,硬件置位TF0为1,向下执行,否则调
用LOOP
        MOV     TH0,#4CH         ;初始化定时器0的溢出间隔时间
        MOV     TL0,#00H         ;TH为高位,TL为低位
        INC     R7
        CLR     TF0
        CJNE    R7,#14H,LOOP
        ACALL   LOOP1            ;20次循环闪亮一次
        AJMP    LOOP
LOOP1:  MOV     R7,#00H
        CPL     D1               ;接P1.0上的LED闪烁
        CPL     D2
        RET
        END
```

2）C语言源程序

```
#include"reg51.h"
#define uint unsigned int
#define uchar unsigned char
sbit  D1=P1^0;                //定义位变量
sbit  D2=P1^1;
uint t=0;
void time0_server_(void) interrupt 1
  {
    TH0=0x4C;                 //定时时间为50ms,11.0592MHz的晶振
    TL0=0x00;
    t++;
  }
void Init_t0(void)            //定时器初始化
  {
    TMOD=0X01;                //选择方式1
    TH0=0x4C;
     TL0=0x00;
     EA=1;
    ET0=1;
    TR0=1;
  }
```

```
void main(void)
  {
    D1=1;
    D2=0;
    Init_t0();
    while(1)
      {
        if(t==20)                    // 1s 闪亮一次
          {
            t=0;
            D1=~D1;
            D2=~D2;
          }
      }
  }
```

调试与仿真

打开 Keil 软件，创建“延时控制”项目，输入汇编语言（或 C 语言）源程序，并将该源程序文件添加到项目中。编译源程序，生成“延时控制.HEX”文件。

在已绘制好的 Proteus 电路图中双击 AT89C51 单片机，添加在 Keil 中生成的“延时控制.HEX”文件，实现 Keil 与 Proteus 的联机。

在 Proteus 电路图绘制软件的编辑窗口中单击按钮 ▶，运行程序。从运行示意图可以看出，P1.0 和 P1.1 控制的两个 LED（D1 和 D2）交替闪烁，闪烁间隔时间为 1s。其运行结果如图 4-13 所示。

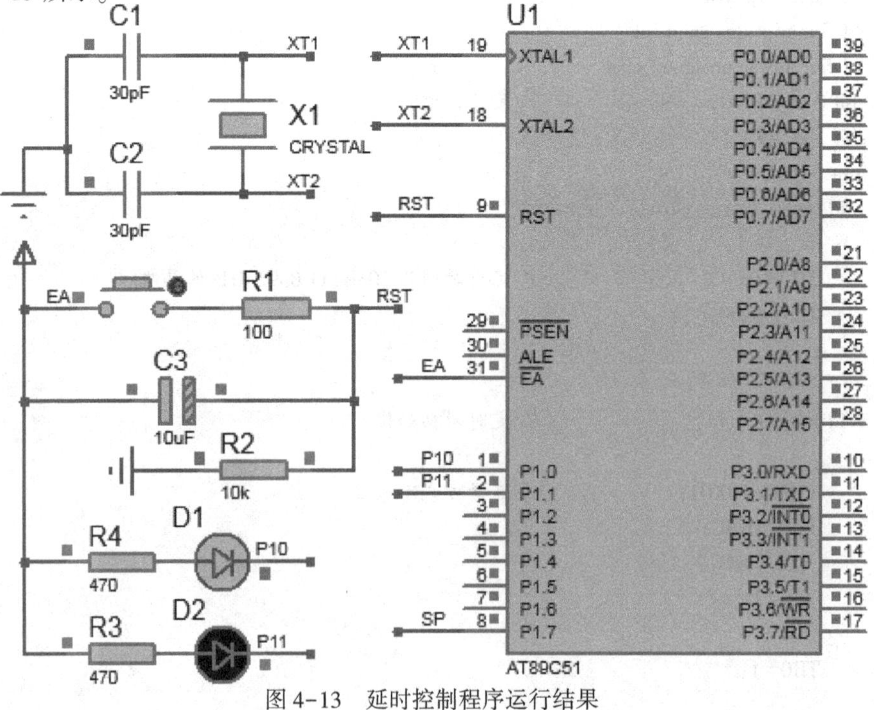

图 4-13　延时控制程序运行结果

4.2.2　计数控制

设计要求

设单片机的晶振频率为 12MHz，使用定时器 1 进行计数控制，要求在方式 0 下，由 P1.0 输出周期为 1ms 的等宽正方波。以查询方式完成设计。

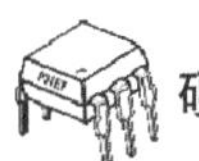

硬件设计

在桌面上双击图标，打开 Proteus 8 Professional 软件。新建一个 DEFAULT 模板，添加表 4-5 所列的元器件。双击各元器件，设置元器件参数；单击工具箱中图标，在对象选择器中单击“OSCILLOSCOPE”，放置示波器，完成电路图的设计，如图 4-14 所示。

表 4-5　计数控制项目所用元器件

单片机 AT89C51	瓷片电容 CAP 30pF
晶振 CRYSTAL 12MHz	电解电容 CAP-ELEC
电阻 RES	按钮 BUTTON

程序设计

要产生 1ms 的等宽正方波脉冲，只需在 P1.0 引脚每隔 500μs 交替输出高、低电平即可。使用 12MHz 的晶振频率，则 1 个机器周期为 1μs。设待求的初值为 X，则：

$X=2^{13}-f_{osc}\times t/12=8192-12\times500/12=8192-500=7692=1E0CH=0001111000001100B$

由于采用方式 0，作为 13 位计数器使用，TL1 的高 3 位未用，应输入 0，TH1 占 8 位，所以 X 的实际值应为 1111000000001100B，即 F00CH，TH1 = F0H，TL1 = 0CH。其程序流程图如图 4-15 所示。

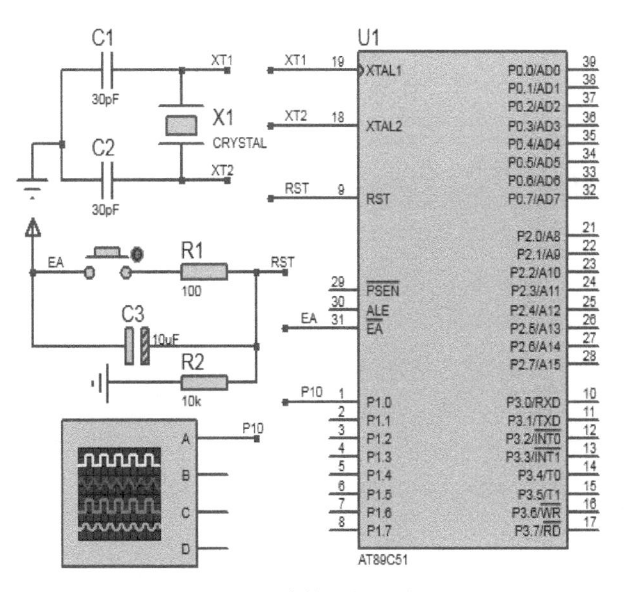

图 4-14　计数控制电路图

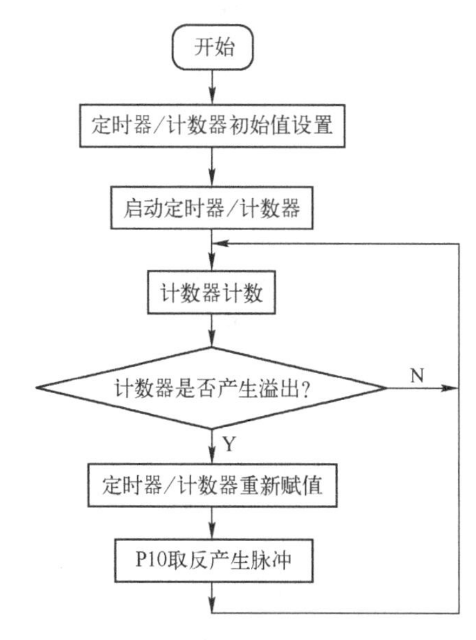

图 4-15　计数控制程序流程图

1）汇编语言源程序

```
WAVEOUT     BIT     P1.0
            ORG     0000H
            AJMP    MAIN
            ORG     0030H
MAIN:       MOV     TMOD, #00H          ;设置T1为工作方式0
            MOV     TH1, #0F0H          ;设置T1的计数初值X
            MOV     TL1, #0CH
            MOV     IE, #00H            ;禁止中断
            SETB    TR1                 ;启动T1
LP1:        JBC     TF1,LP2             ;查询计数是否溢出
            AJMP    LP1                 ;若没有溢出,继续查询
LP2:        MOV     TH1, #0F0H          ;若溢出,重新置计数初值X
            MOV     TL1, #0CH
            CPL     WAVEOUT             ;输出取反
            SJMP    LP1                 ;重复循环
            END
```

2）C语言源程序

```
#include<reg51.h>
sbit waveout=P1^0;              //定义位变量
void Timer1(void)
{
  if(TF1==1)                    //查询是否发生定时溢出
    {
        waveout=~waveout;
        TH1=0xF0;
        TL1=0x0C;
        TF1=0;
    }
}
void T1_init(void)              //T1初始化
{
  TMOD=0x00;
  TH1=0xF0;
  TL1=0x0C;
  TR1=1;
}
void main()
{
  T1_init();
  while(1)
   {
    Timer1();
   }
}
```

调试与仿真

打开 Keil 软件，创建“计数控制”项目，输入汇编语言（或 C 语言）源程序，并将该源程序文件添加到项目中。编译源程序，生成“计数控制.HEX”文件。

在已绘制好的 Proteus 电路图中双击 AT89C51 单片机，添加在 Keil 中生成的“计数控制.HEX”文件，实现 Keil 与 Proteus 的联机。

在 Proteus 电路图绘制软件的编辑窗口中单击按钮 ▶ ，运行程序。在弹出示波器的运行界面中选择通道 A，电压范围挡设置为 2V，扫描速度调节挡选择 0.5ms，调节水平轴及 Y 轴，使输出波形显示在相应方格中，以便观察输出波形，如图 4-16 所示。从图中看出，测量的波形为 1ms 等宽正方波脉冲，符合设计要求。更改 TH1 和 TL1 的值，可输出周期不同的等宽正方波脉冲。

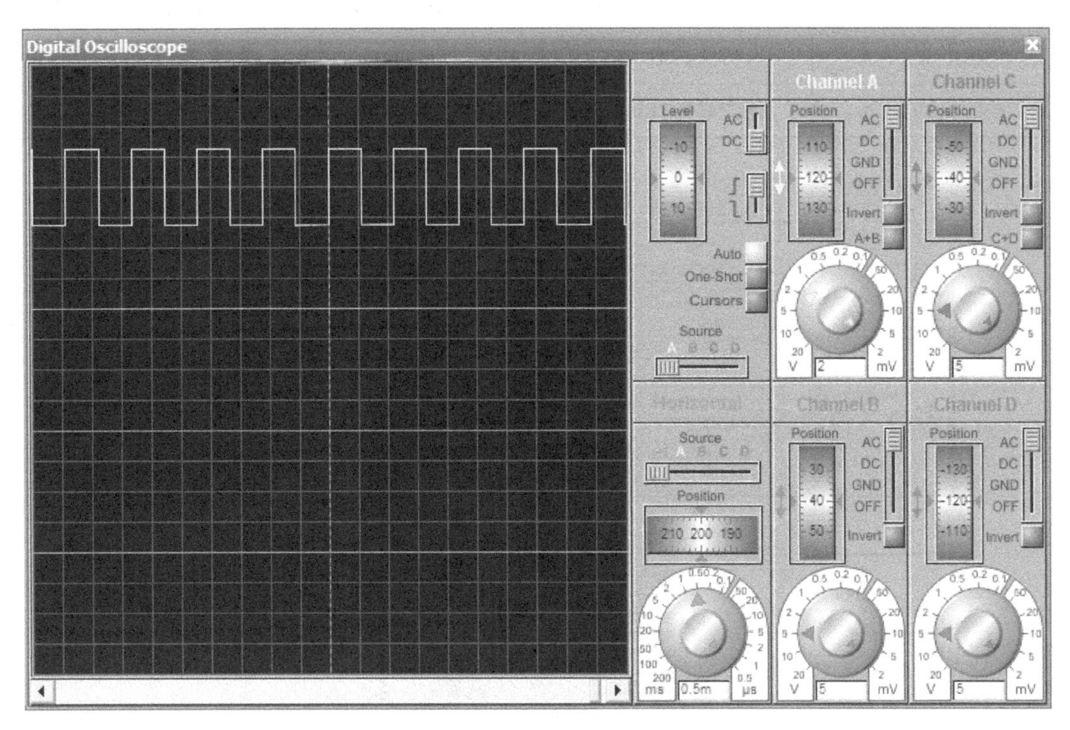

图 4-16　示波器中显示的输出波形

4.3　外部中断控制

4.3.1　单个外部中断控制

设计要求

利用 P1 端口进行花样显示，显示规律如下所述。

（1）8 个 LED（D1～D8）依次左移点亮。

（2）8 个 LED 依次右移点亮。

（3）D1、D3、D5、D7 亮 1s 后熄灭，然后 D2、D4、D6、D8 亮 1s 后熄灭；循环 3 次。

单片机的$\overline{\text{INT0}}$引脚与按钮 K1 连接，每次按下 K1 时，产生一次外部中断，使 8 个 LED 闪烁 5 次。

硬件设计

在桌面上双击图标，打开 Proteus 8 Professional 软件。新建一个 DEFAULT 模板，添加表 4-6 所列的元器件，并完成图 4-17 所示的硬件电路图设计。

表 4-6　单个外部中断控制项目所用元器件

单片机 AT89C51	瓷片电容 CAP 30pF	晶振 CRYSTAL 11.0592MHz	电解电容 CAP-ELEC
电阻 RES	开关 SWITCH	发光二极管 LED-GREEN	发光二极管 LED-YELLOW
按钮 BUTTON	发光二极管 LED-RED	发光二极管 LED-BLUE	

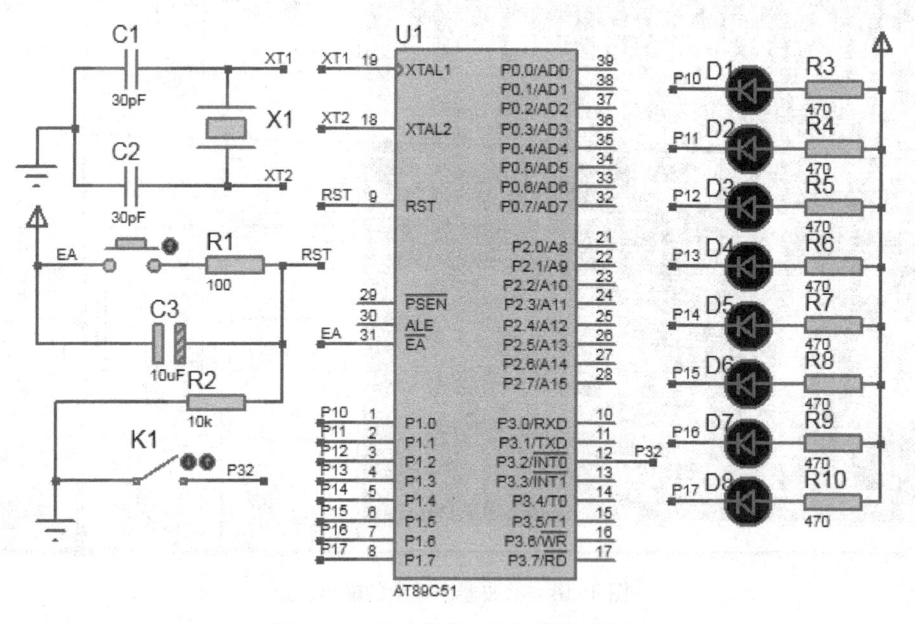

图 4-17　单个外部中断控制电路图

程序设计

外部中断 0（$\overline{\text{INT0}}$）的汇编语言程序中断入口地址为 03H；C 语言程序中断号为 0。在编写程序时，首先要进行中断初始化的设置，并开启中断；在程序运行过程中，若有中断请求，响应中断执行相应操作；否则，执行默认操作。单个外部中断控制程序流程图如图 4-18所示。

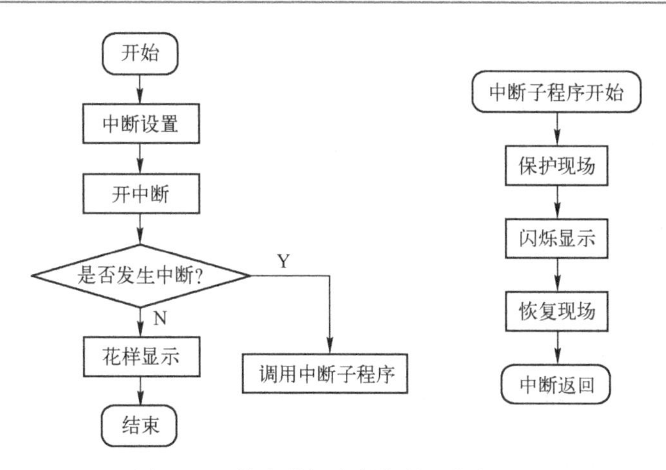

图 4-18　单个外部中断控制程序流程图

1）汇编语言源程序

```
LED     EQU     P1
        ORG     00H
        AJMP    MAIN
        ORG     03H             ;中断入口地址
        AJMP    INT
MAIN:   SETB    EX0
        SETB    IT0
        SETB    EA
        MOV     SP,#70H
LP:     MOV     DPTR,#TABLE     ;将表地址存入 DPTR
LP0:    MOV     A,#00H          ;清除累加器
LP1:    MOVC    A,@ A+DPTR      ;查表
        CJNE    A,#1BH,LP2      ;若取出的代码不是结束码,则进行下一步操作
        AJMP    LP              ;若是结束码,则重新进行操作
LP2:    MOV     LED,A           ;将 A 中的值送 P1 端口,显示
        LCALL   DELAY           ;等待 1s
        INC     DPTR            ;数据指针加 1,指向下一个码
        AJMP    LP0             ;返回,取码
        ORG     0100H           ;中断子程序
INT:    PUSH    ACC             ;保护现场
        PUSH    PSW
        SETB    RS0
        CLR     RS1
        MOV     R0,#10          ;闪烁 5 次,设置为 10
        MOV     A,#0FFH
INTLP:  MOV     LED,A
        LCALL   DELAY
        CPL     A               ;闪烁
        DJNZ    R0,INTLP
        POP     PSW
        POP     ACC
```

```
        RETI
DELAY:  MOV     R7,#10              ;1s 延时子程序
DE1:    MOV     R6,#200
DE2:    MOV     R5,#230
        DJNZ    R5,$
        DJNZ    R6,DE2
        DJNZ    R7,DE1
        RET
TABLE:  DB  0feH,0fdH,0fbH,0f7H     ;正向流水灯
        DB  0efH,0dfH,0bfH,07fH
        DB  0bfH,0dfH,0efH,0f7H     ;反向流水灯
        DB  0fbH,0fdH,0feH,0ffH
        DB  0aaH,55H,0aaH,55H       ;隔灯闪烁
        DB  0aaH,55H,0ffH
        DB  1BH                     ;退出码
        RET
        END
```

2）C 语言源程序

```
#include"reg51.h"
#define uint unsigned int
#define uchar unsigned char
#define LED P1
const tab[]={0xfe,0xfd,0xfb,0xf7,0xef,0xdf,0xbf,0x7f,          //正向流水灯
             0xbf,0xdf,0xef,0xf7,0xfb,0xfd,0xfe,0xff,          //反向流水灯
             0xaa,0x55,0xaa,0x55,0xaa,0x55,0xff,};             //隔灯闪烁
const tab2[]={0xff,0x00,0xff,0x00,0xff,0x00,0xff,0x00,0xff,0x00,};
void delay(void)
  {
    uint i,j,k;
    for(i=10;i>0;i--)
    {for(j=200;j>0;j--)
    {for(k=230;k>0;k--);}}
  }
void int0() interrupt 0                                         //中断服务函数
{
  uchar i;
  for(i=0;i<10;i++)
  {
    LED=tab2[i];
    delay();
  }
}
void INT0_init(void)
{
  EX0=1;                                                        //打开外部中断 0
  IT0=1;                                                        //下降沿触发中断
```

```
    EA=1;                                         //全局中断允许
}
void main(void)
{
    uchar x;
    INT0_init();
    while(1)
    {
        for(x=0;x<23;x++)
        {
            LED=tab[x];
            delay();
        }
    }
}
```

调试与仿真

打开 Keil 软件，创建“单个外部中断控制”项目，输入汇编语言（或 C 语言）源程序，并将该源程序文件添加到项目中。编译源程序，生成“单个外部中断控制 .HEX”文件。

在已绘制好的 Proteus 电路图中双击 AT89C51 单片机，添加在 Keil 中生成的“单个外部中断控制 .HEX”文件，实现 Keil 与 Proteus 的联机。

在 Proteus 电路图绘制软件的编辑窗口中单击按钮，运行程序。在未按下开关 K1 时，显示规律为：8 个 LED（D1～D8）依次左移点亮；8 个 LED 依次右移点亮；D1、D3、D5、D7 亮 1s 后熄灭，D2、D4、D6、D8 亮 1s 后熄灭，循环 3 次。按下开关 K1 后，8 个 LED 闪烁 5 次，然后返回到中断前状态，继续按前述规律进行显示。其运行结果如图 4-19 所示。

4.3.2　外部中断优先控制

设计要求

P1 端口接 8 个 LED（D1～D8），$\overline{\text{INT0}}$与按钮 K1 连接，$\overline{\text{INT1}}$与按钮 K2 连接。未按下 K1 或 K2 时，8 个 LED 闪烁。当奇数次按下按钮 K1 时，8 个 LED 每次同时点亮 4 个，点亮 3 次，即 D1～D4 与 D5～D8 交替点亮 3 次。偶数次按下按钮 K1 时，则 D1～D8 进行左移和右移 2 次。当按下按钮 K2 时，产生报警信号。按钮 K2 的中断优先于按钮 K1 的中断。

硬件设计

在桌面上双击图标，打开 Proteus 8 Professional 软件。新建一个 DEFAULT 模板，添加表 4-7 所列的元器件，并完成图 4-20 所示的硬件电路图设计。

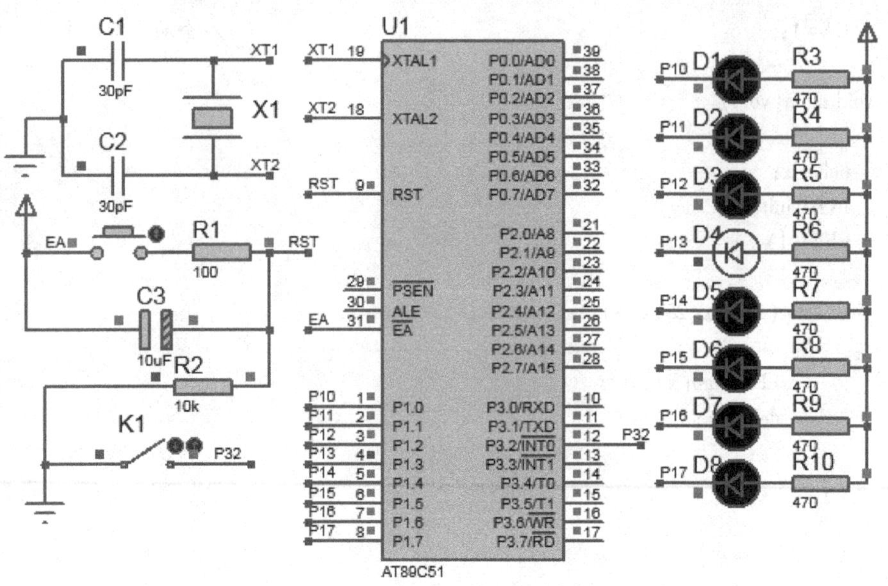

图 4-19　单个外部中断控制程序运行结果

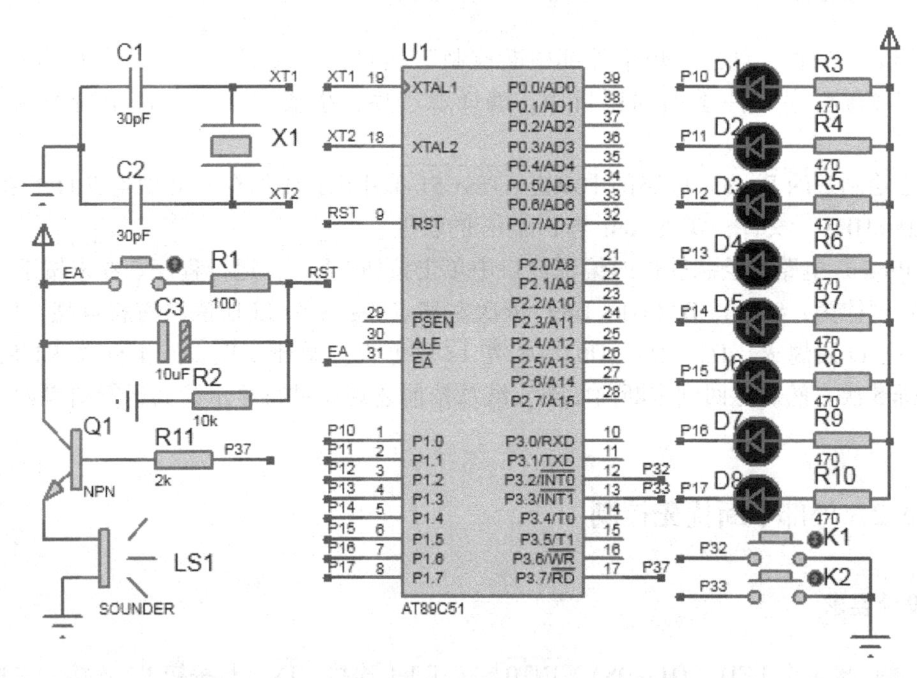

图 4-20　外部中断优先控制电路图

表 4-7　外部中断优先控制项目所用元器件

单片机 AT89C51	瓷片电容 CAP 30pF	晶振 CRYSTAL 11.0592MHz	电解电容 CAP-ELEC
电阻 RES	按钮 BUTTON	发光二极管 LED-YELLOW	发光二极管 LED-RED
蜂鸣器 SOUNDER	三极管 2N2905	发光二极管 LED-GREEN	发光二极管 LED-BLUE

程序设计

本系统中采用了两个外部中断$\overline{\text{INT0}}$和$\overline{\text{INT1}}$，需考虑这两个中断的优先级问题。$\overline{\text{INT1}}$与

按钮 K2 相连，用于产生报警信号，因此应将$\overline{INT1}$设为高优先级。$\overline{INT0}$控制灯广告灯亮的方式，因此需要判断按下按钮 K1 的次数为奇数还是偶数。外部中断优先控制程序流程如图 4-21所示。

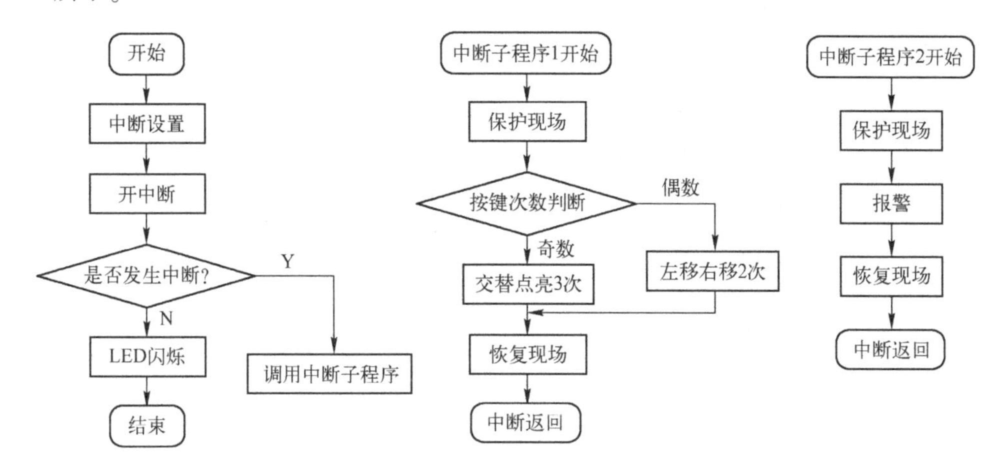

图 4-21　外部中断优先控制程序流程图

1）汇编语言源程序

```
END_DATA    EQU     1BH             ;设定结束标志位
LED         EQU     P1              ;P1 端口与 LED 连接
SOUND       BIT     P3.7
            ORG     0000H           ;主程序起始地址设置
            AJMP    START           ;跳到主程序入口
            ORG     0003H           ;中断矢量地址(K1 按钮)
            AJMP    INTR0           ;中断子程序入口
            ORG     0013H           ;中断矢量地址(K2 按钮)
            AJMP    INTR1           ;中断子程序入口
START:      MOV     IE,#85H         ;中断使能
            MOV     IP,#04H         ;优先设置
            MOV     TCON,#00H       ;电平触发
            MOV     SP,#60H
            MOV     LED,#00H
            MOV     P3,#0FFH
            MOV     R0,#00H         ;设置 K1 按键初值
            MOV     A,#00H          ;设置 D1～D8 初始状态
LP1:        MOV     LED,A           ;将 A 送至 P1 端口
            LCALL   DELAY
            CPL     A               ;D1～D8 闪烁
            SJMP    LP1             ;等待按钮按下中断
INTR0:      PUSH    Acc             ;将 A 压入堆栈暂时保存
            PUSH    PSW             ;将 PSW 压入堆栈暂时保存
            SETB    RS0             ;使用工作寄存器组 1
            INC     R0              ;K1 键值加 1
            MOV     A,#00H          ;判断 K1 键值的奇偶性
            ORL     A, R0
```

```
            JNB     ACC.0,DOUBLE        ;若 ACC 的 D0=0,即 K1 键值为偶数,跳转
SINGLE:     MOV     LED,#00H            ;D1~D4、D5~D8 交替点亮程序
            MOV     A,#0FH
            MOV     R4,#06H             ;设定交替点亮 3 次
SINGLE1:    MOV     LED,A
            LCALL   DELAY
            SWAP    A                   ;A 的高、低字节交换
            DJNZ    R4,SINGLE1
            AJMP    LP5                 ;交替次数到,退出
DOUBLE:     MOV     LED,#0FFH           ;D1~D8 进行左移和右移程序
            MOV     R1,#02H             ;设定移动 2 次
DOUBLE1:    MOV     A, #0FEH
            MOV     R2,#08H             ;左移 8 个 LED
LP2:        MOV     LED,A
            LCALL   DELAY
            RL      A
            DJNZ    R2,LP2
            MOV     A, #7FH
            MOV     R2,#08H             ;右移 8 个 LED
LP3:        MOV     LED,A
            LCALL   DELAY
            RR      A
            DJNZ    R2,LP3
            DJNZ    R1,DOUBLE1          ;判移动次数是否达到,若为否,继续
LP5:        NOP                         ;退出 INT0 中断子程序
            POP     PSW                 ;取回 PSW 暂时保存的值
            POP     Acc                 ;取回 A 暂时保存的值
            RETI    ;返回主程序
INTR1:      PUSH    Acc                 ;报警子程序
            PUSH    PSW
            MOV     R3,#200             ;P3.7 控制蜂鸣器发声
BEEP1:      CPL     SOUND               ;输出频率 500Hz,晶振频率为 11.0592MHz
            LCALL   DELAY5              ;延时 1ms
            LCALL   DELAY5
            DJNZ    R3,BEEP1
            MOV     R3,#200
BEEP2:      CPL     SOUND               ;输出频率 1kHz,晶振频率为 11.0592MHz
            LCALL   DELAY5              ;延时 500μs
            DJNZ    R3,BEEP2
            POP     PSW
            POP     Acc
            RETI                        ;中断返回
DELAY:      MOV     R7,#50              ;延时 0.5s 子程序
DELA1:      MOV     R6,#20
DELA2:      MOV     R5,#230
            DJNZ    R5,$
            DJNZ    R6,DELA2
```

```
                DJNZ    R7,DELA1
                RET
DELAY5:         MOV     R4,#230
                DJNZ    R4,$
                RET
                END
```

2）C语言源程序

```
#include"reg51.h"
#define uint unsigned int
#define uchar unsigned char
#define LED P1
sbit SOUND=P3^7;
const tab1[ ]={0xf0,0x0f,0xf0,0x0f,0xf0,0x0f,             //同时点亮4个LED
              0xaa,0x55,0xaa,0x55,0xaa,0x55,0xff};
const tab2[ ]={0xfe,0xfd,0xfb,0xf7,0xef,0xdf,0xbf,0x7f,//正向流水灯
              0xbf,0xdf,0xef,0xf7,0xfb,0xfd,0xfe,0xff,  //反向流水灯
              0xfe,0xfd,0xfb,0xf7,0xef,0xdf,0xbf,0x7f,  //正向流水灯
              0xbf,0xdf,0xef,0xf7,0xfb,0xfd,0xfe,0xff}; //反向流水灯
uchar a;
void delay(void)
{
    uchar i,j,k;
    for(k=50;k>0;k--)
     {   for(i=20;i>0;i--)
       for(j=230;j>0;j--);}
}
void delay5(void)                                         //500μs延时函数
{
   uchar i;
   for(i=230;i>0;i--);
}
void LED_disp1(void)                                      //LED显示函数1
{
   uchar i;
   for(i=0;i<13;i++)
      {
         LED=tab1[i];
         delay();
      }
}
void LED_disp2(void)                                      //LED显示函数2
{
   uchar i;
   for(i=0;i<32;i++)
      {
         LED=tab2[i];
```

```
        delay();
    }
}
void int0() interrupt 0
{
  a++;
  if(a==1)
    {  LED_disp1();  }
  else if(a==2)
    {  LED_disp2();
        a=0;     }
}
void int2() interrupt 2
{
  uchar j;
  for(j=200;j>0;j--)
    {
        SOUND=~SOUND;                          //输出频率 1kHz
        delay5();                              //延时 500µs
    }
  for(j=200;j>0;j--)
  {
        SOUND=~SOUND;                          //输出频率 500Hz
        delay5();                              //延时 1ms
        delay5();
  }
}
void int_init(void)
{
    IE=0x85;
    IP=0x04;
    TCON=0x00;
}
void main(void)
{
  a=0;
  int_init();
  while(1)
    {
      LED=~LED;
      delay();
    }
}
```

调试与仿真

打开 Keil 软件，创建“外部中断优先控制”项目，输入汇编语言（或 C 语言）源程序，并将该源程序文件添加到项目中。编译源程序，生成“外部中断优先控制 . HEX”文件。

在已绘制好的 Proteus 电路图中双击 AT89C51 单片机，添加在 Keil 中生成的“外部中断优先控制 . HEX”文件，实现 Keil 与 Proteus 的联机。

在 Proteus 电路图绘制软件的编辑窗口中单击按钮 ▶ ，运行程序。在未按下连接$\overline{INT0}$和$\overline{INT1}$的按钮时，8 个 LED 闪烁。当奇数次按下 K1 按钮时，8 个 LED 每次同时点亮 4 个，点亮 3 次，即 D1～D4 与 D5～D8 交替点亮 3 次；当偶数次按下按钮 K1 时，则 D1～D8 进行左移和右移 2 次。当按下按钮 K2 时，产生报警信号。其运行结果如图 4-22 所示。

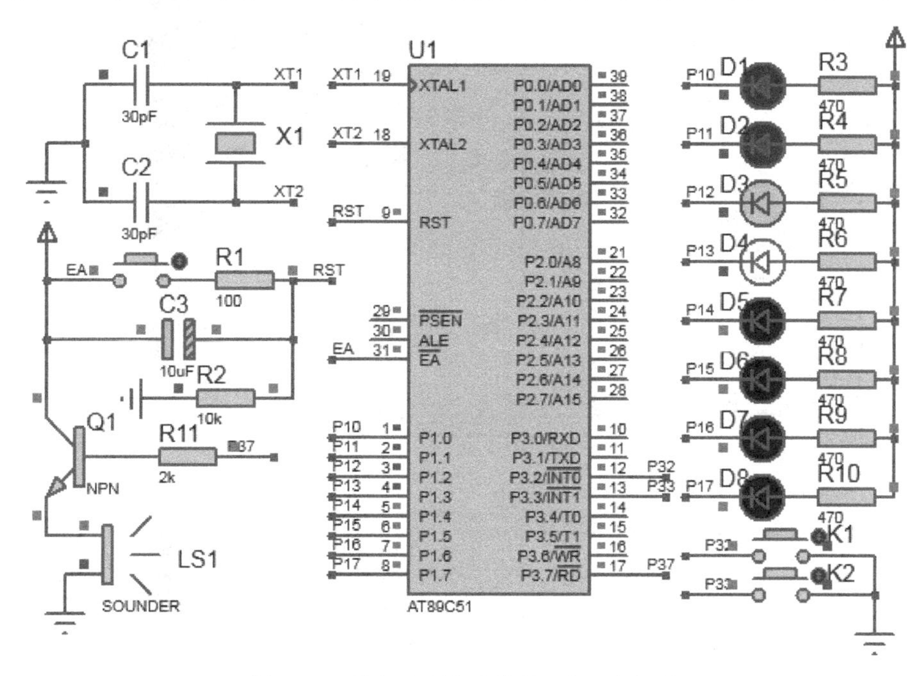

图 4-22　外部中断优先控制程序运行结果

4.4　串行通信控制

4.4.1　两个单片机之间的串行通信控制

设计要求

使用单片机串行口，实现两个单片机之间的串行通信。甲乙两机在串行方式 1 下进行数据通信，其波特率为 19200bit/s，时钟频率为 11.0592MHz。当甲机（U1）的按键值发生变化时，甲机将按键值通过 TXD 发送给乙机（U2）；乙机的工作原理与甲机的相同。通过 LED 将按键状态显示出来。

硬件设计

在桌面上双击图标，打开 Proteus 8 Professional 软件。新建一个 DEFAULT 模板，添加表 4-8 所列的元器件，并完成图 4-23 所示的硬件电路图设计。

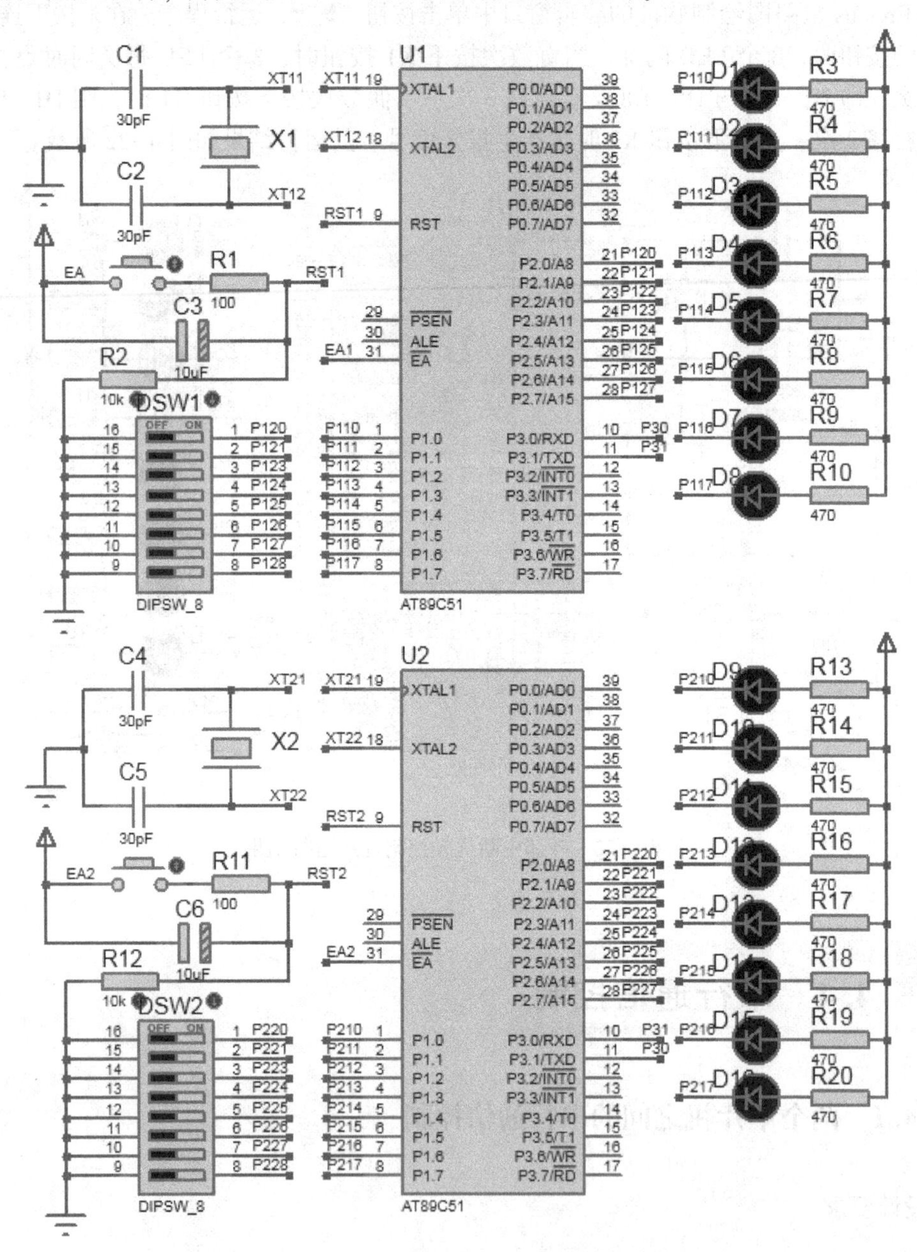

图 4-23　两个单片机之间的串行通信电路图

表 4-8　两个单片机之间串行通信项目所用元器件

单片机 AT89C51	瓷片电容 CAP 30pF	晶振 CRYSTAL 11.0592MHz	电解电容 CAP-ELEC
电阻 RES	按钮 BUTTON	发光二极管 LED-YELLOW	发光二极管 LED-RED
拨码开关 DIPSW-8	发光二极管 LED-BLUE	发光二极管 LED-GREEN	

程序设计

单片机内部有一个可编程的全双工串行接口，它在物理上分为两个独立的发送缓冲器和接收缓冲器 SBUF，这两个缓冲器占用一个特殊功能寄存器地址 99H，究竟是按发送缓冲器还是接收缓冲器工作是靠软件指令来决定的。因为对外有两条独立的收、发信号线 RXD（P3.0）和 TXD（P3.1），所以可以同时接收和发送数据，实现全双工传送。使用串行口时，可以用定时器 T1 作为波特率发生器。

从实现要求可看出，甲乙两机均属于多工通信方式，其中 U1 作为甲机，U2 作为乙机。甲乙两机没有主机或从机之分，编写的程序可以完全相同。本实例的通信程序应由主程序和接收中断程序组成。其中，主程序主要用于串行通信的设置、按键值的判断和数据发送判断。单片机系统通信波特率为 19200bit/s，可以设置串行通信波特率为 9600bit/s，通过 PCON 的 SM1 位的控制使其倍频而实现所需的波特率。由于系统所用晶振频率为 11.0592MHz，T1 工作方式 2 时，TH1 可以设置为 FDH。此处实现的甲乙两机通信属于异步点对点通信，所以 SCON 可以设置为 50H，若要实现波特率的倍频，须将 PCON 设置为 80H。在接收中断服务子程序中，首先须保护现场，然后通过 JBC 指令判断一帧数据是否接收完，如果一帧数据已接收完，则将该数据送到 P1 端口进行相应的显示。其程序流程图如图 4-24 所示。

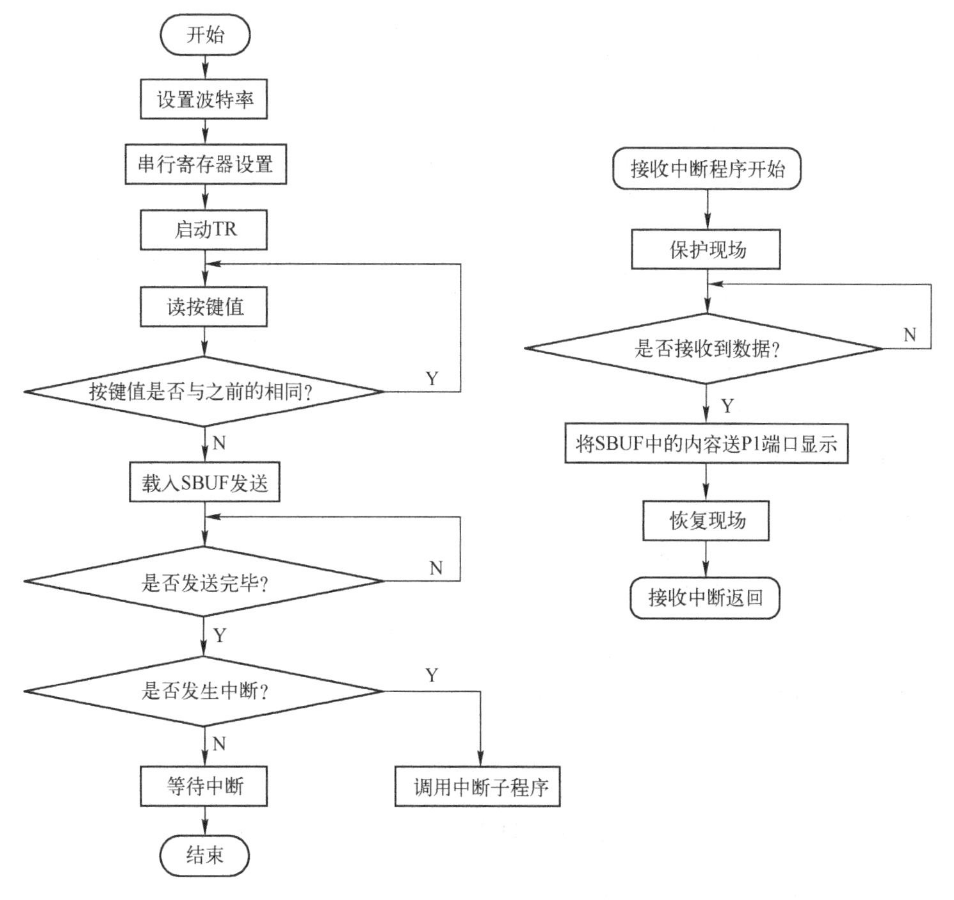

图 4-24　两个单片机之间串行通信程序流程图

1）汇编语言源程序

```
SW          EQU     P2              ;拨码开关与 P2 端口连接
LED         EQU     P1              ;LED 与 P1 端口连接
            ORG     0000H
            JMP     START
            ORG     23H
            JMP     UARTI
START:      MOV     TMOD,#20H       ;设置 T1 工作在方式 2
            MOV     TH1,#0FDH       ;波特率为 19200bit/s
            MOV     TL1,#0FDH
            SETB    TR1             ;启动定时器 T1
            MOV     SCON,#50H       ;串行方式 1
            MOV     PCON,#80H       ;倍频
            MOV     IE,#90H         ;串行口中断使能
            MOV     LED,#0FFH       ;设置 LED 初始状态
            MOV     30H,#0FFH       ;设置 P2 端口初始按键值
READ_KEY:   MOV     A,SW            ;读 P2 端口按键值
            CJNE    A,30H,KEY_IN    ;判断按键值是否有变化
            SJMP    READ_KEY
KEY_IN:     MOV     30H,A           ;将按键值暂存
            MOV     SBUF,A          ;发送按键值给另一单片机系统
TX_WAIT:    JBC     TI,READ_KEY     ;判断按键值是否发送完
            SJMP    TX_WAIT
UARTI:      PUSH    Acc             ;保护现场
            PUSH    PSW
            JBC     RI,RX_WAIT      ;判断是否接收另一单片机系统的按键值
            SJMP    GOOD
RX_WAIT:    MOV     A,SBUF          ;接收另一单片机的按键值
            MOV     LED,A           ;将另一单片机的按键值通过 LED 显示
GOOD:       POP     PSW
            POP     Acc
            RETI
            END
```

2）C 语言源程序

```
#include "reg51.h"
#define uchar unsigned char
#define uint unsigned int
#define LED P1              //8 个 LED 与 P1 端口连接
#define SW P2               //拨码开关与 P2 端口连接
void send(uchar state)      //串行口发送函数
  {
    SBUF=state;             //将内容串行发送
    while(TI==0);           //等待发送完
    TI=0;                   //发送完将 T1 复位
  }
void receive() interrupt 4  //串行口接收中断函数
```

```
{
  if(RI)
    {
      RI=0;
      LED=SBUF;
    }
}
void SCON_init(void)        //串口初始化
  {
    SCON=0x50;              //串口工作在方式 1
    TMOD=0x20;              //T1 工作在模式 2
    PCON=0x80;              //波特率倍增
    TH1=0xFD;               //波特率为 19200bit/s
    TL1=0xFD;
    TI=0;
    TR1=1;                  //启动 T1
    ES=1;                   //允许串行中断
    EA=1;                   //全局中断允许
  }
void main(void)
{
    SCON_init();
    while(1)
    {   send(SW);   }
}
```

调试与仿真

打开 Keil 软件，创建“两个单片机之间串行通信”项目，输入汇编语言（或 C 语言）源程序，并将该源程序文件添加到项目中。编译源程序，生成“两个单片机之间串行通信.HEX”文件。

在已绘制好的 Proteus 电路图中双击 AT89C51 单片机，添加在 Keil 中生成的“两个单片机之间串行通信.HEX”文件，实现 Keil 与 Proteus 的联机。

在 Proteus 电路图绘制软件的编辑窗口中单击按钮 ▶ ，运行程序。在未拨动拨码开关时，与两个单片机的发光二极管均处于熄灭状态。拨动 U1 单片机的拨码开关（DSW1），改变开关值时，U2 单片机相应的 LED（D9～D16）显示。同样，拨动 U2 单片机的拨码开关（DSW2），U1 单片机相应的 LED（D1～D8）显示。其运行结果如图 4-25 所示。

4.4.2　单片机与 PC 之间的串行通信控制

设计要求

使用单片机串行口，实现单片机与 PC（个人计算机）之间的串行通信。单片机接收 PC 的数据，然后将数据传送到 P1 端口。当按下按钮 K1 时，单片机发送字串“K1 按下了，

czpmcu@126.com　QQ：769879416”给 PC。

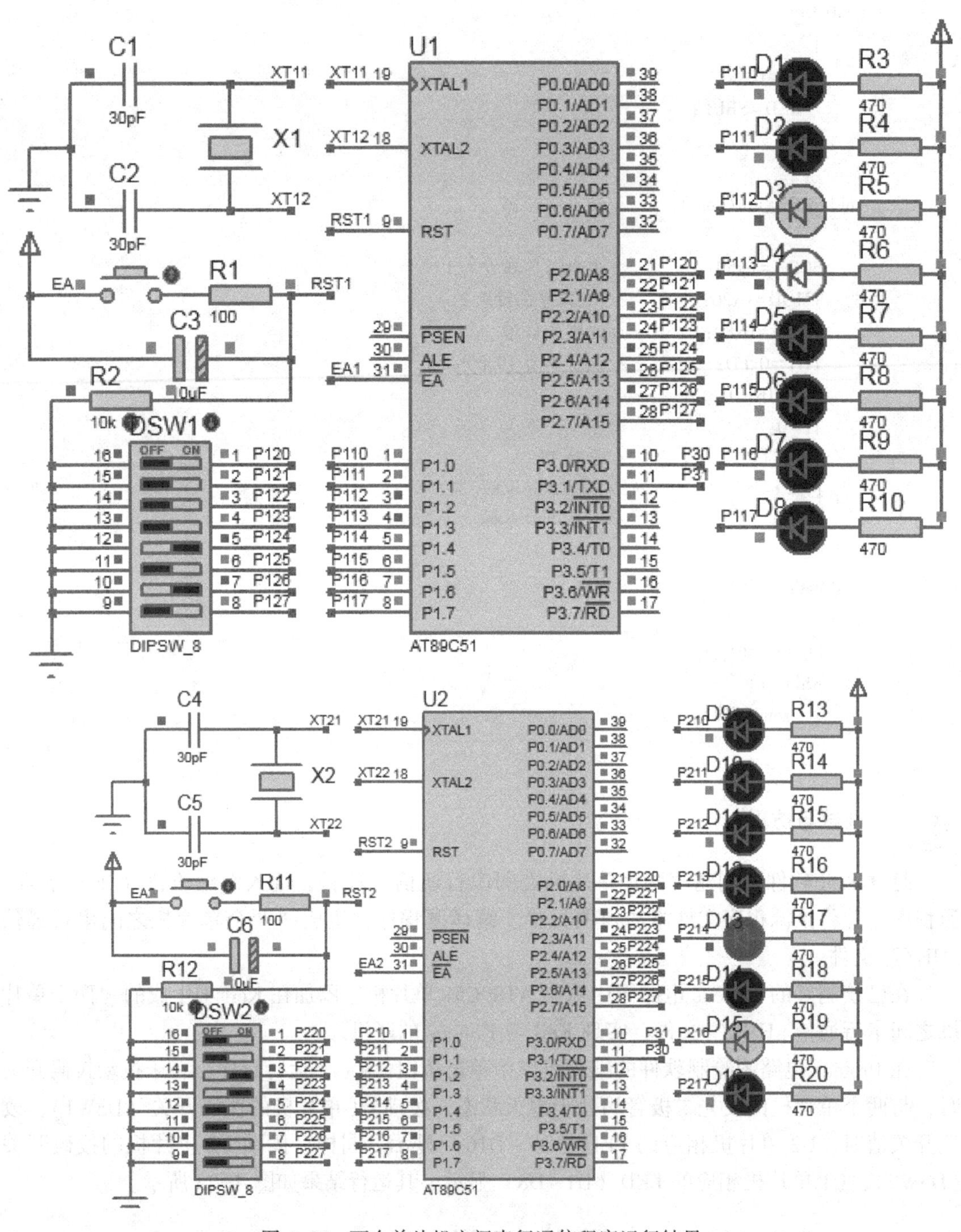

图 4-25　两个单片机之间串行通信程序运行结果

硬件设计

在桌面上双击图标，打开 Proteus 8 Professional 软件。新建一个 DEFAULT 模板，添加表 4-9 所列的元器件。双击各元器件，设置元器件参数；单击工具箱中的图标，然后选择

"VIRTUAL TERMINAL"，添加串口虚拟终端，完成电路图的设计，如图 4-26 所示。在实际应用中，单片机的 RXD 引脚和 TXD 引脚分别与 MAX232 的第 12 脚和第 11 脚相连；MAX232 的第 14 脚和第 13 脚应与串行口 DP-9 的 2 脚和 3 脚相连。

表 4-9　单片机与 PC 间的通信项目所用元器件

单片机 AT89C51	瓷片电容 CAP 30pF	晶振 CRYSTAL 11.0592MHz	电解电容 CAP-ELEC
电阻 RES	按钮 BUTTON	DB-9 串行口 COMPIM	发光二极管 LED-GREEN
RS232 收发器 MAX232	电阻排 RESPACK-8	发光二极管 LED-YELLOW	发光二极管 LED-BLUE
发光二极管 LED-RED			

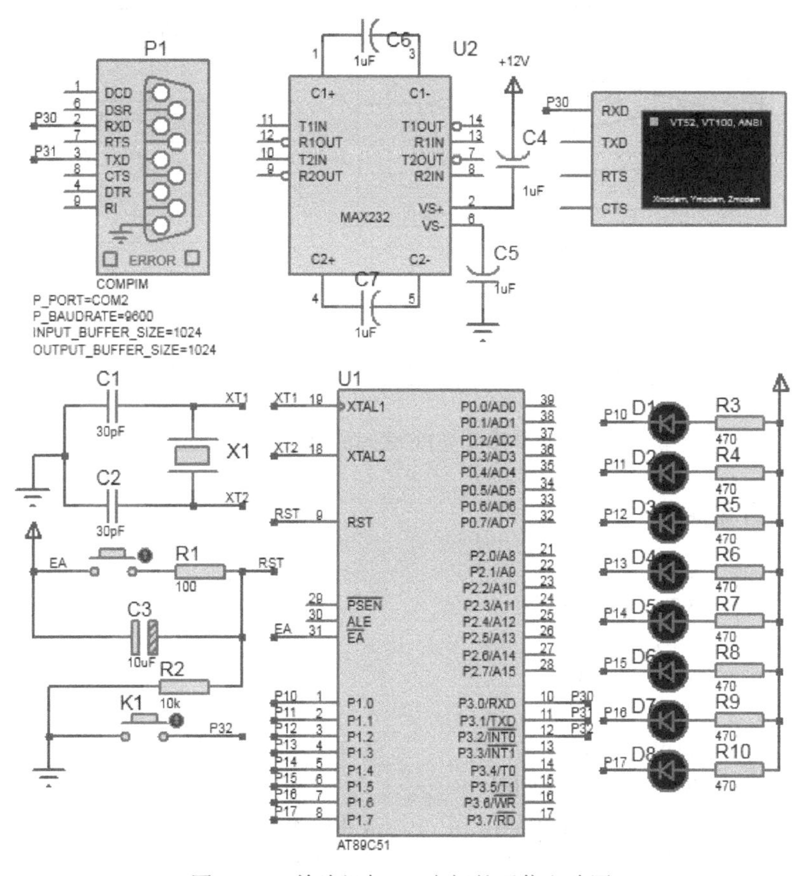

图 4-26　单片机与 PC 之间的通信电路图

程序设计

编写程序时，首先要对波特率和相关寄存器进行设置，然后判断是否有按钮被按下，若没有按钮按下时，等待接收 PC 发送数据；如果有按钮被按下，就调用字符串发送程序，将设置的字符串通过单片机的串口发送给 PC。如果接收到 PC 发送过来的数据（十六进制数据），则将该数据送到 P1 端口，通过 LED 将内容显示出来，并将该数据通过单片机的串口发送给 PC。其程序流程图如图 4-27 所示。

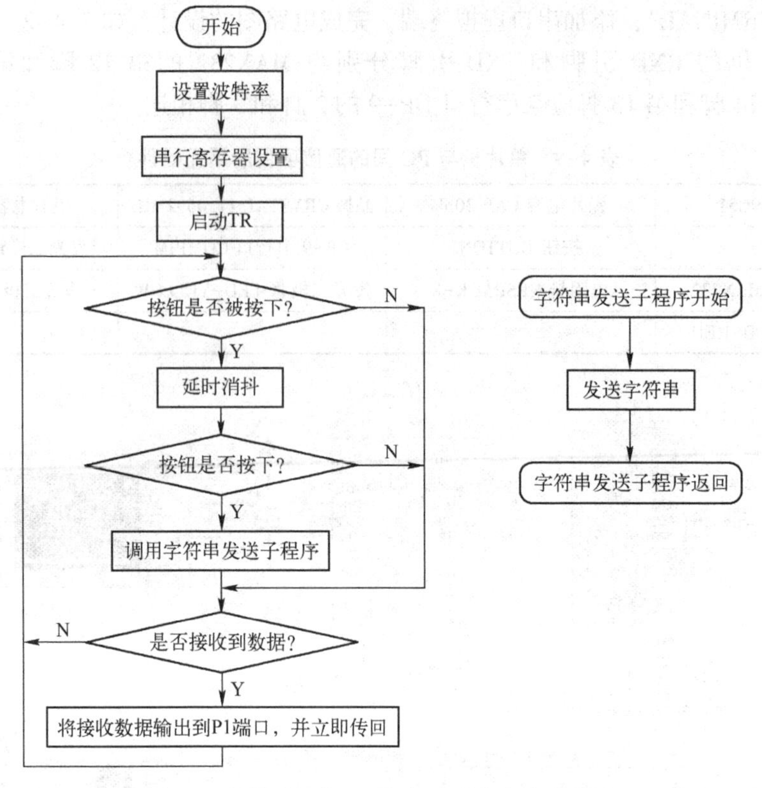

图 4-27　单片机与 PC 之间的通信程序流程图

1）汇编语言源程序

```
LED         EQU     P1
K1          BIT     P3.2
            ORG     00H
            AJMP    MAIN
            ORG     0030H
MAIN:       MOV     TMOD,#20H           ;设置 T1 工作在方式 2
            MOV     TH1,#0FDH
            MOV     TL1,#0FDH           ;波特率为 9600bit/s
            MOV     SCON,#50H           ;串行口工作方式 1
            SETB    TR1                 ;启动定时器 1
            MOV     IE,#00H             ;禁止任何中断
MAIN_RX:    JNB     RI,KEY10            ;是否有数据到来
            CLR     RI                  ;清除接收中断标志
            MOV     A,SBUF              ;暂存接收到的数据
            MOV     LED,A               ;数据传送到 LED 显示
            LCALL   SEND_CH             ;回传接收到的数据
KEY10:      JNB     K1,KEY11            ;K1 键按下,跳转到 KEY11
            LCALL   MAIN_RX
KEY11:      LCALL   DELAY15MS           ;延时 15ms
            JNB     K1,KEY12            ;再次确认是否按下 K1,即软件延时消抖
            LCALL   MAIN_RX
```

```
KEY12:      JB      K1,EXIT             ;若 K1 未被按下,直接返回
            MOV     DPTR,#TABLE         ; 指向表格
SEND_STR:   MOV     A,#00H
            MOVC    A,@ A+DPTR          ; 查表
            CJNE    A,#1BH,SEND_S       ;若不是结束码,发送字符
            AJMP    EXIT                ;若是结束码,直接退出
SEND_S:     ACALL   SEND_CH             ; 调用发送字符
            INC     DPTR                ; 指向下一字符
            SJMP    SEND_STR            ; 重新判断下一字符是否为结束码
EXIT:       NOP
            RET
SEND_CH:    MOV     SBUF,A
            JNB     TI,$                ; 等待数据传送
            CLR     TI                  ; 清除数据传送标志
            RET
DELAY15MS:MOV       R7,#15
DELAY15M:   MOV     R6,#0E8H
DELAY15:    NOP
            NOP
            DJNZ    R6,DELAY15
            DJNZ    R7,DELAY15M
            RET
TABLE:      DB  "K1 按下了, czpmcu@ 126. com   QQ:769879416"
            DB  0AH,0DH                 ;换行/回车
            DB  1BH
            END
```

2) C 语言源程序

```
#include <reg52. h>
#define uchar unsigned char
#define uint unsigned int
#define LED   P1
uchar a;
sbit   K1=P3^2;                              //定义数据输出
void delay(uint ms)
  {
    uint i;
    while(ms--)
      {  for(i = 0; i < 120; i++);  }
  }
voidSendByte(char ch)
{
 SBUF = ch;
 while(! TI);
 TI=0;
}
voidSendString(char code * str)
```

```
{ while( * str)SendByte( * str++) ;}
voidScanKey( )                                    //按钮扫描函数
{
 if(K1==0)
  {
   delay(10);                                     //消抖
   if(K1==0)                                      //如果按钮被按下
      {   SendString("K1 按下了, czpmcu@ 126. com   QQ:769879416\r\n");   }
  }
}
void serial_INT( ) interrupt 4                    //串口接收数据中断函数
{
  uchar   c;
  if(RI)                                          //判断是否接收到新的字符
  ES=0;                                           //是,关闭串口中断
  RI=0;
  c=SBUF;                                         //读取字符
  LED=c;
  ES=1;
}
void SCON_init(void)                              //串口初始化
 {
   SCON=0x50;                                     //串口工作在方式 1,允许接收
   TMOD=0x20;                                     //T1 工作在模式 2
   PCON=0x00;                                     //波特率不倍增
   TH1=0xFD;                                      //波特率为 9600bit/s
   TL1=0xFD;
   TI=0;
   TR1=1;                                         //启动 T1
   ES=1;                                          //允许串口中断
   EA=1;
}
void   main(void)
{
  uchar i=0;
  SCON_init( );
  while(1)
     {
        ScanKey( );
     }
}
```

调试与仿真

打开 Keil 软件，创建“单片机与 PC 间的通信”项目，输入汇编语言（或 C 语言）源程序，并将该源程序文件添加到项目中。编译源程序，生成“单片机与 PC 间的通信 . HEX”文件。

在已绘制好的 Proteus 电路图中双击 AT89C51 单片机，设置晶振频率为 11.0592MHz，并添加“单片机与 PC 间的通信.HEX”文件，实现 Keil 与 Proteus 的联机。

在 Proteus 中进行此任务的软件仿真时，需要使用虚拟串口。虚拟串口是计算机通过软件模拟的串口，当其他设计软件使用到串口时，可以通过虚拟串口仿真模拟，以验证设计的正确性。

虚拟串口软件较多，在此以 Virtual Serial Port Driver（VSPD）为例讲述其操作方法。首先在计算机中安装 VSPD 软件，安装完成后运行该程序，如图 4-28 所示。在图中右侧单击“Add pair”按钮后，会在左侧的 Virtual ports 中添加两个虚拟串口 COM1 和 COM2，且有蓝色的虚线将其连接起来，如图 4-29 所示。

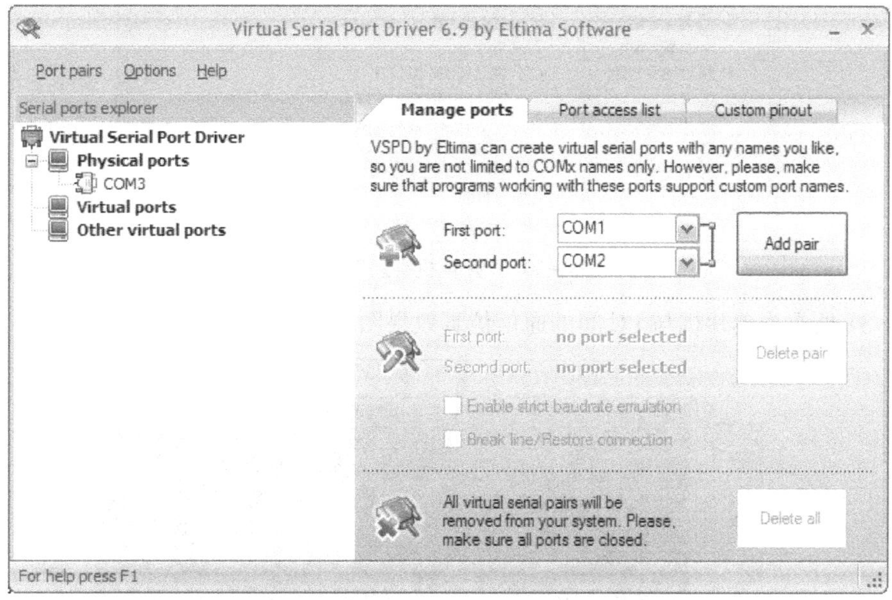

图 4-28　首次运行 VSPD 时的界面

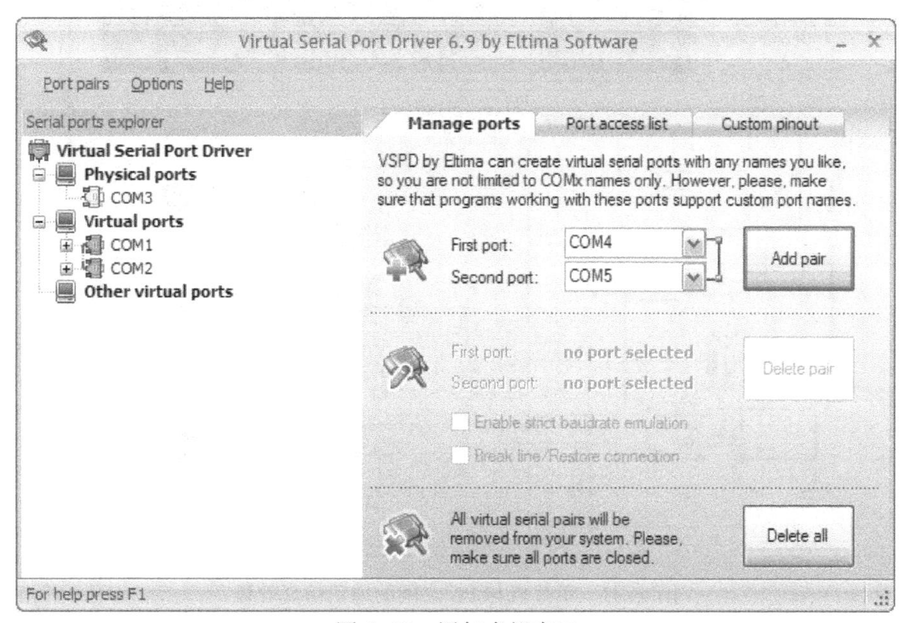

图 4-29　添加虚拟串口

在图 4-29 所示窗口的“First port”栏和“Second port”栏中，用户可以选择其他的虚拟串口，但在这两栏中不能选择同一个串口，且不能与左侧 Physical ports 中的串口发生冲突。

设置好虚拟串口后，用户如果打开“计算机设备”窗口，会在端口下发现多了两个串口，如图 4-30 所示。图中 COM2 和 COM3 就是虚拟串口。

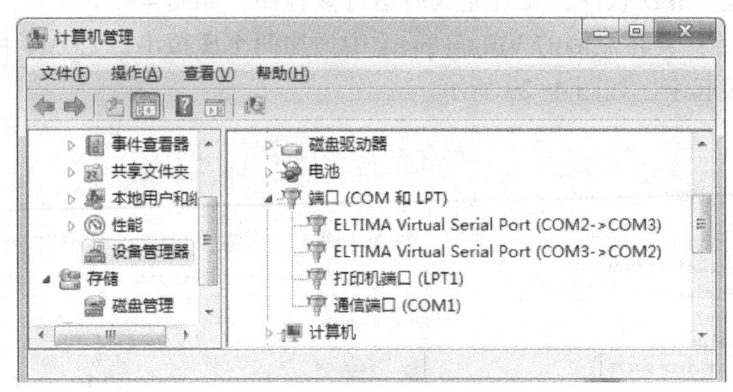

图 4-30 “计算机管理”窗口

图 4-31 所示为单片机与 PC 间的通信仿真效果图。

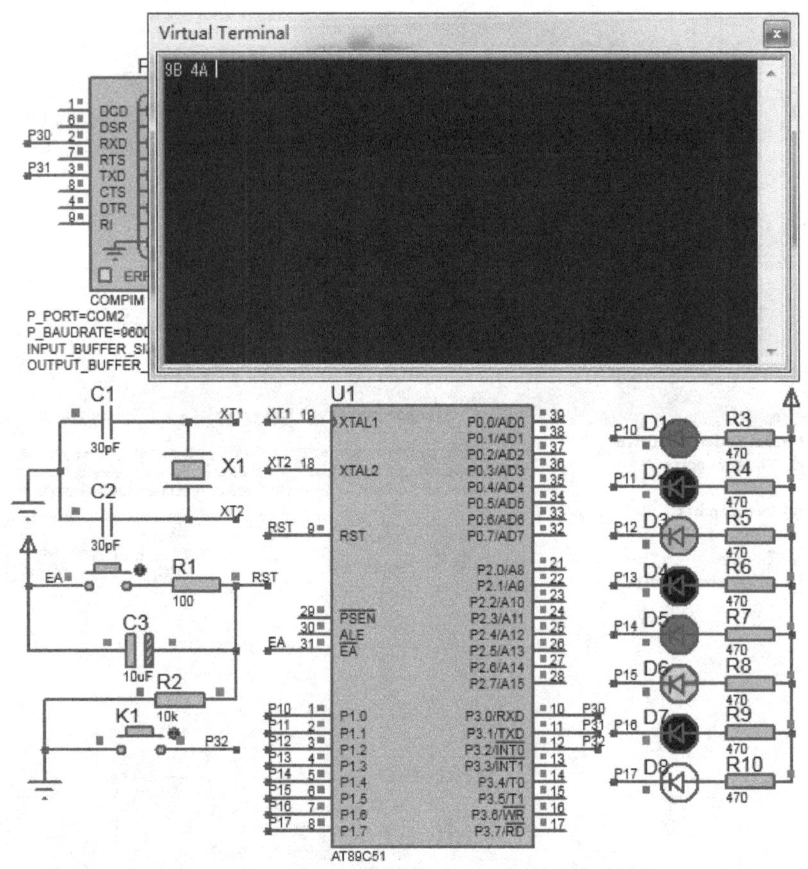

图 4-31 单片机与 PC 之间的通信仿真效果

虚拟串口设置好后，可以使用 COM2 和 COM3 进行串行通信虚拟仿真。在进行虚拟仿真时，用户可以将 COM2 口分配给 PC（在此为 COMPIM 组件），COM3 分配给串口调试助手，这样用户像使用物理串口连接一样，在一台计算机中即可实现虚拟串口仿真。

在 Proteus 电路图绘制软件中，分别双击虚拟终端和 COMPIM，在弹出的“Edit Component”对话框中对波特率、数据位等进行设置，且将 COM2 分配给 COMPIM 组件。在串口调试助手中，将串口号设置为 COM3，然后单击“打开”按钮。

在 Proteus 电路图绘制软件的编辑窗口中单击按钮 ▶ ，运行程序。在弹出“Virtual Terminal”窗口中单击鼠标，在弹出的菜单中选择“HEX Display Mode”。在串口调试助手中设置发送数据为十六进制数，在数据发送窗口中输入数字，然后单击“发送”按钮，Proteus 电路图绘制软件中相应的 LED 将会被点亮，同时虚拟终端界面也输出这些数据，如图 4-31 所示。在 Proteus 电路图绘制软件中每次按下 K1 时，串口调试助手的串口数据窗口中将显示发送过来的字符串，如图 4-32 所示。

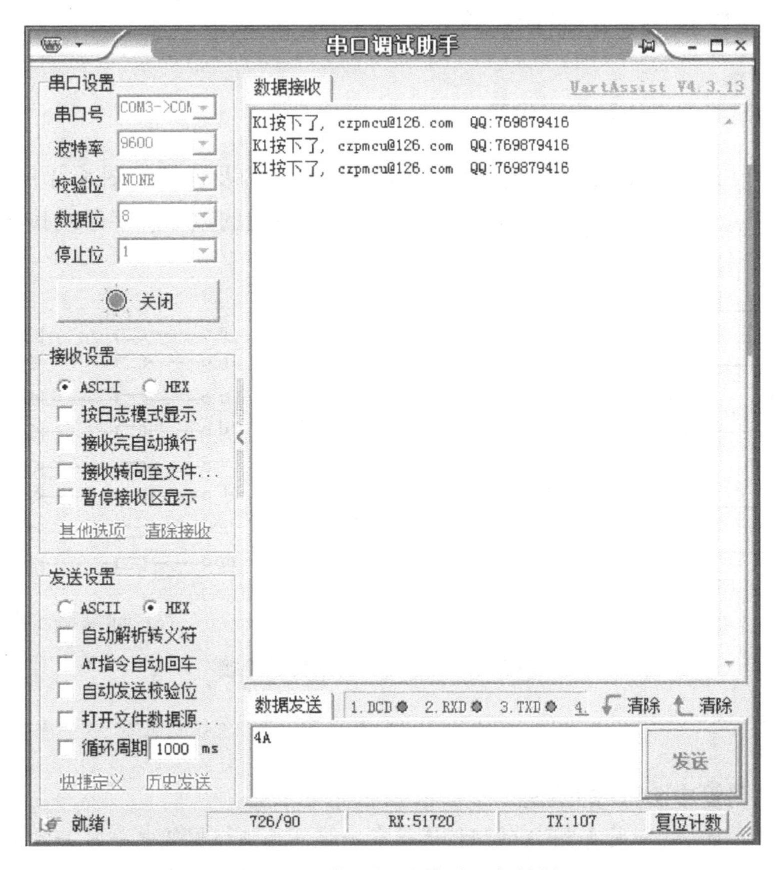

图 4-32　串口调试助手运行效果

第 5 章　LED 数码管与键盘的应用

5.1　LED 数码管应用

发光二极管（Light Emitting Diode，LED）是单片机应用系统中常用的输出设备。LED 数码管由 LED 构成，具有结构简单、价格便宜等特点。

5.1.1　LED 数码管的显示原理

1. LED 数码管的结构及字形代码

通常使用的 LED 数码管是由 8 个 LED 组成的，其结构及连接如图 5-1 所示。当某一个 LED 导通时会被点亮，通过 LED 的亮暗组合可以形成不同的数字、字母或其他符号。

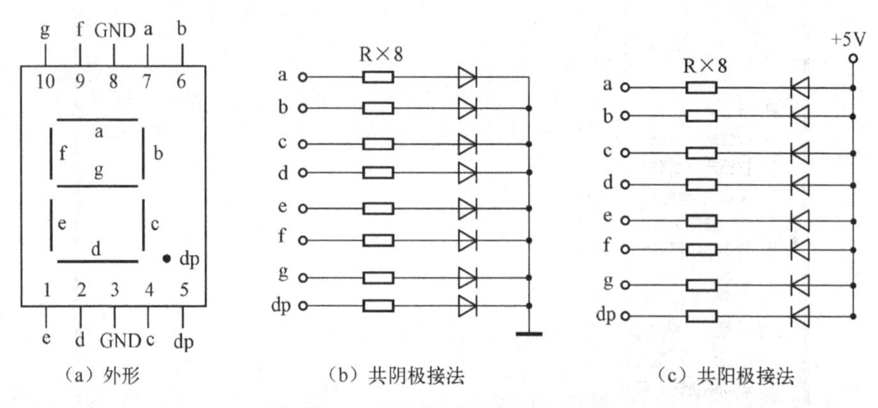

（a）外形　（b）共阴极接法　（c）共阳极接法

图 5-1　LED 数码管的结构及连接

LED 数码管中 LED 的接法

（1）共阳极接法：即所有 LED 的阳极连接在一起，且阳极接低电平（一定要外接电阻）。

（2）共阴极接法：即所有 LED 的阴极连接在一起，且阴极接高电平（可以不外接电阻）。

为 LED 数码管提供不同的字形代码，即可实现 LED 数码管中不同的 LED 亮暗组合。在 LED 数码管中，7 段 LED 加上 1 个小数点 dp 共计 8 段，字形代码与这 8 段的关系如下：

数据字	D7	D6	D5	D4	D3	D2	D1	D0
LED 段	dp	g	f	e	d	c	b	a

字形代码与十六进制数的对应关系见表 5-1。从表 5-1 中可以看出，共阴极接法与共阳极接法的字形代码互为补数。

表 5-1 字形代码与十六进制数的对应关系

字符	dp	g	f	e	d	c	b	a	段码（共阴极）	段码（共阳极）
0	0	0	1	1	1	1	1	1	3FH	C0H
1	0	0	0	0	0	1	1	0	06H	F9H
2	0	1	0	1	1	0	1	1	5BH	A4H
3	0	1	0	0	1	1	1	1	4FH	B0H
4	0	1	1	0	0	1	1	0	66H	99H
5	0	1	1	0	1	1	0	1	6DH	92H
6	0	1	1	1	1	1	0	1	7DH	82H
7	0	0	0	0	0	1	1	1	07H	F8H
8	0	1	1	1	1	1	1	1	7FH	80H
9	0	1	1	0	1	1	1	1	6FH	90H
A	0	1	1	1	0	1	1	1	77H	88H
B	0	1	1	1	1	1	0	0	7CH	83H
C	0	0	1	1	1	0	0	1	39H	C6H
D	0	1	0	1	1	1	1	0	5EH	A1H
E	0	1	1	1	1	0	0	1	79H	86H
F	0	1	1	1	0	0	0	1	71H	8EH
_	0	1	0	0	0	0	0	0	40H	BFH
.	1	0	0	0	0	0	0	0	80H	7FH
熄灭	0	0	0	0	0	0	0	0	00H	FFH

2. LED 数码管的显示方式

在单片机应用系统中，一般需要使用多个 LED 数码管，它们是由 *n* 个位选线和 8*n* 个段选线连接在一起的。根据显示方式不同，位选线与段选线的连接方法也不相同。段选线控制字符选择，位选线控制显示位的亮或暗。其连接方法如图 5-2 所示。

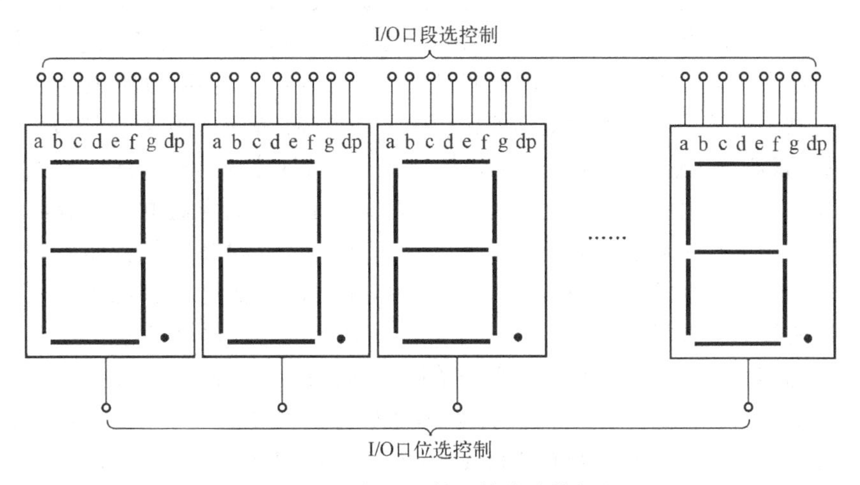

图 5-2 *n* 个 LED 数码管的连接方法

LED 数码管有静态显示和动态显示两种工作方式。

☺ 静态显示：就是当 LED 数码管要显示某一个字符时，相应的 LED 恒定地导通或截止。例如，LED 数码管要显示“0”时，a、b、c、d、e、f 导通，g、dp 截止。单片机将所要显示的数据发送出去后就不再管它，直到下一次显示数据需更新时再传送新的数据。这种显示方式显示数据稳定，占用 CPU 时间少，但每一位都需要一个 8 位输出口来控制，所占用的 I/O 资源较多，必须进行扩展。

☺ 动态显示：就是逐位地轮流点亮各个数码管，对于每一个 LED 数码管来说，每隔一段时间点亮一次，即 CPU 必须及时对显示器进行刷新，显示有闪烁感，占用 CPU 时间较多，且数码管的点亮既跟点亮时的导通电流有关，也跟点亮时间和间隔时间的比例有关。调整电流和时间的参数，可实现亮度较高、较稳定的显示。但其优点是，当数码管的个数不大于 8 时，只需两个 8 位 I/O 口即可。

3. LED 数码管的识别与检测方法

LED 数码管的识别与检测可以使用干电池检测及万用表检测这两种方法来实现。

1）干电池检测法 取两节普通的 1.5V 干电池串联起来形成 3V 电压源，并串联一个 100Ω、1/8W 的限流电阻，以防止电流过大烧坏被测 LED 数码管。若检测共阴极数码管，应将 3V 电压源的负极引线接在被测数码管的公共阴极上，正极引线依次接触各笔段电极（a~h 脚）。当正极引线接触到 LED 数码管的某一段码电极时，对应段码就应发光显示。用这种方法可以快速测出数码管是否有断笔（某一段码不能显示）或连笔（某些段码连在一起），并且可相对比较出不同的段码发光强弱是否一致。若检测共阳极数码管，只需将电池的正、负极引线对调一下即可。

若被测数码管的各笔段电极（a~h 脚）全部短接起来，再接通测试电压源，则可使被测数码管实现全段码发光。LED 数码管的发光颜色应该均匀，不应有段码残缺、局部变色等现象。

如果不清楚被测数码管是共阳极的还是共阴极的，也不知道引脚排序，可从被测数码管的左侧第 1 脚开始，逆时针方向依次逐引脚测试，使各段码分别发光，即可测绘出该数码管的引脚排列和内部接线。测试时，只要某一段码发光，就说明被测的两个引脚中有一个是公共引脚；假定某一引脚是公共引脚，变更另一测试引脚，如果另一个段码发光，说明假定正确。这样根据公共引脚所接电源的极性，可判断出被测数码管是共阳极的还是共阴极的。显然，公共引脚如果接电源正极，则被测数码管为共阳极的；公共引脚如果接电源负极，则被测数码管应为共阴极的。接下来测试其他各引脚，即可很快确定出所对应的段码来。

2）万用表检测法 这里以指针式万用表为例，说明具体的检测方法：首先将指针式万用表拨至“R×10k”电阻挡。由于 LED 数码管内部的 LED 正向导通电压一般≥1.8V，所以万用表的电阻挡应置于内部电池电压是 15V（或 9V）的“R×10k”挡，而不应置于内部电池电压是 1.5V 的“R×100”或“R×1k”挡，否则无法正常测量 LED 的正、反向电阻。在测量共阴极数码管时，万用表的红表笔（注意：红表笔接表内电池负极、黑表笔接表内电池正极）应接数码管的“-”公共端，黑表笔则分别去接 a~g 脚、dp 脚；对于共阳极的数码管，黑表笔应接数码管的“+”公共端，红表笔则分别去接 a~g 脚、dp 脚。正常情况下，万用表的指针应该偏转（一般示数在 100kΩ 以内），说明对应段码的 LED 导通，同时对应段码会发光。若测到某个引脚时，万用表指针不偏转，所对应的段码也不发光，则说明被测段码的 LED 已经开路损坏。与干电池检测法一样，采用万用表检测法也可对不清楚结构类型和引脚排序的数码管进行检测。

5.1.2　0~99 计数器的设计

设计要求

使用单片机外部中断实现 0~99 的加/减计数，并采用共阳极 LED 数码管将其显示出来。每按一次按钮 K1（$\overline{\text{INT0}}$）进行加计数，当加到 99 时，再按 K1 加计数无效，数据仍显示为 99；每按一次按钮 K2（$\overline{\text{INT1}}$）进行减计数，当减到 00 时，再按 K2 减计数无效，数据仍显示为 00。

硬件设计

在桌面上双击图标，打开 Proteus 8 Professional 软件。新建一个 DEFAULT 模板，添加表 5-2 所列的元器件，并完成图 5-3 所示的硬件电路图设计。

表 5-2　0~99 计数器项目所用元器件

单片机 AT89C51	瓷片电容 CAP 30pF	晶振 CRYSTAL 11.0592MHz	电解电容 CAP-ELEC
电阻 RES	限流电阻排 RX8	数码管 7SEG-MPX2-CA-BLUE	三极管 NPN
按钮 BUTTON			

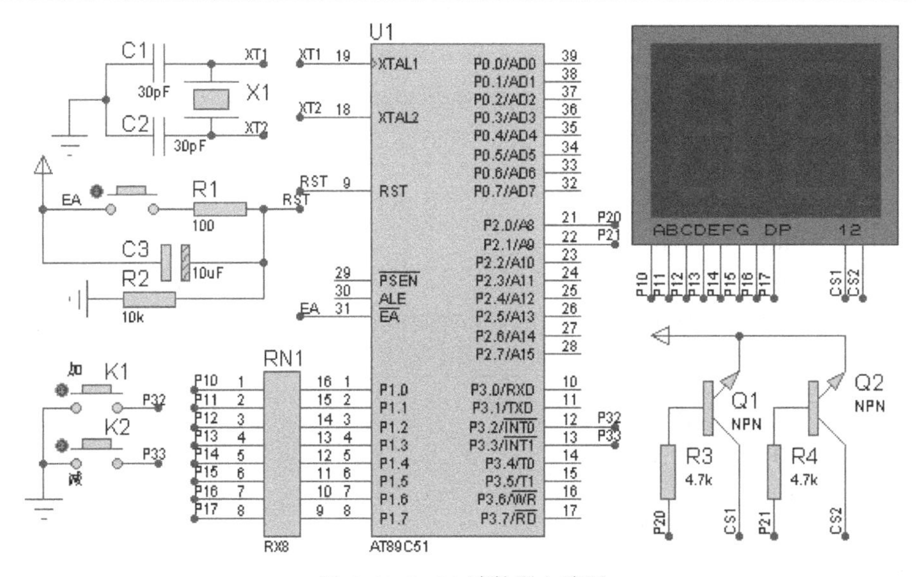

图 5-3　0~99 计数器电路图

程序设计

这个两位共阳极 LED 数码管的显示可采用动态扫描法来实现，即将个位与十位轮流显示，只要两位显示之间切换的时间足够短，人的肉眼就看不出切换过程，感觉这两个数码管是同时显示的。

程序使用两个外部中断$\overline{\text{INT0}}$和$\overline{\text{INT1}}$，其中$\overline{\text{INT0}}$作为加计数控制；$\overline{\text{INT1}}$作为减计数控制。进行加/减计数时，首先要进行数据的判断，若当前数值为预设值时（加计数时为 99，减计数时为 00），立即退出该中断，返回主程序，否则进行加/减计数。若要显示当前数据，必须先将其个位与十位分离，以便轮流显示。其程序流程图如图 5-4 所示。

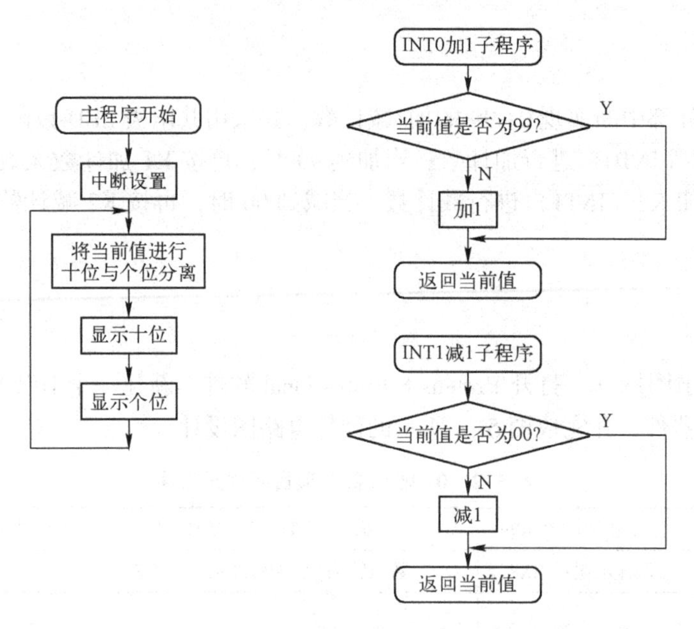

图 5-4　0~99 计数器的设计程序流程图

1）汇编语言源程序

```
LED     EQU     P1
CS2     BIT     P2.1
CS1     BIT     P2.0
        ORG     00H
        JMP     START
        ORG     03H
        JMPI    N0
        ORG     13H
        JMP     IN1
START:  MOV     IE,#85H
        MOV     IP,#04H
        MOV     TCON,#05H
        MOV     DPTR,#TABLE
DISP:   MOV     A,R4
        MOV     B,#10
        DIV     AB                          ;当前值除以十
        MOV     20H,A                       ;商送十位
        MOV     21H,B                       ;余数送个位
        MOV     P2,#00H
DISP1:  MOV     A,20H                       ;十位显示
        MOVC    A,@ A+DPTR
```

```
        MOV     LED,A
        SETB    CS1
        LCALL   DELAY
        CLR     CS1
DISP2:  MOV     A,21H                   ;个位显示
        MOVC    A,@ A+DPTR
        MOV     LED,A
        SETB    CS2
        LCALL   DELAY
        CLR     CS2
        AJMP    DISP
IN0:    MOV     A,R4                    ;加 1 子程序
        CJNE    A,#99,ADD1              ;判断当前值是否为 99
        AJMP    JP1
ADD1:   ADD     A,#01H
        MOV     R4,A
JP1:    NOP
        RETI
IN1:    MOV     A,R4                    ;减 1 子程序
        CJNE    A,#00,SUBB1             ;判断当前值是否为 00
        AJMP    JP2
SUBB1:  SUBB    A,#01H
        MOV     R4,A
JP2:    NOP
        RETI
DELAY:  MOV     R7,#02H
DELA:   MOV     R6,#25H
DEL:    MOV     R5,#8AH
        DJNZ    R5,$
        DJNZ    R6,DEL
        DJNZ    R7,DELA
        RET
TABLE:  DB  0C0H,0F9H,0A4H,0B0H,99H     ;共阳极 0~9 显示代码
        DB  92H,82H,0F8H,80H,90H
        RET
        END
```

2）C 语言源程序

```
#include" reg51. h"
#define uchar unsigned char
#define uint unsigned int
#define LED  P1
sbit  CS2=P2^1;
sbit  CS1=P2^0;
uchar count;
ucharcounth,countl;
constuchar tab[ ]={ 0xC0,0xF9,0xA4,0xB0,0x99, 0x92,0x82,0xF8,0x80,0x90};
```

```
void delay(void)                                   //延时
{
    uint i;
    for(i=0;i<230;i++);
}
void it0(void) interrupt 0 using 1                 //加1中断
{
    count++;
    if(count==100)
      {  count=99;    }
}
void it2(void) interrupt 2 using 2                 //减1中断
{
    if(count!=0)
      {  count--;  }
}
void main(void)
{
      IT0=1;                                       //中断初始化
      IT1=1;
      EA=1;
      EX0=1;
      EX1=1;
      PX1=1;                                       //INT1的优先级高
      while(1)                                     //0~99的显示
        {
          counth=count/10;                         //取十位显示数据
          countl=count%10;                         //取个位显示数据
          LED=tab[countl];                         //个位显示
          CS2=1;
          delay();
          CS2=0;
          LED=tab[counth];                         //十位显示
          CS1=1;
          delay();
          CS1=0;
        }
}
```

调试与仿真

打开Keil软件，创建“0~99计数器”项目，输入汇编语言（或C语言）源程序，并将该源程序文件添加到项目中。编译源程序，生成“0~99计数器.HEX”文件。

在已绘制好的Proteus电路图中双击AT89C51单片机，添加在Keil中生成的“0~99计数器.HEX”文件，实现Keil与Proteus的联机。

在 Proteus 电路图绘制软件的编辑窗口中单击按钮 ▶ ，进入仿真状态。首次运行时，显示的初始值为 00，此时若按下按钮 K2 进行减计数，仍然显示为 00。按下按钮 K1 进行加计数，若加到 99 时，再按下按钮 K1 进行加计数，仍然显示为 99。当数值不为 00 时，按下按钮 K2 可进行减计数；当数值不为 99 时，按下按钮 K1 可进行加计数。其运行效果如图 5-5所示。

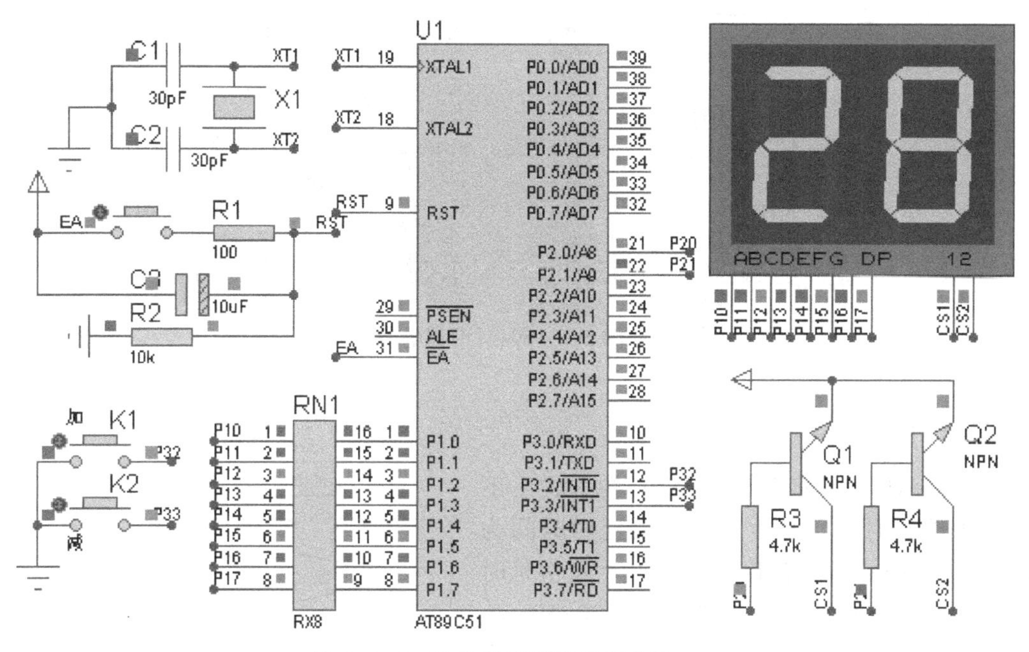

图 5-5　0~99 计数器程序运行效果

5.1.3　59s 倒计时器的设计

设计要求

设计一个 59s 倒计时器，使用两位共阳极 LED 数码管将其显示出来。

硬件设计

在桌面上双击图标，打开 Proteus 8 Professional 软件。新建一个 DEFAULT 模板，添加表 5-3 所列的元器件，并完成图 5-6 所示的硬件电路图设计。

表 5-3　59s 倒计时器项目所用元器件

单片机 AT89C51	瓷片电容 CAP 30pF	晶振 CRYSTAL 11.0592MHz	电解电容 CAP-ELEC
电阻 RES	限流电阻排 RX8	数码管 7SEG-MPX2-CA-BLUE	三极管 NPN
按钮 BUTTON			

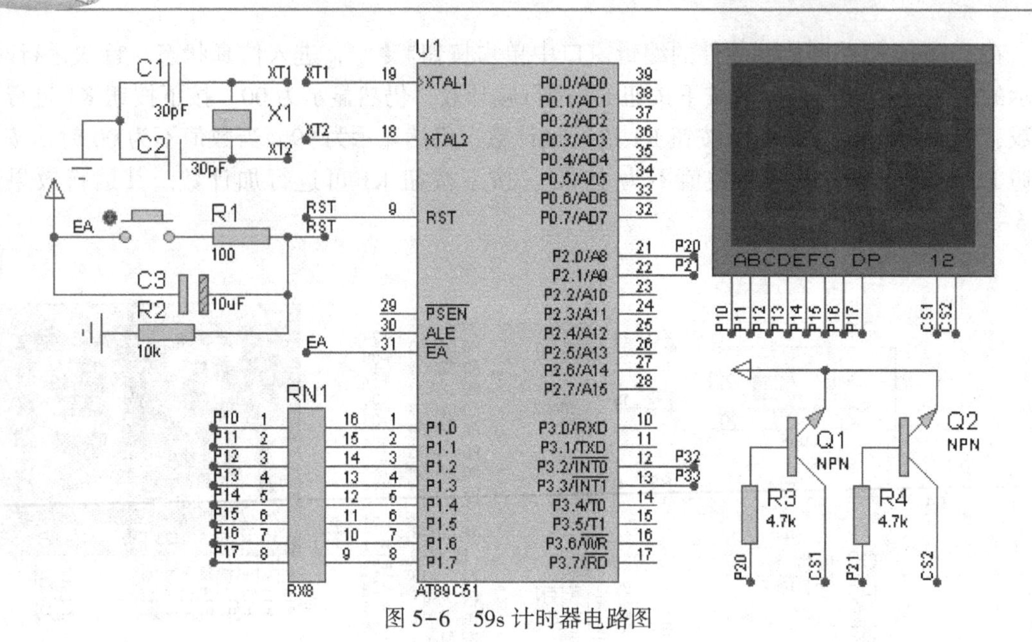

图5-6 59s计时器电路图

程序设计

可采用单片机内部定时器T0在方式1下进行硬件延时。方式1下的最大延时时间为65536μs，因此需要借助寄存器R0，每次延时50ms后R0加1，当R0增加20时，20×50ms=1000ms=1s，这样就达到延时1s的目的。使用定时器T0工作在方式1，延时50ms，初始值TMOD为01H，TH0为4CH，TL0为00H。其程序流程图如图5-7所示。

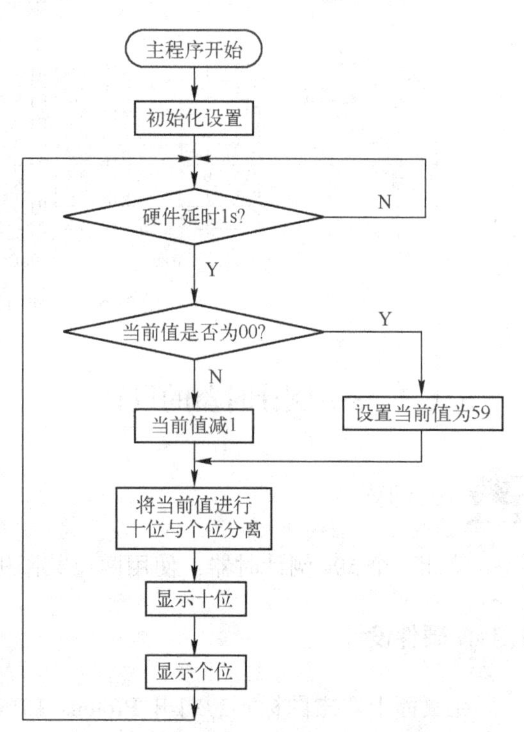

图5-7 59s倒计时器程序流程图

1）汇编语言源程序

```
LED      EQU     P1
CS2      BIT     P2.1
CS1      BIT     P2.0
         ORG     00H
         AJMP    START
         ORG     0030H
START:   MOV     TMOD,#01H
         MOV     TH0,#4CH
         MOV     TL0,#00H
         MOV     DPTR,#TABLE
         MOV     R0,#20                  ;计20次
         SETB    TR0                     ;启动T0延时
LP1:     JBC     TF0,LP2
         AJMP    LP1
LP2:     DJNZ    R0,LP3
         AJMP    LP4
```

```
LP3:    MOV     TH0,#4CH            ;重新赋延时 50ms 的初值
        MOV     TL0,#00H
        AJMP    LP2
LP4:    MOV     A,R4                ;减 1 子程序
        MOV     R0,#20
        CJNE    A,#00,CNT           ;判断当前值是否为 00
        MOV     R4,#59              ;设置当前值为 59
        AJMP    JP1
CNT:    SUBB    A,#01H              ;执行倒计时操作
        MOV     R4,A
JP1:    ACALL   DISP
        AJMP    START
        RET
DISP:   MOV     A,R4
        MOV     B,#10
        DIV     AB                  ;当前值除以十
        MOV     20H,A               ;商送十位
        MOV     21H,B               ;余数送个位
DISP1:  MOV     A,20H               ;十位显示
        MOVC    A,@ A+DPTR
        MOV     LED,A
        SETB    CS1
        LCALL   DELAY
        CLR     CS1
DISP2:  MOV     A,21H               ;个位显示
        MOVC    A,@ A+DPTR
        MOV     LED,A
        SETB    CS2
        LCALL   DELAY
        CLR     CS2
DELAY:  MOV     R7,#02H
DELA:   MOV     R6,#25H
DEL:    MOV     R5,#8AH
        DJNZ    R5,$
        DJNZ    R6,DEL
        DJNZ    R7,DELA
        RET
TABLE:  DB   0C0H,0F9H,0A4H,0B0H,99H ;共阳极 0~9 显示代码
        DB   92H,82H,0F8H,80H,90H
        RET
        END
```

2）C 语言源程序

```
#include <reg51. h>
#define uchar unsigned char
#define uint unsigned int
#define LED   P1
```

```
sbit  CS2=P2^1;
sbit  CS1=P2^0;
constuchar tab[]={0xC0,0xF9,0xA4,0xB0,0x99, 0x92,0x82,0xF8,0x80,0x90};
uchardata_L,data_H;                 //计数值低位、高位
uchart,a;                           //计数
void  delay(uint k)                 //延时约0.1ms
{
    uintm,n;
    for(m=0;m<k;m++)
      {
        for(n=0;n<120;n++);
      }
}
void display(void)                  //时间显示函数
{
  LED=tab[data_H];
    CS1=1;
  delay(1);
    CS1=0;
  LED=tab[data_L];
    CS2=1;
  delay(1);
    CS2=0;
}
void  Timer0() interrupt 1          //50ms定时
{
  t++;
  TH0=0x4C;
  TL0=0x00;
}
void  data_tim(void)                //59s倒计时
{
if(t==20)
  {
  t=0;
    if(a==00)
     {a=59;}
      else
     { a--;}
    }
}
void  data_in(void)                 //显示数据分离
{
  data_L=a%10;
  data_H=a/10;
}
void T0_init(void)                  //T0初始化
```

```
{
  TMOD=0x01;                    //T0 计时方式 1
  TH0=0x4C;
  TL0=0x00;
  ET0=1;                        //允许 T0 中断
  TR0=1;                        //启动 T0
  EA=1;
}
void main(void)
{
  a=0;
  T0_init();
  while(1)
    {
        data_tim();
        data_in();
        display();
    }
}
```

调试与仿真

打开 Keil 软件，创建“59s 倒计时器”项目，输入汇编语言（或 C 语言）源程序，并将该源程序文件添加到项目中。编译源程序，生成“59s 倒计时器 .HEX”文件。

在已绘制好的 Proteus 电路图中双击 AT89C51 单片机，添加在 Keil 中生成的“59s 倒计时器 .HEX”文件，实现 Keil 与 Proteus 的联机。

在 Proteus 电路图绘制软件的编辑窗口中单击按钮 ▶ ，进入仿真状态。在首次运行时，LED 显示的初始值为 59，每隔 1s 进行倒计时显示，当显示为 00 后，再延时 1s 时，重新恢复为 59，开始下一次循环计时。其运行效果如图 5-8 所示。

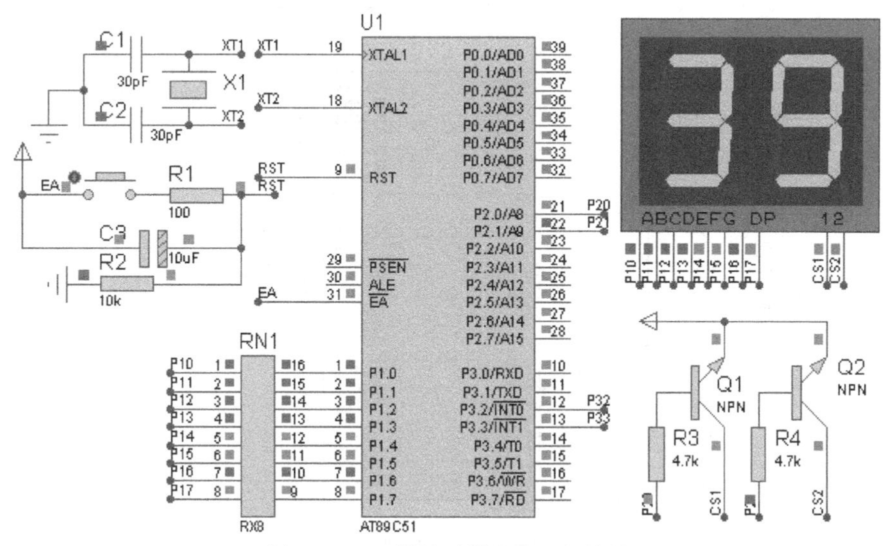

图 5-8　59s 倒计时器程序运行效果

5.1.4 8 位 LED 数码管动态显示

设计要求

采用动态显示法，在 8 位共阳极数码管上显示数字“87213695”。

硬件设计

在桌面上双击图标，打开 Proteus 8 Professional 软件。新建一个 DEFAULT 模板，添加表 5-4 所列的元器件，并完成图 5-9 所示的硬件电路图设计。

表 5-4 8 位 LED 数码管动态显示项目所用元器件

单片机 AT89C51	瓷片电容 CAP 30pF
电阻 RES	限流电阻排 RX8
晶振 CRYSTAL 11.0592MHz	电解电容 CAP-ELEC
数码管 7SEG-MPX8-CA-BLUE	三极管 NPN
按钮 BUTTON	

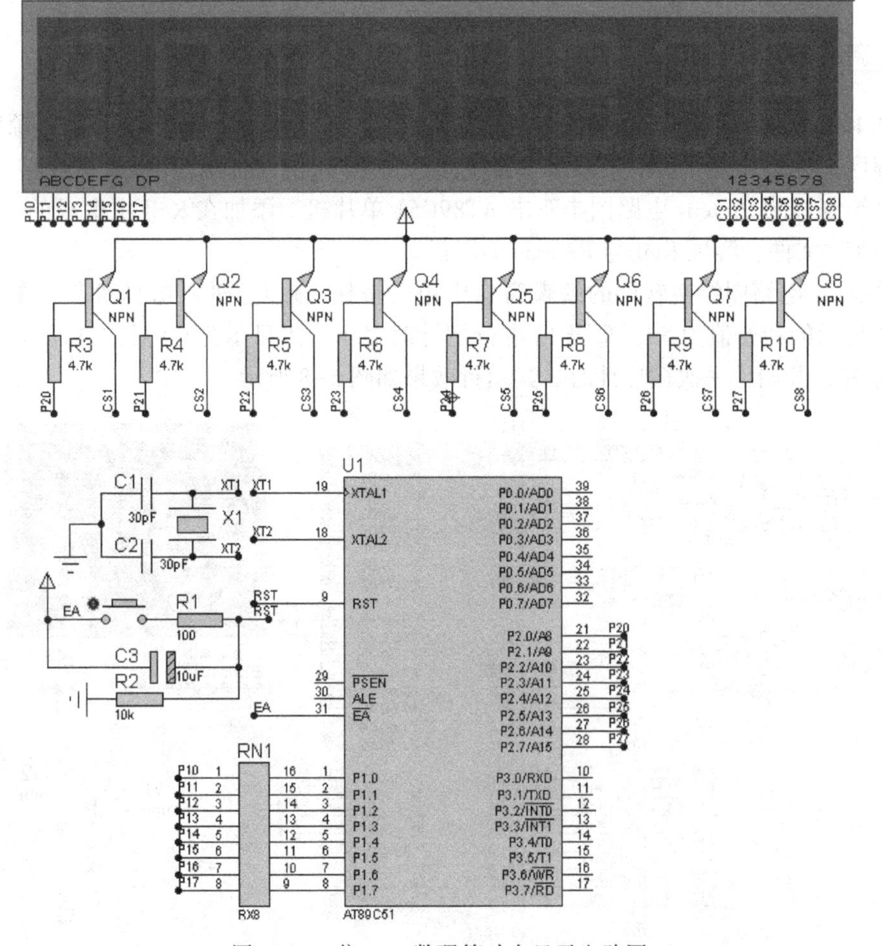

图 5-9 8 位 LED 数码管动态显示电路图

程序设计

编写程序时，可以将 R1、R3 作为片选控制，而 LED 显示的内容在 30H 起始单元中。通过查表的方式将显示段码送入 P1 端口，同时控制相应的片选位有效，使其显示。显示片刻后，R3 减 1 并判断其是否为 0，若不为 0，则指向下一显示内容地址，且 R1 中的数据移位，即下一个 LED 片选位有效；若 R3 中的数据为 0，表示 8 个数码管全部显示一遍，则重新开始下一轮扫描显示。其程序流程图如图 5-10 所示。

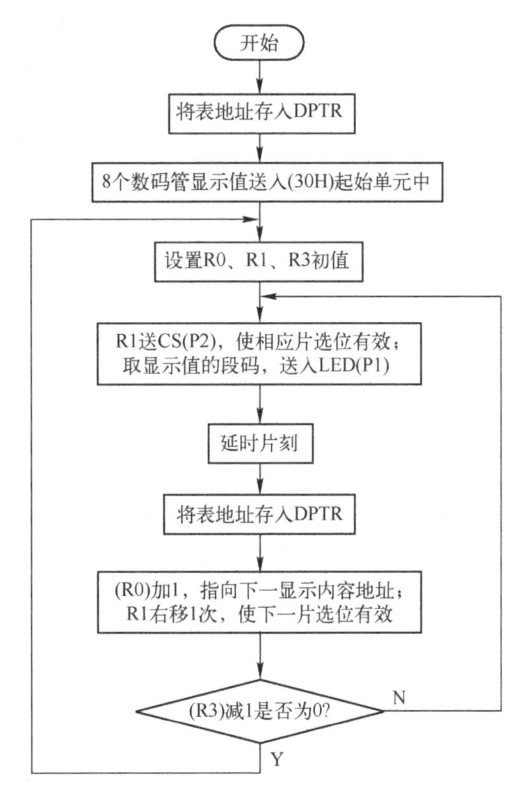

图 5-10　8 位 LED 数码管动态显示程序流程图

1）汇编语言源程序

```
LED       EQU    P1
CS        EQU    P2
          ORG    0000H
START:    MOV    SP,#60H
          MOV    DPTR,#TABLE
MAIN:     MOV    30H,#5              ;设置 8 个数码管初值
          MOV    31H,#9
          MOV    32H,#6
          MOV    33H,#3
          MOV    34H,#1
          MOV    35H,#2
          MOV    36H,#7
```

```
            MOV     37H,#8
DISP:       MOV     R0,#30H                 ;取LED1显示内容的地址
            MOV     CS,#00H                 ;数码管全部熄灭
            MOV     R3,#08H                 ;8个数码管需要移位8次
            MOV     R1,#80H                 ;首先LED1显示
DIS:        MOV     CS,R1                   ;使相应的片选位有效
            MOV     A,@ R0                  ;取显示内容
            MOVC    A,@ A+DPTR              ;取显示内容的段码值
            MOV     LED,A                   ;段码值由P1端口输出
            LCALL   DELAY1MS                ;延时片刻,使LED显示
            INC     R0                      ;指向下一显示内容地址
            MOV     A,R1
            RR      A                       ;移位使下一个LED片选位有效
            MOV     R1,A
            DJNZ    R3,DIS                  ;判断8个LED是否显示完,若没有,继续显示
            LJMP    DISP
DELAY1MS:   MOV     R7,#1
DELAY1M:    MOV     R6,#0E8H
DELAY1:     NOP
            NOP
            DJNZ    R6,DELAY1
            DJNZ    R7,DELAY1M
            RET
TABLE:      DB      0C0H,0F9H,0A4H,0B0H     ;0,1,2,3共阳极段码
            DB      99H,92H,82H,0F8H        ;4,5,6,7
            DB      80H,90H,88H,83H         ;8,9,A,B
            DB      0C6H,0A1H,86H,8EH       ;C,D,E,F
            END
```

2）C语言源程序

```
#include <reg51.h>
#define uchar unsigned char
#define uint unsigned int
#define LED P1
#define CS  P2
  uchar tab[] = {0xC0,0xF9,0xA4,0xB0,0x99,0x92,0x82,0xF8,          //共阳极LED0~F的段码
                 0x80,0x90,0x88,0x83,0xC6,0xA1,0x86,0x8E,0xBF};  //"0xBF"表示"-"
  uchardis_buff[8] = {0x08,0x07,0x02,0x01,0x03,0x06,0x09,0x05};
void  delay(uint k)                                                //延时约0.1ms
{
    uintm,n;
    for(m=0;m<k;m++)
    {
      for(n=0;n<120;n++);
    }
```

```
}
void display(void)
{
   uchari,j;
   j=0x01;
   for(i=0;i<8;i++)
      {
            CS=0x00;
            LED=tab[dis_buff[i]];
            CS=j;
            j=j<<1;
            delay(1);
      }
   CS=0x00;
}
void main(void)
{
    while(1)
      {    display();    }
}
```

调试与仿真

打开 Keil 软件，创建“8 位 LED 数码管动态显示”项目，输入汇编语言（或 C 语言）源程序，并将该源程序文件添加到项目中。编译源程序，生成“8 位 LED 数码管动态显示.HEX”文件。在已绘制好的 Proteus 电路图中双击 AT89C51 单片机，添加在 Keil 中生成的“8 位 LED 数码管动态显示.HEX”文件，实现 Keil 与 Proteus 的联机。

在 Proteus 电路图绘制软件的编辑窗口中单击按钮 ▶ ，进入仿真状态。此时，可看到 8 位 LED 数码管的显示内容，如图 5-11 所示。

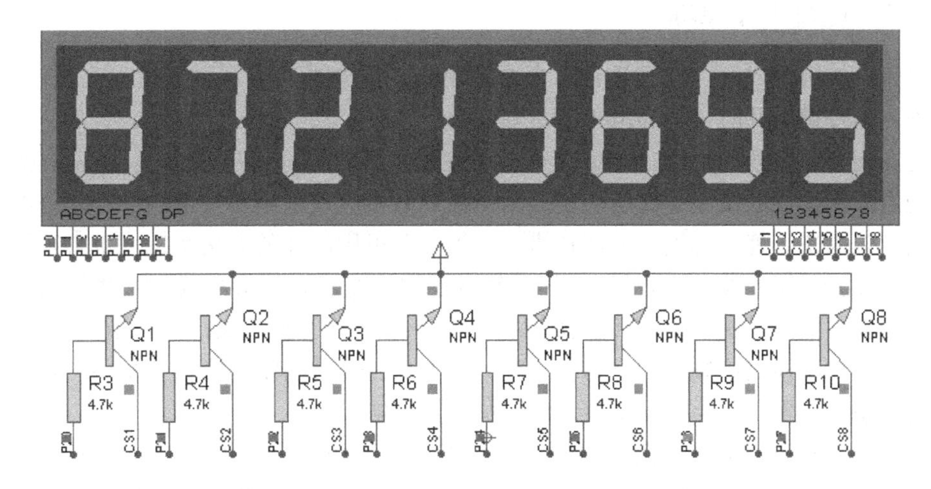

图 5-11　8 位 LED 数码管动态显示程序运行效果

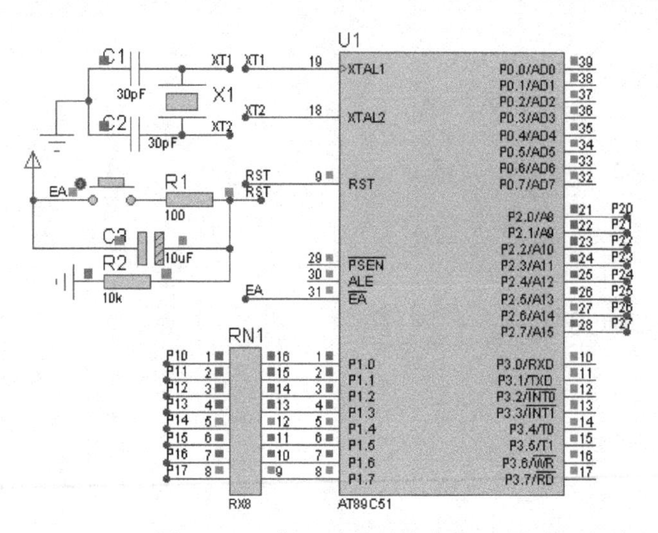

图 5-11　8 位 LED 数码管动态显示程序运行效果（续）

5.2　键盘的应用

键盘是由若干个按键组成的，它是向系统提供操作人员干预命令及数据的输入设备。

按其实现方式的不同，键盘可分为编码键盘和非编码键盘两类。编码键盘是通过硬件的方法产生键码的，并以并行或串行的方式发送给 CPU，具有接口简单、响应速度快的优点，但需要专用的硬件电路；而非编码键盘是通过软件的方法产生键码的，它不需要专用的硬件电路，具有结构简单、成本低廉的优点，但其响应速度没有编码键盘的响应速度快。

为了减少电路的复杂程度，节省单片机的 I/O 端口资源，在单片机应用系统中多使用非编码键盘。

5.2.1　键盘工作原理

键盘是由按键构成的，按键是否闭合通常用高、低电平来表示。通常，当按键闭合时，为低电平；当按键断开时，为高电平。

按键在闭合或断开的瞬间，难免会有抖动过程，抖动的时间一般为 5~10ms。按键的稳定闭合期由操作人员的按键动作所决定，为了使单片机应用系统对按键的一次闭合或断开仅作一次按键输入来处理，必须采取消抖措施。消抖既可用硬件的方法实现，也可用软件的方法实现。例如，采用滤波电路防抖，用 RS 触发器构成双稳态消抖电路，这些都属于硬件消抖措施。而软件消抖是指，在检测到按键状态发生变化时，首先执行一个 10~20ms 的延时子程序，然后再次检测该按键的状态，若延时前、后的按键的闭合或断开状态一致，则确认该按键的状态的确发生了改变，这就消除了抖动的影响。

在设计单片机应用系统键盘电路时，还要考虑有不止一个按键同时处于闭合状态的情况，此时到底哪个按键的动作是有效的，完全取决于系统开发者的设计考虑。

键盘按照结构形式的不同，可分为独立式键盘和矩阵式键盘两种；按其工作方式的不同，又可分为查询方式和中断方式两种。

独立式键盘电路直接用 I/O 端口线构成，每个按键连接一个输入线，并占用一个 I/O 端口线，各按键的工作状态互不影响，如图 5-12 所示。

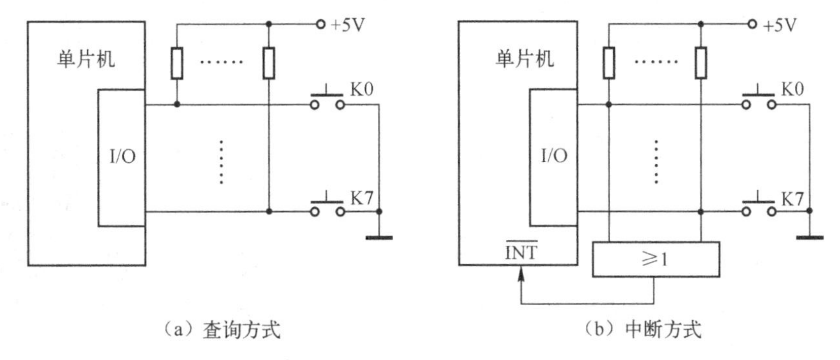

（a）查询方式　（b）中断方式

图 5-12　独立式键盘电路

矩阵式键盘又称行列式键盘，它是用 I/O 端口线组成行、列结构，按键设置在行线与列线的交叉点上。行线和列线分别连接在按键开关的两端，列线通过上拉电阻接至电源，以确保无按键被按下时，列线处于高电平状态。例如，用 3×3 的行列结构可构成 9 个键的键盘；用 4×4 的行列结构可构成 16 个键的键盘，如图 5-13 所示。

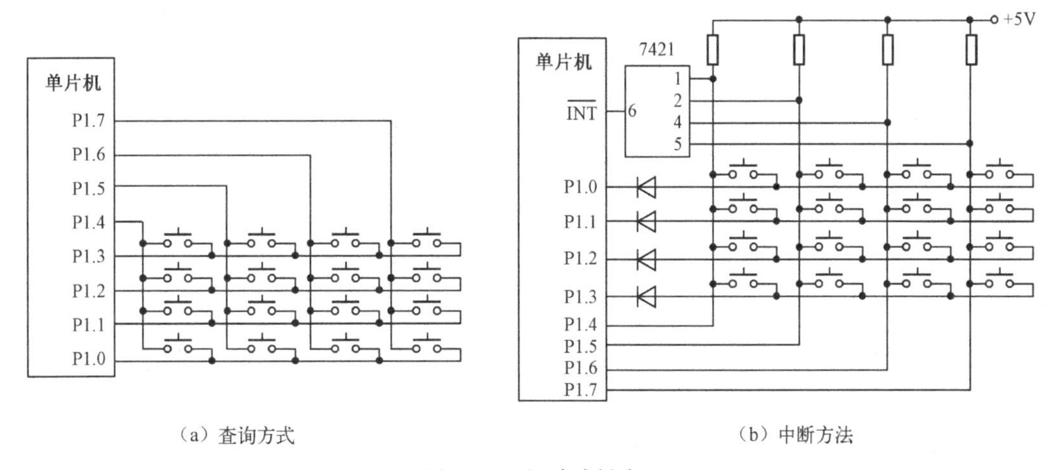

（a）查询方式　（b）中断方法

图 5-13　矩阵式键盘

5.2.2　查询式键盘设计

设计要求

将 8 个按键从 1~8 进行编号，如果其中一个按键被按下，则在 LED 数码管上显示相应的键值；如果没有按键被按下，显示为 0。

硬件设计

在桌面上双击图标，打开 Proteus 8 Professional 软件。新建一个 DEFAULT 模板，添加表 5-5 所列的元器件，并完成图 5-14 所示的硬件电路图设计。

表5-5 查询式键盘项目所用元器件

单片机 AT89C51	瓷片电容 CAP 30pF	晶振 CRYSTAL 11.0592MHz	电阻 RES
按钮 BUTTON	限流电阻排 RX8	共阳极数码管 7SEG-COM-AN-GRN	电解电容 CAP-ELEC

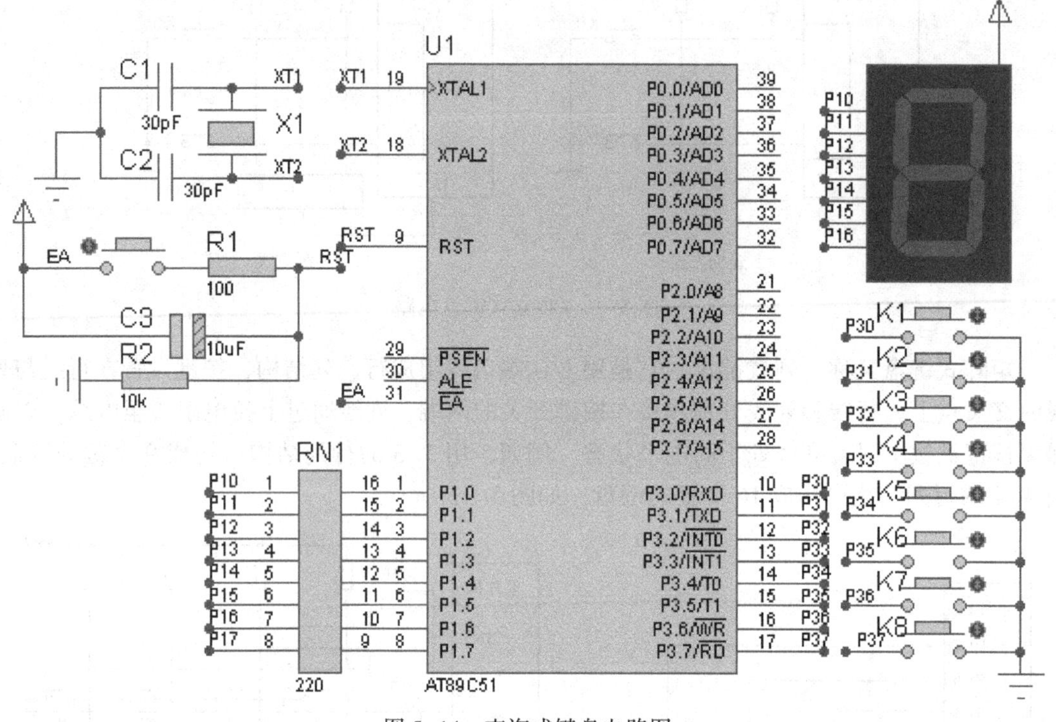

图5-14 查询式键盘电路图

程序设计

如果有按键被按下，则相应输入为低电平，否则为高电平。这样可通过读入P3端口的数据来判断按下的是哪个按键。若有按键被按下，要有一定的延时，防止由于键盘抖动而引起的误操作。其程序流程图如图5-18所示。

1）汇编语言源程序

```
LED     EQU     P1
DIPKEY  EQU     P3
        ORG     00H
        MOV     LED,#0FFH
KEY:    MOV     A,DIPKEY
        CJNE    A,#0FFH,KK          ;是否有按键被按下?
        MOV     LED,#0C0H
        AJMP    KEY
KK:     MOV     A, DIPKEY
        CJNE    A,#0FFH,KK1         ;消除按键抖动
        AJMP    KEY
KK1:    CJNE    A,#0FEH,KK2         ;判断K1(P1.0)是否被按下
        MOV     LED,#0F9H
```

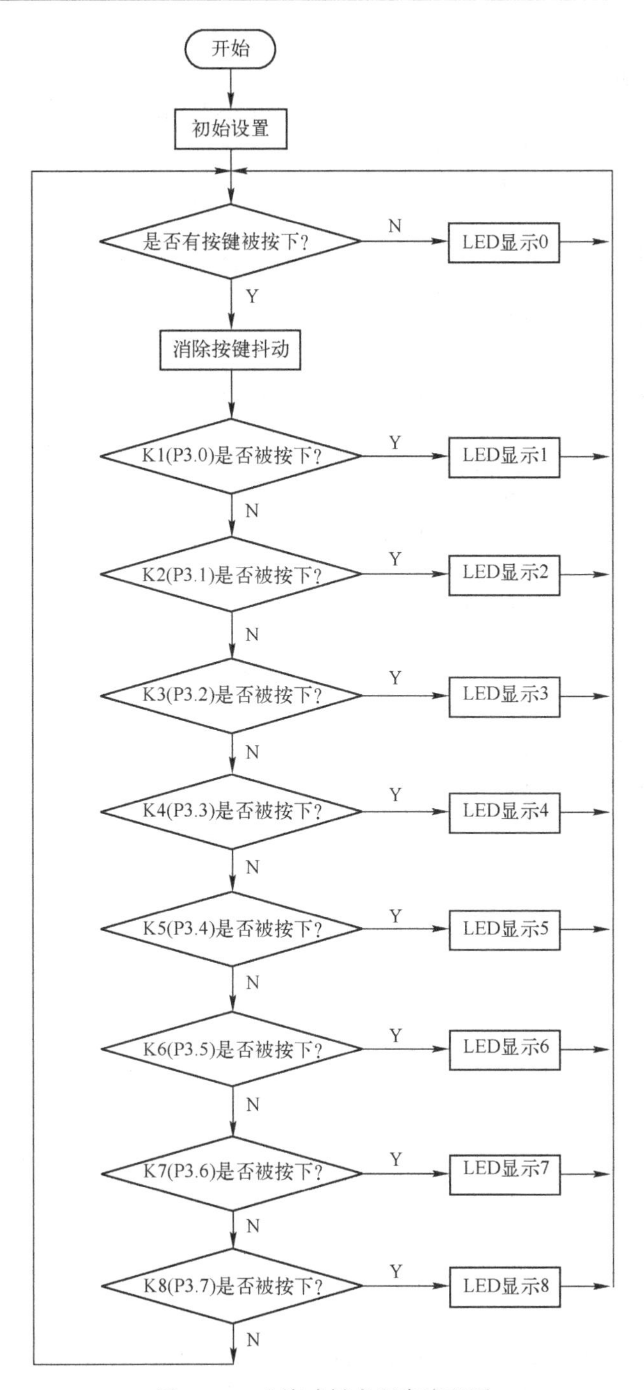

图 5-15　查询式键盘程序流程图

```
        LCAL    LDELAY
        AJMP    LP
KK2:    CJNE    A,#0FDH,KK3         ;判断 K2(P1.1)是否被按下
        MOV     LED,#0A4H
        LCALL   DELAY
        AJMP    LP
KK3:    CJNE    A,#0FBH,KK4         ;判断 K3(P1.2)是否被按下
        MOV     LED,#0B0H
```

```
        LCAL    LDELAY
        AJMP    LP
KK4:    CJNE    A,#0F7H,KK5         ;判断 K4(P1.3)是否被按下
        MOV     LED,#99H
        LCAL    LDELAY
        AJMP    LP
KK5:    CJNE    A,#0EFH,KK6         ;判断 K5(P1.4)是否被按下
        MOV     LED,#92H
        LCAL    LDELAY
        AJMP    LP
KK6:    CJNE    A,#0DFH,KK7         ;判断 K6(P1.5)是否被按下
        MOV     LED,#82H
        LCAL    LDELAY
        AJMP    LP
KK7:    CJNE    A,#0BFH,KK8         ;判断 K7(P1.6)是否被按下
        MOV     LED,#0F8H
        LCAL    LDELAY
        AJMP    LP
KK8:    CJNE    A,#7FH,LP           ;判断 K8(P1.7)是否被按下
        MOV     LED,#80H
        LCAL    LDELAY
LP:     AJMP    KEY
DELAY:  MOV     R7,#01H
DELA:   MOV     R6,#28H
DEL:    MOV     R5,#5AH
        DJNZ    R5,$
        DJNZ    R6,DEL
        DJNZ    R7,DELA
        RET
        END
```

2）C 语言源程序

```
#include <reg51.h>
#define uchar unsigned char
#define uint unsigned int
#define LED   P1
#define DIPKEY   P3
uchar tab[] = {0xC0,0xF9,0xA4,0xB0,0x99,0x92,0x82,0xF8,  //共阳极 LED0~F 的段码
               0x80,0x90,0x88,0x83,0xC6,0xA1,0x86,0x8E};
void delay(uint n)
{   uinti;
     for(i=0;i<n;i++);
}
void main(void)
{
    ucharkey,a;
    LED=0xFF;
```

```
        while(1)
          {
         a=DIPKEY;
           if(DIPKEY!=a);                          //等待按键被按下
                {
                delay(100);                        //延时出去抖动
                if(DIPKEY!=a);
                {
                    key=DIPKEY;                    //读取键值
                    switch(key)
                      {
                          case 0xFF :   LED=tab[0];   break;
                          case 0xFE :   LED=tab[1];   break;
                          case 0xFD :   LED=tab[2];   break;
                          case 0xFB :   LED=tab[3];   break;
                          case 0xF7 :   LED=tab[4];   break;
                          case 0xEF :   LED=tab[5];   break;
                          case 0xDF :   LED=tab[6];   break;
                          case 0xBF :   LED=tab[7];   break;
                          case 0x7F :   LED=tab[8];   break;
                      }
                  }
               }
          }
      }
```

调试与仿真

打开 Keil 软件，创建“查询式键盘”项目，输入汇编语言（或 C 语言）源程序，并将该源程序文件添加到项目中。编译源程序，生成“查询式键盘 . HEX”文件。

在已绘制好的 Proteus 电路图中双击 AT89C51 单片机，添加在 Keil 中生成的“查询式键盘 . HEX”文件，实现 Keil 与 Proteus 的联机。

在 Proteus 电路图绘制软件的编辑窗口中单击按钮 ▶，进入仿真状态。运行时，LED 的初始显示为 0，表示没有按键被按下。当按下某按键时，将显示相应的数值；松开按键后，仍显示为 0。其运行效果如图 5-16 所示。

5.2.3　矩阵式键盘的识别

设计要求

设计一个 4×4 的矩阵键盘，以 P3.0~P3.3 作为行线，以 P3.4~P3.7 作为列线，在数码管上显示每个按键的“0”~“F”序号。

硬件设计

在桌面上双击图标，打开 Proteus 8 Professional 软件。新建一个 DEFAULT 模板，添加表 5-6 所列的元器件，并完成图 5-17 所示的硬件电路图设计。

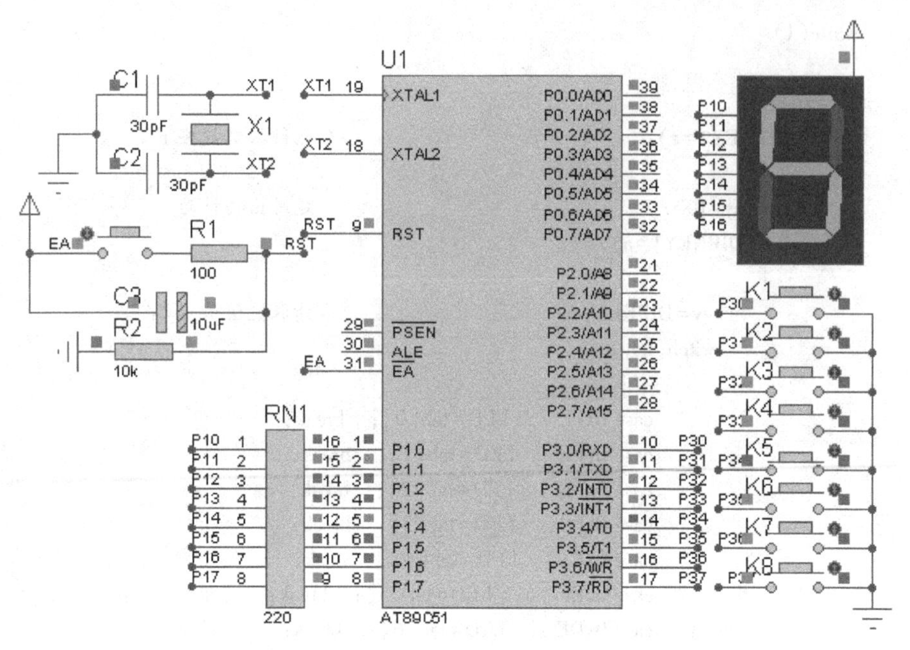

图 5-16　查询式键盘程序运行效果

表 5-6　矩阵式键盘项目所用元器件

单片机 AT89C51	瓷片电容 CAP 30pF	晶振 CRYSTAL 11.0592MHz	电阻 RES
按钮 BUTTON	限流电阻排 RX8	共阳极数码管 7SEG-COM-AN-GRN	电解电容 CAP-ELEC

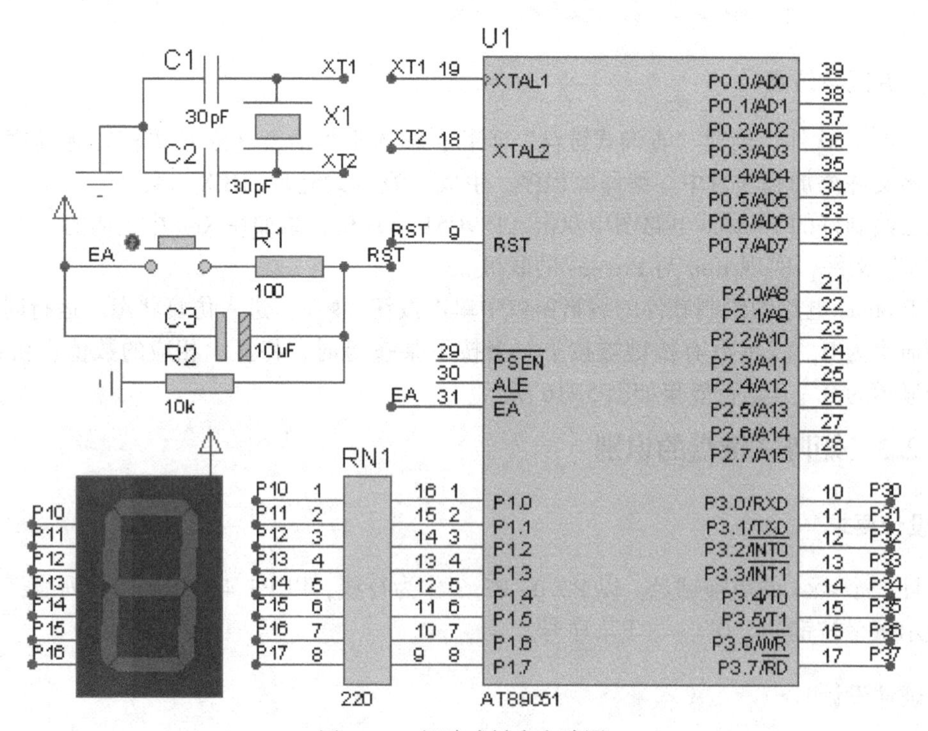

图 5-17　矩阵式键盘电路图

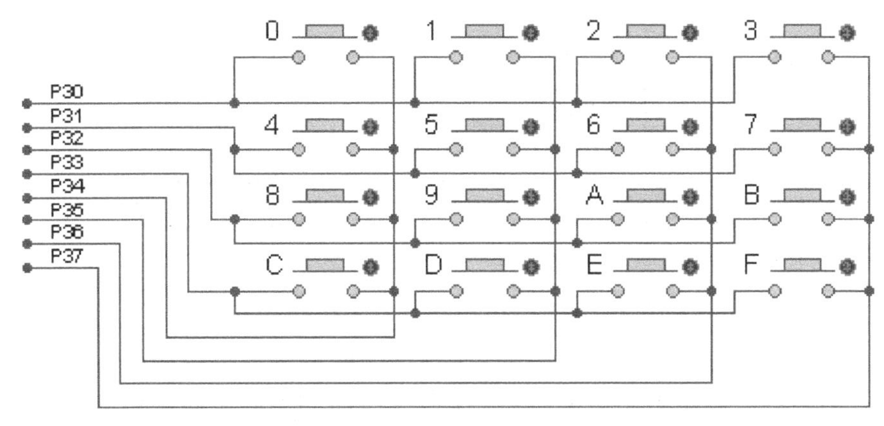

图 5-17　矩阵式键盘电路图（续）

程序设计

在图 5-17 中，行线 P3.0~P3.3 是输入线，CPU 通过其电平的高低来判别按键是否被按下。但每根线上接有 4 个按键，任何按键被按下都有可能使其电平变低，到底是哪个按键被按下了呢？这里采用了“时分复用”的方法，即将一个查询周期分成 4 个时间段，每个时间段对应一个按键，在哪个时间段检查到低电平，则代表是与之相对应的按键被按下。时间段的划分是通过列线 P3.4~P3.7 来实现的。依次使列线 P3.4~P3.7 中的一根输出为低电平，则只有与之对应的按键被按下时，才能使行线变为低电平，此时其他列线都输出高电平，即使与之对应的按键被按下，也不能使行线电平变低，这就实现了行线的时分复用。

由于矩阵式键盘的按键数量比较多，为了使程序简洁，一般在键盘处理程序中，给予每个按键一个键号，由从列线 I/O 口输出的数据和从行线 I/O 口读入的数据得到按键的键号，然后由该键号通过散转表进入各按键的服务程序。

根据“如果有按键被按下，则相应输入为低电平，否则为高电平”的原则，首先设置相应的行为低电平，然后再检测相应列是否为低电平，以此方式来实现键盘扫描。当按键为低电平时，就转到相应的显示子程序中，其程序流程图如图 5-18 所示。

1）汇编语言源程序

```
LED     EQU     P1
        ORG     0000H
        AJMP    MAIN
        ORG     0100H
MAIN:   MOV     P2,#00H
KEY0:   MOV     P3,#0FEH        ;[11111110]FE,置 P3.0 低电平,扫描 P3.4~P3.7 键值
        JNB     P3.4,K0
        JNB     P3.5,K1
        JNB     P3.6,K2
        JNB     P3.7,K3
        MOV     P3,#0FDH        ;[11111101]FD,置 P3.1 低电平,扫描 P3.4~P3.7 键值
        JNB     P3.4,K4
        JNB     P3.5,K5
```

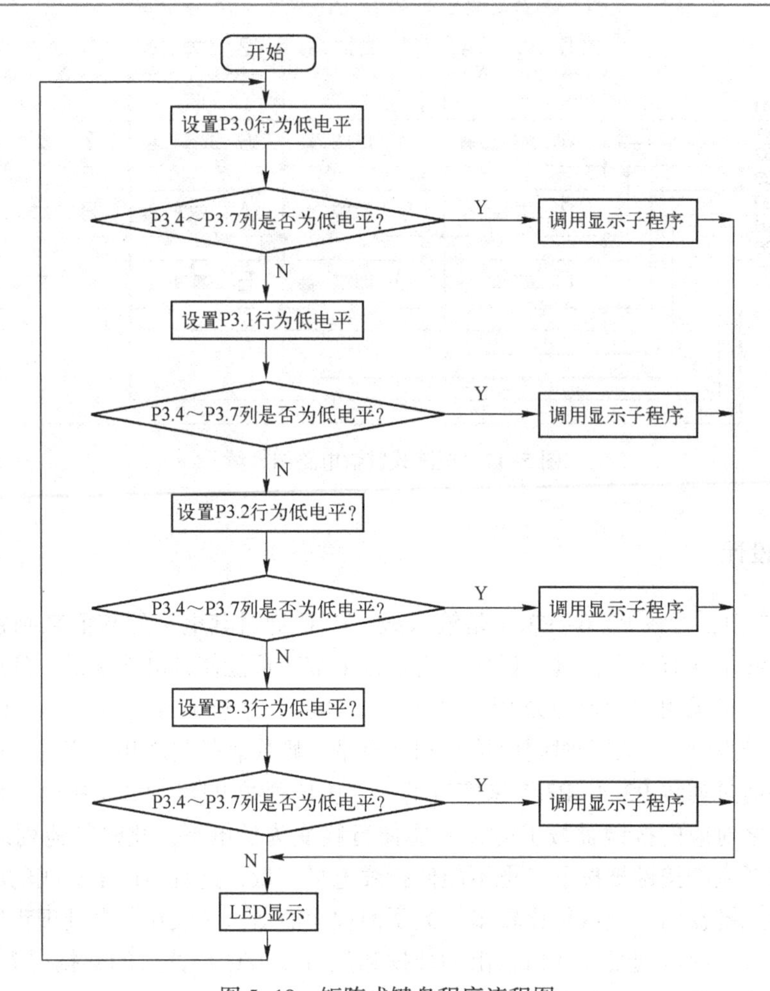

图 5-18　矩阵式键盘程序流程图

```
        JNB     P3.6,K6
        JNB     P3.7,K7
        MOV     P3,#0FBH      ;[11111011]FB,置 P3.2 低电平,扫描 P3.4~P3.7 键值
        JNB     P3.4,K8
        JNB     P3.5,K9
        JNB     P3.6,K10
        JNB     P3.7,K11
        MOV     P3,#0F7H      ;[11110111]FE,置 P3.3 低电平,扫描 P3.4~P3.7 键值
        JNB     P3.4,K12
        JNB     P3.5,K13
        JNB     P3.6,K14
        JNB     P3.7,K15
        AJMP    KEY0
        ;键码显示子程序
K0:     MOV     LED,#0C0H     ;显示 0
        ACALL   DELAY
        AJMP    KEY0
        RET
K1:     MOV     LED,#0F9H     ;显示 1
```

```
        ACALL   DELAY
        AJMP    KEY0
        RET
K2:     MOV     LED,#0A4H      ;显示 2
        ACALL   DELAY
        AJMP    KEY0
        RET
K3:     MOV     LED,#0B0H      ;显示 3
        ACALL   DELAY
        AJMP    KEY0
        RET
K4:     MOV     LED,#099H      ;显示 4
        ACALL   DELAY
        AJMP    KEY0
        RET
K5:     MOV     LED,#092H      ;显示 5
        ACALL   DELAY
        AJMP    KEY0
        RET
K6:     MOV     LED,#082H      ;显示 6
        ACALL   DELAY
        AJMP    KEY0
        RET
K7:     MOV     LED,#0F8H      ;显示 7
        ACALL   DELAY
        AJMP    KEY0
        RET
K8:     MOV     LED,#080H      ;显示 8
        ACALL   DELAY
        AJMP    KEY0
        RET
K9:     MOV     LED,#090H      ;显示 9
        ACALL   DELAY
        AJMP    KEY0
        RET
K10:    MOV     LED,#088H      ;显示 A
        ACALL   DELAY
        AJMP    KEY0
        RET
K11:    MOV     LED,#083H      ;显示 b
        ACALL   DELAY
        AJMP    KEY0
        RET
K12:    MOV     LED,#0C6H      ;显示 C
        ACALL   DELAY
        AJMP    KEY0
        RET
```

```
K13:      MOV     LED,#0A1H     ;显示 d
          ACALL   DELAY
          AJMP    KEY0
          RET
K14:      MOV     LED,#086H     ;显示 E
          ACALL   DELAY
          AJMP    KEY0
          RET
K15:      MOV     LED,#08EH     ;显示 F
          ACALL   DELAY
          AJMP    KEY0
          RET
DELAY:    MOV     R3,#10        ;延时子程序
LOOP:     MOV     R4,#200
LOOP1:    MOV     R5,#230
          DJNZ    R5,$
          DJNZ    R4,LOOP1
          DJNZ    R3,LOOP
          RET
          END
```

2）C 语言源程序

```
#include <reg51.h>
#define uchar unsigned char
#define uint unsigned int
#define  LED  P1
#define  KEY  P3
ucharbuff,times,j;
uchar code dispcode[] = {0xC0,0xF9,0xA4,0xB0,    //0,1,2,3
                         0x99,0x92,0x82,0xF8,    //4,5,6,7
                         0x80,0x90,0x88,0x83,    //8,9,A,B
                         0xC6,0xA1,0x86,0x8E};   //C,D,E,F
ucharidata value[8];
void delay1ms(void)                              //消抖
{ uchari;
  for(i=200;i>0;i--);
}
void key_scan(void)                              //键盘输入扫描函数
{ ucharhang,lie,key;
  KEY=0xf0;
  if((KEY&0xf0)!=0xf0)                           //行码为0,列码为1
   { delay1ms();
     if((KEY&0xf0)!=0xf0)                        //有按键被按下,列码变为0
       { hang=0xfe;                              //逐行扫描
         times++;
         if(times==9)
         times=1;
```

```
            while((hang&0x10)!=0)                    //扫描完4行后跳出
             {KEY=hang;
              if((KEY&0xf0)!=0xf0)                   //本行有按键被按下
                { lie=(KEY&0xf0)|0x0f;
                  buff=((~hang)+(~lie));
                  switch(buff)
                   {
                     case 0x11: key=0;break;
                   //P3.7 P3.6 P3.5 P3.4 P3.2 P3.1 P3.0,高电平有效,列值+行值
                     case 0x21: key=1;break;
                     case 0x41: key=2;break;
                     case 0x81: key=3;break;
                     case 0x12: key=4;break;
                     case 0x22: key=5;break;
                     case 0x42: key=6;break;
                     case 0x82: key=7;break;
                     case 0x14: key=8;break;
                     case 0x24: key=9;break;
                     case 0x44: key=10;break;
                     case 0x84: key=11;break;
                     case 0x18: key=12;break;
                     case 0x28: key=13;break;
                     case 0x48: key=14;break;
                     case 0x88: key=15;break;
                   }
               value[times-1]=key;                   //与按下的按键对应的键值
                }
              else hang=(hang<<1)|0x01;              //下一行扫描
             }
         }
     }
}
void main(void)
{
   while(1)
    {
      key_scan();
      LED=dispcode[value[times-1]];
    }
}
```

调试与仿真

打开 Keil 软件，创建“矩阵式键盘”项目，输入汇编语言（或 C 语言）源程序，并将该源程序文件添加到项目中。编译源程序，生成“矩阵式键盘 . HEX”文件。

在已绘制好的 Proteus 电路图中双击 AT89C51 单片机，添加在 Keil 中生成的“矩阵式键盘 . HEX”文件，实现 Keil 与 Proteus 的联机。

在 Proteus 电路图绘制软件的编辑窗口中单击按钮 ▶ ，进入仿真状态。开始运行时，LED 数码管无显示，当按下某按键时，将显示相应的数值。其运行效果如图 5-19 所示。

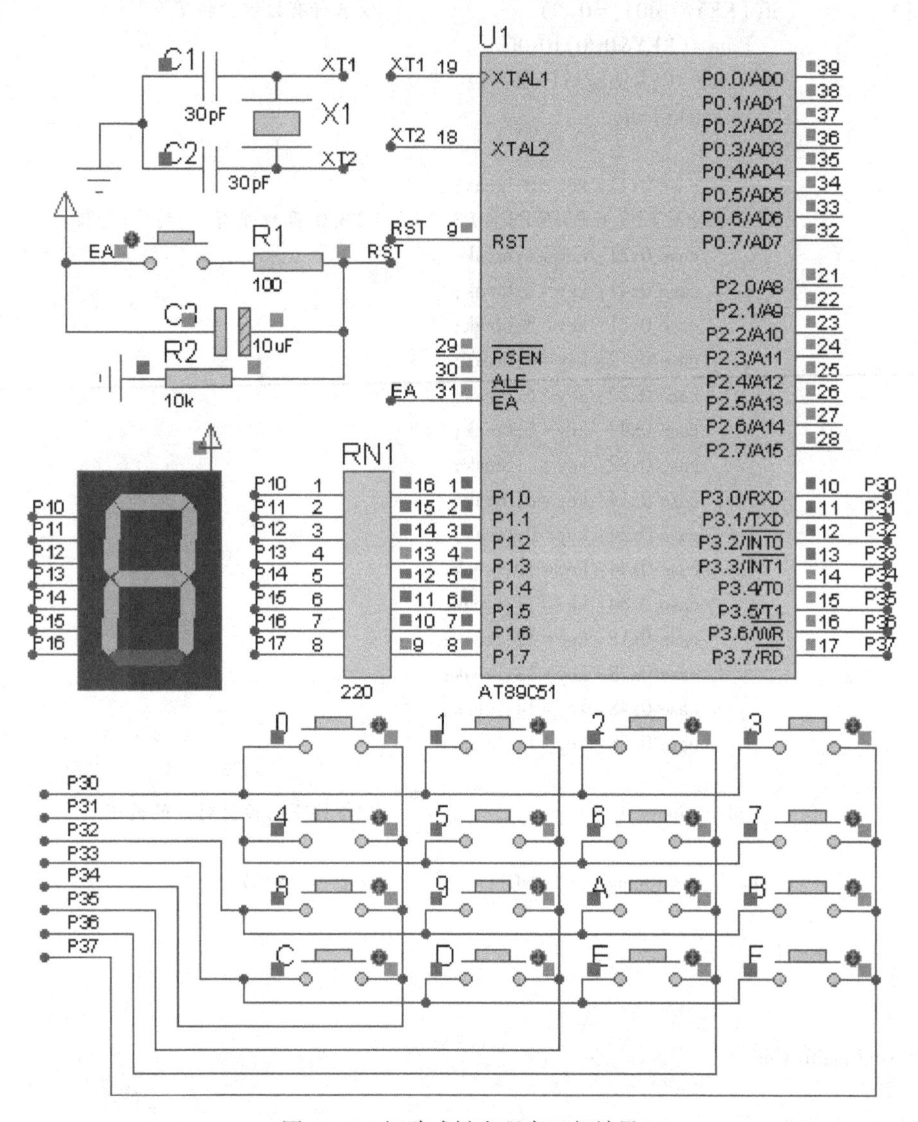

图 5-19 矩阵式键盘程序运行效果

第 6 章　DAC 和 ADC 的应用

能够将数字信号转换成相应的模拟信号的器件称为数/模转换器（Digital to Analog Converter，DAC）；能够将模拟信号转换成相应的数字信号的器件称为模/数转换器（Analog to Digital Converter，ADC）。

6.1　DAC 的应用

按单片机与 DAC 连接方式的不同，可以将 DAC 分为并行输入方式的 DAC 和串行输入方式的 DAC 两种。并行输入方式的 DAC 的转换速率一般比串行输入方式的 DAC 的快，但它与单片机连接时占用的接口引脚较多。采用并行输入方式的 DAC 有 DAC0830/0831/0832 等，采用串行输入方式的 DAC 有 MAX517/518/519、TLC5615 等。下面以常用的 DAC0832 和 TLC5615 为例，讲述 D/A 转换的有关知识。

6.1.1　DAC0832 输出正弦波

设计要求

使用 DAC0832 设计一个正弦波信号发生器。

DAC0832 基础知识

DAC0832 是 8 位分辨率的 D/A 转换芯片，它具有价格低廉、接口简单、转换控制容易等优点，在单片机应用系统中得到广泛的应用。

DAC0832 的引脚图如图 6-1 所示。

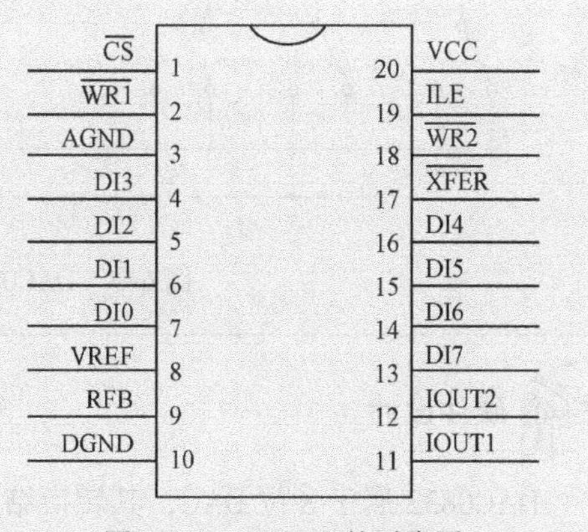

图 6-1　DAC0832 的引脚图

☺ $\overline{CS}$：片选引脚。

☺ $\overline{WR1}$：输入寄存器的写选通引脚。

☺ AGND：模拟地引脚。

☺ DI0～DI7：数据输入引脚。

☺ VREF：基准电压（-10～+10V）输入引脚。

☺ RFB：反馈信号输入引脚。

☺ DGND：数字地引脚。

☺ IOUT1：电流输出引脚。当输入数字信号为 FFH 时，此引脚输出的电流值最大。

☺ IOUT2：电流输出引脚。其输出与 IOUT1 引脚输出之和为一常数。

☺ $\overline{\text{XFER}}$：数据传送控制信号输入引脚。

☺ $\overline{\text{WR2}}$：DAC 寄存器写选通引脚。

☺ ILE：数据锁存允许控制信号引脚。

☺ VCC：电源电压（+5～+15V）引脚。

DAC0832 的内部结构如图 6-2 所示。从图中可以看出，DAC0832 具有由一个输入寄存器和一个 DAC 寄存器构成的双缓冲结构。

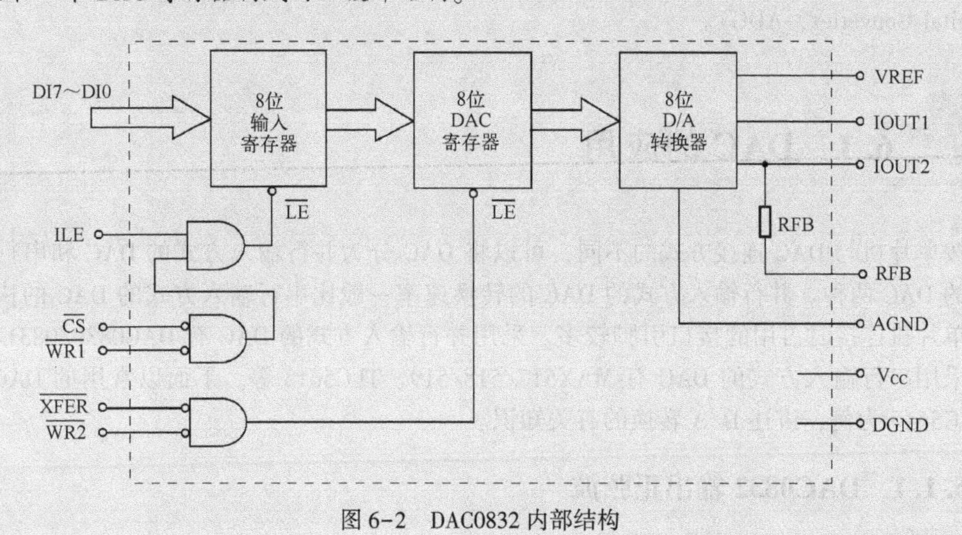

图 6-2　DAC0832 内部结构

DAC0832 是利用 R-$2R$ 电阻阶梯网络来完成 D/A 转换的，如图 6-3 所示。

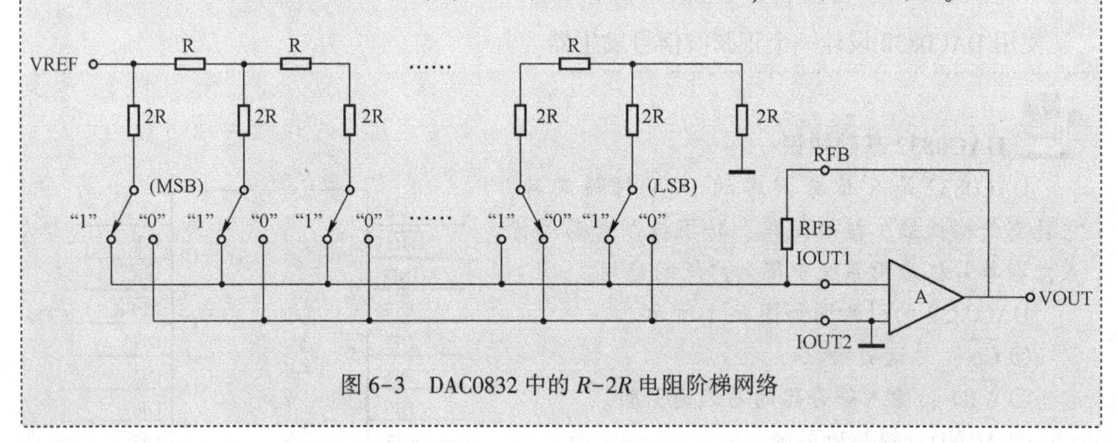

图 6-3　DAC0832 中的 R-$2R$ 电阻阶梯网络

硬件设计

DAC0832 属于 8 位 DAC，其转换结果是以电流形式输出的。本设计为了输出正弦波电压信号，可采用 μA741 运算放大器将电流信号转换为电压信号。

在桌面上双击图标，打开 Proteus 8 Professional 软件。新建一个 DEFAULT 模板，添加表 6-1 所列的元器件，并完成图 6-4 所示的硬件电路图设计。

表 6-1　DAC0832 输出正弦波项目所用元器件

单片机 AT89C51	瓷片电容 CAP 30pF	晶振 CRYSTAL 11.0592MHz	电解电容 CAP-ELEC
电阻 RES	数/模转换器 DAC0832	运算放大器 μA741	按钮 BUTTON
可调电阻 POT-HG			

程序设计

在图 6-4 中，DAC0832 通过 μA741 将电流信号转换为电压信号，其输入数据与输出电压的关系为

$$\mathrm{CHA} = -\frac{\mathrm{VREF}}{256} \times D$$

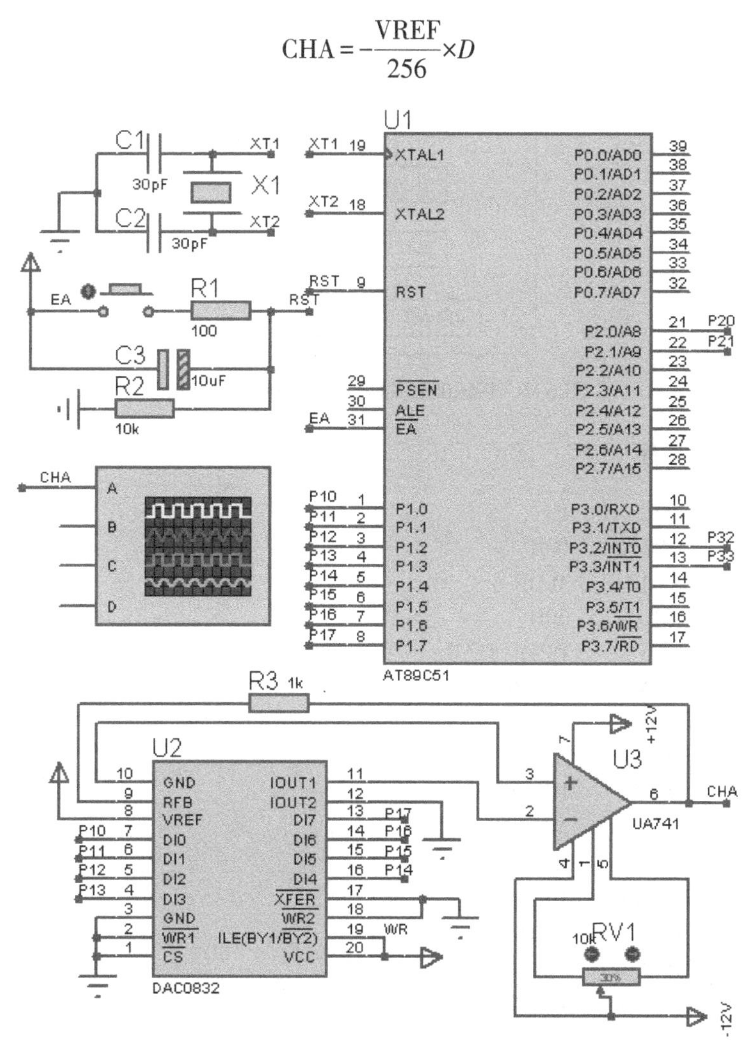

图 6-4　DAC0832 输出正弦波电路图

式中，D 为 D7～D0 对应的十进制数字。为了输出正弦波，可以建立一个数字量数组，取值范围为一个周期，循环将这些数据送 DAC0832 进行转换，即可在 μA741 的输出端得到正弦波电压信号。其程序流程图如图 6-5 所示。

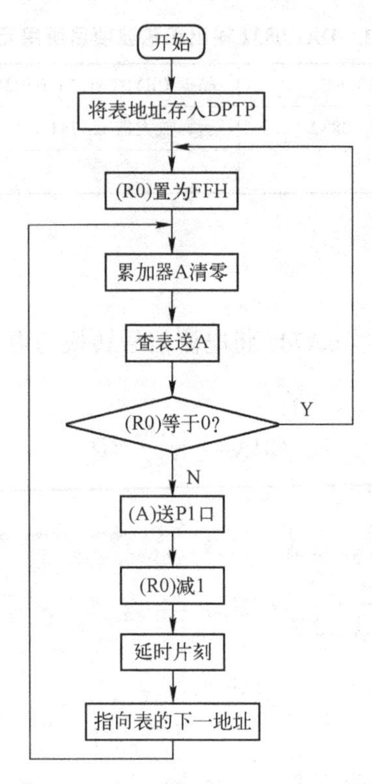

图 6-5　DAC0832 输出正弦波程序流程图

1）汇编语言源程序

```
DOUT     EQU     P1
         ORG     00H
         AJMP    MAIN
         ORG     30H
MAIN:    MOV     DPTR,#TAB
         MOV     R0,#0FFH
LP1:     MOV     A,#00H
         MOVC    A,@ A+DPTR
         DJNZ    R0,LP2
         JMP     MAIN
LP2:     MOV     DOUT,A
         LCALL   DELAY
         INC     DPTR
         JMP     LP1
DELAY:   MOV     R7,#230
         DJNZ    R7,$
         RET
TAB:     DB080H, 083H, 086H, 089H, 08cH, 08fH, 092H, 095H
         DB098H, 09cH, 09fH, 0a2H, 0a5H, 0a8H, 0abH, 0aeH
         DB0b0H, 0b3H, 0b6H, 0b9H, 0bcH, 0bfH, 0c1H, 0c4H
         DB0c7H, 0c9H, 0ccH, 0ceH, 0d1H, 0d3H, 0d5H, 0d8H
         DB0daH, 0dcH, 0deH, 0e0H, 0e2H, 0e4H, 0e6H, 0e8H
         DB0eaH, 0ecH, 0edH, 0efH, 0f0H, 0f2H, 0f3H, 0f4H
```

```
DB0f6H, 0f7H, 0f8H, 0f9H, 0faH, 0fbH, 0fcH, 0fcH
DB 0fdH, 0feH, 0feH, 0ffH, 0ffH, 0ffH, 0ffH, 0ffH
DB0ffH, 0ffH, 0ffH, 0ffH, 0ffH, 0ffH, 0feH, 0feH
DB 0fdH, 0fcH, 0fcH, 0fbH, 0faH, 0f9H, 0f8H, 0f7H
DB0f6H, 0f5H, 0f3H, 0f2H, 0f0H, 0efH, 0edH, 0ecH
DB 0eaH, 0e8H, 0e6H, 0e4H, 0e3H, 0e1H, 0deH, 0dcH
DB0daH, 0d8H, 0d6H, 0d3H, 0d1H, 0ceH, 0ccH, 0c9H
DB 0c7H, 0c4H, 0c1H, 0bfH, 0bcH, 0b9H, 0b6H, 0b4H
DB0b1H, 0aeH, 0abH, 0a8H, 0a5H, 0a2H, 09fH, 09cH
DB 099H, 096H, 092H, 08fH, 08cH, 089H, 086H, 083H
DB080H, 07dH, 079H, 076H, 073H, 070H, 06dH, 06aH
DB 067H, 064H, 061H, 05eH, 05bH, 058H, 055H, 052H
DB04fH, 04cH, 049H, 046H, 043H, 041H, 03eH, 03bH
DB 039H, 036H, 033H, 031H, 02eH, 02cH, 02aH, 027H
DB025H, 023H, 021H, 01fH, 01dH, 01bH, 019H, 017H
DB 015H, 014H, 012H, 010H, 0fH, 0dH, 0cH, 0bH
DB 09H, 08H, 07H, 06H, 05H, 04H, 03H, 03H
DB 02H, 01H, 01H, 00H, 00H, 00H, 00H, 00H
DB00H, 00H, 00H, 00H, 00H, 00H, 01H, 01H
DB 02H, 03H, 03H, 04H, 05H, 06H, 07H, 08H
DB 09H, 0aH, 0cH, 0dH, 0eH, 010H, 012H, 013H
DB 015H, 017H, 018H, 01aH, 01cH, 01eH, 020H, 023H
DB025H, 027H, 029H, 02cH, 02eH, 030H, 033H, 035H
DB038H, 03bH, 03dH, 040H, 043H, 046H, 048H, 04bH
DB04eH, 051H, 054H, 057H, 05aH, 05dH, 060H, 063H
DB066H, 069H, 06cH, 06fH, 073H, 076H, 079H, 07cH
END
```

2) C 语言源程序

```
#include"reg51.h"
#define uint unsigned int
#define uchar unsigned char
#define   DOUT   P1
uchar code sin_tab[256] =
            {0x80, 0x83, 0x86, 0x89, 0x8c, 0x8f, 0x92, 0x95,
             0x98, 0x9c, 0x9f, 0xa2, 0xa5, 0xa8, 0xab, 0xae,
             0xb0, 0xb3, 0xb6, 0xb9, 0xbc, 0xbf, 0xc1, 0xc4,
             0xc7, 0xc9, 0xcc, 0xce, 0xd1, 0xd3, 0xd5, 0xd8,
             0xda, 0xdc, 0xde, 0xe0, 0xe2, 0xe4, 0xe6, 0xe8,
             0xea, 0xec, 0xed, 0xef, 0xf0, 0xf2, 0xf3, 0xf4,
             0xf6, 0xf7, 0xf8, 0xf9, 0xfa, 0xfb, 0xfc, 0xfc,
             0xfd, 0xfe, 0xfe, 0xff, 0xff, 0xff, 0xff, 0xff,
             0xff, 0xff, 0xff, 0xff, 0xff, 0xff, 0xfe, 0xfe,
             0xfd, 0xfc, 0xfc, 0xfb, 0xfa, 0xf9, 0xf8, 0xf7,
             0xf6, 0xf5, 0xf3, 0xf2, 0xf0, 0xef, 0xed, 0xec,
             0xea, 0xe8, 0xe6, 0xe4, 0xe3, 0xe1, 0xde, 0xdc,
             0xda, 0xd8, 0xd6, 0xd3, 0xd1, 0xce, 0xcc, 0xc9,
```

```
                0xc7, 0xc4, 0xc1, 0xbf, 0xbc, 0xb9, 0xb6, 0xb4,
                0xb1, 0xae, 0xab, 0xa8, 0xa5, 0xa2, 0x9f, 0x9c,
                0x99, 0x96, 0x92, 0x8f, 0x8c, 0x89, 0x86, 0x83,
                0x80, 0x7d, 0x79, 0x76, 0x73, 0x70, 0x6d, 0x6a,
                0x67, 0x64, 0x61, 0x5e, 0x5b, 0x58, 0x55, 0x52,
                0x4f, 0x4c, 0x49, 0x46, 0x43, 0x41, 0x3e, 0x3b,
                0x39, 0x36, 0x33, 0x31, 0x2e, 0x2c, 0x2a, 0x27,
                0x25, 0x23, 0x21, 0x1f, 0x1d, 0x1b, 0x19, 0x17,
                0x15, 0x14, 0x12, 0x10, 0xf,  0xd,  0xc,  0xb ,
                0x9,  0x8,  0x7,  0x6,  0x5,  0x4,  0x3,  0x3,
                0x2,  0x1,  0x1,  0x0,  0x0,  0x0,  0x0,  0x0,
                0x0,  0x0,  0x0,  0x0,  0x0,  0x0,  0x1,  0x1,
                0x2,  0x3,  0x3,  0x4,  0x5,  0x6,  0x7,  0x8,
                0x9,  0xa,  0xc,  0xd,  0xe,  0x10, 0x12, 0x13,
                0x15, 0x17, 0x18, 0x1a, 0x1c, 0x1e, 0x20, 0x23,
                0x25, 0x27, 0x29, 0x2c, 0x2e, 0x30, 0x33, 0x35,
                0x38, 0x3b, 0x3d, 0x40, 0x43, 0x46, 0x48, 0x4b,
                0x4e, 0x51, 0x54, 0x57, 0x5a, 0x5d, 0x60, 0x63,
                0x66, 0x69, 0x6c, 0x6f, 0x73, 0x76, 0x79, 0x7c};
void delay(void)
{
    uchari;
    for (i=230;i>0;i--);
}
void main(void)
{
    uchari;
    while(1)
    {
      for(i=0;i<255;i++)
        {
          DOUT=sin_tab[i];
          delay();
        }
    }
}
```

调试与仿真

打开 Keil 软件，创建“DAC0832 输出正弦波”项目，输入汇编语言（或 C 语言）源程序，并将该源程序文件添加到项目中，然后编译源程序，生成“DAC0832 输出正弦波 . HEX”文件。

在已绘制好的 Proteus 电路图中双击 AT89C51 单片机，添加在 Keil 中生成的“DAC0832 输出正弦波 . HEX”文件，实现 Keil 与 Proteus 的联机。在 Proteus 电路图绘制软件的编辑窗口中单击按钮 ▶ ，进入仿真状态，虚拟示波器中会显示输出的正弦波电压信号，如图 6-6 所示。

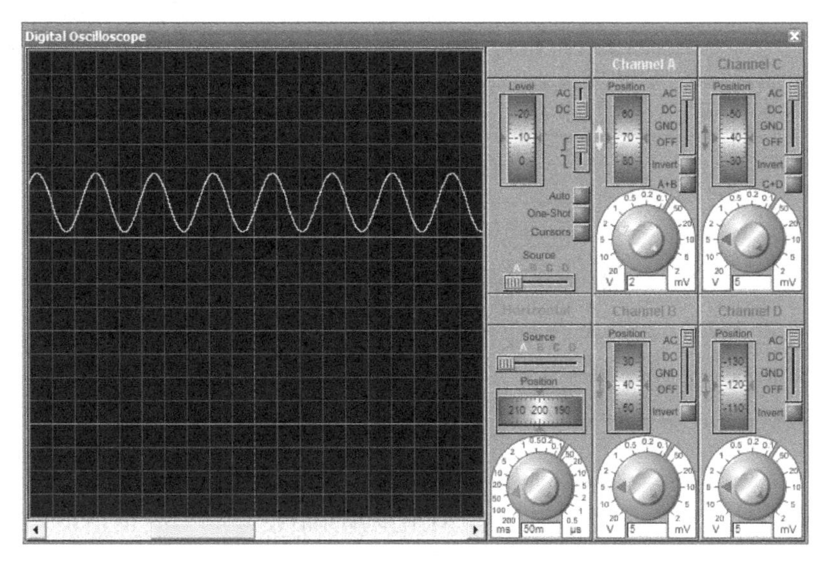

图 6-6　DAC0832 输出正弦波程序运行效果

练一练

读者可自行修改程序，利用 DAC0832 输出方波、三角波和锯齿波等模拟信号。

6.1.2　TLC5615 输出锯齿波

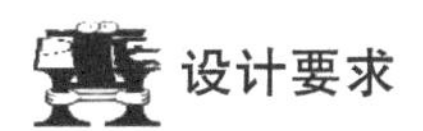

设计要求

使用 TLC5615 设计一个锯齿波信号发生器。

TLC5615 基础知识

TLC5615 的引脚图如图 6-7 所示。

☺ DIN：串行数据输入引脚。

☺ SCLK：串行时钟输入引脚。

☺ $\overline{CS}$：片选引脚。

☺ DOUT：用于菊花链的串行数据输出引脚。

☺ AGND：模拟地引脚。

☺ REFin：基准输入引脚。

☺ OUT：模拟电压输出引脚。

☺ V_{CC}：电源引脚。

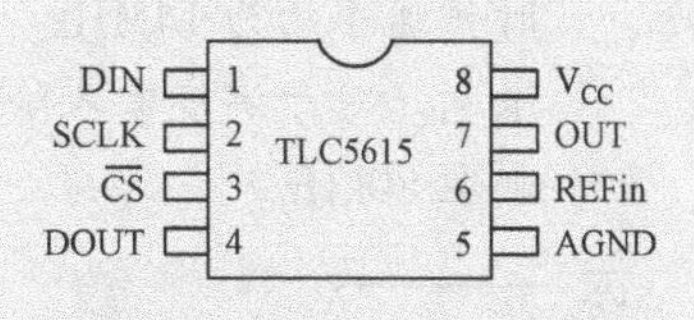

图 6-7　TLC5615 的引脚图

TLC5615 内部结构如图 6-8 所示。由图可见，TLC5615 由 16 位转换寄存器、控制逻辑、10 位 DAC 寄存器、上电复位、DAC、外部基准放大器、基准电压倍增器等部分组成。

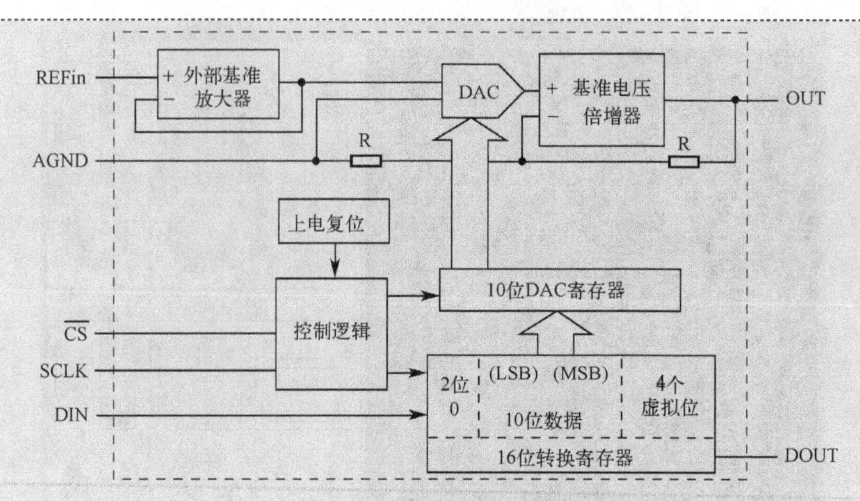

图 6-8　TLC5615 内部结构

TLC5615 通过固定增益为 2 的运算放大器缓冲电阻串网络，把 10 位数字量转换成模拟电压。上电时，内部电路把 DAC 寄存器复位至全 0。其输出具有与基准输入相同的极性，且表达式为

$$OUT=2\times REFin\times CODE/1024$$

☺ 数据输入：由于 DAC 是 12 位寄存器，所以在写入 10 位数据后，还要为最低 2 位写入 2 个“0”。

☺ 输出缓冲器：输出缓冲器具有满电源电压幅度（Rail to Rail）输出，它有短路保护措施，并能驱动有 100pF 负载电容的 2kΩ 负载。

☺ 外部基准：外部基准电压输入经过缓冲，使得 DAC 输入电阻与代码无关。因此，REFin 输入电阻为 10MΩ，输入电容典型值为 5pF，它们与输入代码无关。基准电压决定了 DAC 的满度输出。

☺ 逻辑接口：逻辑输入端可使用 TTL 或 CMOS 逻辑电平。当使用满电源电压幅度时，若使用 CMOS 逻辑电平，功耗较小；若使用 TTL 逻辑电平，功耗增加（约为 2 倍）。

☺ 串行时钟和更新速率：图 6-9 所示为 TLC5615 的工作时序。TLC5615 的最大串行时钟速率约为 14MHz。通常，数字更新速率（Digital Update Rate）受片选周期的限制。对于满度输入阶跃跳变，10 位 DAC 建立时间为 12.5 μs，这把更新速率限制在 80kHz。

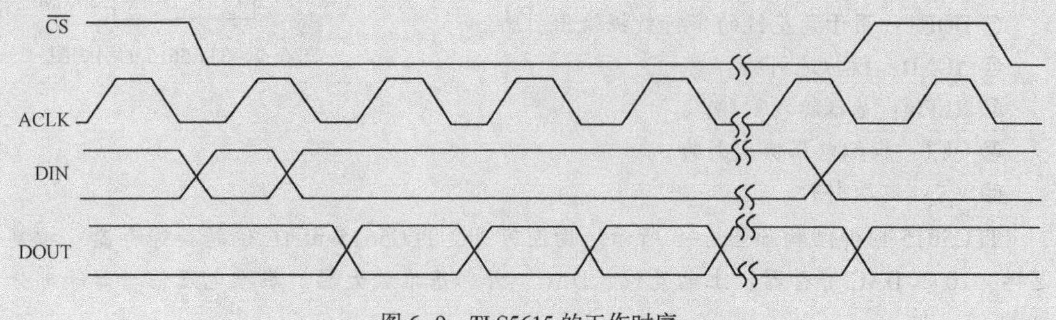

图 6-9　TLC5615 的工作时序

☺ 器件级联：如果时序关系合适，可以将一个器件的 DOUT 引脚连接到另一个器件的 DIN 引脚，从而实现 DAC 的级联。从 DIN 引脚输入的数据经过 17 个时钟周期后出现在 DOUT 引脚。DOUT 是低功率的图腾柱（Totem-Poled，即推拉输出电路）输出引脚。当 $\overline{CS}$ 为低电平时，DOUT 在 SCLK 下降沿变化；当 $\overline{CS}$ 为高电平时，DOUT 保持，并不进入高阻状态。

3）TLC5615 的使用方法　当 $\overline{CS}$ 为低电平时，输入数据读入 16 位移位寄存器（由时钟同步，最高有效位在前）；SCLK 输入的上升沿把数据移入输入寄存器，然后 $\overline{CS}$ 的上升沿把数据传送至 DAC 寄存器。当 $\overline{CS}$ 为高电平时，输入的数据不能由时钟同步送入输入寄存器。所有 $\overline{CS}$ 的跳变应当发生在 SCLK 为低电平期间。

TLC5615 的使用有两种方式，即使用菊花链功能（级联）方式和不使用菊花链功能（非级联）方式。

如果不使用菊花链功能（非级联）方式，DIN 只需输入 12 位数据。DIN 输入的 12 位数据中，前 10 位为 D/A 转换数据（高位在前，低位在后），后两位为零，因为 TLC5615 的 DAC 输入锁存器为 12 位宽。12 位的输入数据序列如下：

D9	D8	D7	D6	D5	D4	D3	D2	D1	D0	0	0

如果使用菊花链功能（级联）方式，那么可以传送如下所示的 4 个高虚拟位（Upper Dummy Bits）在前的 16 位输入数据序列：

4 Upper Dummy	10 Data Bits	0	0

来自前一个 DOUT 的数据需要经过 16 个时钟下降沿，因此需要额外的时钟宽度。当级联多个 TLC5615 时，输入的数据序列需要有 4 个高虚拟位，且增加两个额外的 0 也是必要的。

硬件设计

在桌面上双击图标，打开 Proteus 8 Professional 软件。新建一个 DEFAULT 模板，添加表 6-2 所列的元器件，并完成图 6-10 所示的硬件电路图设计。

表 6-2　TLC5615 输出锯齿波项目所用元器件

单片机 AT89C51	瓷片电容 CAP 30pF	晶振 CRYSTAL 11.0592MHz	电解电容 CAP-ELEC
电阻 RES	数/模转换器 TLC5615	运算放大器 LM358	按钮 BUTTON
可调电阻 POT-HG			

程序设计

锯齿波（Sawtooth Wave）是常见的波形之一。锯齿波是一种非正弦波，具有一条斜线和一条垂直于横轴的直线的重复结构，类似锯齿的形状，因此而得名。标准锯齿波的波形先呈直线上升，随后陡落，再上升，再陡落，如此反复。

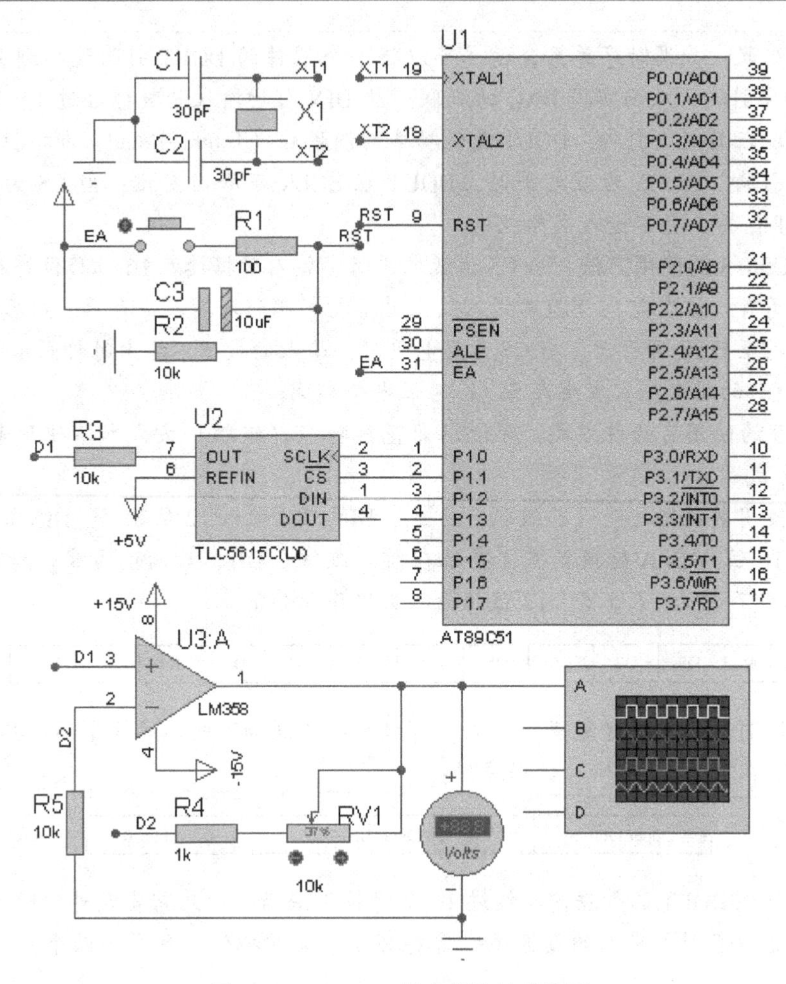

图 6-10　TLC5615 输出锯齿波电路图

1）汇编语言源程序

```
        DA_H    EQU     30H             //定义 DAC 的数据区
        DA_L    EQU     31H
        DIN     BIT     P1.2
        CS      BIT     P1.1
        SCLK    BIT     P1.0
        ORG     00H
        AJMP    MAIN
        ORG     30H
MAIN:   MOV     R1,#0H
LP:     MOV     30H,#00H        //装入高 8 位数据
        MOV     A,R1
        MOV     31H,A           //装入低 8 位数据
        CLR     CS              //设置 CS 为低电平
        LCALL   DELAY           //延时
        MOV     R2,#04          //设置高 4 位转换位数
        LCALL   WDATA_H         //调用高 4 位 DAC 转换
        MOV     R2,#08          //设置低 8 位转换位数
```

```
        LCALL    WDATA_L           //调用低 8 位 DAC 转换
        CLR      SCLK
        SETB     CS
        INC      R1
        CJNE     R1,#128,LP        //判断计数是否已达 128
        AJMP     MAIN
WDATA_H:NOP
        LCALL    DELAY
        MOV      A,30H             //装入高 8 位
        RLC      A                 //从最高位 DAC 寄存器中移位
LOOP:   RLC      A
        MOV      DIN,C
        SETB     SCLK
        MOV      30H,A
        LCALL    DELAY
        CLR      SCLK
        DJNZ     R2,LOOP
        RET
WDATA_L:NOP
        MOV      A,31H  //装入低 8 位
        RLC      A
LOOP1:  RLC      A
        MOV      DIN,C
        SETB     SCLK
        MOV      31H,A
        LCALL    DELAY
        CLR      SCLK
        DJNZ     R2,LOOP1
        SETB     CS
        RET
DELAY:  MOV      R3,#1             //转换延时
DELA:   MOV      R4,#15
DEL:    NOP
        DJNZ     R4,DEL
        DJNZ     R3,DELA
        RET
        END
```

2）C 语言源程序

```
#include <reg51.h>
#include <intrins.h>
#define uchar unsigned char
#define uint unsigned int
sbit CS=P1^1;                  //选通
sbit DIN= P1^2;                //数据
sbit SCLK=P1^0;                //时序脉冲
uintdat1;                      //将要输入的数据大小
```

```
void TLC5615()                    //TLC5615 转换输出
{
uchari;
uintdat;
dat=dat1;
dat<<=4;                          //屏蔽高4位
CS=0;                             //初始化片选线
SCLK=0;                           //初始化时钟
for(i=0;i<12;i++)                 //从高位到低位发送,连续送12个位,最后两位一定为0
  {
     if((dat&0x8000)==0)
       {
          DIN=0;                  //赋值给数据线
       }
     else
       {
          DIN=1;                  //赋值给数据线
       }
     dat<<=1;
     SCLK=0;                      //上升沿送数据
     SCLK=1;                      //上升沿送数据
  }
CS=1;                             //回到初始状态
SCLK=0;                           //回到初始状态
_nop_();                          //转换时间至少13 μs
_nop_();
_nop_();
_nop_();
_nop_();
_nop_();
_nop_();
_nop_();
_nop_();
_nop_();
_nop_();
_nop_();
_nop_();
_nop_();
_nop_();
_nop_();
_nop_();
_nop_();
_nop_();
_nop_();
_nop_();
_nop_();
_nop_();
```

```
_nop_();
_nop_();
_nop_();
_nop_();
}
void corr1(void)                    //锯齿波
{
uinti;
for(i=0;i<128;i++)
   {
     dat1=i;
     TLC5615();
   }
}
void main(void)
{
while(1)
    {
      corr1();
    }
}
```

调试与仿真

打开 Keil 软件，创建“TLC5615 输出锯齿波”项目，输入汇编语言（或 C 语言）源程序，并将该源程序文件添加到项目中。编译源程序，生成“TLC5615 输出锯齿波.HEX”文件。

在已绘制好的 Proteus 电路图中双击 AT89C51 单片机，添加在 Keil 中生成的“TLC5615 输出锯齿波.HEX”文件，实现 Keil 与 Proteus 的联机。

在 Proteus 电路图绘制软件的编辑窗口中单击按钮 ▶ ，进入仿真状态。在运行过程中，虚拟示波器显示的锯齿波波形如图 6-11 所示。

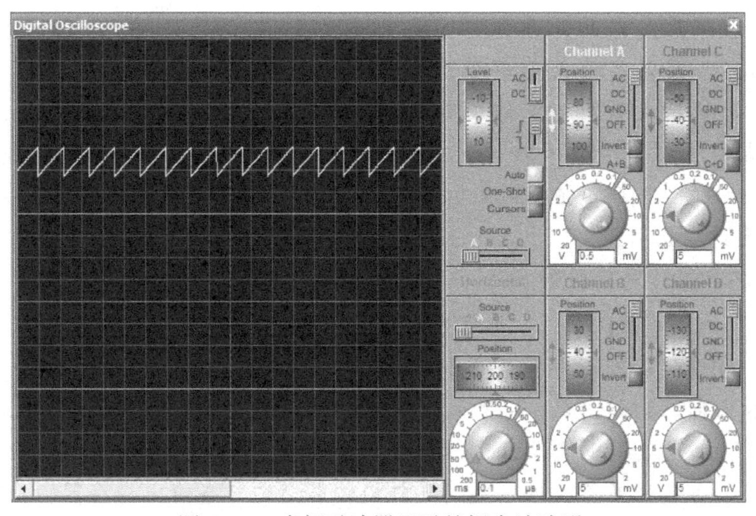

图 6-11　虚拟示波器显示的锯齿波波形

6.2　ADC的应用

按与单片机连接方式的不同，ADC分为并行输入方式的ADC和串行输入方式的ADC两种。ADC0808是采样分辨率为8位、以逐次逼近原理进行模/数转换的器件。ADC0808属于并行输入方式的ADC，它是ADC0809的简化版本，二者的功能基本相同。通常，在硬件仿真时采用ADC0808，而在实际使用时采用ADC0809。

ADC0832属于串行输入方式的ADC，它是美国国家半导体公司生产的一种8位分辨率、双通道ADC，具有体积小、兼容性强、性价比高等特点。本节分别以ADC0808和ADC0832为例，讲述ADC的应用。

6.2.1　ADC0808数字电压表的设计

设计要求

使用ADC0808设计一个量程为5V的数字电压表。

ADC0808基础知识

ADC0808是一种8路模拟输入的8位逐次逼近式ADC，其引脚图如图6-12所示。

☺ IN0~IN7：8路模拟量输入引脚。

☺ ADD A、ADD B、ADD C：模拟量输入通道地址选择引脚，其8位编码分别对应IN0~IN7。

☺ ALE：地址锁存引脚。

☺ START：A/D转换启动引脚。输入信号要求保持200ns以上，其上升沿将内部逐次逼近寄存器清零，下降沿启动A/D转换。

☺ EOC：转换结束引脚，可作中断请求信号或供CPU查询。

☺ CLK：时钟输入引脚，频率范围为10kHz~1.2MHz。

☺ OE：允许输出引脚。

☺ V_{CC}：芯片工作电压引脚。

☺ VREF（+）、VREF（-）：基准参考电压引脚。

☺ OUT1~OUT8：8路数字量输出引脚。

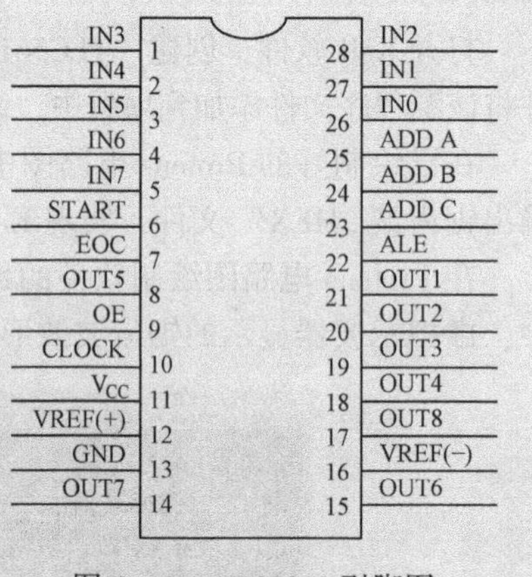

图6-12　ADC0808引脚图

ADC0808内部结构如图6-13所示。由图可见，ADC0808内部有一个8路通道选择开关，其作用是根据地址译码信号来选择8路模拟输入，8路模拟输入可以分时共用一个ADC进行转换，可实现多路数据采集。其转换结果通过三态输出锁存器输出。

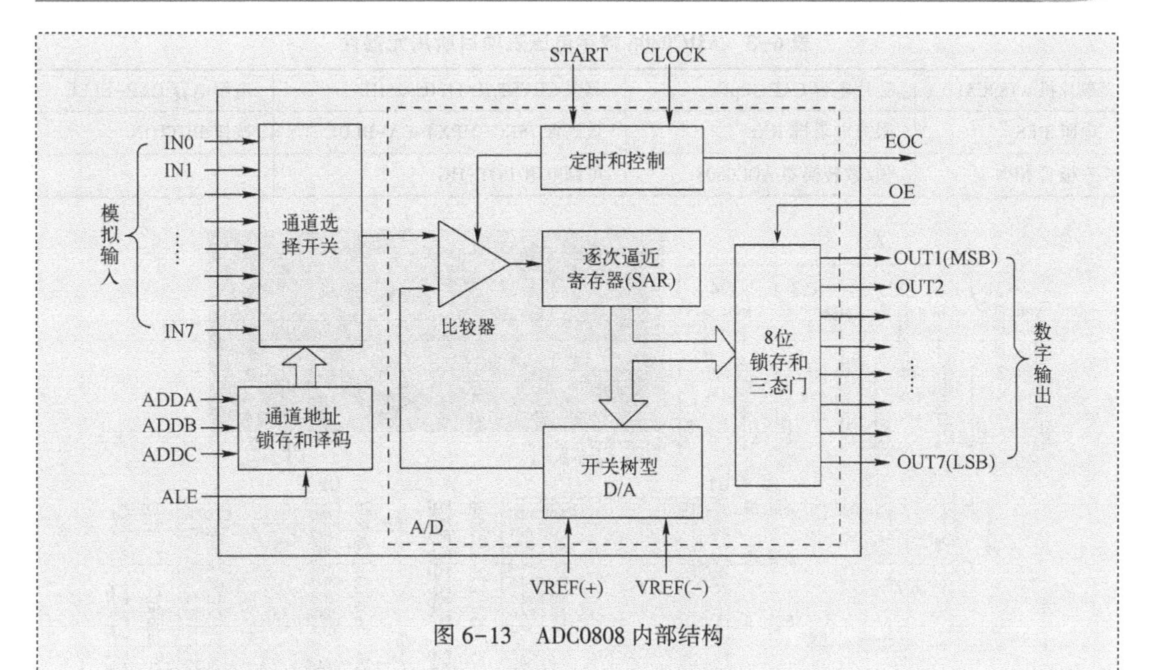

图 6-13　ADC0808 内部结构

ADC0808 的工作时序图如图 6-14 所示。当通道选择地址有效时，ALE 信号一出现，地址便马上被锁存，这时转换启动信号紧随 ALE 之后（或与 ALE 同时）出现。START 的上升沿将逐次逼近寄存器 SAR 复位，在该上升沿之后的 2 μs 加 8 个时钟周期内（不定），EOC 信号将变为低电平，以指示转换操作正在进行中；直到转换完成后，EOC 再变为高电平，此时利用 OE 信号，打开三态门，可以读取转换结果。

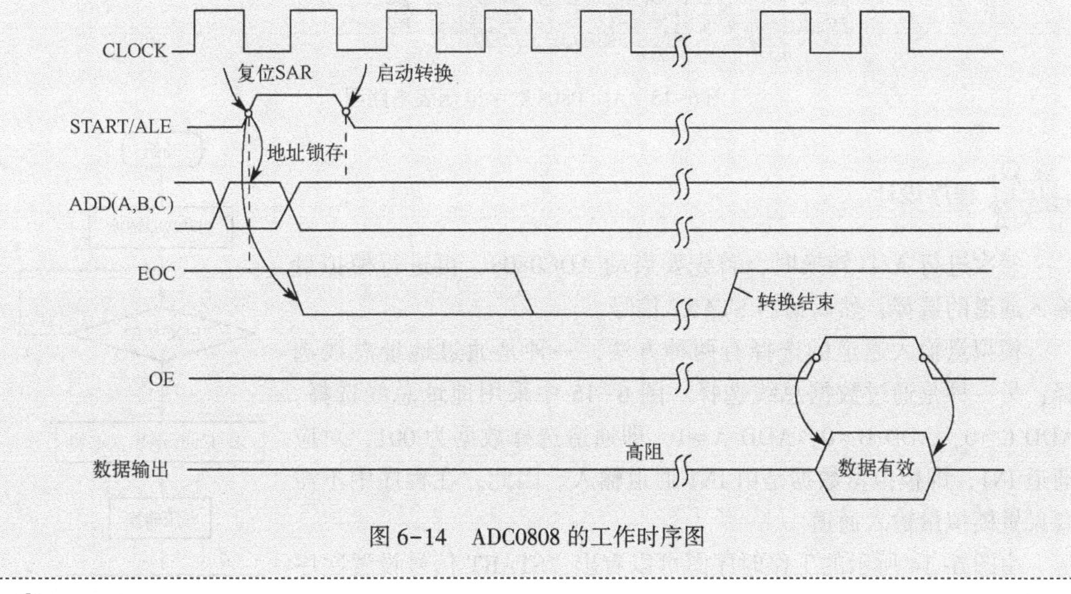

图 6-14　ADC0808 的工作时序图

硬件设计

在桌面上双击图标，打开 Proteus 8 Professional 软件。新建一个 DEFAULT 模板，添加表 6-3 所列的元器件，并完成图 6-15 所示的硬件电路图设计。

表 6-3　ADC0808 数字电压表项目所用元器件

单片机 AT89C51	瓷片电容 CAP 30pF	晶振 CRYSTAL 11.0592MHz	电解电容 CAP-ELEC
电阻 RES	限流电阻排 RX8	数码管 7SEG-MPX4-CA-BLUE	按钮 BUTTON
三极管 NPN	模/数转换器 ADC0808	可调电阻 POT-HG	

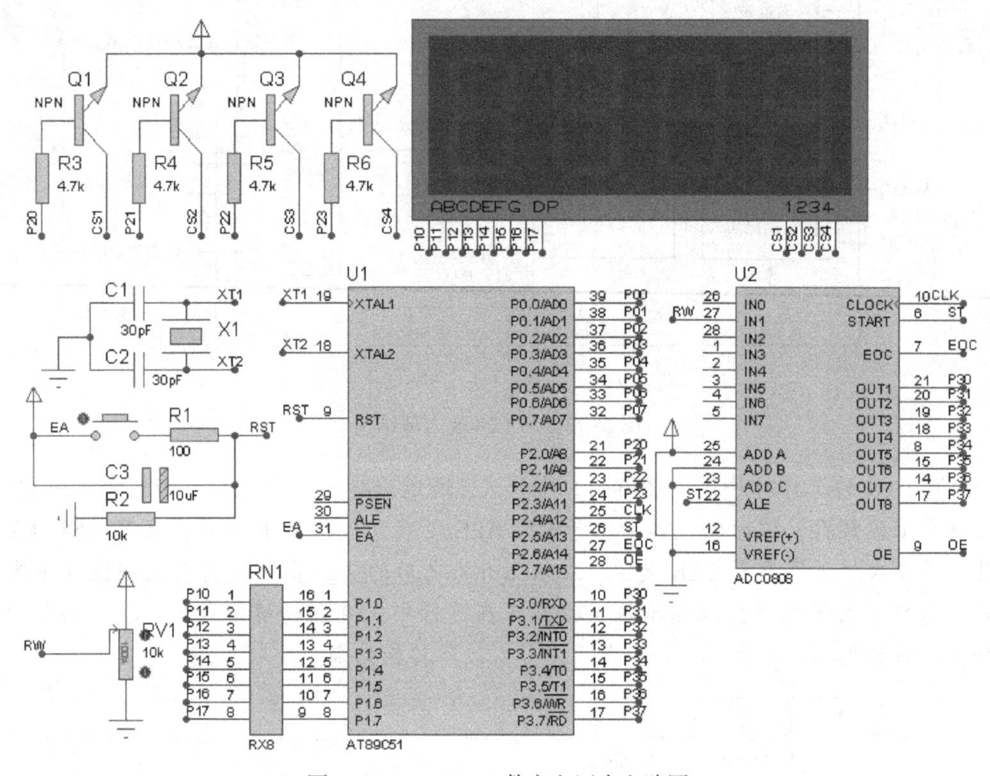

图 6-15　ADC0808 数字电压表电路图

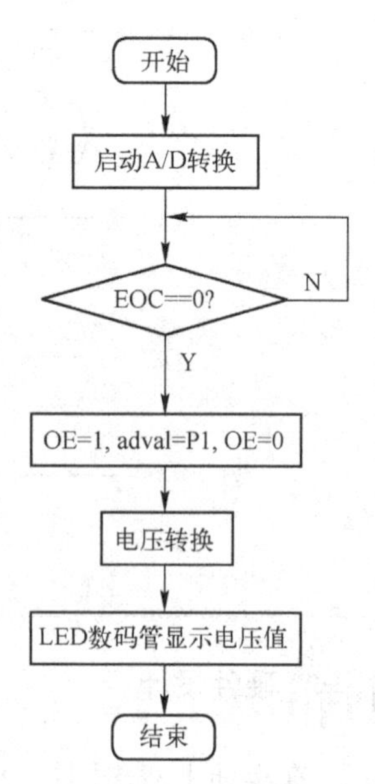

图 6-16　ADC0808 模/数转换程序流程图

程序设计

每次进行 A/D 转换时，首先要启动 ADC0808，再进行模拟量输入通道的选择，然后给出 START 信号。

模拟量输入通道的选择有两种方法，一种是通过地址总线选择；另一种是通过数据总线选择。图 6-15 中采用地址总线选择，ADD C=0，ADD B=0，ADD A=1，即通道选择数据为 001，对应通道 IN1，即模拟量数据是由 IN1 通道输入。因此，在程序中不需要设置模拟量输入通道。

由图 6-14 所示的工作时序图可以看出，START 信号设置次序为 START=0、START=1、START=0，以产生启动 A/D 转换的正脉冲。

进行 A/D 转换时，采用查询 EOC 的标志信号来检测 A/D 转换是否完毕，若转换完毕，则将数据通过单片机 P1 端口读入(adval)，经过数据处理后，在数码管上显示。由于模拟量输入信号电压为 5V，ADC0808 的转换精度为 8 位，因此数据转换公式为 $volt = adval \times 500.0/(2^8-1) = adval \times 1.96$。其程序流程图如图 6-16 所示。

1）汇编语言源程序

```
          OE      BIT    P2.7          ;ADC0808 的 OE 信号
          EOC     BIT    P2.6          ;ADC0808 的 EOC 信号
          ST      BIT    P2.5          ;ADC0808 的 START 和 ALE 信号
          CS4     BIT    P2.3
          CS3     BIT    P2.2
          CS2     BIT    P2.1
          CS1     BIT    P2.0
          LED     EQU    P1
          DAT     EQU    P3
          LED_0   DATA   30H           ;显示缓冲区
          LED_1   DATA   31H
          LED_2   DATA   32H
          LED_3   DATA   33H
          ADC     DATA   34H           ;存储转换数据的地址
          ORG     0000H
          AJMP    START
          ORG     0030H
;------初始化------------------------------------
START:    MOV     SP,#60H              ;设置堆栈
          MOV     LED_0,#00H           ;清空显示缓冲区
          MOV     LED_1,#00H
          MOV     LED_2,#00H
          MOV     LED_3,#00H
          MOV     DPTR,#TABLE          ;送字型码表首地址
;------ADC0808 转换-------------------------------
AD_CONV:  CLR     ST
          SETB    ST
          CLR     ST                   ;启动转换
          JNB     EOC,$                ;等待转换结束
          SETB    OE                   ;允许输出
          MOV     ADC,DAT              ;暂存转换结果
          CLR     OE                   ;关闭输出
;------数据处理------------------------
ADC_RD:   MOV     A,ADC                ;将 A/D 转换结果转换成 BCD 码
          MOV     B,#0C4H              ;乘以 19.6mV(5V/255)
          MUL     AB
          MOV     R7,A
          MOV     R6,B
TUNBCD:   CLR     A                    ;BCD 码初始化
          CLR     C
          MOV     R3,A
          MOV     R4,A
          MOV     R5,A
```

```
        MOV     R2,#10H             ;转换双字节十六进制整数
T_BCD:  MOV     A,R7                ;从高位移出待转换数的一位到CY中
        RLC     A
        MOV     R7,A
        MOV     A,R6
        RLC     A
        MOV     R6,A
        MOV     A,R5
        ADDC    A,R5
        DA      A
        MOV     R5,A
        MOV     A,R4
        ADDC    A,R4
        DA      A
        MOV     R4,A
        MOV     A,R3
        ADDC    A,R3
        MOV     R3,A
        DJNZ    R2,T_BCD
        MOV     A,R5
        SWAP    A
        ANL     A,#0FH
        MOV     LED_0,A
        MOV     A,R4
        ANL     A,#0FH
        MOV     LED_1,A
        MOV     A,R4
        SWAP    A
        ANL     A,#0FH
        MOV     LED_2,A
        MOV     A,R3
        ANL     A,#0FH
        MOV     LED_3,A
        LCALL   DISP                ;调用显示子程序
        AJMP    AD_CONV
DISP:   MOV     A,LED_0             ;数码显示子程序
        CLR     CS4                 ;消隐
        CLR     CS3
        CLR     CS2
        CLR     CS1
        MOVC    A,@A+DPTR
        SETB    CS4                 ;显示第4位(最低位)
        MOV     LED,A
        LCALL   DELAY
        CLR     CS4
        MOV     A,LED_1
        MOVC    A,@A+DPTR
```

```
            SETB    CS3                     ;显示第 3 位
            MOV     LED,A
            LCALL   DELAY
            CLR     CS3
            MOV     A,LED_2
            MOVC    A,@ A+DPTR
            SETB    CS2                     ;显示第 2 位
            MOV     LED,A
            LCALL   DELAY
            CLR     CS2
            MOV     A,LED_3
            MOVC    A,@ A+DPTR
            SETB    CS1                     ;显示第 1 位(最高位)
            MOV     LED,A
            CLR     LED.7                   ;第 1 位显示小数点
            LCALL   DELAY
            CLR     CS1
            RET
DELAY:      MOV     R7,#3                   ;延时
DELA:       MOV     R6,#115
            DJNZ    R6,$
            DJNZ    R7,DELA
            RET
TABLE:      DB  0C0H,0F9H,0A4H,0B0H,99H,92H,82H,0F8H
            DB  80H,90H,88H,83H,0C6H,0A1H,86H,8EH,6FH
            END
```

2）C 语言源程序

```
#include <reg52.h>
#include "intrins.h"
#define uchar unsigned char
#define uint unsigned int
#define   LED   P1
#define   DAT   P3
sbit OE   = P2^7;
sbit EOC  = P2^6;
sbit START=P2^5;
sbit CLK  = P2^4;
sbit CS0=P2^0;
sbit CS1=P2^1;
sbit CS2=P2^2;
sbit CS3=P2^3;
uintadval,volt;
uchar tab[]={0xC0,0xF9,0xA4,0xB0,0x99,0x92,0x82,0xF8,      //共阳极 LED0~F 的段码
             0x80,0x90,0x88,0x83,0xC6,0xA1,0x86,0x8E};
voiddelayms(uintms)
{
```

```
    uchar j;
    while(ms--)
     {
         for(j=0;j<120;j++);
     }
}
void ADC_read()
{
    START=0;                              //启动 A/D 转换
    START=1;
    START=0;
    while(EOC==0);                        //等待转换结束
    OE=1;
    adval=DAT;                            //转换结果
    OE=0;
}
void volt_result()
{
    volt=adval * 1.96;                    //将 A/D 值转换为相应的电压值
}
void disp_volt(uint date)                 //数码管显示电压
{
    CS0=1;CS1=0;CS2=0;CS3=0;              //P2.0=1,选通第 1 位
    LED=~((~tab[date/100])|0x80);         //|0x80 为显示小数点
    delayms(1);
    LED=0xFF;                             //消隐
    CS0=0;CS1=1;CS2=0;CS3=0;              //P2.1=1,选通第 2 位
    LED=tab[date%100/10];
    delayms(1);
    LED=0xFF;                             //消隐
    CS0=0;CS1=0;CS2=1;CS3=0;              //P2.2=1,选通第 3 位
    LED=tab[date%10];
    delayms(1);
    LED=0xFF;                             //消隐
    CS0=0;CS1=0;CS2=0;CS3=1;              //P2.3=1,选通第 4 位
    LED=tab[date%100];
    delayms(1);
    LED=0xFF;
}
void t0() interrupt 1
{
    CLK=~CLK;
}
void t0_init()
{
    TMOD=0x02;                            //定时器 0,模式 2
    TH0=0x14;
```

```
    TL0 = 0x00;
    TR0 = 1;                                //启动定时器
    ET0 = 1;                                //开定时器中断
    EA = 1;                                 //开总中断
}
void main(void)
{
    t0_init();
    while(1)
    {
        ADC_read();
        volt_result();
        disp_volt(volt);
    }
}
```

调试与仿真

打开 Keil 软件，创建“ADC0808 数字电压表”项目，输入汇编语言（或 C 语言）源程序，并将该源程序文件添加到项目中。编译源程序，生成“ADC0808 数字电压表.HEX”文件。

在已绘制好的 Proteus 电路图中双击 AT89C51 单片机，添加在 Keil 中生成的“ADC0808 数字电压表.HEX”文件，实现 Keil 与 Proteus 的联机。

在 ADC0808 的 CLOCK 引脚上添加数字时钟信号激励源 DCLOCK，时钟频率设置为 1kHz；在可调电阻 RW 端添加电压表。单击按钮 ▶ ，进入仿真状态。在运行过程中，4 位 LED 数码管显示相应的电压值，如图 6-17 所示。调节可调电阻，显示的数据也会发生相应的变化。

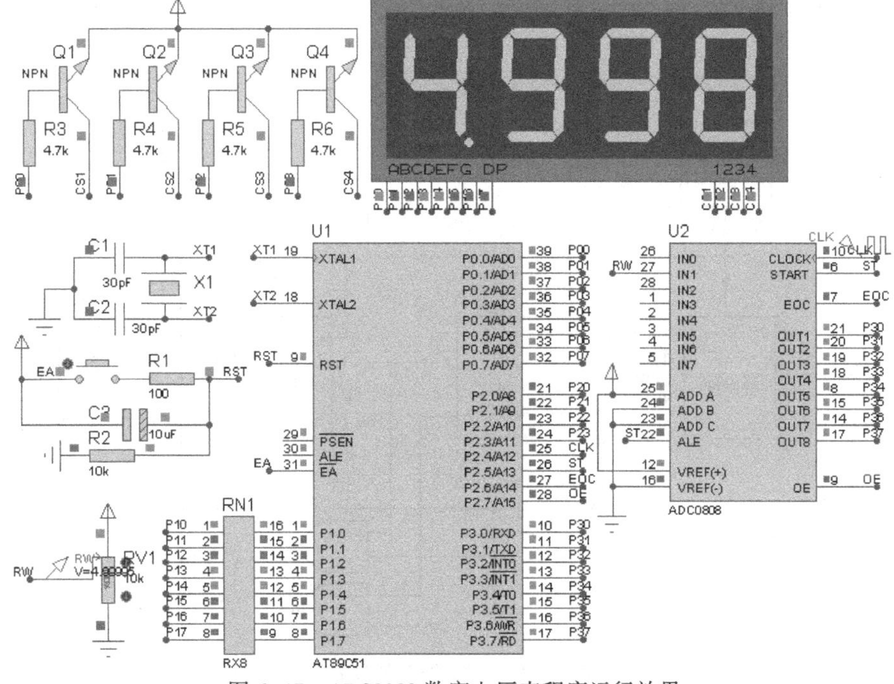

图 6-17　ADC0808 数字电压表程序运行效果

6.2.2 ADC0832 数字电压表的设计

设计要求

使用 ADC0832 设计一个量程为 5V 的数字电压表。

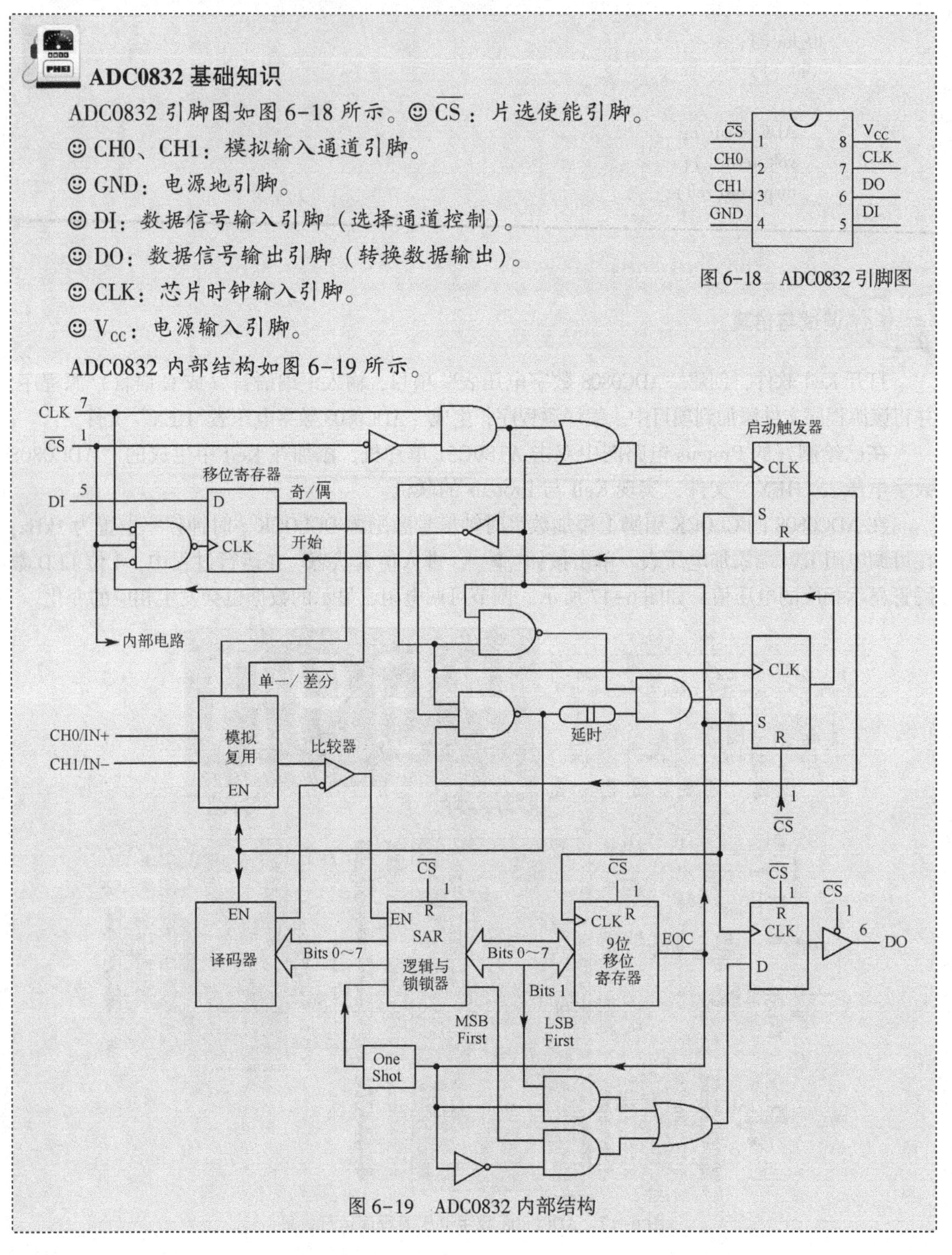

ADC0832 基础知识

ADC0832 引脚图如图 6-18 所示。☺ $\overline{CS}$：片选使能引脚。

☺ CH0、CH1：模拟输入通道引脚。

☺ GND：电源地引脚。

☺ DI：数据信号输入引脚（选择通道控制）。

☺ DO：数据信号输出引脚（转换数据输出）。

☺ CLK：芯片时钟输入引脚。

☺ V_{CC}：电源输入引脚。

ADC0832 内部结构如图 6-19 所示。

图 6-18　ADC0832 引脚图

图 6-19　ADC0832 内部结构

当 ADC0832 未进行 A/D 转换时，$\overline{CS}$ 为高电平，此时芯片禁用，CLK 和 DO、DI 的电平可为任意。若要进行 A/D 转换，必须先将 $\overline{CS}$ 置为低电平，并且保持此状态至转换完全结束。进行 A/D 转换时，CLK 引脚输入的是时钟脉冲，使用 DI 引脚输入通道功能选择的数据信号。在第 1 个时钟脉冲的下降沿，DI 必须为高电平，表示起始信号。在第 2、3 个脉冲下降沿，DI 引脚应输入 2 位数据用于选择通道功能，其功能选择由复用地址决定，见表 6-4。

表 6-4 ADC0832 复用模式

复用模式	复用地址		通道功能	
	单一/$\overline{差分}$	奇/$\overline{偶}$	通道 0（CH0）	通道 1（CH1）
单一复用	0	0	+	-
	0	1	-	+
差分复用	1	0	+	
	1	1		+

当复用地址为 00 时，将 CH0 作为正输入端 IN_+、CH1 作为负输入端 IN_- 进行输入；当复用地址为 01 时，将 CH0 作为负输入端 IN_-、CH1 作为正输入端 IN_+ 进行输入；当复用地址为 10 时，只对 CH0 进行单通道转换；当复用地址为 11 时，只对 CH1 进行单通道转换。

在第 3 个脉冲的下降沿后，DI 引脚的输入电平信号无效。从第 4 个脉冲下降沿开始，由 DO 引脚输出转换数据最高位 DATA7，随后每一个脉冲下降沿到来时，DO 引脚输出一位数据，直到输出最低位数据 DATA0，完成一个字节数据的输出。最后，将 $\overline{CS}$ 置高电平，禁用芯片。

作为单通道模拟信号输入时，ADC0832 的输入电压是 0~5V，且 8 位分辨率时的电压精度为 19.53mV。如果作为差分输入时，可以将电压值设定在某一个较大范围内，从而提高转换的宽度。

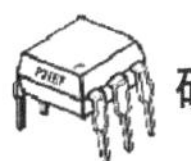

硬件设计

在桌面上双击图标，打开 Proteus 8 Professional 软件。新建一个 DEFAULT 模板，添加表 6-5 所列的元器件，并完成图 6-20 所示的硬件电路图设计。

表 6-5 ADC0832 数字电压表项目所用元器件

单片机 AT89C51	瓷片电容 CAP 30pF	晶振 CRYSTAL 11.0592MHz	电解电容 CAP-ELEC
电阻 RES	限流电阻排 RX8	数码管 7SEG-MPX4-CA-BLUE	按钮 BUTTON
三极管 NPN	模/数转换器 ADC0832	可调电阻 POT-HG	

程序设计

使用 ADC0832 进行模/数转换时，首先启动 ADC0832，再选择转换通道，然后读取一字节的转换结果，最后将转换结果送 LED 数码管进行显示即可。

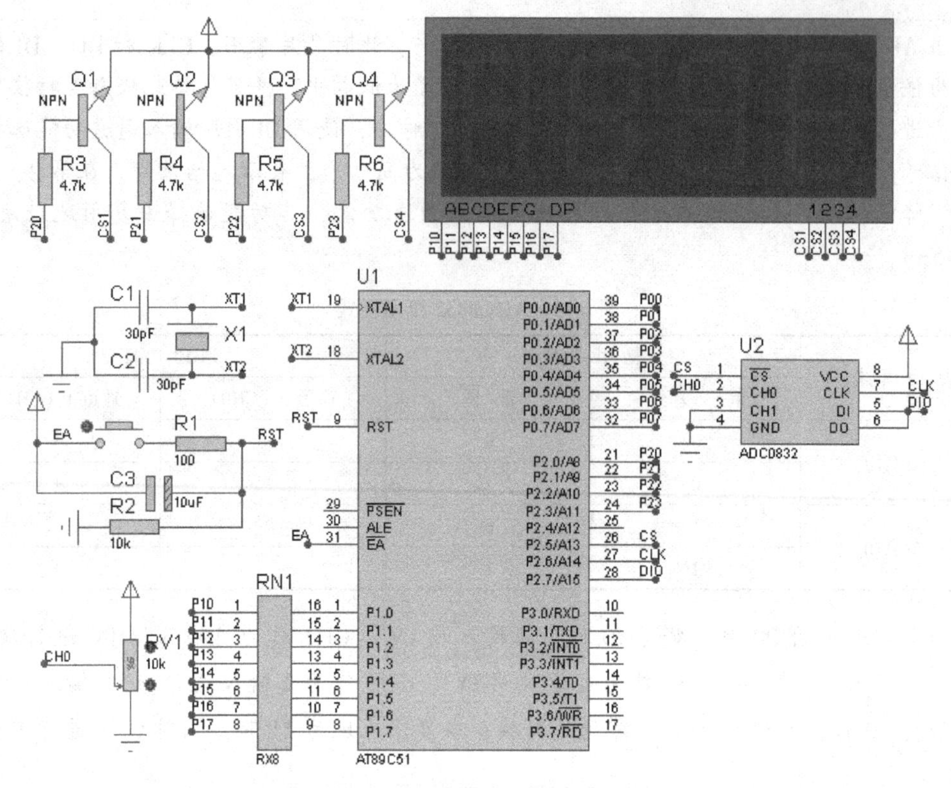

图 6-20　ADC0832 数字电压表电路图

1）汇编语言源程序

```
        AD_CS    BIT     P2.5        ;ADC0832 的 CS
        AD_CLK   BIT     P2.6        ;ADC0832 的 CLK
        AD_DAT   BIT     P2.7        ;ADC0832 的 DI、DO
        CS4      BIT     P2.3        ;LED 片选端定义
        CS3      BIT     P2.2
        CS2      BIT     P2.1
        CS1      BIT     P2.0
        LED      EQU     P1
        LED_0    DATA    30H         ;显示缓冲区
        LED_1    DATA    31H
        LED_2    DATA    32H
        LED_3    DATA    33H
        ORG      0000H
        JMP      START
START:  MOV      SP,#60H
        MOV      A,#00H
        MOV      20H,A               ;20H 单元存 A/D 转换结果
        MOV      LED,#0FFH
        MOV      P2,#0FFH
        MOV      DPTR,#TABLE
START1: CALL     AD_CONV             ;调用 ADC0832 转换
        CALL     ADC_RD              ;调用数据处理及显示
```

```
          JMP       START1
AD_CONV:  SETB      AD_CS           ;一个转换周期开始
          CLR       AD_CLK
          CLR       AD_CS           ;CS 置 0,片选有效
          SETB      AD_DAT          ;DI 置 1,起始位
          SETB      AD_CLK          ;第 1 个脉冲
          CLR       AD_DAT          ;在负跳变之前加一个 DI 反转操作
          CLR       AD_CLK
          SETB      AD_DAT          ;DI 置 1,设为单通道
          SETB      AD_CLK          ;第 2 个脉冲
          CLR       AD_DAT
          CLR       AD_CLK
          CLR       AD_DAT          ;DI 置 0,选择通道 0
          SETB      AD_CLK          ;第 3 个脉冲
          SETB      AD_DAT
          CLR       AD_CLK
          NOP
          SETB      AD_CLK          ;第 4 个脉冲
          MOV       R1,#08H         ;计数器初值,读取 8 位数据
AD_READ:  CLR       AD_CLK          ;下降沿
          MOV       C,AD_DAT        ;读取 DO 端数据
          RLC       A               ;移入 A,高位在前
          SETB      AD_CLK          ;下一个脉冲
          DJNZ      R1,AD_READ      ;若没读完,继续
          SETB      AD_CS
          MOV       20H,A           ;转换结果送给 20H
          RET
ADC_RD:   MOV       A,20H           ;将 A/D 转换结果转换成 BCD 码
          MOV       B,#0C4H         ;乘以 19.6mV(5V/255)
          MUL       AB
          MOV       R7,A
          MOV       R6,B
TUNBCD:   CLR       A               ;BCD 码初始化
          CLR       C
          MOV       R3,A
          MOV       R4,A
          MOV       R5,A
          MOV       R2,#10H         ;转换双字节十六进制整数
T_BCD:    MOV       A,R7            ;从高位移出待转换数的一位到 CY 中
          RLC       A
          MOV       R7,A
          MOV       A,R6
          RLC       A
          MOV       R6,A
          MOV       A,R5
          ADDC      A,R5
          DA        A
```

```
        MOV     R5,A
        MOV     A,R4
        ADDC    A,R4
        DA      A
        MOV     R4,A
        MOV     A,R3
        ADDC    A,R3
        MOV     R3,A
        DJNZ    R2,T_BCD
        MOV     A,R5
        SWAP    A
        ANL     A,#0FH
        MOV     LED_0,A
        MOV     A,R4
        ANL     A,#0FH
        MOV     LED_1,A
        MOV     A,R4
        SWAP    A
        ANL     A,#0FH
        MOV     LED_2,A
        MOV     A,R3
        ANL     A,#0FH
        MOV     LED_3,A
        LCALL   DISP                ;调用显示子程序
        AJMP    AD_CONV
DISP:   MOV     A,LED_0             ;数码显示子程序
        CLR     CS4                 ;消隐
        CLR     CS3
        CLR     CS2
        CLR     CS1
        MOVC    A,@ A+DPTR
        SETB    CS4                 ;显示第 4 位(最低位)
        MOV     LED,A
        LCALL   DELAY
        CLR     CS4
        MOV     A,LED_1
        MOVC    A,@ A+DPTR
        SETB    CS3                 ;显示第 3 位
        MOV     LED,A
        LCALL   DELAY
        CLR     CS3
        MOV     A,LED_2
        MOVC    A,@ A+DPTR
        SETB    CS2                 ;显示第 2 位
        MOV     LED,A
        LCALL   DELAY
        CLR     CS2
```

```
        MOV     A,LED_3
        MOVC    A,@A+DPTR
        SETB    CS1                 ;显示第 1 位(最高位)
        MOV     LED,A
        CLR     LED.7               ;第 1 位显示小数点
        LCALL   DELAY
        CLR     CS1
        RET
DELAY:  MOV     R7,#3               ;延时
DELA:   MOV     R6,#115
        DJNZ    R6,$
        DJNZ    R7,DELA
        RET
TABLE:  DB  0C0H,0F9H,0A4H,0B0H,99H,92H,82H,0F8H
        DB  80H,90H,88H,83H,0C6H,0A1H,86H,8EH,6FH
        END
```

2）C 语言源程序

```
#include <reg51.h>
#include "intrins.h"
#define uchar unsigned char
#define uint unsigned int
#define LED   P1
sbit  DO= P2^7;
sbitcs= P2^4;
sbitclk= P2^5;
sbit  DI = P2^6;
sbit CS0=P2^0;
sbit CS1=P2^1;
sbit CS2=P2^2;
sbit CS3=P2^3;
uintadval,volt;                                          //A/D 值
uchar temp;
uchar tab[]={0xC0,0xF9,0xA4,0xB0,0x99,0x92,0x82,0xF8,    //共阳极 LED0~F 的段码
            0x80,0x90,0x88,0x83,0xC6,0xA1,0x86,0x8E};
void delay(uintms)
{
  uchar j;
  while(ms--)
   {for(j=0;j<120;j++);}
}
void ADC_start()
{
    cs=1;                                       //一个转换周期开始
    _nop_();
    clk=0;
    _nop_();
```

```
    cs=0;                                   //CS 置 0,片选有效
    _nop_();
    DI=1;                                   //DI 置 1,起始位
    _nop_();
    clk=1;                                  //第 1 个脉冲
    _nop_();
    DI=0;                                   //在负跳变之前加一个 DI 反转操作
    _nop_();
    clk=0;
    _nop_();
}
void  ADC_read(uint CH)                     //A/D 转换子程序
{
    uchari;
    ADC_start();
      if (CH ==0)                           //选择通道 0
         {
            clk= 0;
            DI = 1;
            _nop_();
            _nop_();
            clk= 1;
            _nop_();
            _nop_();                        //通道 0 的第 1 位
            clk= 0;
            _nop_();
            DI = 0;
            _nop_();
            _nop_();
            clk= 1;
            _nop_();
            _nop_();                        //通道 0 的第 2 位
         }
    else                                    //选择通道 1
       {
          clk= 0;
          DI = 1;
          _nop_();
          _nop_();
          clk= 1;
          _nop_();
          _nop_();                          //通道 1 的第 1 位
          clk= 0;
          _nop_();
          DI = 1;
          _nop_();
          _nop_();
```

```
            clk= 1;
            _nop_();
            _nop_();                              //通道 1 的第 2 位
        }
        clk=1;
        _nop_();
        clk=0;
        for(i=0;i<8;i++)                          //读取一字节的转换结果
        {
            DI=1;
            if(DO)
                {   temp=(temp|0x01);   }
            else
                {   temp=(temp&0xfe);   }         //最低位和 0 相与
            clk=0;
            _nop_();
            clk=1;
            temp=temp<<1;
        }
        adval=temp;
}
void volt_result()
{
        volt=adval * 1.96;                        //将 A/D 值转换为相应电压值
}
void disp_volt(uint date)                         //数码管显示电压
{
        CS0=1;CS1=0;CS2=0;CS3=0;                  //P2.0=1,选通第 1 位
        LED=~((~tab[date/100])|0x80);             //|0x80 为显示小数点
        delay(1);
        LED=0xFF;                                 //消隐
        CS0=0;CS1=1;CS2=0;CS3=0;                  //P2.1=1,选通第 2 位
        LED=tab[date%100/10];
        delay(1);
        LED=0xFF;                                 //消隐
        CS0=0;CS1=0;CS2=1;CS3=0;                  //P2.2=1,选通第 3 位
        LED=tab[date%10];
        delay(1);
        LED=0xFF;                                 //消隐
        CS0=0;CS1=0;CS2=0;CS3=1;                  //P2.3=1,选通第 4 位
        LED=tab[date%100];
        delay(1);
        LED=0xFF;
}
void main(void)
{
    P2=0xFF;                                      //端口初始化
```

```
LED = 0xFF;
while(1)                                    //主循环
   {
     ADC_read(0);                           //通道 0 转换
     delay(1);
     volt_result();
     disp_volt(volt);                       //显示 A/D 值
   }
}
```

调试与仿真

打开 Keil 软件，创建“ADC0832 数字电压表”项目，输入汇编语言（或 C 语言）源程序，并将该源程序文件添加到项目中。编译源程序，生成“ADC0832 数字电压表.HEX”文件。

在已绘制好的 Proteus 电路图中双击 AT89C51 单片机，添加在 Keil 中生成的“ADC0832 数字电压表.HEX”文件，实现 Keil 与 Proteus 的联机。

在 Proteus 电路图绘制软件的编辑窗口中单击按钮 ▶ ，进入仿真状态。在运行过程中，4 位 LED 数码管显示相应的电压值，如图 6-21 所示。调节可调电阻，显示的数据也会发生相应的变化。

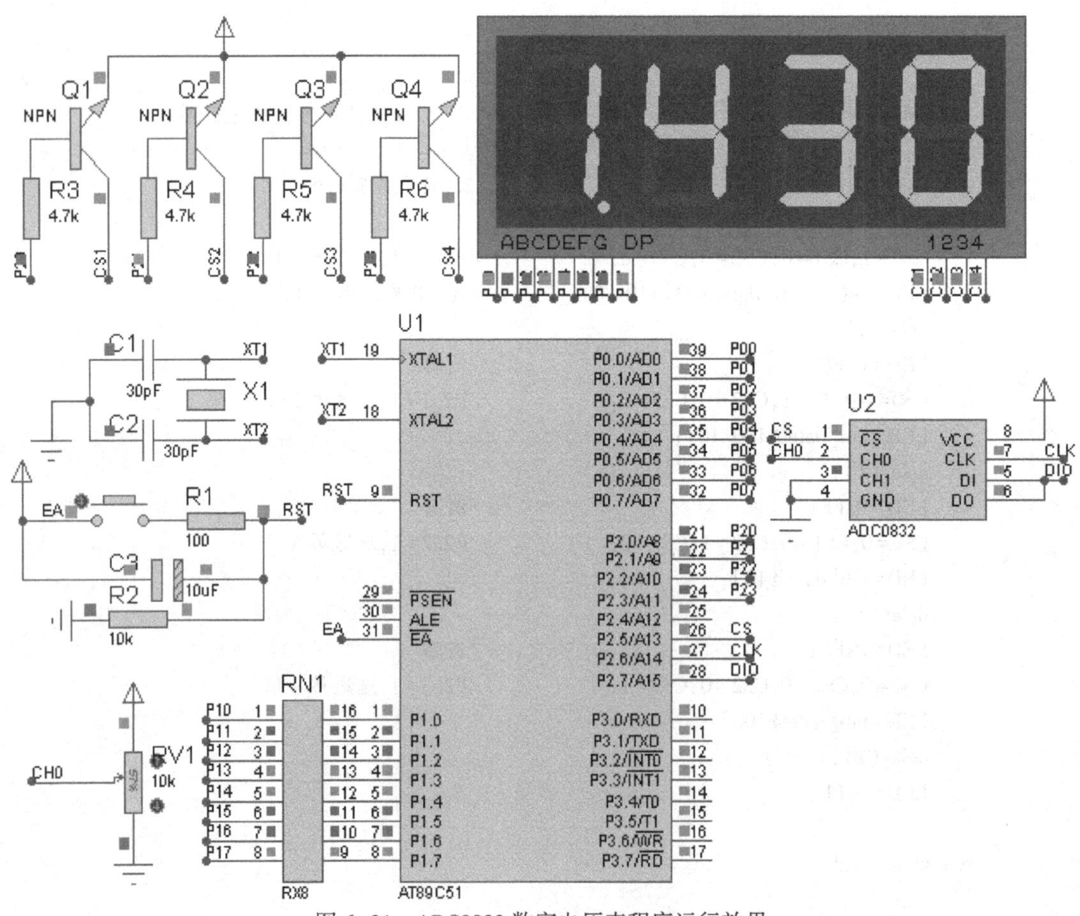

图 6-21　ADC0832 数字电压表程序运行效果

第 7 章　显示器的应用

7.1　LED 点阵的应用

LED 点阵的基础知识

LED 点阵显示器是由许多点状或条状的 LED 按矩阵的方式排列组成的。如今，LED 点阵显示器应用十分广泛，如广告活动字幕机、股票显示屏、活动布告栏等。

LED 点阵显示器的分类有多种方法：按阵列点数可分为 5×7、5×8、6×8、8×8 四种；按发光颜色可分为单色、双色、三色三类；按极性排列方式又可分为共阳极和共阴极两类。图 7-1 所示为 5×7 的共阴极和共阳极 LED 点阵结构。

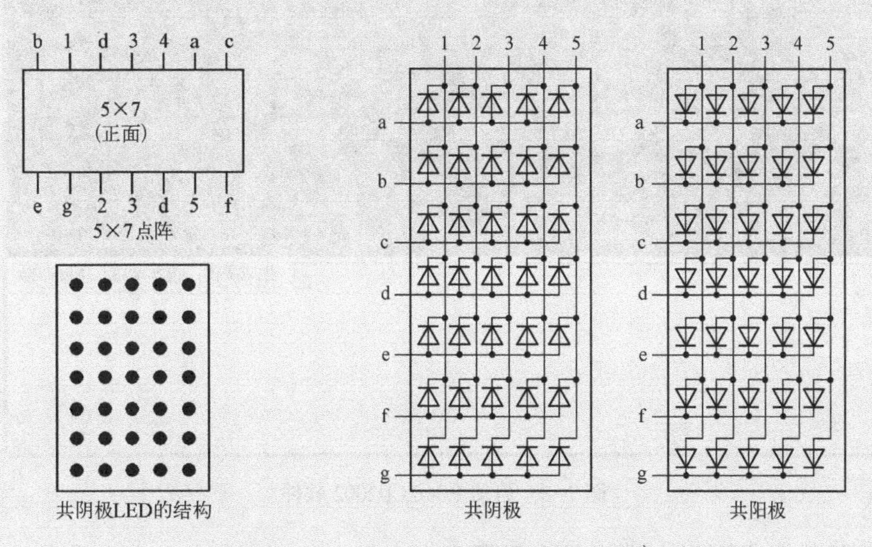

图 7-1　5×7 的共阴极和共阳极 LED 点阵结构

从图 7-1 可以看出，只要让某些 LED 点亮，就可组成数字、字母、图形、汉字等。显示单个字母或数字时，只需一个 5×7 的 LED 点阵显示器即可，如图 7-2 所示。显示汉字须将多个 LED 点阵显示器组合起来，最常见的组合方式有 15×14、16×15、16×16 等。LED 点阵显示器也可以用 MAX7219 来进行串行驱动。

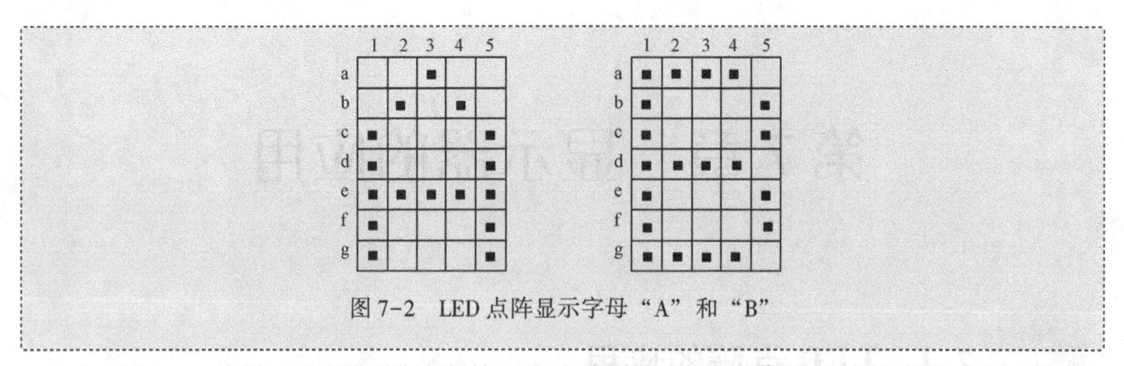

图 7-2　LED 点阵显示字母“A”和“B”

为了在 LED 点阵上显示不同的字符，用户在编程时需要编写相关的字符代码。通常，这些字符代码可以由用户通过点阵方式手动生成，也可以通过字模软件来生成。当前，有许多的字模软件可供用户使用，如 PCtoLCD2002、字模 III-增强版等。

PCtoLCD2002 是一款字模生成软件，通过它可以为 LED 点阵显示器生成字模。该软件无须安装，在程序包中直接双击 PCtoLCD2002 文件，即可启动该软件，如图 7-3 所示。

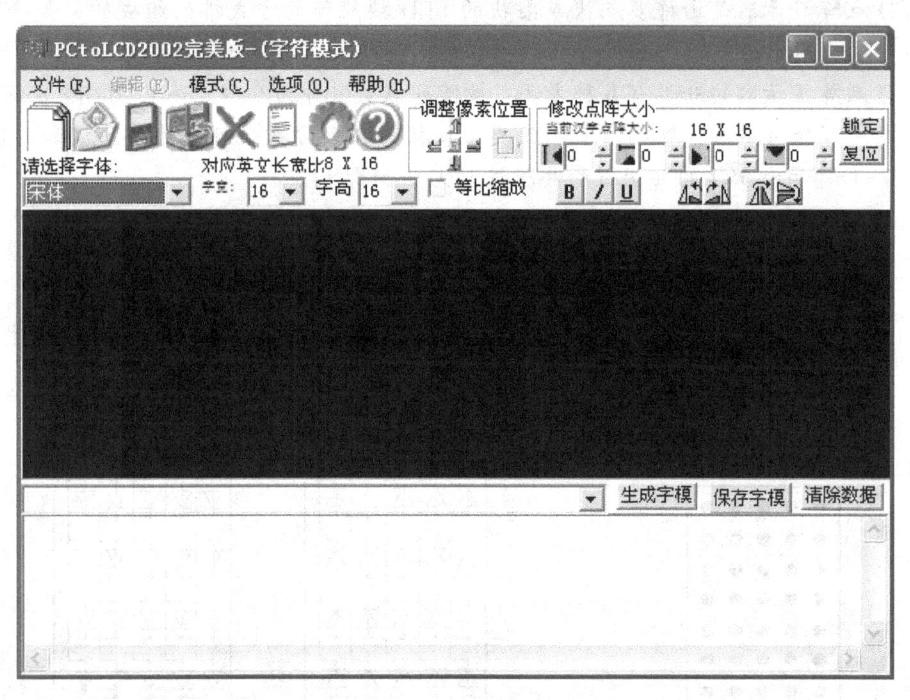

图 7-3　启动 PCtoLCD2002 软件

利用该软件生成字模的主要步骤如下所述。

1）选择模式　在“模式”菜单中选择“字符模式”。

2）字模选择设置　单击“选项”菜单，弹出“字模选项”对话框，如图 7-4 所示。在此对话框中，根据实际需要，设置点阵格式、取模方式、取模走向、自定义格式等。

3）选择字体、字宽和字高　在“请选择字体”栏中可以选择合适的字体。在“字宽”栏和“字高”栏中可以设置字符的宽度和高度。

4）输入字符　在“生成字模”按钮左侧的空白栏中输入需要转换的字符。

5）生成字模　单击“生成字模”按钮，在该按钮的下方空白窗口中将会显示相应的字符代码，用户可以直接对代码进行复制/粘贴。

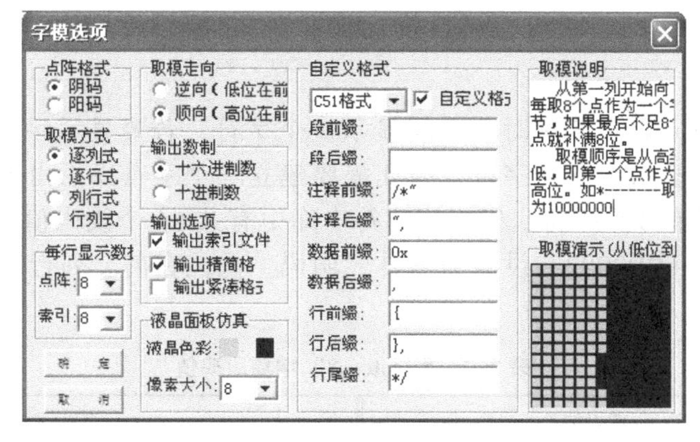

图 7-4　“字模选项”对话框

7.1.1　8×8 点阵字符显示

设计要求

采用列行式取模方式，在一个 8×8 共阴极 LED 点阵中显示字符串“Proteus8”。

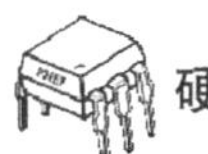

硬件设计

在桌面上双击图标，打开 Proteus 8 Professional 软件。新建一个 DEFAULT 模板，添加表 7-1 所列的元器件，并完成图 7-5 所示的硬件电路图设计。

表 7-1　8×8 点阵字符显示项目所用元器件

单片机 AT89C51	晶振 CRYSTAL 11.0592MHz	电解电容 CAP-ELEC 10μF	电阻 RES
按钮 BUTTON	瓷片电容 CAP 30pF	LED 点阵 MATRIX-8X8-GREEN	电阻排 RESPACK-8
译码器 74LS138			

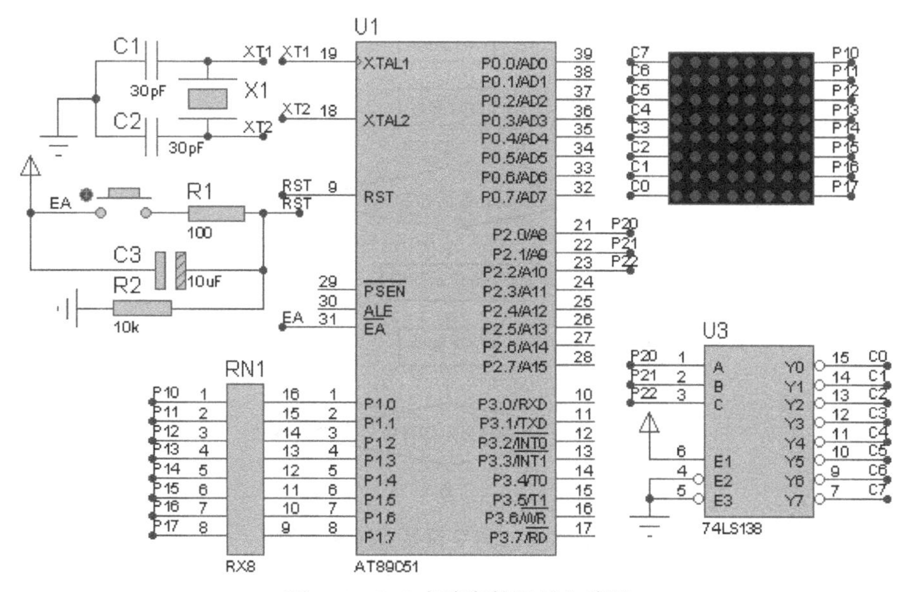

图 7-5　8×8 点阵字符显示电路图

程序设计

一个 8×8 LED 点阵在某一时刻只能显示一个字符，若要显示字符串，必须在显示完一个字符后接着显示下一个字符，因此需要建立一个字符库。由于每个字符有 8 个段码值，该字符串有 8 个字符，所以该字符串库中有共 64 个段码值。这些字符可通过字模软件（如 PCtoLCD2002，设置为宋体、阴码、低位在前、列行式）生成字模段码值，见表 7-2。

表 7-2 "Proteus8" 字模段码值

字　符	段码值	字　符	段码值
P	44H，7CH，54H，14H，14H，14H，08H，00H	e	00H，30H，58H，58H，58H，58H，50H，00H
r	48H，48H，78H，50H，48H，08H，08II，00H	u	08H，78H，40H，40H，40H，48H，78H，40H
o	00H，30H，48H，48H，48H，48H，30H，00H	s	00H，58H，58H，68H，68H，68H，68H，00H
t	00H，08H，08H，7CH，48H，48H，00H，00H	8	00H，2CH，54H，54H，54H，54H，2CH，00H

用 8×8 共阴极 LED 点阵显示字符串"Proteus8"，可以通过建立一个数据表格的形式来实现。8×8 点阵字符显示程序流程图如图 7-6 所示。

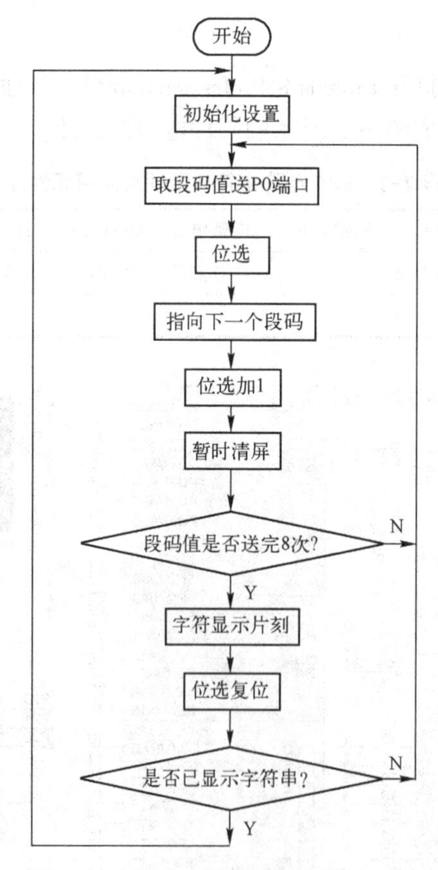

图 7-6　8×8 点阵字符显示程序流程图

1）汇编语言源程序

```
LED     EQU     P1
CS      EQU     P2
        ORG     00H
START:  MOV     A,#00H          ;清屏
        MOV     LED,A
        MOV     30H,#00H        ;设置表格指针初始值
LOOP1:  MOV     R1,#10H         ;设定每个字的重复显示次数,以便观察显示效果
LOOP2:  MOV     R6,#08H         ;每个字有 8 个段码值
        MOV     R4,#01H         ;段选初值
        MOV     R0,30H          ;取码指针暂存载入 R0
LOOP3:  MOV     A,R4            ;段选
        MOV     CS,A
        ADD     A,#01H          ;指向下一段
        MOV     R4,A
        MOV     A,R0
        MOV     DPTR,#TABLE     ;从表中取段码
        MOV     CA,@ A+DPTR
        MOV     LED,A           ;段码送 P0 端口
        INC     R0              ;指向下一段码并暂存
        MOV     R3,#10H
LOOP4:  MOV     R5,#120         ;延时片刻
        DJNZ    R5,$
        DJNZ    R3,LOOP4
        ANL     P3,#00H         ;清除屏蔽
        DJNZ    R6,LOOP3        ;是否显示完一个字? 若没有显示完,则继续
        DJNZ    R1,LOOP2        ;每个字显示片刻
        LCALL   DELAY           ;延时
        MOV     30H,R0          ;显示完一个字,准备下一个字的显示
        CJNE    R0,#64,LOOP1    ;字符串是否显示完? 若没有显示完,则继续
        SJMP    START           ;重新显示
DELAY:  MOV     R7,#10
DELA:   MOV     R6,#100
DEL:    MOV     R5,#248
        DJNZ    R5,$
        DJNZ    R6,DEL
        DJNZ    R7,DELA
        RET
TABLE:  DB 44H, 7CH, 54H, 14H, 14H, 14H, 08H, 00H       ;"P"
        DB 48H, 48H, 78H, 50H, 48H, 08H, 08H, 00H       ;"r"
        DB 00H, 30H, 48H, 48H, 48H, 48H, 30H, 00H       ;"o"
        DB 00H, 08H, 08H, 7CH, 48H, 48H, 00H, 00H       ;"t"
        DB 00H, 30H, 58H, 58H, 58H, 58H, 50H, 00H       ;"e"
        DB 08H, 78H, 40H, 40H, 40H, 48H, 78H, 40H       ;"u"
        DB 00H, 58H, 58H, 68H, 68H, 68H, 68H, 00H       ;"s"
        DB 00H, 2CH, 54H, 54H, 54H, 54H, 2CH, 00H       ;"8"
        RET
        END
```

2）C 语言源程序

```
#include"reg51.h"
#define uint unsigned int
#define uchar unsigned char
#define   LED   P1
#define   CS    P2
const uchar tab1[ ]={
        0x44,0x7C,0x54,0x14,0x14,0x14,0x08,0x00           //P
        0x48,0x48,0x78,0x50,0x48,0x08,0x08,0x00           //r
        0x00,0x30,0x48,0x48,0x48,0x48,0x30,0x00           //o
        0x00,0x08,0x08,0x7C,0x48,0x48,0x00,0x00           //t
        0x00,0x30,0x58,0x58,0x58,0x58,0x50,0x00           //e
        0x08,0x78,0x40,0x40,0x40,0x48,0x78,0x40           //u
        0x00,0x58,0x58,0x68,0x68,0x68,0x68,0x00           //s
        0x00,0x2C,0x54,0x54,0x54,0x54,0x2C,0x00};         //8 扫描代码
const uchar tab2[ ]={0x00,0x01,0x02,0x03,0x04,0x05,0x06,0x07};
void delay(uint n)
{
    uint i;
    for(i=0;i<n;i++);
}
void main(void)
{
  uchar j,r,q=0,t=0;
  while(1)
    {
      for(r=0;r<15;r++)
      for(j=q;j<8+q;j++)
        {
          CS=tab2[t++];
          LED=tab1[j];
          delay(555);
          if(t==8)
          t=0;
        }
  q=q+8;
  if(q==64)
  q=0;
    }
}
```

调试与仿真

打开 Keil 软件，创建“8×8 点阵字符显示”项目，输入汇编语言（或 C 语言）源程序，并将该源程序文件添加到项目中。编译源程序，生成“8×8 点阵字符显示 .HEX”文件。

在已绘制好的 Proteus 电路图中双击 AT89C51 单片机，添加在 Keil 中生成的“8×8 点阵字符显示 . HEX”文件，实现 Keil 与 Proteus 的联机。

在 Proteus 电路图绘制软件的编辑窗口中单击按钮 ▶ ，进入仿真状态。8×8 点阵字符显示程序运行效果如图 7-7 所示。

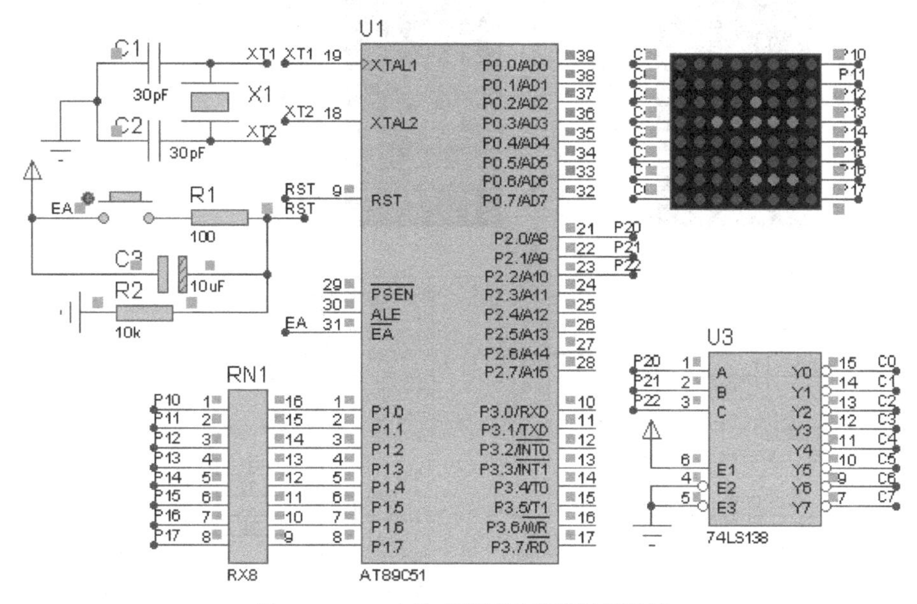

图 7-7　8×8 点阵字符显示程序运行效果

7.1.2　16×16 点阵汉字显示

设计要求

使用 16×16 共阴极 LED 点阵显示字符串“基于 Proteus 的 51 单片机设计与仿真”。

硬件设计

在桌面上双击图标，打开 Proteus 8 Professional 软件。新建一个 DEFAULT 模板，添加表 7-3 所列的元器件，并完成图 7-8 所示的硬件电路图设计。

表 7-3　16×16 点阵汉字显示项目所用元器件

单片机 AT89C51	瓷片电容 CAP 30pF	晶振 CRYSTAL 11.0592MHz	电解电容 CAP-ELEC 10μF
电阻 RES	按钮 BUTTON	4-16 线译码器 74HC154	LED 点阵 MATRIX-8×8-GREEN
电阻排 RESPACK-8	限流电阻排 RX8		

程序设计

一个 16×16 共阴极 LED 点阵，实质上是由 4 个 8×8 LED 点阵构成的，如图 7-9 所示。4 个 8×8 点阵可由单片机 P0 端口和 P2 端口输出段码值，片选位由 74HC154 控制（为方便观察，图中将 C8~C15 隐藏）。这些字符的字模段码值可通过 PCtoLCD2002 软件实现（设置为：宋体、逐列式、低位在前）。“基”字和“Pr”的点阵如图 7-10 和图 7-11 所示。

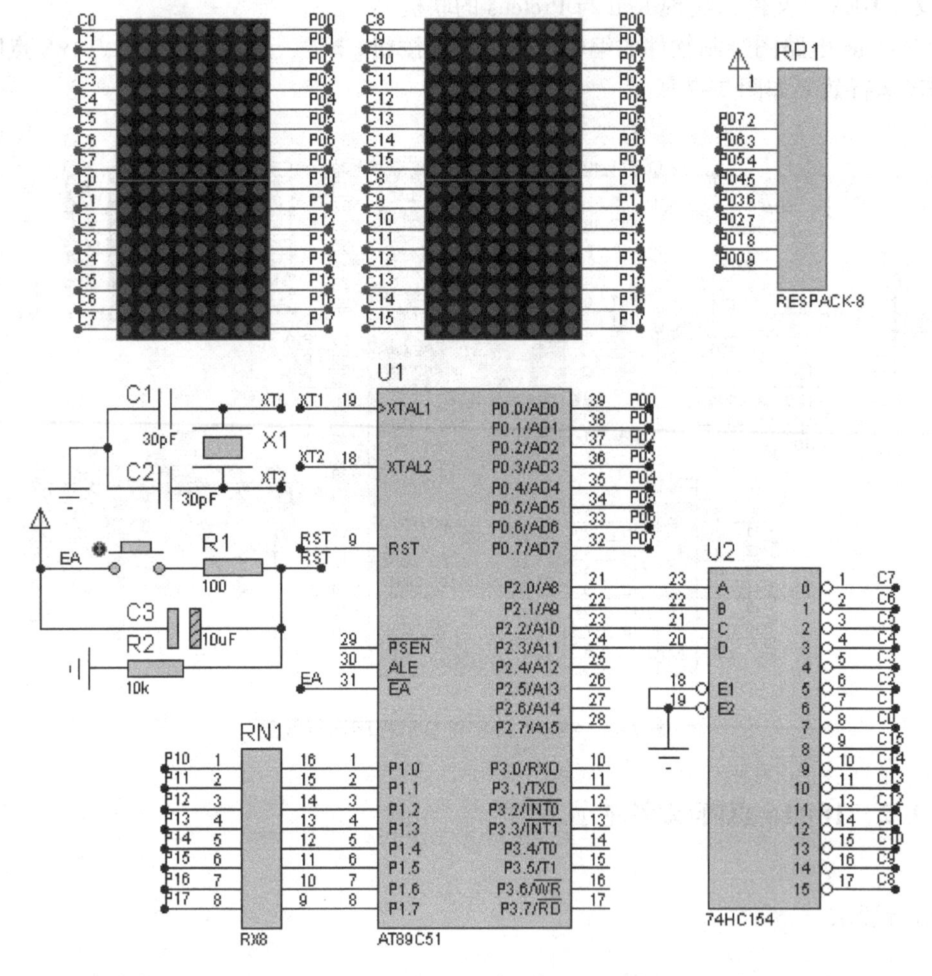

图 7-8　16×16 LED 点阵汉字显示电路图

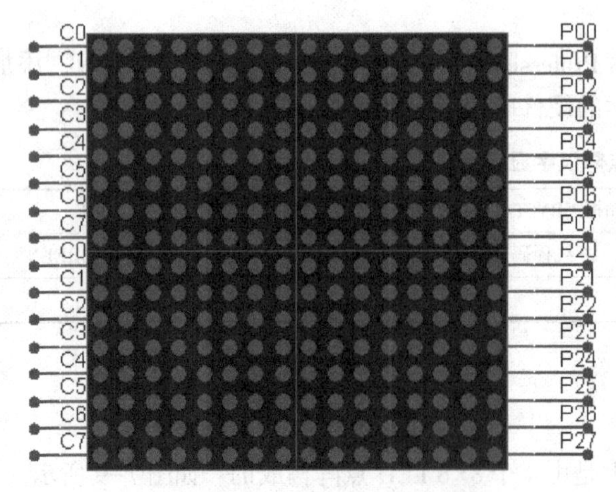

图 7-9　4 个 8×8 点阵构成 16×16 点阵

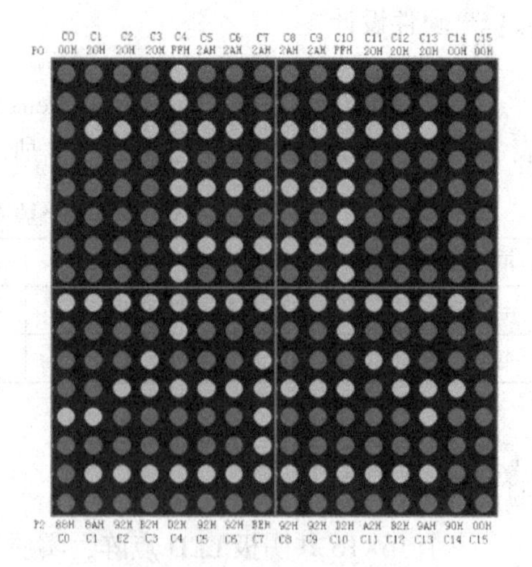

图 7-10　“基”字的点阵

为了显示字符串“基于 Proteus 的 51 单片机设计与仿真”，可以通过建立一个数据表格的形式来实现。片选位有 C0~C15，由单片机的 P1 端口控制 74HC154 输出。16×16 点阵汉字显示程序流程图如图 7-12 所示。

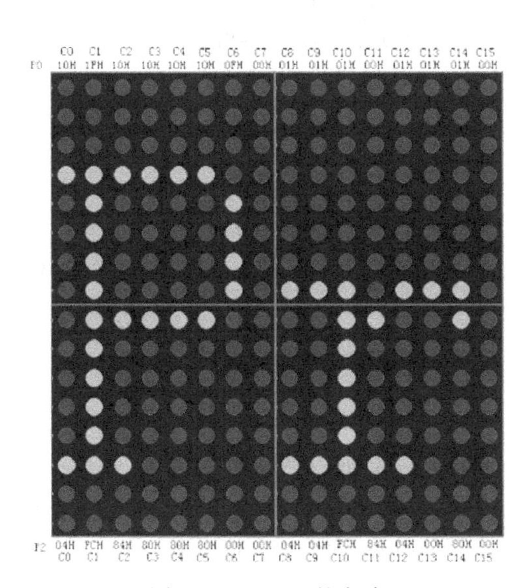

图 7-11　“Pr”的点阵

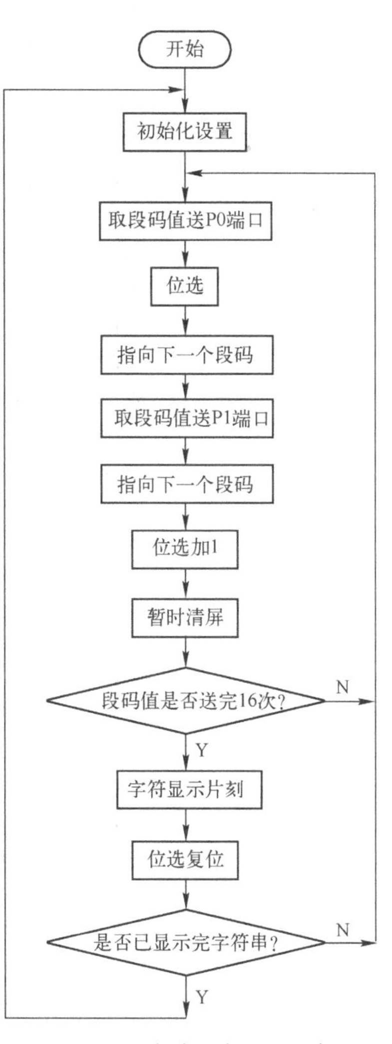

图 7-12　16×16 点阵汉字显示程序流程图

1）汇编语言源程序

```
LED1      EQU     P1
LED0      EQU     P0
CS        EQU     P2
          ORG     00H
          AJMP    START
          ORG     0030H
START:    MOV     A,#00H
          MOV     LED0,A              ;清除画面
          ANL     LED1,#00H
          MOV     R2,#200
D1:       MOV     R3,#0F8H            ;延时 1s
```

```
        DJNZ    R3,$
        DJNZ    R2,D1
        MOV     20H,#00H        ;取码指针初值
L1:     MOV     R1,#80H         ;每字停留时间
L2:     MOV     R6,#16          ;每字16个码
        MOV     R4,#00H         ;扫描初值
        MOV     R0,20H          ;取码指针存入R0
L3:     MOV     A,R4            ;扫描指针载入A
        MOV     CS,A            ;扫描输出
        INC     R4              ;扫描下一个
        MOV     A,R0            ;取码指针载入A
        MOV     DPTR,#TABLE     ;数据指针指到TABLE
        MOV     CA,@A+DPTR      ;至TABLE取上半部数据码
        MOV     R7,A
        MOV     LED0,A          ;输出至P0端口显示
        INC     R0              ;取码指针加1
        MOV     A,R0            ;取码指针载入A
        MOV     DPTR,#TABLE     ;数据指针指到TABLE
        MOV     CA,@A+DPTR      ;至TABLE取下半部数据码
        MOV     R7,A
        MOV     LED1,A          ;输出数据码
        INC     R0              ;取下一个码
        MOV     R3,#02H         ;扫描时间1ms
D2:     MOV     R5,#0F8H
        DJNZ    R5,$
        DJNZ    R3,D2
        MOV     A,#00H          ;清除屏幕
        MOV     LED1,A
        ANL     CS,#00H
        DJNZ    R6,L3           ;显示1个字了吗?
        DJNZ    R1,L2           ;停留时间到了吗?
        MOV     20H,R0          ;取码指针存入20H地址
        MOV     A,R7
        CJNE    A,#1BH,L1       ;是否取完了? 若否,继续
        JMP     START
TABLE: DB 00H,11H,04H,11H,04H, 89H, 04H, 85H, 0FFH, 93H, 54H, 91H, 54H, 91H,
       54H,0FDH
       DB 54H, 91H, 54H, 91H, 0FFH, 93H, 04H, 85H, 04H, 89H, 04H, 11H, 00H, 11H,
       00H, 00H;"基",0
       DB 40H, 00H, 40H, 00H, 42H, 00H, 42H, 00H, 42H, 00H, 42H, 40H, 42H, 80H,
       0FEH, 7FH
       DB 42H, 00H, 42H, 00H, 42H, 00H, 42H, 00H, 42H, 00H, 40H, 00H, 40H, 00H,
       00H, 00H;"于",1
       DB 08H, 20H, 0F8H, 3FH, 08H, 21H, 08H, 01H, 08H, 01H, 08H, 01H, 0F0H, 00H,
       00H, 00H;"P",2
       DB 80H, 20H, 80H, 20H, 80H, 3FH, 00H, 21H, 80H, 20H, 80H, 00H, 80H, 01H,
       00H, 00H;"r",3
```

```
DB 00H, 00H, 00H, 1FH, 80H, 20H, 80H, 20H, 80H, 20H, 80H, 20H, 00H, 1FH,
00H, 00H;"o",4
DB 00H, 00H, 80H, 00H, 80H, 00H, 0E0H, 1FH, 80H, 20H, 80H, 20H, 00H, 00H,
00H, 00H;"t",5
DB 00H, 00H, 00H, 1FH, 80H, 22H, 80H, 22H, 80H, 22H, 80H, 22H, 00H, 13H,
00H, 00H;"e",6
DB 80H, 00H, 80H, 1FH, 00H, 20H, 00H, 20H, 00H, 20H, 80H, 10H, 80H, 3FH,
00H, 20H;"u",7
DB 00H, 00H, 00H, 33H, 80H, 24H, 80H, 24H, 80H, 24H, 80H, 24H, 80H, 19H,
00H, 00H;"s",8
DB 00H, 00H, 00H, 00H, 00H, 00H, 00H, 00H, 00H, 00H, 00H, 00H, 00H, 00H,
00H, 00H; "",9
DB 00H, 00H,0F8H, 7FH, 0CH, 21H, 0BH, 21H, 08H, 21H, 08H, 21H, 0F8H, 7FH,
40H, 00H;
DB 30H, 00H, 8FH, 00H, 08H, 43H, 08H, 80H, 08H, 40H,0F8H, 3FH, 00H, 00H,
00H, 00H;"的",10
DB 00H, 00H, 0F8H, 19H, 08H, 21H, 88H, 20H, 88H, 20H, 08H, 11H, 08H, 0EH,
00H, 00H;"5",11
DB 00H, 00H, 10H, 20H, 10H, 20H,0F8H, 3FH, 00H, 20H, 00H, 20H, 00H, 00H,
00H, 00H;"1",12
DB 00H, 10H, 00H, 10H, 0F8H, 13H, 49H, 12H, 4AH, 12H, 4CH, 12H, 48H, 12H,
0F8H, 0FFH;
DB 48H, 12H, 4CH, 12H, 4AH, 12H, 49H, 12H, 0F8H, 13H, 00H, 10H, 00H, 10H,
00H, 00H;"单",13
DB 00H, 00H, 00H, 80H, 00H, 60H, 0FEH, 1FH, 20H, 02H, 20H, 02H, 20H, 02H,
20H, 02H;
DB 20H, 02H, 3FH, 02H, 20H, 0FEH, 20H, 00H, 20H, 00H, 20H, 00H, 00H, 00H,
00H, 00H;"片",14
DB 10H, 04H, 10H, 03H, 0D0H, 00H,0FFH,0FFH, 90H, 00H, 10H, 83H, 00H, 60H,
0FEH, 1FH;
DB 02H, 00H, 02H, 00H, 02H, 00H, 0FEH, 3FH, 00H, 40H, 00H, 40H, 00H, 78H,
00H, 00H;"机",15
DB 40H, 00H, 40H, 00H, 42H, 00H, 0CCH, 3FH, 00H, 90H, 40H, 88H, 0A0H, 40H,
9EH, 43H;
DB 82H, 2CH, 82H, 10H, 82H, 28H, 9EH, 46H, 0A0H, 41H, 20H, 80H, 20H, 80H,
00H, 00H;"设",16
DB 40H, 00H, 40H, 00H, 42H, 00H, 0CCH, 7FH, 00H, 20H, 40H, 10H, 40H, 00H,
40H, 00H;
DB 40H, 00H, 0FFH, 0FFH, 40H, 00H, 40H, 00H, 40H, 00H, 40H, 00H, 40H, 00H,
00H, 00H;"计",17
DB 00H, 08H, 00H, 08H,0E0H, 08H, 9FH, 08H, 88H, 08H, 88H, 08H, 88H, 08H,
88H, 08H;
DB 88H, 08H, 88H, 48H, 88H, 80H, 88H, 40H, 88H, 3FH, 08H, 00H, 00H, 00H,
00H, 00H;"与",18
DB 00H, 01H, 80H, 00H, 60H, 00H, 0F8H, 0FFH, 07H, 80H, 08H, 40H, 08H, 30H,
0F8H, 0FH;
DB 89H, 00H, 8EH, 40H, 88H, 80H, 88H, 40H, 88H, 3FH, 08H, 00H, 08H, 00H,
```

```
00H, 00H;"仿",19
DB 00H, 10H, 04H, 10H, 04H, 90H, 0F4H, 5FH, 54H, 35H, 54H, 15H, 54H, 15H,
5FH, 15H;
DB 54H, 15H, 54H, 15H, 54H, 35H, 0F4H, 5FH, 04H, 90H, 04H, 10H, 00H, 10H,
00H, 00H;"真",20
 DB        1BH                          ;结束码
           RET
           END
```

2）C 语言源程序

```
#include"reg51.h"
#include"reg51.h"
#define uint unsigned int
#define uchar unsigned char
#define LED1   P1
#define LED0   P0
#define CS     P2
code uchar tab1[ ] = {                                    //显示的字符代码
        0x00, 0x11, 0x04, 0x11, 0x04, 0x89, 0x04, 0x85, 0xFF, 0x93, 0x54, 0x91, 0x54, 0x91,
0x54,0xFD,
        0x54,0x91,0x54,0x91,0xFF,0x93,0x04,0x85,0x04,0x89,0x04,0x11,0x00,0x11,0x00,
0x00,/*"基",0*/
        0x40, 0x00, 0x40, 0x00, 0x42, 0x00, 0x42, 0x00, 0x42, 0x00, 0x42, 0x40, 0x42, 0x80,
0xFE,0x7F,
        0x42,0x00,0x42,0x00,0x42,0x00,0x42,0x00,0x42,0x00,0x40,0x00,0x40,0x00,0x00,
0x00,/*"于",1*/
        0x08,0x20,0xF8,0x3F,0x08,0x21,0x08,0x01,0x08,0x01,0x08,0x01,0xF0,0x00,0x00,
0x00,/*"P",2*/
        0x80,0x20,0x80,0x20,0x80,0x3F,0x00,0x21,0x80,0x20,0x80,0x00,0x80,0x01,0x00,
0x00,/*"r",3*/
        0x00,0x00,0x00,0x1F,0x80,0x20,0x80,0x20,0x80,0x20,0x80,0x20,0x00,0x1F,0x00,
0x00,/*"o",4*/
        0x00,0x00,0x80,0x00,0x80,0x00,0xE0,0x1F,0x80,0x20,0x80,0x20,0x00,0x00,0x00,
0x00,/*"t",5*/
        0x00,0x00,0x00,0x1F,0x80,0x22,0x80,0x22,0x80,0x22,0x80,0x22,0x00,0x13,0x00,
0x00,/*"e",6*/
        0x80,0x00,0x80,0x1F,0x00,0x20,0x00,0x20,0x00,0x20,0x80,0x10,0x80,0x3F,0x00,
0x20,/*"u",7*/
        0x00,0x00,0x00,0x33,0x80,0x24,0x80,0x24,0x80,0x24,0x80,0x24,0x80,0x19,0x00,
0x00,/*"s",8*/
        0x00,0x00,0x00,0x00,0x00,0x00,0x00,0x00,0x00,0x00,0x00,0x00,0x00,0x00,0x00,
0x00,/*" ",9*/
        0x00,0x00, 0xF8, 0x7F, 0x0C, 0x21, 0x0B, 0x21, 0x08, 0x21, 0x08, 0x21, 0xF8, 0x7F,
0x40,0x00,
        0x30,0x00,0x8F,0x00,0x08,0x43,0x08,0x80,0x08,0x40,0xF8,0x3F,0x00,0x00,0x00,
0x00,/*"的",10*/
        0x00,0x00,0xF8,0x19,0x08,0x21,0x88,0x20,0x88,0x20,0x08,0x11,0x08,0x0E,0x00,
```

```
0x00,/*"5",11*/
        0x00,0x00,0x10,0x20,0x10,0x20,0xF8,0x3F,0x00,0x20,0x00,0x20,0x00,0x00,0x00,
0x00,/*"1",12*/
        0x00,0x10, 0x00, 0x10, 0xF8, 0x13, 0x49, 0x12, 0x4A, 0x12, 0x4C, 0x12, 0x48, 0x12,
0xF8,0xFF,
        0x48,0x12,0x4C,0x12,0x4A,0x12,0x49,0x12,0xF8,0x13,0x00,0x10,0x00,0x10,0x00,
0x00,/*"单",13*/
        0x00,0x00, 0x00, 0x80, 0x00, 0x60, 0xFE, 0x1F, 0x20, 0x02, 0x20, 0x02, 0x20, 0x02,
0x20,0x02,
        0x20,0x02,0x3F,0x02,0x20,0xFE,0x20,0x00,0x20,0x00,0x20,0x00,0x00,0x00,0x00,
0x00,/*"片",14*/
        0x10,0x04, 0x10, 0x03, 0xD0, 0x00, 0xFF, 0xFF, 0x90, 0x00, 0x10, 0x83, 0x00, 0x60,
0xFE,0x1F,
        0x02,0x00,0x02,0x00,0x02,0x00,0xFE,0x3F,0x00,0x40,0x00,0x40,0x00,0x78,0x00,
0x00,/*"机",15*/
        0x40,0x00, 0x40, 0x00, 0x42, 0x00, 0xCC, 0x3F, 0x00, 0x90, 0x40, 0x88, 0xA0, 0x40,
0x9E,0x43,
        0x82,0x2C,0x82,0x10,0x82,0x28,0x9E,0x46,0xA0,0x41,0x20,0x80,0x20,0x80,0x00,
0x00,/*"设",16*/
        0x40,0x00, 0x40, 0x00, 0x42, 0x00, 0xCC, 0x7F, 0x00, 0x20, 0x40, 0x10, 0x40, 0x00,
0x40,0x00,
        0x40,0x00,0xFF,0xFF,0x40,0x00,0x40,0x00,0x40,0x00,0x40,0x00,0x40,0x00,0x00,
0x00,/*"计",17*/
        0x00,0x08, 0x00, 0x08, 0xE0, 0x08, 0x9F, 0x08, 0x88, 0x08, 0x88, 0x08, 0x88, 0x08,
0x88,0x08,
        0x88,0x08,0x88,0x48,0x88,0x80,0x88,0x40,0x88,0x3F,0x08,0x00,0x00,0x00,0x00,
0x00,/*"与",18*/
        0x00,0x01, 0x80, 0x00, 0x60, 0x00, 0xF8, 0xFF, 0x07, 0x80, 0x08, 0x40, 0x08, 0x30,
0xF8,0x0F,
        0x89,0x00,0x8E,0x40,0x88,0x80,0x88,0x40,0x88,0x3F,0x08,0x00,0x08,0x00,0x00,
0x00,/*"仿",19*/
        0x00,0x10, 0x04, 0x10, 0x04, 0x90, 0xF4, 0x5F, 0x54, 0x35, 0x54, 0x15, 0x54, 0x15,
0x5F,0x15,
        0x54,0x15,0x54,0x15,0x54,0x35,0xF4,0x5F,0x04,0x90,0x04,0x10,0x00,0x10,0x00,
0x00};/*"真",20*/
const uchar tab2[]={0x00,0x01,0x02,0x03,0x04,0x05,0x06,0x07,//扫描代码
            0x08,0x09,0x0a,0x0b,0x0c,0x0d,0x0e,0x0f};
void delay(uint n)                    //延时函数
  {
    uint i;
    for(i=0;i<n;i++);
  }
void main(void)
  {
    uint j=0,q=0;
    uchar i,t=0;
    LED0=0x00;
```

```
        LED1=0x00;
        CS=0x00;
        while(1)
        {
            for(i=0;i<125;i++)          //控制每一个字符显示的时间
            for(j=q;j<32+q;j++)
              {
                CS=tab2[t];             //扫描
                LED0=tab1[j];           //送数据
                j++;
                LED1=tab1[j];           //送数据
                delay(50);
                t++;
                if(t==16)
                    t=0;
              }
            q=q+32;                     //显示下一个字符
            if(q==512)
              q=0;
        }
    }
```

调试与仿真

打开Keil软件，创建“16×16点阵汉字显示”项目，输入汇编语言（或C语言）源程序，并将该源程序文件添加到项目中。编译源程序，生成“16×16点阵汉字显示.HEX”文件。

在已绘制好的Proteus电路图中双击AT89C51单片机，添加在Keil中生成的“16×16点阵汉字显示.HEX”文件，实现Keil与Proteus的联机。

在Proteus电路图绘制软件的编辑窗口中单击按钮▶，进入仿真状态。在运行过程中，可看见在16×16点阵显示字符串“基于Proteus的51单片机设计与仿真”，其运行效果如图7-13所示。

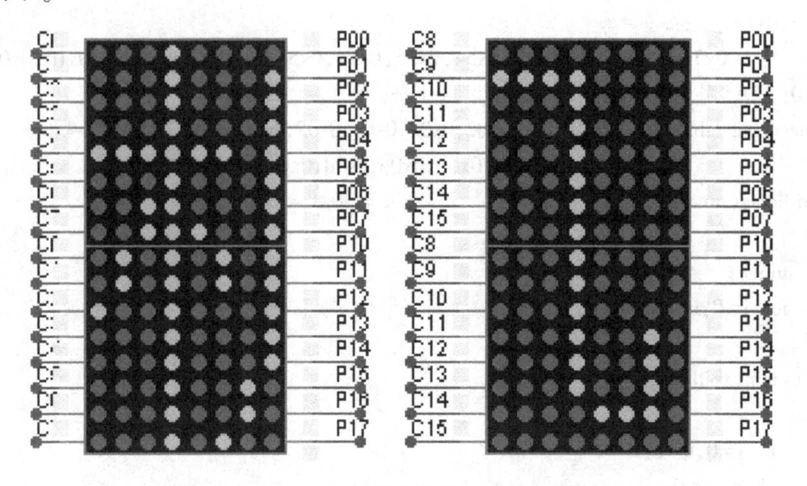

图7-13　16×16点阵汉字显示程序运行效果

在图7-13中，一个汉字被拆成了两半，没有形成一个完整的汉字。若直接将两者移到一起，显示的效果如图7-14所示。在此图中，会显示一些引脚电平，影响显示效果。

将一些引脚隐藏起来，可以取得较好的显示效果。首先将LED点阵拼合在一起，并全部选中，再执行菜单命令“System”→“Set Animation Options”，打开“Animated Circuits Configuration”对话框，将“Animation Options”区域的“Show Logic State of Pins?”选项的选中标志去掉，如图7-15所示。设置好后，重新单击按钮▶，其运行效果如图7-16所示。

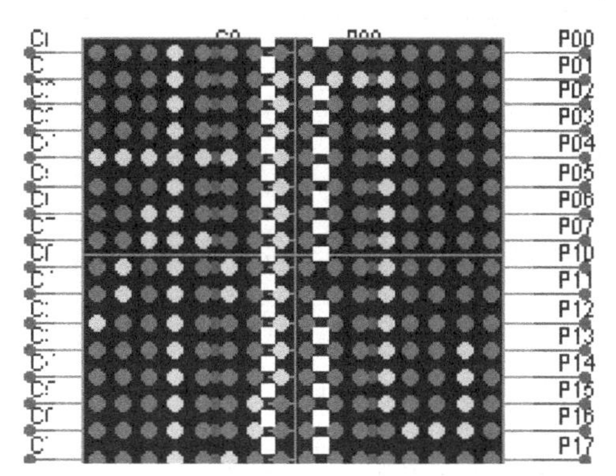

图7-14　直接拼合在一起的显示效果

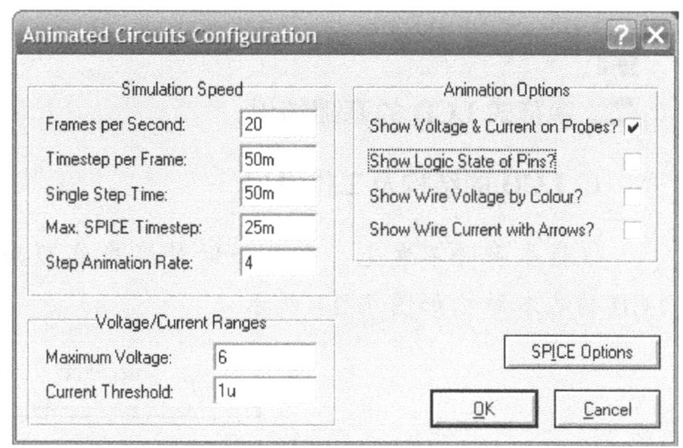

图7-15　隐藏引脚逻辑状态

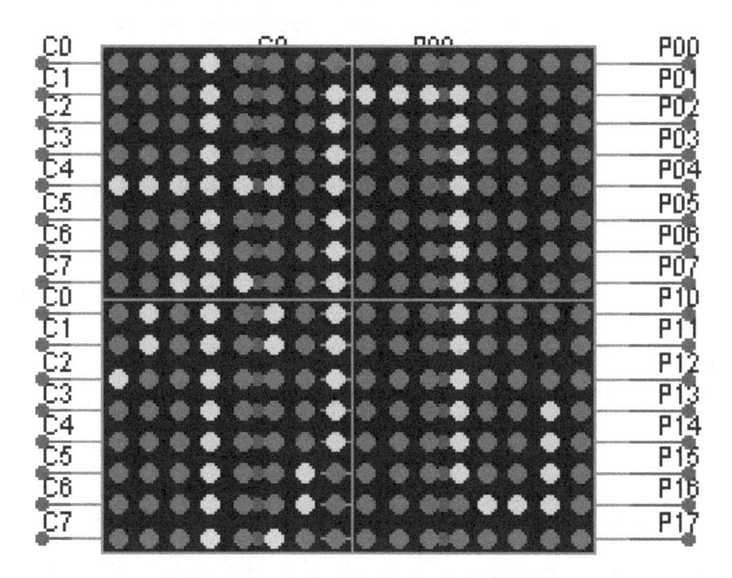

图7-16　隐藏引脚电平后的显示效果

7.2　LCD的应用

液晶显示器（Liquid Crystal Display，LCD）是一种利用液晶的扭曲向列效应制成的新型显示器。它具有体积小、质量轻、功耗低、抗干扰能力强等优点，因而在单片机应用系统中被广泛应用。

7.2.1 字符式 LCD 显示

设计要求

使用 HD44780 内置字符集，在 SMC1602A 液晶上移位显示字符串，第 1 行显示 “czpmcu@ 126. com”，第 2 行显示 “QQ:769879416”。在显示过程中，先将这两行显示 2s，再闪烁 3 次，然后重新显示。

字符式 LCD 的基础知识

1. LCD 的结构及工作原理

LCD 本身并不发光，它是借助外界光线照射液晶材料而实现显示的被动显示器件。LCD 的基本结构如图 7-17 所示。

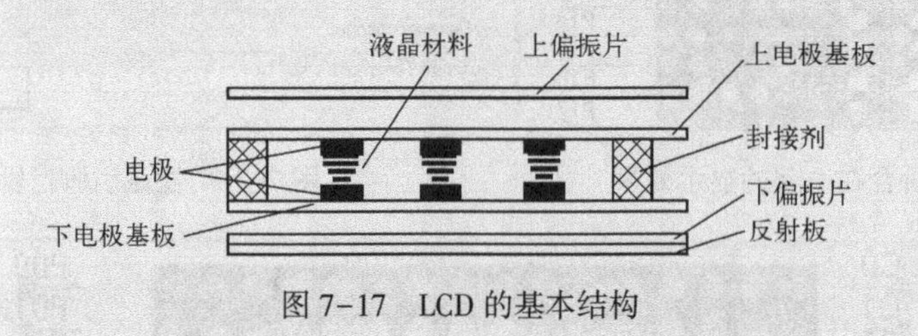

图 7-17　LCD 的基本结构

由图可见，液晶材料被封装在上（正）、下（背）两片导电玻璃电极之间。液晶分子平列排列，上、下扭曲 90°。外部入射光线通过上偏振片后形成偏振光，该偏振光通过平行排列的液晶材料后被旋转 90°，再通过与上偏振片垂直的下偏振片，被反射板反射过来，呈透明状态。若在其上、下电极上加上一定的电压，在电场的作用下迫使加在电极部分的液晶分子转成垂直排列，其旋光作用也随之消失，致使从上偏振片入射的偏振光不被旋转，光无法通过下偏振片返回，呈现黑色。当去掉电压后，液晶分子又恢复其扭转结构。因此可以根据需要将电极制成各种形状，用以显示文字、数字、图形等。

2. LCD 的分类

1）按电光效应分类　电光效应是指在电的作用下，液晶分子的初始排列改变为其他的排列形式，使液晶盒的光学性质发生变化，即以电通过液晶分子对光进行了调制。

按电光效应的不同，LCD 可分为电场效应类、电流效应类、电热效应类 3 种。电场效应类又可分为扭曲向列效应（TN）型、宾主效应（GH）型和超扭曲效应（STN）型等。

目前在单片机应用系统中广泛应用的是 TN 型和 STN 型 LCD。

2）按显示内容分类　可分为字段式（又称笔画式）、点阵字符式和点阵图式 3 种。

字段式 LCD 是以长条笔画状显示像素组成的 LCD。

点阵字符式 LCD 有 192 种内置字符，包括数字、字母、常用标点符号等。另外，用户可以自定义 5×7 点阵字符或其他点阵字符等。根据 LCD 型号的不同，每屏显示的行数有 1 行、2 行、4 行 3 种，每行可显示 8 个、16 个、20 个、24 个、32 个和 40 个字符等。

点阵图式 LCD 除可以显示字符外，还可以显示各种图形信息、汉字等。

3）按采光方式分类　可分为带背光源和不带背光源两类。

不带背光源 LCD 是靠其背面的反射膜将射入的自然光从下面反射出来完成的。大部分设备的 LCD 是用自然光作为光源，可选用不带背光的 LCD。

若产品工作在弱光或黑暗条件下时，就应选择带背光的 LCD。

3. LCD 的驱动方式

LCD 两电极间不允许施加恒定直流电压，驱动电压的直流成分越小越好，最好不超过 50mV。为了得到 LCD 亮、灭所需的两倍幅值及零电压，常给 LCD 的背极通以固定的交变电压，通过控制前极电压值的改变来实现对 LCD 显示的控制。

LCD 的驱动方式由电极引线的选择方式确定，其驱动方式分为静态驱动（直接驱动）和时分割驱动（也称多极驱动或动态驱动）两种。

1）静态驱动方式　静态驱动是把所有段电极逐个驱动，所有段电极和公共电极之间仅在需要显示时才施加电压。静态驱动是 LCD 最基本的驱动方式，其驱动电路原理图及驱动波形如图 7-18 所示。

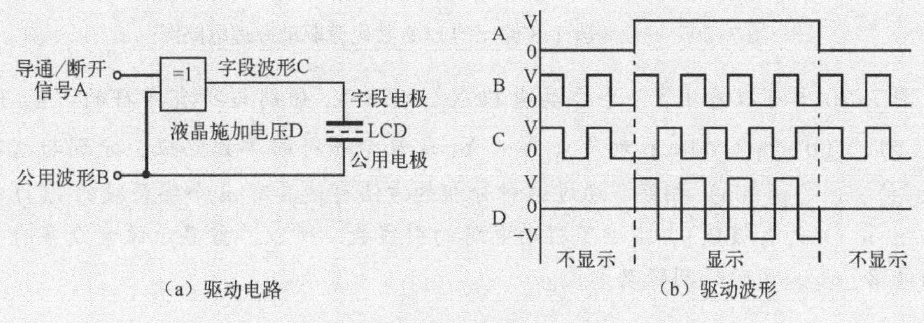

（a）驱动电路　（b）驱动波形

图 7-18　LCD 静态驱动电路原理图及驱动波形

在图 7-18 中，LCD 表示某个液晶显示字段。字段波形 C 与公用波形 B 不是同相就是反相。当此字段上两个电极电压相位相同时，两个电极的相对电压为零，液晶上无电场，该字段不显示；当此字段上两个电极的电压相位相反时，两个电极的相对电压为两倍幅值方波电压，该字段呈黑色显示。

在静态驱动方式下，若 LCD 有 n 个字段，则需要 $n+1$ 条引线，其驱动电路也需要 $n+1$ 条引线。当显示字段较多时，将需要更多的驱动电路引线。所以当显示字段较少时，一般采用静态驱动方式。当显示字段较多时，一般采用时分割驱动方式。

2）时分割驱动方式　时分割驱动是把全段电极分为数组，将它们分时驱动，即采用逐行扫描的方法显示所需要的内容。LCD 时分割驱动原理如图 7-19 所示。

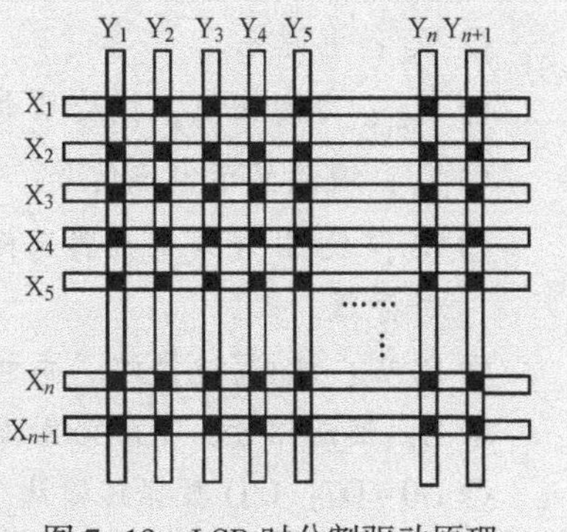

图 7-19　LCD 时分割驱动原理

从图 7-19 可以看出，电极沿行、列方向排列成矩阵形式，按顺序给行电极施加选通波形，给列电极施加与行电极同步的选通或非选通波形，如此周而复始，在行电极与列电极交叉的段点被点亮或熄灭。

驱动行电极从第一行到最后一行所需时间为帧周期 T_f，驱动每一行所需时间 T_r 与帧周期 T_f 的比值为占空比 Duty。

时分割的占空比为

$$\text{Duty}=T_r/T_f=1/n$$

其占空比有 1/2、1/8、1/11、1/16、1/32、1/64 等。非选通时波形电压与选通时波形电压的比值称为偏比 Bias，Bias = $1/a$，式中 $a=\sqrt{\text{Duty}}+1$。其偏比有 1/2、1/3、1/4、1/5、1/7、1/9 等。

图 7-20 所示为一位 8 段 1/3 偏比的 LCD 数码管各字段与背极的排列、等效电路。

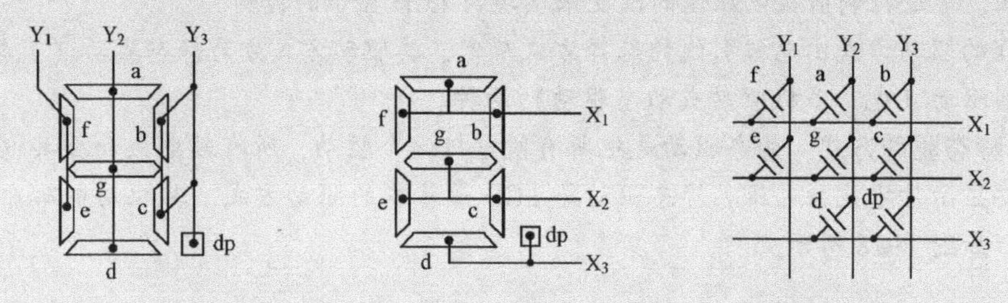

图 7-20　一位 8 段 1/3 偏比的 LCD 数码管驱动原理电路图

从图 7-20 中可以看出，3 个公共电极 X_1、X_2、X_3 分别与所有字符的（a、b、f）、（c、e、g）、（d、dp）相连；而 Y_1、Y_2、Y_3 是每个字符的单独电极，分别与（f、e）、（a、d、g）、（b、c、dp）相连。通过这种分组的方法可使具有 m 个字符段的 LCD 的引脚数为 $m/n+n$（n 为背极数），减少了驱动电路的引线数。所以，当显示像素众多时，为节省驱动电路，多采用时分割驱动方式。

4. 字符式 LCD（SMC1602A）基础知识

SMC1602A 为字符式 LCD，它可以显示 2 行字符，每行 16 个字符，带有背光源，采用时分割驱动的形式，并行接口，可与单片机 I/O 端口直接相连。

1）SMC1602A 的引脚及其功能　SMC1602A 采用并行接口方式，有 16 根引线，各线的功能及使用方法如下所述。

☺ V_{SS}：电源地。

☺ V_{DD}：电源正极，接+5V 电源。

☺ V_L：液晶显示偏压信号。

☺ RS：数据/指令寄存器选择端。高电平时，选择数据寄存器；低电平时，选择指令寄存器。

☺ R/W：读/写选择端。高电平时为读操作，低电平时为写操作。

☺ E：使能信号，下降沿触发。

☺ D0～D7：I/O 数据传输线。

☺ BLA：背光源正极。

☺ BLK：背光源负极。

2）SMC1602A 内部结构及工作原理　SMC1602A LCD 内部主要由日立公司的 HD44780、HD44100（或兼容电路）和阻容元件等组成。

HD44780 是用低功耗 CMOS 技术制造的大规模点阵 LCD 控制器，具有简单而功能较强的指令集，可实现字符移动、闪烁等功能，与 MCU 相连能使 LCD 显示英文字母、数字和符号。HD44780 控制电路主要由 DDRAM、CGROM、CGRAM、IR、DR、BF、AC 等大规模集成电路组成。

☺ DDRAM 为数据显示用的 RAM（Data Display RAM），用以存储需要 LCD 显示的数据，最多能存储 80 个，只要将标准的 ASCII 码放入 DDRAM，内部控制线路就会自动将数据传送到 LCD 上，并显示出该 ASCII 码对应的字符。

☺ CGROM 为字符产生器 ROM（Character Generator ROM），它存储了由 8 位字符码生成的 192 个 5×7 点阵字型和 32 种 5×10 点阵字符，8 位字符编码和字符的对应关系，即内置字符集见表 7-4。

表 7-4　HD44780 内置字符集

高4位 字符 低4位	0000	0001	0010	0011	0100	0101	0110	0111	1010	1011	1100	1101	1110	1111
0000	CGRA			0	@	P	\	p		一	タ	三	α	P
0001	(2)		!	1	A	Q	a	q	ロ	ァ	チ	ム	ä	q
0010	(3)		"	2	B	R	b	r	r	ィ	川	メ	β	θ
0011	(4)		#	3	C	S	c	s	」	ウ	ラ	モ	ε	∞
0100	(5)		$	4	D	T	d	t	\	ェ	ト	セ	μ	Ω
0101	(6)		%	5	E	U	e	u	ロ	ォ	ナ	ユ	B	0
0110	(7)		&	6	F	V	f	v	テ	ヵ	ニ	ヨ	P	Σ
0111	(8)		'	7	G	W	g	w		ギ	ヌ	テ	g	π
1000	(1)		(	8	H	X	h	x	ィ	グ	ネ	リ	√	[illegible]
1001	(2)		)	9	I	Y	i	y	ウ	ケ	ノ	ル	⁻¹	[illegible]
1010	(3)		*	:	J	Z	j	z	エ	コ	ハ	レ	j	[illegible]
1011	(4)		+	;	K	[	k	(	オ	サ	ヒ	ロ	×	[illegible]
1100	(5)		,	<	L	¥	l	|	ヤ	シ	フ	ワ	¢	[illegible]
1101	(6)		-	=	M	]	m	)	ュ	ス	ヘ	ン	£	÷
1110	(7)		.	>	N	^	n	→	ョ	セ	ホ	ヽ	n̄	
1111	(8)		/	?	O	_	o	←	ツ	ソ	マ	。	ö	█

☺ CGRAM 为字型、字符产生器 RAM（Character Generator RAM），可供使用者存储特殊造型的造型码，CGRAM 最多可存储 8 个造型码。

☺ IR为指令寄存器（Instruction Register），负责存储MCU写给LCD的指令码，当RS及R/W引脚信号为0且E引脚信号由1变为0时，D0~D7引脚上的数据便会存入IR寄存器中。

☺ DR为数据寄存器（Data Register），负责存储MCU写入CGRAM或DDRAM的数据，或者存储MCU从CGRAM或DDRAM读出的数据。因此，可将DR视为一个数据缓冲区，当RS及R/W引脚信号都为1且E引脚信号由1变为0时，读取数据；当RS=1，R/W=0且E引脚信号由1变为0时，存入数据。

☺ BF为忙碌信号（Busy Flag），当BF=1时，不接收MCU送来的数据或指令；当BR=0时，接收外部数据或指令，所以在写数据或指令到LCD前，必须查看BF是否为0。

☺ AC为地址计数器（Address Counter），负责计数写入/读出CGRAM或DDRAM的数据地址，AC依照MCU对LCD的设置值而自动修改它本身的内容。

HD44100也是采用CMOS技术制造的大规模LCD驱动IC，既可当行驱动用，又可当列驱动用，由20×2bit二进制移位寄存器、20×2bit数据锁存器、20×2bit驱动器组成，主要用于LCD时分割驱动。

3）显示位与RAM的对应关系（地址映射） SMC1602A内部带有80×8bit的RAM缓冲区，显示位与RAM的对应关系见表7-5。

表7-5 显示位与RAM地址的对应关系

显示位序号		1	2	3	4	5	6	……	40
RAM地址（HEX）	第1行	00	01	02	03	04	05	……	27
	第2行	40	41	42	43	44	06	……	67

4）指令系统 指令系统包括清屏、回车、输入模式控制、显示开关控制、移位控制、显示模式控制等，见表7-6。

表7-6 指令系统

指令名称	控制信号		指令代码								功能
	RS	R/W	D7	D6	D5	D4	D3	D2	D1	D0	
清屏	0	0	0	0	0	0	0	0	0	1	显示清屏
回车	0	0	0	0	0	0	0	0	1	0	显示回车，数据指针清零
输入模式控制	0	0	0	0	0	0	0	1	N	S	设置光标、显示内容移动方向
显示开关控制	0	0	0	0	0	0	D/L	D	C	B	设置显示、光标、闪烁开关
移位控制	0	0	0	0	0	1	S/C	R/L	×	×	使光标或显示画面移位
显示模式控制	0	0	0	0	1	D/L	N	F	×	×	设置数据总线位数、点阵方式

续表

指令名称	控制信号		指令代码								功能
	RS	R/W	D7	D6	D5	D4	D3	D2	D1	D0	
CGRAM 地址设置	0	0	0	1	ACG						
DDRAM 地址指针设置	0	0	1	ADD							
忙状态检查	0	1	BF	AC							
读数据	1	1	数据								从 RAM 中读数据
写数据	1	0	数据								向 RAM 中写数据
数据指针设置	0	0	80H+地址码（0~27H，40~47H）								

（1）清屏指令：设置清屏指令，使 DDRAM 中的显示内容清零、数据指针 AC 清零，光标回到左上角的原点处。

（2）回车指令：设置回车指令，显示回车，数据指针 AC 清零，使光标和光标所在的字符回到原点，DDRAM 单元中的内容不变。

（3）输入模式控制指令：用于设置光标、显示内容移动方向。当数据写入 DDRAM（CGRAM）或从 DDRAM（CGRAM）读取数据时，若 N=1，AC 自动加 1；N=0，AC 自动减 1。当 S=1 且数据写入 DDRAM 时，显示内容将全部左移（N=1）或右移（N=0），此时光标看上去未动，仅显示内容在移动，但读出时显示内容并不移动；当 S=0 时，显示不移动，仅光标左移或右移。

（4）显示开关控制指令：用于设置显示、光标、闪烁开关。D 为显示控制位，若 D=1，开显示；若 D=0，关显示，此时 DDRAM 中的内容保持不变。C 为光标控制位，若C=1，开光标显示；若 C=0，关光标显示。B 为闪烁控制位，若 B=1，光标及光标所指向字符的闪烁频率为 1.25Hz；若 B=0，不闪烁。

（5）移位控制指令：使光标或显示内容在未对 DDRAM 进行读/写操作时左移或右移。该指令每执行 1 次，屏蔽字符与光标即移动 1 次。在两行显示方式下，光标为闪烁的位置从第 1 行移到第 2 行。移位控制指令的设置见表 7-7。

表 7-7　移位控制指令的设置

D7	D6	D5	D4	D3（S/C）	D2（R/L）	D1	D0	指令设置含义
0	0	0	1	0	0	×	×	光标左移，AC 自动减 1
0	0	0	1	0	1	×	×	光标移位，光标和显示一起右移
0	0	0	1	1	0	×	×	显示移位，光标左移，AC 自动加 1
0	0	0	1	1	1	×	×	光标和显示一起右移

（6）显示模式控制指令：用于设置数据总线位数、点阵方式等操作，见表 7-8。

（7）CGRAM 地址设置指令：用于设置 CGRAM 地址指针，地址码 D7D6D5 被送入 AC。设置此指令后，就可以将用户自定义的显示字符数据写入 CGRAM 或从 CGRAM 中读出。

表 7-8　显示模式控制指令的设置

D7	D6	D5	D4（D/L）	D3（N）	D2（F）	D1	D0	指令设置含义
0	0	1	1	1	1	×	×	D/L=1：选择 8 位数据总线 D/L=0：选择 4 位数据总线 N=1：两行显示 N=0：一行显示 F=1：5×10 点阵 F=0：5×7 点阵
0	0	1	1	1	0	×	×	
0	0	1	1	0	1	×	×	
0	0	1	1	0	0	×	×	
0	0	1	0	1	1	×	×	
0	0	1	0	0	1	×	×	
0	0	1	0	0	0	×	×	

（8）DDRAM 地址指针设置指令：用于设置两行字符显示的起始地址，为 0x80H～0x8FH 时，表示显示位置为第 1 行第 0 列～第 15 列；为 0xC0H～0xCFH 时，表示显示位置为第 2 行第 0 列～第 15 列。

此指令设置 DDRAM 地址指针的值，然后就可以将要显示的数据写入 DDRAM 中。在 HD44780 控制器中，内嵌的常用字符都集成在 CGROM 中，当要显示这些字符时，只需将该字符所对应的字符代码送给指定的 DDRAM 中即可。

（9）忙状态检查指令：读取数据的 D7 位，若其为 1，表示总线忙碌。

硬件设计

在 Proteus 电路图绘制软件中找不到 SMC1602A，但可以使用 LM016L 进行替代。

在桌面上双击图标，打开 Proteus 8 Professional 软件。新建一个 DEFAULT 模板，添加表 7-9 所列的元器件，并完成图 7-21 所示的硬件电路图设计。

表 7-9　字符式 LCD 显示项目所用元器件

单片机 AT89C51	瓷片电容 CAP 30pF	电阻 RES	电解电容 CAP-ELEC 10μF
晶振 CRYSTAL 12MHz	字符式 LCD LM016L	按钮 BUTTON	可调电阻 POT-HG

程序设计

若要使用 HD44780 内置字符集，在 SMC1602A 上静态显示两行字符串，可以直接建立两个字符数组，分别为 dis1[ ] = { " czpmcu@ 126. com" } 和 dis2[ ] = { " QQ:769879416" }。用 LCD 显示字符串时，首先对 LCD 进行初始化，再分别确定第 1 行的显示起始位置和第 2 行的显示起始位置，然后分别将显示内容送到第 1 行和第 2 行即可。为实现移位显示，还需要使用移位控制指令 18H 并设置移位次数。

1）汇编语言源程序

```
RS          BIT     P2.0            ;端口定义
RW          BIT     P2.1
EP          BIT     P2.2
```

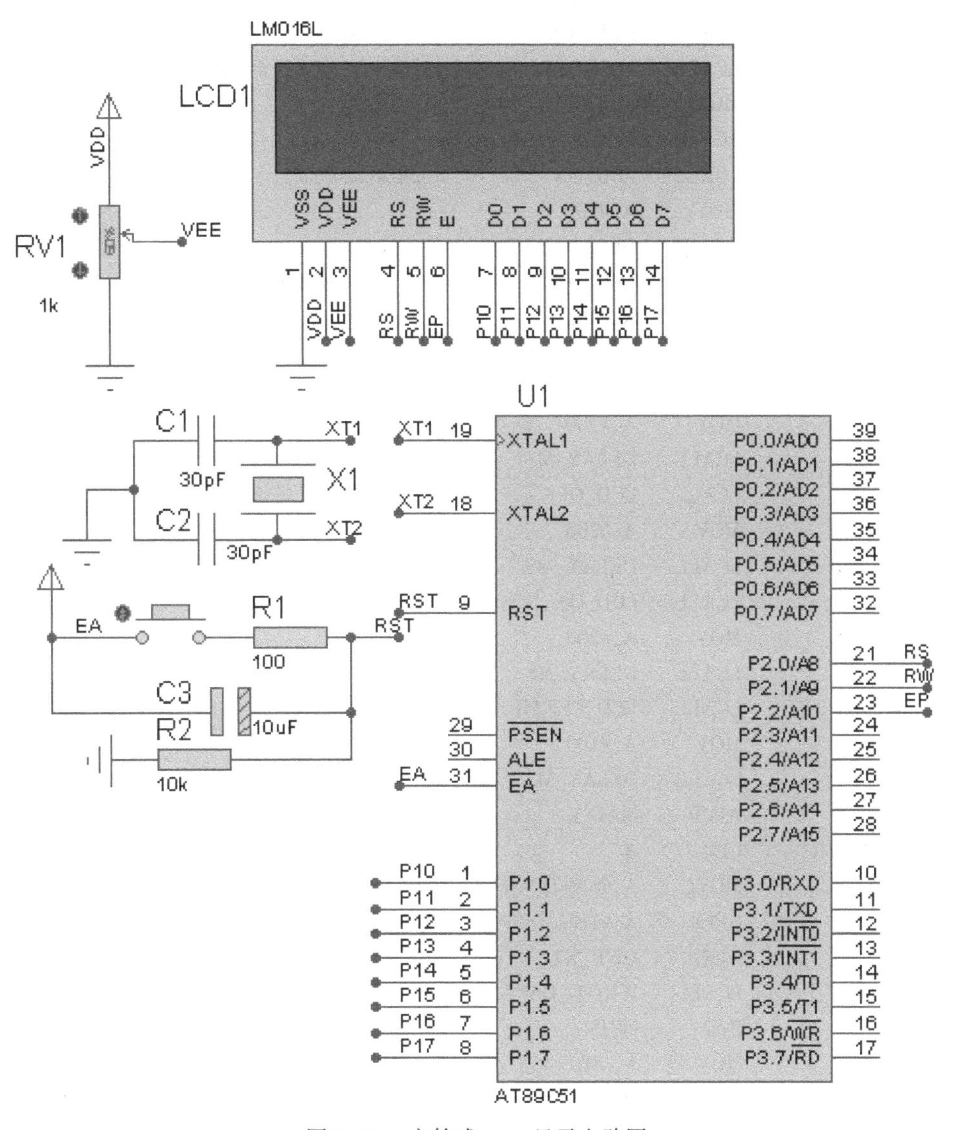

图7-21　字符式LCD显示电路图

```
LCD      EQU     P1
         ORG     00H
MAIN:    LCALL   LCD_RST          ;初始化 LCD
         MOV     A,#15
         LCALL   DELAY_MS
MAIN1:   MOV     A,#1             ;在第 1 行显示字符串"czpmcu@126.com"
         LCALL   LCD_POS          ;设置第 1 行的起始位置
         MOV     DPTR,#DISP_TAB1  ;指向"czpmcu@126.com"字符串表格地址
         LCALL   DISP_STR         ;显示字符串
         MOV     A,#42H           ;设置第 1 行的起始位置
         LCALL   LCD_POS          ;在第 2 行显示字符串"QQ:769879416"
         MOV     DPTR,#DISP_TAB2
         LCALL   DISP_STR
         MOV     A,#200
```

```
            LCALL   DELAY2S         ;显示 2s
            LCALL   LCD_OFF         ;第 1 次关闭显示(实现 3 次闪烁)
            MOV     A,#200          ;设定关闭时间
            LCALL   DELAY_MS
            LCALL   LCD_ON          ;重启显示
            MOV     A,#200
            LCALL   DELAY_MS
            LCALL   LCD_OFF         ;第 2 次关闭显示
            MOV     A,#200
            LCALL   DELAY_MS
            LCALL   LCD_ON          ;重启显示
            MOV     A,#200
            LCALL   DELAY_MS
            LCALL   LCD_OFF         ;第 3 次关闭显示
            MOV     A,#200
            LCALL   DELAY_MS
            LCALL   LCD_ON          ;重启显示
            MOV     A,#200
            LCALL   DELAY_MS
            LCALL   LCD_CLEAR       ;清屏
            MOV     A,#100
            LCALL   DELAY_MS
            AJMP    MAIN1           ;重新显示
DISP_STR:   CLR     A               ;显示字符串函数
            MOVC    A,@A+DPTR
            CJNE    A,#1BH,DISP_ST
            AJMP    DISP_EXI        ;如果遇到 00H,表示表格结束
DISP_ST:    LCALL   WRITE_DATA      ;写数据到 LCD
            INC     DPTR            ;指向表格的下一字符
            MOV     A, #10
            LCALL   DELAY_MS
            SJMP    DISP_STR        ;循环直到字符串结束
DISP_EXI:   NOP
            RET
LCD_RST:    MOV     A,#38H          ;设置显示格式-38H -16*2 行显示,5*7 点阵,8
                                    位数据接口
            LCALL   WRITE_CMD
            MOV     A,#1
            LCALL   DELAY_MS
            LCALL   LCD_ON          ;开显示
            MOV     A,#06H          ;06H --- 读/写后指针加 1
            LCALL   WRITE_CMD
            MOV     A,#1
            LCALL   DELAY_MS
            LCALL   LCD_CLEAR       ;清除 LCD 屏幕
            RET
LCD_ON:     MOV     A,#0EH          ;0EH 开显示,显示光标,光标不闪烁
```

```
            LCALL   WRITE_CMD
            MOV     A,#1
            LCALL   DELAY_MS
            RET
LCD_OFF:    MOV     A,#08H          ;08H --- 关显示
            LCALL   WRITE_CMD
            MOV     A,#1
            LCALL   DELAY_MS
            RET
LCD_CLEAR:  MOV     A,#01H          ;01H 清屏指令
            LCALL   WRITE_CMD
            MOV     A,#1
            LCALL   DELAY_MS
            RET
LCD_POS:    ORL     A,#80H          ;设置 LCD 当前光标的位置
            LCALL   WRITE_CMD
            RET
WRITE_CMD:  LCALL   CHECK_BUSY      ;写入控制指令到 LCD
            CLR     RS
            CLR     RW
            CLR     EP
            NOP
            NOP
            MOV     LCD,A           ;写入数据到 LCD 端口
            NOP
            NOP
            NOP
            NOP
            SETB    EP
            NOP
            NOP
            NOP
            NOP
            CLR     EP
            RET
WRITE_DATA: LCALL   CHECK_BUSY      ;写入显示数据到 LCD
            SETB    RS
            CLR     RW
            CLR     EP
            NOP
            NOP
            MOV     LCD,A           ;写入数据到 LCD 端口
            NOP
            NOP
            NOP
            NOP
            SETB    EP
```

```
                NOP
                NOP
                NOP
                NOP
                CLR     EP
                RET
CHECK_BUSY:     CLR     RS
                SETB    RW
                SETB    EP
                NOP
                NOP
                NOP
                NOP
                MOV     C,LCD.7             ;读取忙碌位
                NOP
                NOP
                CLR     EP
                NOP
                NOP
                JC      CHECK_BUSY          ;等待 LCD 空闲(P1.7=0)
                RET
DELAY_MS:       MOV     R7,A
DELAY_MS1:      MOV     R6,#0E8H
DELAY_MS2:      NOP
                NOP
                DJNZ    R6,DELAY_MS2
                DJNZ    R7,DELAY_MS1
                RET
DELAY2S:        MOV     R7,#20
DELA:           MOV     R6,#200
DEL:            MOV     R5,228
                DJNZ    R5, $
                DJNZ    R6,DEL
                DJNZ    R7,DELA
                RET
DISP_TAB1:      DB" czpmcu@ 126. com"       ;第 1 行显示内容
                DB      1BH                 ;字符结束标志
DISP_TAB2:      DB" QQ:769879416"           ;第 2 行显示内容
                DB      1BH                 ;字符结束标志
                END
```

2）C 语言源程序

```
#include <reg51.h>
#include <intrins.h>
#define uchar unsigned char
#define uint unsigned int
#define  LCD  P1
```

```
sbit  RS= P2^0;
sbit  RW = P2^1;
sbit  EP = P2^2;
uchar code dis1[ ] = {"czpmcu@126.com"};
uchar code dis2[ ] = {" QQ:769879416"};
void delay(uchar ms)
{                                   //延时子程序
  uchar i;
    while(ms--)
    {  for(i=0;i<120;i++);}
}
uchar Busy_Check(void)              //测试 LCD 忙碌状态
{
    uchar LCD_Status;
    RS = 0;
    RW = 1;
    EP = 1;
    _nop_();
    _nop_();
    _nop_();
    _nop_();
    LCD_Status =LCD&0x80;
    EP=0;
    return LCD_Status;
}
void lcd_wcmd(uchar cmd)            //写入指令数据到 LCD
{
    while(Busy_Check());            //等待 LCD 空闲
    RS = 0;
    RW = 0;
    EP = 0;
    _nop_();
    _nop_();
    LCD=cmd;
    _nop_();
    _nop_();
    _nop_();
    _nop_();
    EP = 1;
    _nop_();
    _nop_();
    _nop_();
    _nop_();
    EP = 0;
}
void lcd_pos(uchar pos)             //设定显示位置
{
```

```
    lcd_wcmd(pos|0x80);            //设置 LCD 当前光标的位置
}

void lcd_wdat(uchar dat)           //写入字符显示数据到 LCD
{
    while(Busy_Check());           //等待 LCD 空闲
    RS = 1;
    RW = 0;
    EP = 0;
    LCD = dat;
    _nop_();
    _nop_();
    _nop_();
    _nop_();
    EP = 1;
    _nop_();
    _nop_();
    _nop_();
    _nop_();
    EP = 0;
}
void LCD_on(void)
{
    lcd_wcmd(0x0E);                //设置显示格式为:16*2 行显示,5*7 点阵,8 位数据接口
    delay(200);
}
void LCD_off(void)
{
    lcd_wcmd(0x08);                //设置显示格式为:16*2 行显示,5*7 点阵,8 位数据接口
    delay(200);
}
void LCD_disp(void)                //移位显示
{
    uchar i;
    lcd_pos(0x1);                  //指定第 1 行起始地址
    i=0;
    lcd_wcmd(0x06);                //向右移动光标
    while(dis1[i]!='\0')
    {
        lcd_wdat(dis1[i]);         //在第 1 行显示字符串"czpmcu@126.com"
        i++;
        delay(10);
    }
    lcd_pos(0x42);                 //指定第 2 行起始地址
    i=0;
    lcd_wcmd(0x06);                //向右移动光标
    while(dis2[i]!='\0')
```

```
        {
            lcd_wdat(dis2[i]);        //在第 2 行显示字符串"QQ:769879416"
            i++;
            delay(10);
        }
        delay(2000);                  //显示 2s
        LCD_off();                    //闪烁 3 次
        LCD_on();
        LCD_off();
        LCD_on();
        LCD_off();
        LCD_on();
        lcd_wcmd(0x01);               //清除 LCD 的显示内容
    }
    void lcd_init(void)               //LCD 初始化设定
    {
        lcd_wcmd(0x38);               //设置显示格式为:16*2 行显示,5*7 点阵,8 位数据接口
        delay(1);
        lcd_wcmd(0x0c);               //设置光标为移位模式
        delay(1);
        lcd_wcmd(0x06);               //0x06 --- 读/写后指针加 1
        delay(1);
        lcd_wcmd(0x01);               //清除 LCD 的显示内容
        delay(1);
    }
    void main(void)
    {
        lcd_init();                   //初始化 LCD
        delay(10);
        while(1)
        {
            LCD_disp();
            delay(2000);
            lcd_wcmd(0x01);           //清除 LCD 的显示内容
        }
    }
```

调试与仿真

打开 Keil 软件，创建“字符式 LCD 显示”项目，输入汇编语言（或 C 语言）源程序，并将该源程序文件添加到项目中。编译源程序，生成“字符式 LCD 显示 . HEX”文件。

在已绘制好的 Proteus 电路图中双击 AT89C51 单片机，添加在 Keil 中生成的“字符式 LCD 显示 . HEX”文件，实现 Keil 与 Proteus 的联机。

在 Proteus 电路图绘制软件的编辑窗口中单击按钮 ▶ ，进入仿真状态。字符式 LCD 显示程序运行效果如图 7-22 所示。

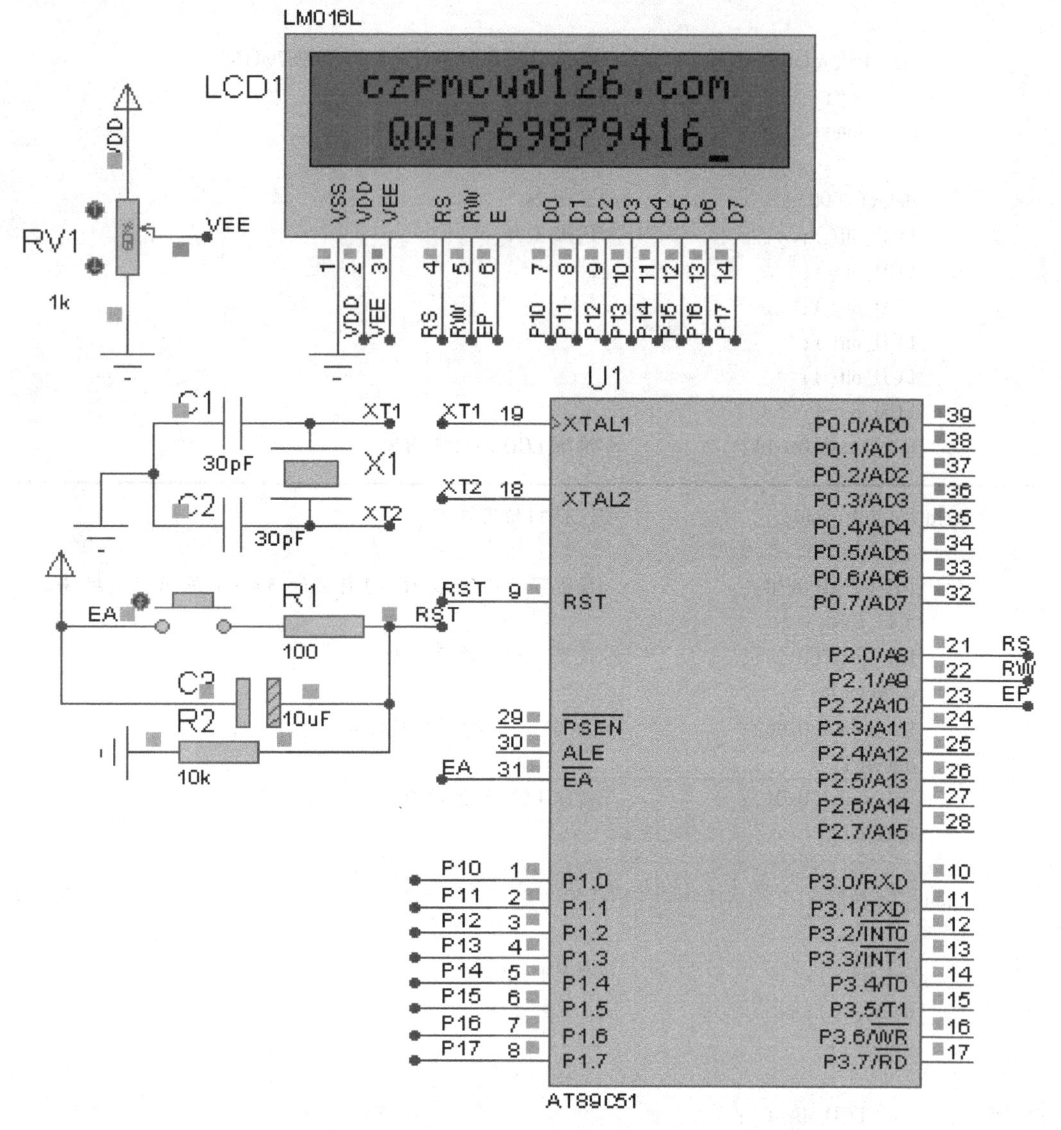

图 7-22　字符式 LCD 显示程序运行效果

7.2.2　汉字式 LCD 显示

汉字式 LCD 的基础知识

SMG12864A 是一种点阵图式 LCD，可完成字符、数字、汉字与图形显示。

1）SMG12864A 的引脚及其功能　SMG12864A 的引脚功能见表 7-10。

表 7-10　SMG12864A 的引脚功能

引脚号	引脚名称	引脚电压	引脚功能描述
1	VSS	0	电源地
2	VDD	+5.0V	电源正极

续表

引脚号	引脚名称	引脚电压	引脚功能描述
3	V0	—	驱动电压
4	RS	H/L	D/I= “H”，表示 DB7～DB0 为显示数据 D/I= “L”，表示 DB7～DB0 为显示指令数据
5	R/W	H/L	R/W= “H”，E= “H”，数据被读到 DB7～DB0 R/W= “L”，E= “H→L”，数据被写到 IR 或 DR
6	E	H/L	R/W= “L”，E 信号下降沿锁存 DB7～DB0 R/W= “H”，E= “H”，DDRAM 数据读到 DB7～DB0
7	DB0	H/L	数据线
8	DB1	H/L	数据线
9	DB2	H/L	数据线
10	DB3	H/L	数据线
11	DB4	H/L	数据线
12	DB5	H/L	数据线
13	DB6	H/L	数据线
14	DB7	H/L	数据线
15	CS1	H/L	H：选择芯片 IC1（右半屏）信号
16	CS2	H/L	H：选择芯片 IC2（左半屏）信号
17	RST	H/L	复位信号，低电平复位（H：正常工作，L：复位）
18	VEE	-10V	LCD 驱动负电压输出
19	BLA	+4.2V	LED 背光板正极
20	BLK	—	LED 背光板负极

2）SMG12864A 内部结构及工作原理　SMG12864A 的内部结构框图如图 7-23 所示。它主要由行驱动器/列驱动器及 128×64 全点阵 LCD 组成。

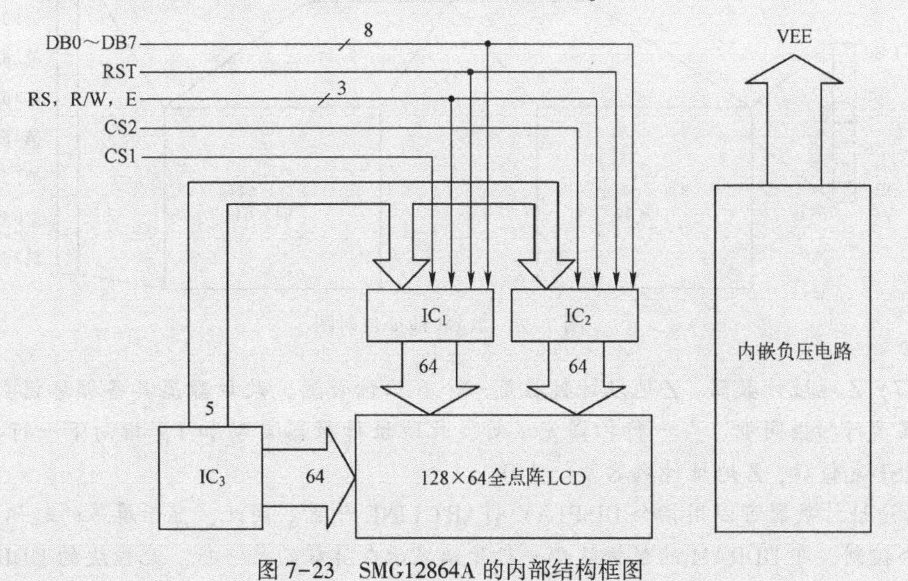

图 7-23　SMG12864A 的内部结构框图

图中 IC_3 为行驱动器，IC_1 和 IC_2 为列驱动器。IC_1、IC_2 和 IC_3 含有以下主要功能电路。

（1）指令寄存器（IR）：用于寄存指令码，与数据寄存器数据相对应。当 RS=0 时，在 E 信号下降沿的作用下，指令码写入 IR。

（2）数据寄存器（DR）：用于寄存数据，与指令寄存器寄存指令相对应。当 RS=1 时，在 E 信号下降沿作用下，图形显示数据写入 DR；或者在 E 信号高电平作用下，由 DR 读到 DB7~DB0 数据总线。DR 和 DDRAM 之间的数据传输是模块内部自动执行的。

（3）忙标志 BF：BF 标志提供内部工作情况。当 BF=1 时，表示正在进行内部操作，此时模块不接受外部指令和数据。当 BF=0 时，模块为准备状态，随时可接受外部指令和数据。利用 STATUS READ（读状态）指令，可以将 BF 读到 DB7，从而检验模块的工作状态。

（4）显示控制触发器 DFF：用于模块屏幕显示开和关的控制。DFF=1，为开显示（DISPLAY ON），DDRAM 的内容显示在屏幕上；DFF=0，为关显示（DISPLAY OFF）。

DDF 的状态由指令 DISPLAY ON/OFF 和 RST 信号控制。

（5）X/Y 地址计数器：X/Y 地址计数器是一个 9 位计数器（高 3 位为 X 地址计数器，低 6 位为 Y 地址计数器）。X/Y 地址计数器实际上是作为 DDRAM 的地址指针，X 地址计数器为 DDRAM 的页指针，Y 地址计数器为 DDRAM 的 Y 地址指针。

X 地址计数器没有记数功能，只能用指令来设置。

Y 地址计数器具有循环记数功能，各显示数据写入后，Y 地址自动加 1，Y 地址指针从 0 到 63。

（6）显示数据 RAM（DDRAM）：用于存储图形显示数据。若数据为 1，表示显示；若数据为 0，表示不显示。RAM 地址映射图如图 7-24 所示。

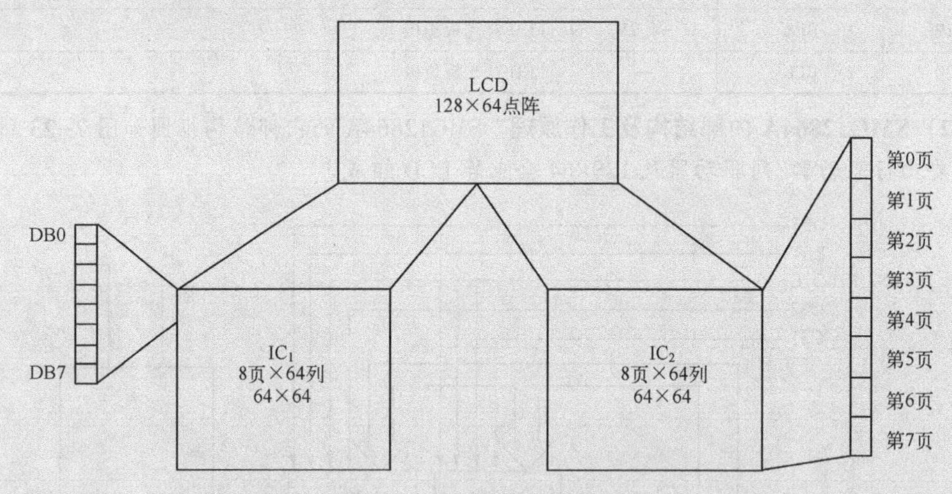

图 7-24 RAM 地址映射图

（7）Z 地址计数器：Z 地址计数器是一个 6 位计数器，此计数器具备循环记数功能，用于显示行扫描同步。当一行扫描完成后，此地址计数器自动加 1，指向下一行扫描数据。RST 复位后，Z 地址计数器复位为 0。

Z 地址计数器可以用指令 DISPLAY START LINE 预置。因此，显示屏幕的起始行就由此指令控制，即 DDRAM 的数据从哪一行开始显示在屏幕的第一行。此模块的 DDRAM 共 64 行，因此屏幕可以循环滚动显示 64 行。

3）SMG12864A 基本操作时序

（1）读状态。

输入信号：RS=L，R/W=H，CS1 或 CS2=H，E=H；输出：DB7~DB0=状态字。

（2）写指令。

输入信号：RS=L，R/W=L，DB7~DB0=指令码，CS1 或 CS2=H，E=高脉冲；无输出。

（3）读数据。

输入信号：RS=H，R/W=H，CS1 或 CS2=H，E=H；输出：DB7~DB0=数据。

（4）写数据。

输入信号：RS=H，R/W=H，DB7~DB0=数据，CS1 或 CS2=H，E=高脉冲；无输出。

SMG12864A 的读/写操作时序分别如图 7-25 和图 7-26 所示。

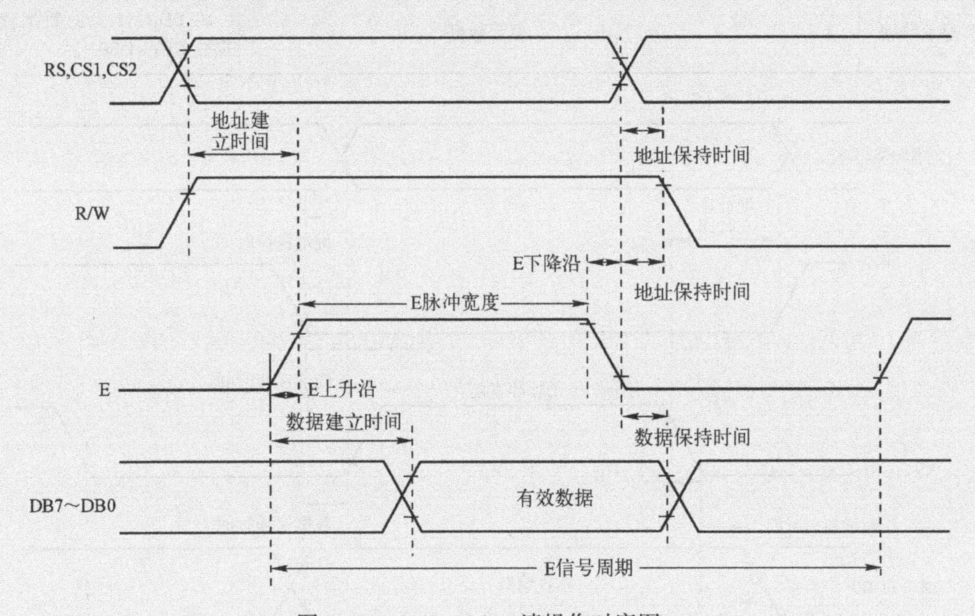

图 7-25　SMG12864A 读操作时序图

4）指令系统　SMG12864A 操作指令见表 7-11，它包括显示开关控制、设置显示起始行、设置页地址、设置 Y 地址、读状态、写显示数据、读显示数据等操作。

表 7-11　SMG12864A 操作指令

指令	指令码										功　能
	R/W	D/I	D7	D6	D5	D4	D3	D2	D1	D0	
显示开关控制	0	0	0	0	1	1	1	1	1	1/0	控制显示器的开或关，不影响 DDRAM 中数据和内部状态
显示起始行	0	0	1	1	显示起始行（0……63）						指定显示屏从 DDRAM 中哪一行开始显示数据
设置 X 地址	0	0	1	0	1	1	1	X：0……7			设置 DDRAM 中的页地址（X 地址）
设置 Y 地址	0	0	0	1							

续表

指令	指令码										功　能
	R/W	D/I	D7	D6	D5	D4	D3	D2	D1	D0	
读状态	1	0	BUSY	0	ON/OFF	RST	0	0	0	0	读取状态 RST：1，复位；0，正常 ON/OFF：1，显示开；0，显示关 BUSY：0，READY；1，IN OPERATION
写显示数据	0	1	显示数据								将数据线上的数据 DB7～DB0 写入 DDRAM
读显示数据	1	1	显示数据								将 DDRAM 上的数据读入数据线 DB7～DB0

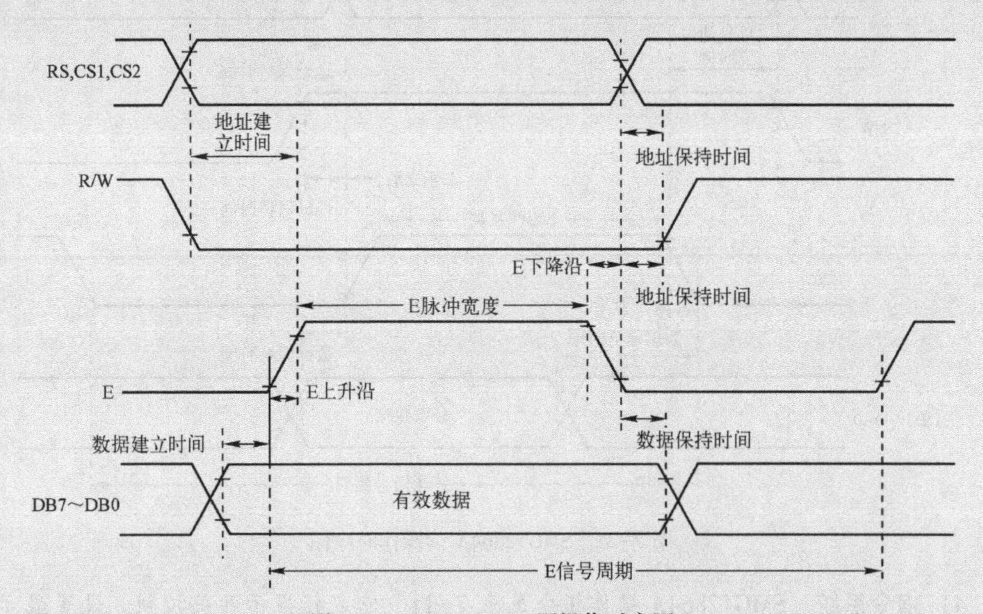

图 7-26　SMG12864A 写操作时序图

下面详细讲述各操作指令的使用方法。

（1）显示开关控制（DISPLAY ON/OFF）：

代码	R/W	RS	DB7	DB6	DB5	DB4	DB3	DB2	DB1	DB0
形式	0	0	0	0	1	1	1	1	1	D

D=1：开显示（DISPLAY ON），表示 LCD 可以进行显示操作。

D=0：关显示（DISPLAY OFF），表示不能对 LCD 进行显示操作。

（2）设置显示起始行：

代码	R/W	RS	DB7	DB6	DB5	DB4	DB3	DB2	DB1	DB0
形式	0	0	1	1	A5	A4	A3	A2	A1	A0

显示起始行是由 Z 地址计数器控制的，A5～A0 的 6 位地址自动送入 Z 地址计数器，起始行的地址可以是 0～63 的任意一行。例如，选择 A5～A0 是 62，则起始行与 DDRAM 行的对应关系如下：

DDRAM 行：62 63 0 1 2 3……………………………………28 29

屏幕显示行：1　2　3 4 5 6……………………………………31 32

（3）设置页地址：

代码	R/W	RS	DB7	DB6	DB5	DB4	DB3	DB2	DB1	DB0
形式	0	0	1	0	1	1	1	A2	A1	A0

所谓页地址，就是 DDRAM 的行地址，8 行为一页，模块共 64 行（即 8 页），A2～A0 表示 0～7 页。读/写数据对地址没有影响，页地址由本指令改变，或者 RST 信号复位后页地址为 0。页地址与 DDRAM 的对应关系见表 7-12。

表 7-12　页地址与 DDRAM 的对应关系

	CS1=1					CS2=1					
Y=	0	1	……	62	63	0	1	……	62	63	行号
X=0	DB0 ↓ DB7	DB0 ↓ DB7	DB0 ↓ DB7	DB0 ↓ DB7	DB0 ↓ DB7	DB0 ↓ DB7	DB0 ↓ DB7	DB0 ↓ DB7	DB0 ↓ DB7	DB0 ↓ DB7	0 ↓ 7
↓	DB0 ↓ DB7	DB0 ↓ DB7	DB0 ↓ DB7	DB0 ↓ DB7	DB0 ↓ DB7	DB0 ↓ DB7	DB0 ↓ DB7	DB0 ↓ DB7	DB0 ↓ DB7	DB0 ↓ DB7	8 ↓ 55
X=7	DB0 ↓ DB7	DB0 ↓ DB7	DB0 ↓ DB7	DB0 ↓ DB7	DB0 ↓ DB7	DB0 ↓ DB7	DB0 ↓ DB7	DB0 ↓ DB7	DB0 ↓ DB7	DB0 ↓ DB7	56 ↓ 63

（4）设置 Y 地址（SET Y ADDRESS）：

代码	R/W	RS	DB7	DB6	DB5	DB4	DB3	DB2	DB1	DB0
形式	0	0	0	1	A5	A4	A3	A2	A1	A0

此指令的作用是将 A5～A0 送入 Y 地址计数器，作为 DDRAM 的 Y 地址指针。在对 DDRAM 进行读/写操作后，Y 地址指针自动加 1，指向下一个 DDRAM 单元。

（5）读状态（STATUS READ）：

代码	R/W	RS	DB7	DB6	DB5	DB4	DB3	DB2	DB1	DB0
形式	0	1	BUSY	0	ON/OFF	RST	0	0	0	0

当 R/W=1、RS=0 时，在 E=1 的作用下，状态分别输出到数据总线（DB7～DB0）的相应位。RST=1 表示内部正在初始化，此时组件不接受任何指令和数据。

（6）写显示数据（WRITE DISPLAY DATE）：

代码	R/W	RS	DB7	DB6	DB5	DB4	DB3	DB2	DB1	DB0
形式	0	1	D7	D6	D5	D4	D3	D2	D1	D0

D7~D0 为显示数据，此指令把 D7~D0 写入相应的 DDRAM 单元，Y 地址指针自动加 1。

(7) 读显示数据（READ DISPLAY DATE）：

代码	R/W	RS	DB7	DB6	DB5	DB4	DB3	DB2	DB1	DB0
形式	1	1	D7	D6	D5	D4	D3	D2	D1	D0

此指令把 DDRAM 单元内容 D7~D0 读到数据总线 DB7~DB0，Y 地址指针自动加 1。

设计要求

使用 SMG12864A 显示汉字，第 1 行显示“岐王宅里寻常见,”；第 2 行显示“崔九堂前几度闻。”；第 3 行显示“正是江南好风景,”；第 4 行显示“落花时节又逢君。”。

硬件设计

在 Proteus 8 中找不到 SMG12864A，但可以使用 AMPIRE128×64 进行替代。

在桌面上双击图标，打开 Proteus 8 Professional 软件。新建一个 DEFAULT 模板，添加表 7-13 所列的元器件，并完成图 7-27 所示的硬件电路图设计。

表 7-13　汉字式 LCD 显示项目所用元器件

单片机 AT89C51	瓷片电容 CAP 30pF	电阻 RES	电解电容 CAP-ELEC 10μF
晶振 CRYSTAL 12MHz	可调电阻 POT-HG	按钮 BUTTON	汉字式 LCD AMPIRE128×64

程序设计

由于 AMPIRE128×64 不含中文字库，因此首先要建立一个中文字库。中文字库的建立可用 PCtoLCD2002 软件实现，或者通过人工方式实现（16×16 点阵）。使用 PCtoLCD2002 字模软件时，选择 16×16 点阵的幼圆字体，格式为共阴极，取模方向为低位在前，汇编语言程序的取模方式为逐列式，C 语言程序的取模方式为列行式。

1）汇编语言源程序

```
RS      BIT     P2.0
RS      BIT     P2.0
RW      BIT     P2.1
EP      BIT     P2.2
CS1     BIT     P2.3
CS2     BIT     P2.4
RST     BIT     P2.5
X       EQU     40H
Y       EQU     41H
LCD     EQU     P1
        ORG     0000H
        MOV     SP, #5FH
```

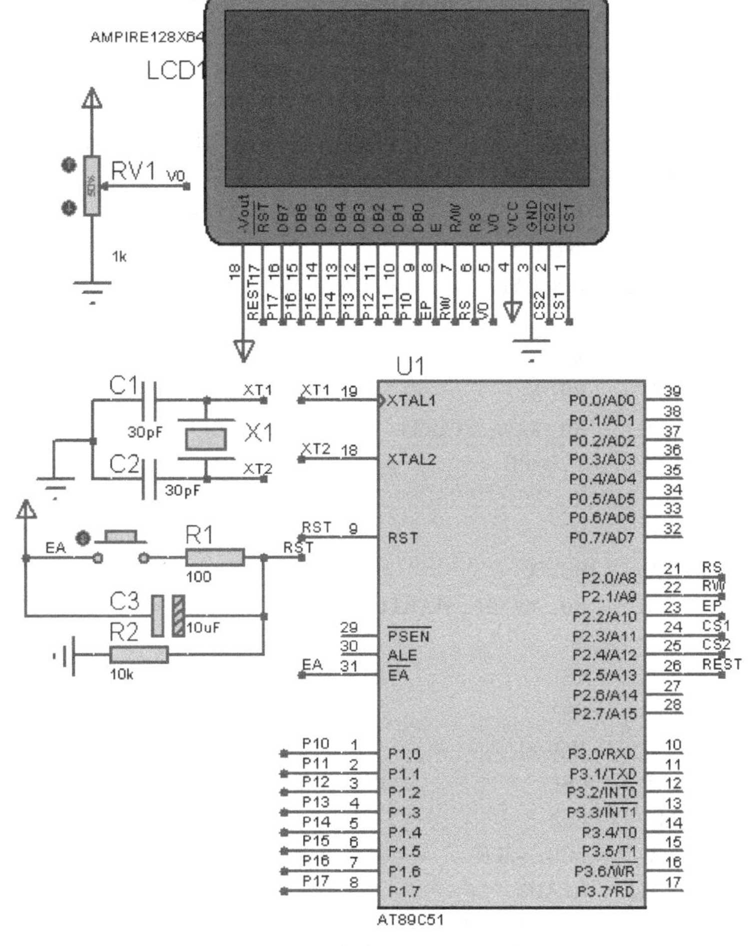

图 7-27　汉字式 LCD 显示电路图

```
        SETB    RST
        MOV     DPTR, #TAB
        MOV     Y, #40H
        MOV     X, #0B8H
START0: ACALL   INIT            ;设置第 1 个 64*64 模块(IC1)的相关程序
        ACALL   DISPLAY         ;写字到第 Y 列
        INC     X               ;第 X+1 页的初始化
        ACALL   INIT
        ACALL   DISPLAY         ;第 X 页的 Y 列写字
        INC     Y               ;第 Y+1 列
        DEC     X               ;回到 X 列
        MOV     R0,Y
        CJNE    R0, #128, START0
        MOV     Y, #40H         ;比较是否等于 64 列(说明第 1、2 页写完),否则继续回
                                 到 START0 开始写
        INC     X               ;64 列写完后,再写第 3、4 页的 0~63 列
        INC     X
        MOV     R0, X
```

```
          CJNE    R0, #0C0H, START0   ;判断是否 0~7 页都写完,是,就开始写第 2 版;否
                                        则,继续写
          MOV     Y, #40H
          MOV     X, #0B8H
START1:   ACALL   INIT1               ;设置第 2 个 64*64 模块(IC2)的相关程序
          ACALL   DISPLAY
          INC     X                   ;此子程序是对 IC2 进行设置
          ACALL   INIT1
          ACALL   DISPLAY
          INC     Y
          DEC     X
          MOV     R0, Y
          CJNE    R0, #128, START1
          MOV     Y, #40H
          INC     X
          INC     X
          MOV     R0, X
          CJNE    R0, #0C0H, START1
          AJMP    $
INIT:     CLR     CS1                 ;选择第 1 个 64*64 模块(IC1)
          SETB    CS2
          AJMP    MODEL
INIT1:    SETB    CS1                 ;选择第 2 个 64*64 模块(IC2)
          CLR     CS2
MODEL:    MOV     LCD, #3FH           ;显示开/关设置
          ACALL   READY
          MOV     LCD, #0C0H          ;设置显示初始行
          ACALL   READY
          MOV     LCD, X              ;设置数据地址页码
          ACALL   READY
          MOV     LCD, Y              ;设置数据地址列指针
          ACALL   READY
          RET
READY:    CLR     RS
          CLR     RW
          CLR     EP
          ACALL   DELAY
          SETB    EP
          RET
DELAY:    MOV     R7, #10
          DJNZ    R7, $
          RET
DISPLAY:  CLR     A                   ;显示程序
          MOVC    A, @A+DPTR
          MOV     LCD, A
          ACALL   SHEZHI
          INC     DPTR
```

```
            RET
SHEZHI：    SETB     RS
            CLR      RW
            CLR      EP
            ACALL    DELAY
            SETB     EP
            RET
TAB: DB 00H,00H,0F8H,7FH,00H,40H,0FCH,7FH,00H,40H,0F8H,7FH,00H,80H,88H,80H
     DB 88H,43H,88H,24H,0FEH,38H,88H,30H,88H,2CH,88H,43H,08H,80H,00H,00H
   ;"岐",0
     DB 00H,00H,00H,80H,04H,81H,04H,81H,04H,81H,04H,81H,04H,81H,0FCH,0FFH
     DB 04H,81H,04H,81H,04H,81H,04H,81H,04H,81H,04H,81H,00H,80H,00H,00H
   ;"王",1
     DB 00H,00H,78H,04H,88H,04H,88H,04H,88H,04H,88H,04H,0C8H,7FH,4EH,84H
     DB 48H,84H,48H,84H,48H,84H,28H,84H,28H,84H,48H,84H,38H,0E4H,00H,00H
   ;"宅",2
     DB 00H,00H,00H,80H,0FCH,93H,24H,92H,24H,92H,24H,92H,24H,92H,0FCH,0FFH
     DB 24H,92H,24H,92H,24H,92H,24H,92H,24H,92H,0FCH,93H,00H,80H,00H,00H
   ;"里",3
     DB 00H,00H,00H,01H,9CH,0FFH,0D0H,92H,0B0H,92H,90H,92H,90H,92H,0B0H,92H
     DB 0DCH,0FFH,90H,92H,90H,92H,90H,92H,90H,92H,90H,92H,9CH,80H,00H,00H
   ;"崔",8
     DB 00H,00H,10H,80H,10H,40H,10H,20H,10H,18H,90H,07H,7CH,00H,10H,00H
     DB 10H,00H,10H,00H,0D0H,7FH,20H,80H,00H,80H,00H,80H,00H,78H,00H,00H
   ;"九",9
     DB 00H,00H,0F0H,80H,10H,90H,94H,93H,58H,94H,50H,94H,50H,94H,5EH,94H
     DB 50H,0FCH,50H,94H,50H,94H,58H,94H,94H,93H,10H,90H,0E0H,80H,00H,00H
   ;"堂",10
     DB 00H,00H,08H,00H,0C8H,0FFH,48H,12H,4AH,12H,4CH,92H,48H,92H,0C8H,0FFH
     DB 08H,00H,08H,00H,0C8H,0BFH,0EH,80H,08H,80H,0C8H,0FFH,08H,00H,00H,00H
   ;"前",11
     DB 00H,80H,00H,80H,04H,80H,0C4H,0FFH,04H,80H,04H,80H,04H,80H,04H,80H
     DB 0FCH,0FFH,04H,81H,04H,81H,04H,81H,04H,81H,04H,81H,04H,80H,00H,00H
   ;"正",16
     DB 00H,80H,00H,81H,00H,41H,7CH,3DH,94H,31H,94H,21H,94H,41H,94H,0FFH
     DB 94H,89H,94H,89H,94H,89H,94H,89H,7CH,89H,00H,89H,00H,81H,00H,00H
   ;"是",17
     DB 00H,00H,40H,80H,84H,60H,08H,11H,10H,0DH,04H,80H,04H,80H,04H,80H
     DB 04H,80H,0FCH,0FFH,04H,80H,04H,80H,04H,80H,04H,80H,04H,80H,00H,00H
   ;"江",18
     DB 00H,00H,08H,00H,0E8H,0FFH,28H,12H,68H,12H,0A8H,13H,28H,12H,3EH,0FEH
     DB 28H,12H,28H,13H,0E8H,92H,28H,92H,28H,92H,0E8H,0FFH,08H,00H,00H,00H
   ;"南",19
     DB 00H,00H,08H,81H,28H,42H,48H,32H,5EH,08H,08H,69H,88H,94H,68H,94H
     DB 0D8H,94H,48H,93H,4CH,92H,48H,95H,0C8H,94H,48H,0F4H,00H,08H,00H,00H
   ;"落",24
     DB 00H,00H,08H,08H,08H,04H,08H,0FFH,0C8H,00H,1CH,00H,08H,08H,08H,08H
```

```
  DB 08H,04H,0C8H,0FFH,1EH,82H,08H,81H,88H,80H,08H,80H,08H,0F0H,00H,00H
;"花",25
  DB 00H,00H,0F8H,7FH,08H,82H,08H,82H,08H,82H,0F8H,7FH,10H,00H,90H,00H
  DB 10H,41H,10H,86H,10H,88H,10H,80H,0FCH,0FFH,10H,00H,10H,00H,00H,00H
;"时",26
  DB 00H,00H,08H,00H,88H,00H,88H,00H,0BCH,00H,88H,00H,88H,00H,88H,0FFH
  DB 88H,00H,88H,20H,9CH,40H,88H,40H,88H,40H,88H,3FH,08H,00H,00H,00H
;"节",27
  DB 00H,00H,00H,04H,04H,04H,24H,05H,24H,0DH,24H,35H,24H,05H,24H,85H
  DB 24H,85H,24H,85H,24H,85H,24H,0FFH,24H,05H,0FCH,04H,00H,04H,00H,00H
;"寻",4
  DB 00H,00H,70H,00H,10H,0F8H,0D4H,05H,58H,06H,50H,06H,50H,06H,5CH,7EH
  DB 50H,06H,50H,06H,50H,06H,58H,86H,0D4H,85H,10H,78H,70H,00H,00H,00H
;"常",5
  DB 00H,00H,00H,80H,00H,80H,0FCH,4FH,04H,40H,04H,20H,04H,18H,0E4H,07H
  DB 04H,7EH,04H,80H,04H,80H,04H,80H,0FCH,8FH,00H,80H,00H,70H,00H,00H
;"见",6
  DB 00H,00H,00H,20H,00H,0E0H,00H,60H,00H,00H,00H,00H,00H,00H,00H,00H
  DB 00H,00H,00H,00H,00H,00H,00H,00H,00H,00H,00H,00H,00H,00H,00H,00H
;",",7
  DB 00H,00H,00H,80H,00H,60H,0FCH,1FH,04H,00H,02H,00H,02H,00H,02H,00H
  DB 02H,00H,02H,00H,04H,00H,0FCH,0FFH,00H,80H,00H,80H,00H,0F8H,00H,00H
;"几",12
  DB 00H,80H,0F0H,7FH,08H,80H,28H,84H,28H,84H,0F8H,8CH,28H,55H,28H,65H
  DB 2CH,25H,28H,65H,28H,55H,0F8H,95H,28H,8CH,28H,80H,08H,80H,00H,00H
;"度",13
  DB 00H,00H,0F2H,0FFH,04H,00H,28H,20H,64H,3BH,0A4H,24H,0A4H,24H,0A4H,24H
  DB 0A4H,24H,0A4H,14H,0E4H,7FH,24H,10H,24H,90H,04H,80H,0FCH,0FFH,00H,00H
;"闻",14
  DB 00H,00H,00H,70H,00H,88H,00H,88H,00H,78H,00H,00H,00H,00H,00H,00H
  DB 00H,00H,00H,00H,00H,00H,00H,00H,00H,00H,00H,00H,00H,00H,00H,00H
;"。",15
  DB 00H,00H,10H,87H,0F0H,48H,1CH,38H,10H,1CH,0D0H,23H,30H,42H,04H,82H
  DB 04H,82H,04H,82H,0C4H,82H,24H,0C3H,14H,3EH,08H,02H,00H,02H,00H,00H
;"好",20
  DB 00H,80H,00H,78H,0FCH,07H,04H,40H,14H,20H,64H,10H,84H,08H,04H,05H
  DB 04H,03H,0C4H,0CH,3CH,10H,04H,20H,0FCH,1FH,00H,60H,00H,0C0H,00H,30H
;"风",21
  DB 00H,00H,80H,00H,80H,80H,0BCH,5CH,0AAH,0B2H,0AAH,92H,0AAH,12H,0EAH,92H
  DB 0AAH,72H,0AAH,12H,0AAH,32H,0AAH,32H,0ACH,5EH,0BCH,80H,80H,00H,00H,00H
;"景",22
  DB 00H,00H,00H,20H,00H,0E0H,00H,60H,00H,00H,00H,00H,00H,00H,00H,00H
  DB 00H,00H,00H,00H,00H,00H,00H,00H,00H,00H,00H,00H,00H,00H,00H,00H
;",",23
  DB 00H,00H,00H,80H,04H,80H,1CH,40H,64H,40H,84H,21H,04H,16H,04H,1CH
  DB 04H,1CH,04H,26H,04H,21H,84H,40H,74H,40H,08H,80H,00H,80H,00H,00H
;"又",28
```

```
  DB 00H,00H,80H,80H,8CH,40H,10H,3FH,40H,40H,0D0H,54H,0C8H,94H,0CEH,94H
  DB 0B4H,94H,0F4H,0FFH,0B4H,94H,0B4H,94H,0CCH,94H,0C0H,94H,40H,90H,00H,00H
;"逢",29
  DB 00H,00H,20H,10H,24H,09H,24H,79H,24H,85H,24H,87H,0A4H,85H,7CH,85H
  DB 24H,85H,24H,85H,24H,85H,24H,85H,24H,89H,0FCH,78H,20H,00H,00H,00H
;"君",30
  DB 00H,00H,00H,70H,00H,88H,00H,88H,00H,78H,00H,00H,00H,00H,00H,00H
  DB 00H,00H,00H,00H,00H,00H,00H,00H,00H,00H,00H,00H,00H,00H,00H,00H
;"。",31
      END
```

2）C语言源程序

```
#include <reg51.h>
#include <intrins.h>
#define uchar unsigned char
#defineuint   unsigned int
#defineLCD   P1
sbit  RS= P2^0;                          //数据/指令选择
sbit  RW = P2^1;                         //读/写选择
sbit  EP = P2^2;                         //读/写使能
sbit  CS1= P2^3;                         //片选1
sbit  CS2= P2^4;                         //片选2
sbit RST= P2^5;                          //复位端
uchar code Hzk[]={                       //16*16点阵
    0x00,0xF8,0x00,0xFC,0x00,0xF8,0x00,0x88,0x88,0x88,0xFE,0x88,0x88,0x88,0x08,0x00,
    0x00,0x7F,0x40,0x7F,0x40,0x7F,0x80,0x80,0x43,0x24,0x38,0x30,0x2C,0x43,0x80,0x00,
  /*"岐",0*/
    0x00,0x00,0x04,0x04,0x04,0x04,0x04,0xFC,0x04,0x04,0x04,0x04,0x04,0x04,0x00,0x00,
    0x00,0x80,0x81,0x81,0x81,0x81,0x81,0xFF,0x81,0x81,0x81,0x81,0x81,0x81,0x80,0x00,
  /*"王",1*/
    0x00,0x78,0x88,0x88,0x88,0x88,0xC8,0x4E,0x48,0x48,0x48,0x28,0x28,0x48,0x38,0x00,
    0x00,0x04,0x04,0x04,0x04,0x04,0x7F,0x84,0x84,0x84,0x84,0x84,0x84,0x84,0xE4,0x00,
  /*"宅",2*/
    0x00,0x00,0xFC,0x24,0x24,0x24,0x24,0xFC,0x24,0x24,0x24,0x24,0x24,0xFC,0x00,0x00,
    0x00,0x80,0x93,0x92,0x92,0x92,0x92,0xFF,0x92,0x92,0x92,0x92,0x92,0x93,0x80,0x00,
  /*"里",3*/
    0x00,0x00,0x04,0x24,0x24,0x24,0x24,0x24,0x24,0x24,0x24,0x24,0x24,0xFC,0x00,0x00,
    0x00,0x04,0x04,0x05,0x0D,0x35,0x05,0x85,0x85,0x85,0x85,0xFF,0x05,0x04,0x04,0x00,
  /*"寻",4*/
    0x00,0x70,0x10,0xD4,0x58,0x50,0x50,0x5C,0x50,0x50,0x50,0x58,0xD4,0x10,0x70,0x00,
    0x00,0x00,0xF8,0x05,0x06,0x06,0x06,0x7E,0x06,0x06,0x06,0x86,0x85,0x78,0x00,0x00,
  /*"常",5*/
    0x00,0x00,0x00,0xFC,0x04,0x04,0x04,0xE4,0x04,0x04,0x04,0x04,0xFC,0x00,0x00,0x00,
    0x00,0x80,0x80,0x4F,0x40,0x20,0x18,0x07,0x7E,0x80,0x80,0x80,0x8F,0x80,0x70,0x00,
  /*"见",6*/
    0x00,0x00,0x00,0x00,0x00,0x00,0x00,0x00,0x00,0x00,0x00,0x00,0x00,0x00,0x00,0x00,
    0x00,0x20,0xE0,0x60,0x00,0x00,0x00,0x00,0x00,0x00,0x00,0x00,0x00,0x00,0x00,0x00,
```

```
/*",",7*/
0x00,0x00,0x9C,0xD0,0xB0,0x90,0x90,0xB0,0xDC,0x90,0x90,0x90,0x90,0x90,0x9C,0x00,
0x00,0x01,0xFF,0x92,0x92,0x92,0x92,0x92,0xFF,0x92,0x92,0x92,0x92,0x92,0x80,0x00,
/*"崔",8*/
0x00,0x10,0x10,0x10,0x10,0x90,0x7C,0x10,0x10,0x10,0xD0,0x20,0x00,0x00,0x00,0x00,
0x00,0x80,0x40,0x20,0x18,0x07,0x00,0x00,0x00,0x00,0x7F,0x80,0x80,0x80,0x78,0x00,
/*"九",9*/
0x00,0xF0,0x10,0x94,0x58,0x50,0x50,0x5E,0x50,0x50,0x50,0x58,0x94,0x10,0xE0,0x00,
0x00,0x80,0x90,0x93,0x94,0x94,0x94,0x94,0xFC,0x94,0x94,0x94,0x93,0x90,0x80,0x00,
/*"堂",10*/
0x00,0x08,0xC8,0x48,0x4A,0x4C,0x48,0xC8,0x08,0x08,0xC8,0x0E,0x08,0xC8,0x08,0x00,
0x00,0x00,0xFF,0x12,0x12,0x92,0x92,0xFF,0x00,0x00,0xBF,0x80,0x80,0xFF,0x00,0x00,
/*"前",11*/
0x00,0x00,0x00,0xFC,0x04,0x02,0x02,0x02,0x02,0x02,0x04,0xFC,0x00,0x00,0x00,0x00,
0x00,0x80,0x60,0x1F,0x00,0x00,0x00,0x00,0x00,0x00,0x00,0xFF,0x80,0x80,0xF8,0x00,
/*"几",12*/
0x00,0xF0,0x08,0x28,0x28,0xF8,0x28,0x28,0x2C,0x28,0x28,0xF8,0x28,0x28,0x08,0x00,
0x80,0x7F,0x80,0x84,0x84,0x8C,0x55,0x65,0x25,0x65,0x55,0x95,0x8C,0x80,0x80,0x00,
/*"度",13*/
0x00,0xF2,0x04,0x28,0x64,0xA4,0xA4,0xA4,0xA4,0xA4,0xE4,0x24,0x24,0x04,0xFC,0x00,
0x00,0xFF,0x00,0x20,0x3B,0x24,0x24,0x24,0x24,0x14,0x7F,0x10,0x90,0x80,0xFF,0x00,
/*"闻",14*/
0x00,0x00,0x00,0x00,0x00,0x00,0x00,0x00,0x00,0x00,0x00,0x00,0x00,0x00,0x00,0x00,
0x00,0x70,0x88,0x88,0x78,0x00,0x00,0x00,0x00,0x00,0x00,0x00,0x00,0x00,0x00,0x00,
/*"。",15*/
0x00,0x00,0x04,0xC4,0x04,0x04,0x04,0x04,0xFC,0x04,0x04,0x04,0x04,0x04,0x04,0x00,
0x80,0x80,0x80,0xFF,0x80,0x80,0x80,0x80,0xFF,0x81,0x81,0x81,0x81,0x81,0x80,0x00,
/*"正",16*/
0x00,0x00,0x00,0x7C,0x94,0x94,0x94,0x94,0x94,0x94,0x94,0x94,0x7C,0x00,0x00,0x00,
0x80,0x81,0x41,0x3D,0x31,0x21,0x41,0xFF,0x89,0x89,0x89,0x89,0x89,0x89,0x81,0x00,
/*"是",17*/
0x00,0x40,0x84,0x08,0x10,0x04,0x04,0x04,0x04,0xFC,0x04,0x04,0x04,0x04,0x04,0x00,
0x00,0x80,0x60,0x11,0x0D,0x80,0x80,0x80,0x80,0xFF,0x80,0x80,0x80,0x80,0x80,0x00,
/*"江",18*/
0x00,0x08,0xE8,0x28,0x68,0xA8,0x28,0x3E,0x28,0x28,0xE8,0x28,0x28,0xE8,0x08,0x00,
0x00,0x00,0xFF,0x12,0x12,0x13,0x12,0xFE,0x12,0x13,0x92,0x92,0x92,0xFF,0x00,0x00,
/*"南",19*/
0x00,0x10,0xF0,0x1C,0x10,0xD0,0x30,0x04,0x04,0x04,0xC4,0x24,0x14,0x08,0x00,0x00,
0x00,0x87,0x48,0x38,0x1C,0x23,0x42,0x82,0x82,0x82,0x82,0xC3,0x3E,0x02,0x02,0x00,
/*"好",20*/
0x00,0x00,0xFC,0x04,0x14,0x64,0x84,0x04,0x04,0xC4,0x3C,0x04,0xFC,0x00,0x00,0x00,
0x80,0x78,0x07,0x40,0x20,0x10,0x08,0x05,0x03,0x0C,0x10,0x20,0x1F,0x60,0xC0,0x30,
/*"风",21*/
0x00,0x80,0x80,0xBC,0xAA,0xAA,0xAA,0xEA,0xAA,0xAA,0xAA,0xAA,0xAC,0xBC,0x80,0x00,
0x00,0x00,0x80,0x5C,0xB2,0x92,0x12,0x92,0x72,0x12,0x32,0x32,0x5E,0x80,0x00,0x00,
/*"景",22*/
0x00,0x00,0x00,0x00,0x00,0x00,0x00,0x00,0x00,0x00,0x00,0x00,0x00,0x00,0x00,0x00,
```

```
    0x00,0x20,0xE0,0x60,0x00,0x00,0x00,0x00,0x00,0x00,0x00,0x00,0x00,0x00,0x00,0x00,
 /*",",23*/
    0x00,0x08,0x28,0x48,0x5E,0x08,0x88,0x68,0xD8,0x48,0x4C,0x48,0xC8,0x48,0x00,0x00,
    0x00,0x81,0x42,0x32,0x08,0x69,0x94,0x94,0x94,0x93,0x92,0x95,0x94,0xF4,0x08,0x00,
  /*"落",24*/
    0x00,0x08,0x08,0x08,0xC8,0x1C,0x08,0x08,0x08,0xC8,0x1E,0x08,0x88,0x08,0x08,0x00,
    0x00,0x08,0x04,0xFF,0x00,0x00,0x08,0x08,0x04,0xFF,0x82,0x81,0x80,0x80,0xF0,0x00,
  /*"花",25*/
    0x00,0xF8,0x08,0x08,0x08,0xF8,0x10,0x90,0x10,0x10,0x10,0x10,0xFC,0x10,0x10,0x00,
    0x00,0x7F,0x82,0x82,0x82,0x7F,0x00,0x00,0x41,0x86,0x88,0x80,0xFF,0x00,0x00,0x00,
  /*"时",26*/
    0x00,0x08,0x88,0x88,0xBC,0x88,0x88,0x88,0x88,0x88,0x9C,0x88,0x88,0x88,0x08,0x00,
    0x00,0x00,0x00,0x00,0x00,0x00,0x00,0xFF,0x00,0x20,0x40,0x40,0x40,0x3F,0x00,0x00,
  /*"节",27*/
    0x00,0x00,0x04,0x1C,0x64,0x84,0x04,0x04,0x04,0x04,0x04,0x84,0x74,0x08,0x00,0x00,
    0x00,0x80,0x80,0x40,0x40,0x21,0x16,0x1C,0x1C,0x26,0x21,0x40,0x40,0x80,0x80,0x00,
  /*"又",28*/
    0x00,0x80,0x8C,0x10,0x40,0xD0,0xC8,0xCE,0xB4,0xF4,0xB4,0xB4,0xCC,0xC0,0x40,0x00,
    0x00,0x80,0x40,0x3F,0x40,0x54,0x94,0x94,0x94,0xFF,0x94,0x94,0x94,0x94,0x90,0x00,
    /*"逢",29*/
    0x00,0x20,0x24,0x24,0x24,0x24,0xA4,0x7C,0x24,0x24,0x24,0x24,0x24,0xFC,0x20,0x00,
    0x00,0x10,0x09,0x79,0x85,0x87,0x85,0x85,0x85,0x85,0x85,0x85,0x89,0x78,0x00,0x00,
    /*"君",30*/
    0x00,0x00,0x00,0x00,0x00,0x00,0x00,0x00,0x00,0x00,0x00,0x00,0x00,0x00,0x00,0x00,
    0x00,0x70,0x88,0x88,0x78,0x00,0x00,0x00,0x00,0x00,0x00,0x00,0x00,0x00,0x00,0x00};
     /*"。",31*/
void delay(uchar ms)                        //延时
    {
      uchar i;
      while(ms--)
         {  for(i=0;i<120;i++);}
    }
void Busy_Check()                           //检查 LCD 是否为忙状态
    {
      uchar LCD_Status;                     //状态信息(判断是否忙)
      RS=0;                                 //数据\指令选择,D/I(RS)="L",表示 DB7~DB0
                                              为显示指令数据
      RW=1;                                 //RW="H" ,EP="H",数据被读到 DB7~DB0
      do{
           LCD=0x00;
           EP=1;                            //EP 下降沿
           _nop_();                         //一个时钟延时
           LCD_Status=LCD;
           EP=0;
           LCD_Status=0x80 &LCD_Status;     //仅当第 7 位为 0 时才可操作(判别 BUSY 信号)
         } while(!(LCD_Status==0x00));
    }
```

```
void lcd_wcmd(uchar cmd)                //写入指令数据到 LCD
    {
        Busy_Check();                   //等待 LCD 空闲
        RS = 0;                         //向 LCD 发送命令,RS=0,写指令;RS=1,写数据
        RW = 0;                         //RW="L",EP="H→L",数据写入 IR 或 DR
        EP = 0;
        _nop_();
        _nop_();
        LCD=cmd;
        _nop_();
        _nop_();
        _nop_();
        _nop_();
        EP = 1;
        _nop_();
        _nop_();
        _nop_();
        _nop_();
        EP = 0;
    }
void lcd_wdat(uchar dat)            //写显示数据
    {
      Busy_Check();                 //等待 LCD 为空闲状态
      RS=1;                         //RS=0,写指令;RS=1,写数据
      RW=0;                         //RW="L",EP="H→L",数据写入 IR 或 DR
      LCD=dat;                      //dat:显示数据
      _nop_();
      _nop_();
      _nop_();
      _nop_();
      EP = 1;
      _nop_();
      _nop_();
      _nop_();
      _nop_();
      EP = 0;
    }
void SetLine(uchar page)            //设置页 0xB8 是页的首地址
    {
        page=0xb8|page;             //1011 1xxx 0<=page<=7,设定页地址--X 0~7,8 行为一页,
                                      64/8=8,共 8 页
        lcd_wcmd(page);
    }
void SetStartLine(uchar startline)  //设定显示开始行,0xC0 是行的首地址
    {
        startline=0xc0|startline;   //1100 0000
        lcd_wcmd(startline);        //设置从哪一行开始:0~63,一般从 0 行开始显示
```

```
    }
void SetColumn(uchar column)         //设定列地址--Y 0~63,0x40 是列的首地址
    {
        column=column &0x3F;         //column 的最大值为 64,越出 0<=column<=63
        column= 0x40|column;         //01xx xxxx
        lcd_wcmd(column);
    }
void disOn_Off(uchar onoff)          //开关显示:0x3F,开显示;0x3E,关显示
    {
      onoff=0x3e|onoff;              //0011 111x,on/off 只能为 0 或 1
      lcd_wcmd(onoff);
    }
void SelectScreen(uchar NO)          //选择屏幕
    {
      switch (NO)
        {
          case  0:                   //选择左、右 LCD(全屏)
            CS1=0;
            _nop_();
            _nop_();
            _nop_();
            _nop_();
            CS2=0;
            _nop_();
            _nop_();
            _nop_();
            _nop_();
            break;
          case  1:                   //选择左 LCD(左屏)
            CS1=1;
            _nop_();
            _nop_();
            _nop_();
            _nop_();
            CS2=0;
            _nop_();
            _nop_();
            _nop_();
            _nop_();
            break;
          case  2:                   //选择右 LCD(右屏)
            CS1=0;
            _nop_();
            _nop_();
            _nop_();
            _nop_();
            CS2=1;
```

```
            _nop_();
            _nop_();
            _nop_();
            _nop_();
            break;
        default:
            break;
        }
    }
void ClearScreen(uchar screen)                       //清屏
    {
        uchar i,j;
        SelectScreen(screen);
        for(i=0;i<8;i++)                              //控制页数0~7,共8页
          {
            SetLine(i);
            SetColumn(0);
            for(j=0;j<64;j++)                         //控制列数0~63,共64列
              {  lcd_wdat(0x00);  }                   //写内容,列地址自动加1
          }
    }
void Disp_Sinogram(uchar ss,uchar page,uchar column,uchar number)  //显示全角汉字
    {
        int i;     //选屏参数,page选页参数,column选列参数,number选第几个汉字输出
        SelectScreen(ss);
        column=column&0x3F;
        SetLine(page);                                //写上半页
        SetColumn(column);                            //控制列
        for(i=0;i<16;i++)                             //控制16列的数据输出
          { lcd_wdat(Hzk[i+32 * number]);  }   //i+32 * number汉字的前16个数据输出
        SetLine(page+1);                              //写下半页
        SetColumn(column);                            //控制列
        for(i=0;i<16;i++)                             //控制16列的数据输出
          { lcd_wdat(Hzk[i+32 * number+16]);} //i+32 * number+16汉字的后16个数据输出
    }
void lcd_reset()                                      //LCD复位
    {
        RST=0;
        delay(20);
        RST=1;
        delay(20);
    }
void lcd_init()
    {
      lcd_reset();                                    //将LCD复位
      Busy_Check();                                   //等待LCD为空闲状态
      SelectScreen(0);                                //选择全屏
```

```
        disOn_Off(0);                       //关全屏显示
        SelectScreen(0);
        disOn_Off(1);                       //开全屏显示
        SelectScreen(0);
        ClearScreen(0);                     //清屏
        SetStartLine(0);                    //开始行:0
    }
void main(void)
    {
        uint i;
        lcd_init();                         //对 LCD 初始化
        ClearScreen(0);                     //LCD 清屏
        SetStartLine(0);                    //设置显示开始行
        while(1)
          {
            for(i=0;i<4;i++)
              { //Disp_Sinogram(选屏 (CS0,CS1),pagr 选页,column 选列,number 选第几个汉字
                输出)
                Disp_Sinogram(2,0,i * 16,i);              //第 1 行左屏显示"岐王宅里"
                _nop_();
                Disp_Sinogram(1,0,i * 16,i+4);            //第 1 行右屏显示"寻常见,"
                _nop_();
                Disp_Sinogram(2,0+2,i * 16,i+8);          //第 2 行左屏显示"崔九堂前"
                nop_();
                Disp_Sinogram(1,0+2,i * 16,i+12);         //第 2 行右屏显示"几度闻。"
                _nop_();
                Disp_Sinogram(2,0+2+2,i * 16,i+16);       //第 3 行左屏显示"正是江南"
                Disp_Sinogram(1,0+2+2,i * 16,i+20);       //第 3 行右屏显示"好风景,"
                Disp_Sinogram(2,0+2+2+2,i * 16,i+24);     //第 4 行左屏显示"落花时节"
                Disp_Sinogram(1,0+2+2+2,i * 16,i+28);     //第 4 行右屏显示"又逢君。"
                _nop_();
              }
          }
    }
```

调试与仿真

打开 Keil 软件，创建“汉字式 LCD 显示”项目，输入汇编语言（或 C 语言）源程序，并将该源程序文件添加到项目中。编译源程序，生成“汉字式 LCD 显示 . HEX”文件。

在已绘制好的 Proteus 电路图中双击 AT89C51 单片机，添加在 Keil 中生成的“汉字式 LCD 显示 . HEX”文件，实现 Keil 与 Proteus 的联机。

在 Proteus 电路图绘制软件的编辑窗口中单击按钮 ▶ ，进入仿真状态。在运行状态下，可看见在 AMPIRE128×64 液晶上显示相应字符，如图 7-28 所示。更改程序中汉字库的内容，可显示不同的汉字信息。

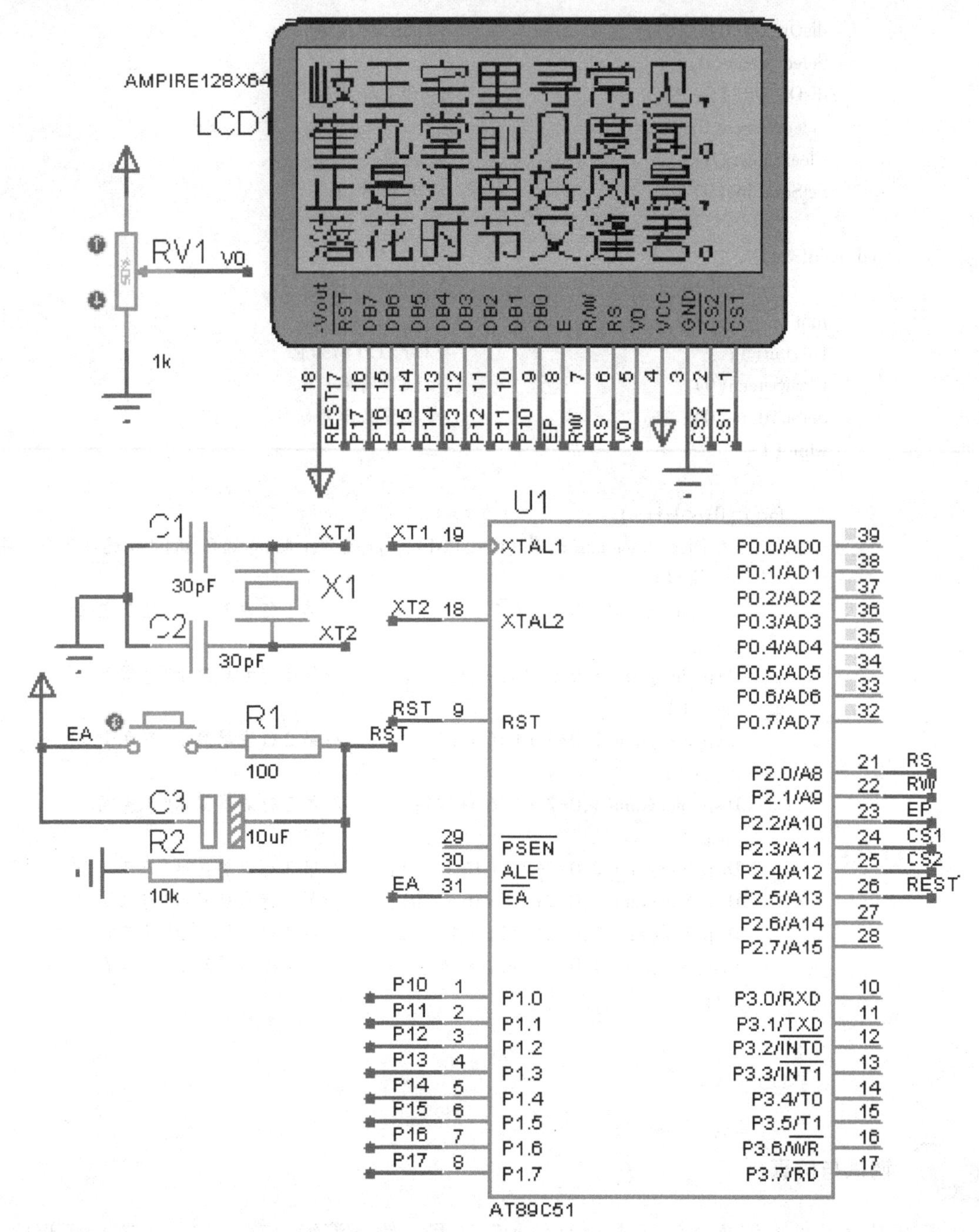

图 7-28　汉字式 LCD 显示程序运行效果

第 8 章　电动机控制

8.1　步进电动机控制

步进电动机基本知识

如同普通电动机一样，步进电动机也有转子、定子和定子绕组等。定子绕组分若干相，每相的磁极上有极齿，转子在轴上也有若干个齿。当某相定子绕组通电时，相应的两个磁极就分别形成 N 极和 S 极，产生磁场，并与转子形成磁路。如果这时定子的小齿与转子的小齿没有对齐，则在磁场的作用下转子将转动一定的角度，使转子上的齿与定子的极齿对齐。因此，它是按电磁铁的作用原理进行工作的，在外加电脉冲信号作用下，一步一步地运转，是一种将电脉冲信号转换成相应角位移的机电元件。

如果利用单片机控制脉冲发生器产生一定频率的脉冲信号，脉冲分配器将产生一定规律的电脉冲输出给驱动器，就可以控制步进电动机的转动。步进电动机转动的角度大小与施加的脉冲数成正比，转动的速度与脉冲频率成正比，而转动方向则与脉冲的顺序有关。

步进电动机的励磁方式可分为全步励磁、半步励磁两种，其中全步励磁又分为 1 相励磁、2 相励磁，而半步励磁又称 1-2 相励磁。

☺ 1 相励磁法：在每一瞬间，只有一个线圈导通。其特点是消耗电力少，精确度较好，但是其转矩小，振动较大，每送一个励磁信号可转动 18°。若以 1 相励磁法控制步进电动机正转，则励磁顺序为 A→B→C→D→A；若反转，则励磁顺序为 D→C→B→A→D。

☺ 2 相励磁法：在每一瞬间，有 2 个线圈同时导通。其特点是转矩大，振动小，每送一个励磁信号可转动 18°。若以 2 相励磁法控制步进电动机正转，则励磁顺序为 AB→BC→CD→DA→AB；若反转，则励磁顺序为 DA→CD→BC→AB→DA。

☺ 1-2 相励磁法：1 相与 2 相轮流交替导通。其特点是分辨率高，运转平滑，每送一个励磁信号可转动 9°。若以 1-2 相励磁法控制步进电动机正转，则励磁顺序为 A→AB→B→BC→C→CD→D→DA→A；若反转，则励磁顺序为 A→DA→D→CD→C→BC→B→AB→A。

小型步进电动机对电压和电流的要求不是很高，可采用简单的驱动电路，如图 8-1 所示。在实际应用中，驱动电路一般有多路，因此很多场合用现成的集成电路作为多路驱动电路。常用的小型步进电动机驱动电路有 ULN2003A 或 ULN2803。

ULN2003A 是高电压、大电流达林顿功率管阵列产品，具有电流增益高（灌电流可达 500mA）、工作电压高（可承受 50V 电压）、温度范围宽、带负载能力强等特点，适用于各类要求高速大功率驱动的系统。ULN2003A 的输出端允许通过 200mA 电流，饱和电压

降 U_{CE} 约为 1V，耐压 U_{CEO} 约为 36V。输出电流大，故可以直接驱动继电器或固体继电器（SSR）等外接控制器件，也可直接驱动低电压灯泡。ULN2003A 由 7 组达林顿功率管阵列、相应的电阻网络及钳位二极管网络构成，具有同时驱动 7 组负载的能力，为单片双极性大功率高速集成电路，其内部结构如图 8-2 所示。

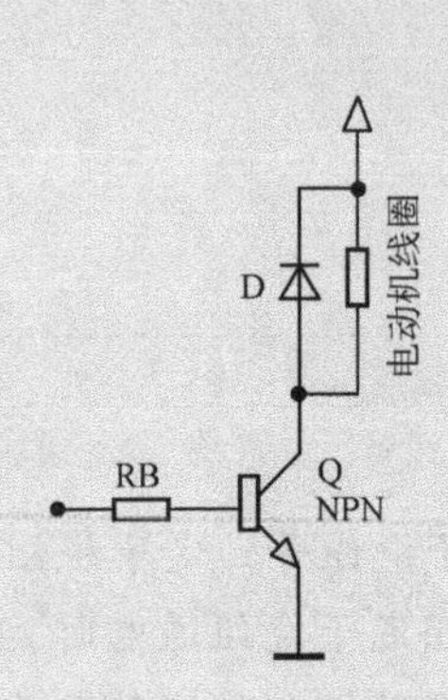

图 8-1　一般驱动电路

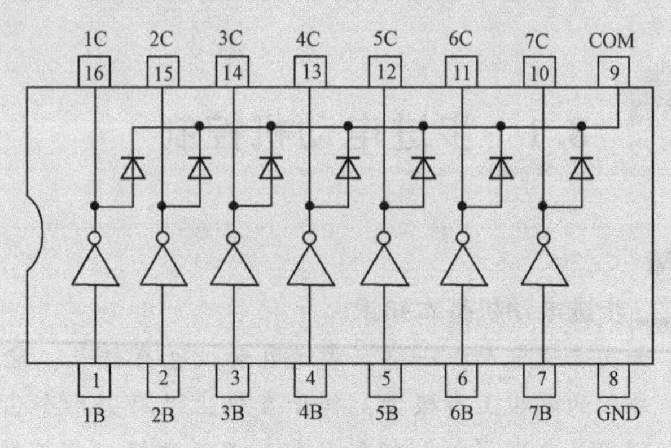

图 8-2　ULN2003A 内部结构图

ULN2003A 的每一对达林顿功率管都串联一个 2.7k Ω的基极电阻。在 5V 工作电压下，它能与 TTL 和 CMOS 电路直接相连，可以直接处理原先需要标准逻辑缓冲器来处理的数据。

ULN200A3 可以并联使用，在相应的 OC 输出引脚上串联数欧姆的均流电阻后再并联使用，防止阵列电流不平衡。由于 ULN2003A 的输出结构是集电极开路的，所以要在输出端接一个上拉电阻，这样在输入低电平时，输出才是高电平。在用它驱动负载时，电流是由电源通过负载灌入 ULN2003A 的。

8.1.1　步进电动机的正转、反转、停止控制

使用单片机实现半步励磁步进电动机的正转、反转、停止控制。

硬件设计

在桌面上双击图标，打开 Proteus 8 Professional 软件。新建一个 DEFAULT 模板，添加表 8-1 所列的元器件，并完成图 8-3 所示的硬件电路图设计。

表 8-1　步进电动机正反停控制项目所用元器件

单片机 AT89C51	电解电容 CAP-ELEC 10μF	瓷片电容 CAP30pF	电阻 RES
晶振 CRYSTAL 11.0592MHz	步进电动机驱动芯片 ULN2003A	步进电动机 MOTOR-STEPPER	反相器 74LS04
电阻排 RESPACK-8	发光二极管 LED-GREEN	发光二极管 LED-YELLOW	按钮 BUTTON

程序设计

半步励磁步进电动机的正转励磁顺序为 A→AB→B→BC→C→CD→D→DA→A；反转励磁顺序为 A→DA→D→CD→C→BC→B→AB→A。在程序中，使用两个外部中断来进行正转

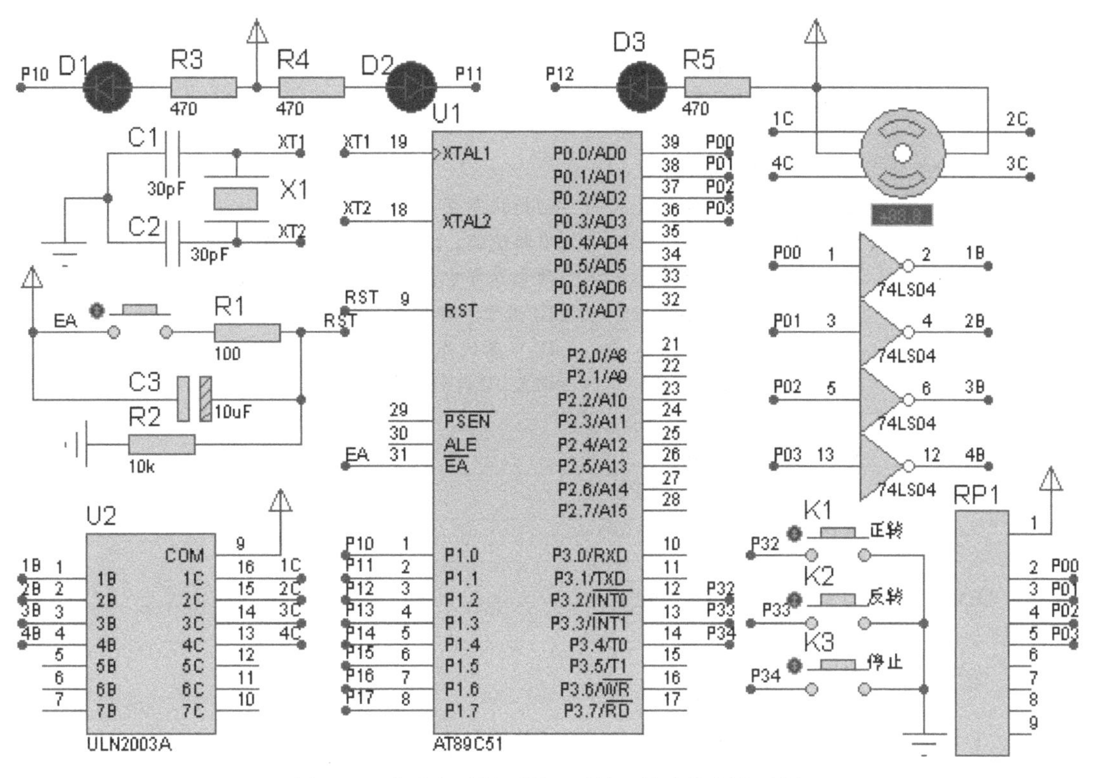

图 8-3　步进电动机正转、反转、停止控制电路图

($\overline{\text{INT0}}$)、反转（$\overline{\text{INT1}}$）的控制，使用 T0 进行停止控制。在步进电动机运行过程中，只要按下停止按钮，步进电动机就应该停止运行，因此必须设置 T0 的中断优先级高于两个外部中断。

使用 C 语言编程时，若按下正转按钮，a=1；若按下反转按钮，a=2。在主程序中，先判断 a 是否等于 1，如果 a=1，表示已按下正转按钮，此时将 tab1[i]值送入 P0 端口，起动步进电动机正转运行；否则，再判断 a 是否等于 2，如果 a=2，表示已按下反转按钮，此时将 tab2[i]值送入 P0 端口，起动步进电动机反转运行。若 a 仍不等于 2，表示没有按下正转按钮或反转按钮，此时将 0x00 送入 P0 端口，即步进电动机处于停止状态。按下停止按钮时，a=0，使步进电动机处于停止状态。

在使用汇编语言编程时，若按下正转按钮，则 R0=1；若按下反转按钮，则 R0=2；若按下停止按钮，则 R0=0。

1）汇编语言源程序

```
FOR_LED   BIT    P1.0        ;正转指示灯
REV_LED   BIT    P1.1        ;反转指示灯
STOP_LED  BIT    P1.2        ;停止指示灯
MOTO      EQU    P0
          ORG    0000H       ;主程序起始地址设置
          AJMP   MAIN        ;跳到主程序入口
          ORG    0003H       ;中断矢量地址(K1 按钮)
          AJMP   INTR0       ;中断子程序入口
          ORG    0013H       ;中断矢量地址(K2 按钮)
```

```
        AJMP    INTR1           ;中断子程序入口
        ORG     000BH
        AJMP    TIMER0
        ORG     0030H
MAIN:   MOV     R0,#0FFH
        CLR     STOP_LED        ;初始状态下,停止指示灯亮
START:  MOV     IE,#87H         ;中断使能,允许外部中断和 T0 中断
        MOV     TCON,#10H       ;两个外部中断电平触发,启动 T0
        MOV     TMOD,#05H       ;T0 用于外部计数,方式 1
        MOV     IP,#02H         ;T0 中断优先
        MOV     TH0,#0FFH       ;设置 T0 计数初值
        MOV     TL0,#0FFH
        MOV     SP,#60H
CMP1:   CJNE    R0,#01,CMP2
        LCALL   FOR
        SJMP    CMP3
CMP2:   CJNE    R0,#02,CMP1
        LCALL   REV
CMP3:   NOP
        SJMP    START
FOR:    CLR     FOR_LED         ;正转指示灯亮
        SETB    STOP_LED
        SETB    REV_LED
        MOV     MOTO,#02H       ;正转运行
        LCALL   DELAY
        MOV     MOTO,#06H
        LCALL   DELAY
        MOV     MOTO,#04H
        LCALL   DELAY
        MOV     MOTO,#0CH
        LCALL   DELAY
        MOV     MOTO,#08H
        LCALL   DELAY
        MOV     MOTO,#09H
        LCALL   DELAY
        MOV     MOTO,#01H
        LCALL   DELAY
        MOV     MOTO,#03H
        LCALL   DELAY
        RET
REV:    MOV     DPTR,#TAB       ;反转运行
        SETB    FOR_LED
        SETB    STOP_LED
        CLR     REV_LED         ;反转指示灯亮
LP3:    MOV     A,#00H          ;清除累加器
        MOV     CA,@ A+DPTR     ;查表
        CJNE    A,1BH,LP4       ;取出的代码若不是结束码,则进行下一步操作
```

```
        JMP     EXIT2           ;若是结束码,则重新进行操作
LP4:    MOV     MOTO,A          ;将 A 中的值送 P0 端口
        LCALL   DELAY           ;等待
        INC     DPTR            ;数据指针加 1,指向下一个码
        JMP     LP3             ;返回,取码
EXIT2:  NOP
        RET
INTR0:  MOV     R0,#01          ;正转启动
        RETI                    ;返回主程序
INTR1:  MOV     R0,#02          ;反转启动
        RETI                    ;中断返回
TIMER0: MOV     TH0,#0FFH       ;T0 重新赋初值
        MOV     TL0,#0FFH
        CLR     STOP_LED        ;停止指示灯亮
        SETB    FOR_LED
        SETB    REV_LED
        MOV     R0,#00H         ;步进电动机停止运行
        MOV     MOTO,#00H
        RETI
DELAY:  MOV     R7,#50          ;延时 0.2s 子程序
DELA1:  MOV     R6,#20
DELA2:  MOV     R5,#230
        DJNZ    R5, $
        DJNZ    R6,DELA2
        DJNZ    R7,DELA1
        RET
TAB:    DB  03H,01H,09H,08H     ;半步励磁反转驱动代码
        DB  0CH,04H,06H,02H
        DB  1BH                 ;结束码
        END
```

2) C 语言源程序

```
#include"reg51.h"
#defineuint unsigned int
#defineuchar unsigned char
#defineMOTO   P0
sbit  FOR_LED=P1^0;
sbit  REV_LED=P1^1;
sbit  STOP_LED=P1^2;
const tab1[ ]={0x02,0x06,0x04,0x0C,0x08,0x09,0x01,0x03};      //半步励磁正转
const tab2[ ]={0x03,0x01,0x09,0x08,0x0C,0x04,0x06,0x02};      //半步励磁反转
uchar a,m;
void delay(void)
    {
      uchar i,j,k;
      for(k=50;k>0;k--)
         {  for(i=20;i>0;i--)
```

```
            for(j=230;j>0;j--);}
    }
void  int1() interrupt 0                    //正转启动
    {     a=1;  }
void  int2() interrupt 2                    //反转启动
    {     a=2;  }
void  timer0() interrupt 1                  //步进电动机停止
    {
      TH0=0xFF;                             //T0 重新赋初值
      TL0=0xFF;
      FOR_LED=1;                            //正转、反转指示灯熄灭,停止指示灯亮
      REV_LED=1;
      STOP_LED=0;
      a=0;                                  //步进电动机停止
      MOTO=0x00;
    }
void int_init(void)
    {
      IE=0x87;                              //允许两个外部中断和 T0 中断
      TCON=0x10;                            //两个外部中断为低电平触发,启动 T0
    }
void timer_init(void)                       //T0 初始化
    {
        TMOD=0x05;                          //T0 对外计数,方式 1
        IP=0x02;                            //T0 中断优先于两个外部中断
        TH0=0xFF;
        TL0=0xFF;
    }
void main(void)
    {
        a=0;
        int_init();
        timer_init();
        while(1)
          {
            if(a==1)                        //正转控制
              {
                FOR_LED=0;                  //正转指示灯亮
                REV_LED=1;
                STOP_LED=1;
                for(m=0;m<8;m++)
                  {
                    MOTO=tab1[m];
                    delay();
                  }
              }
            else if(a==2)                   //反转控制
```

```
            {
                FOR_LED=1;
                REV_LED=0;              //反转指示灯亮
                STOP_LED=1;
                for(m=0;m<8;m++)
                    {
                        MOTO=tab2[m];
                        delay();
                    }
            }
        else                            //未按下正转、反转启动按钮
            {
              MOTO=0x00;                //步进电动机停止
              FOR_LED=1;
              REV_LED=1;
              STOP_LED=0;               //停止指示灯亮
            }
    }
}
```

调试与仿真

打开 Keil 软件，创建“步进电动机正反停控制”项目，输入汇编语言（或 C 语言）源程序，并将该源程序文件添加到项目中。编译源程序，生成“步进电动机正反停控制 . HEX”文件。

在已绘制好的 Proteus 电路图中双击 AT89C51 单片机，添加在 Keil 中生成的“步进电动机正反停控制 . HEX”文件，实现 Keil 与 Proteus 的联机。

在 Proteus 电路图绘制软件的编辑窗口中单击按钮▶，进入仿真状态。在运行状态下，按下按钮 K1 后，步进电动机正转运行；按下按钮 K2 后，步进电动机反转运行；在步进电动机运行过程中，只要按下按钮 K3，步进电动机就会停止运行，其仿真效果如图 8-4 所示。

8.1.2　步进电动机转速控制

硬件设计

在桌面上双击图标，打开 Proteus 8 Professional 软件。新建一个 DEFAULT 模板，添加表 8-2 所列的元器件，并完成图 8-5 所示的硬件电路图设计。

表 8-2　步进电动机转速控制项目所用元器件

单片机 AT89C51	电解电容 CAP-ELEC 10μF	瓷片电容 CAP30pF	电阻 RES
晶振 CRYSTAL 11.0592MHz	步进电动机驱动芯片 ULN2003A	步进电动机 MOTOR-STEPPER	反相器 74LS04
电阻排 RESPACK-8	发光二极管 LED-GREEN	发光二极管 LED-YELLOW	按钮 BUTTON

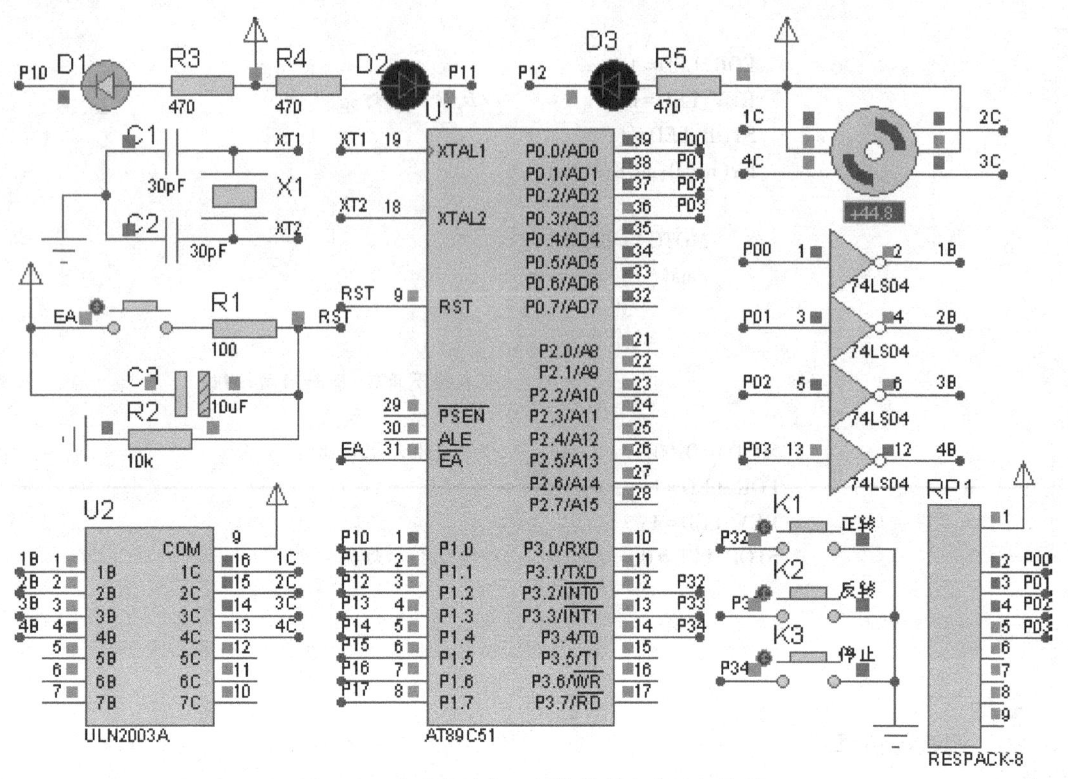

图 8-4　步进电动机正反停控制程序运行效果

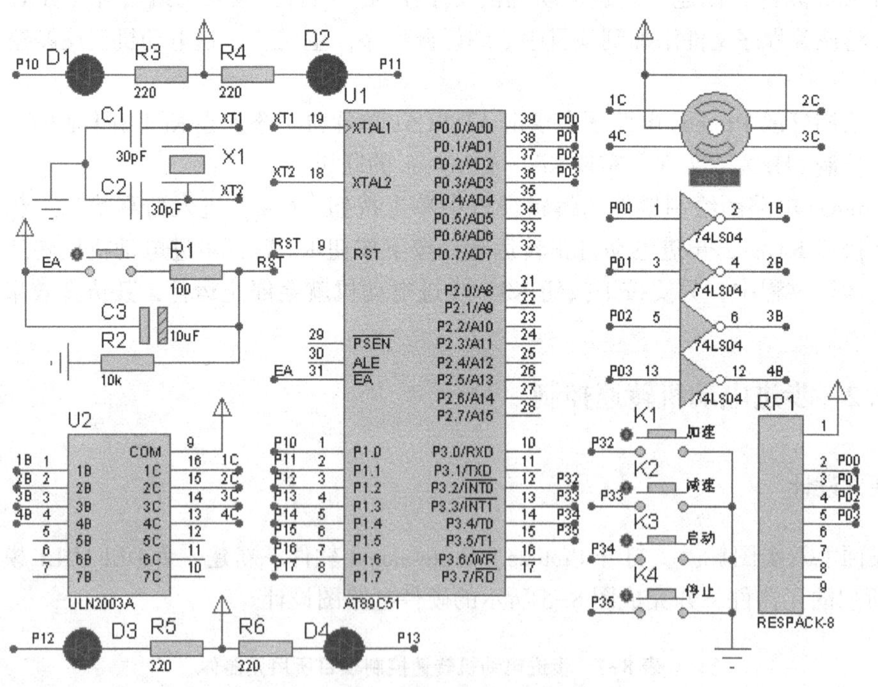

图 8-5　步进电动机转速控制电路图

程序设计

改变延时时间的长短就可以改变步进电动机的转速。本设计使用了 4 个中断，其中 K1

和 K2 为外部中断，用于步进电动机的转速控制；K3 为 T0 计数中断，用于步进电动机起动控制；K4 为 T1 计数中断，用于步进电动机停止控制。步进电动机的调速必须在其起动后才能进行，所以两个外部中断的中断允许位应在 T0 的中断子程序中进行开启。当步进电动机停止时，两个外部中断的中断允许位应禁止。

1）汇编语言源程序

```
MOTO      EQU     P0
SU_LED    BIT     P1.0            ;加速指示
SD_LED    BIT     P1.1            ;减速指示
RUN_LED   BIT     P1.2            ;起动指示
STOP_LED  BIT     P1.3            ;停止指示
          ORG     0000H           ;主程序起始地址设置
          AJMP    MAIN            ;跳到主程序入口
          ORG     0003H           ;中断矢量地址(K1 按钮)
          AJMP    INTR0           ;中断子程序入口
          ORG     0013H           ;中断矢量地址(K2 按钮)
          AJMP    INTR1           ;中断子程序入口
          ORG     000BH
          AJMP    TIMER0
          ORG     001BH
          AJMP    TIMER1
MAIN:     MOV     R0,#0FFH
          CLR     STOP_LED        ;初始状态,步进电动机停止
START:    MOV     IE,#8AH         ;开启总中断,T0、T1 中断使能
          MOV     IP,#08H         ;T1 优先设置
          MOV     TCON,#50H       ;外部中断电平触发,启动 T0 和 T1
          MOV     TMOD,#55H       ;T0 和 T1 均工作在方式 1,用于计数
          MOV     TH0,#0FFH       ;T0 赋计数初值
          MOV     TL0,#0FFH
          MOV     TH1,#0FFH       ;T1 赋计数初值
          MOV     TL1,#0FFH
          MOV     SP,#60H
CMP:      CJNE    R0,#01,WAIT     ;判断步进电动机是否起动
          MOV     MOTO,#02H       ;起动运行
          LCALL   DELAY
          MOV     MOTO,#06H
          LCALL   DELAY
          MOV     MOTO,#04H
          LCALL   DELAY
          MOV     MOTO,#0CH
          LCALL   DELAY
          MOV     MOTO,#08H
          LCALL   DELAY
          MOV     MOTO,#09H
          LCALL   DELAY
          MOV     MOTO,#01H
          LCALL   DELAY
```

```
        MOV     MOTO,#03H
        LCALL   DELAY
        NOP
WAIT:   AJMP    CMP
        RET
INTR0:  PUSH    PSW             ;加速控制
        PUSH    ACC
        SETB    STOP_LED
        CLR     SU_LED          ;加速指示灯亮
        SETB    SD_LED
        CJNE    A,#0FFH,ADD10   ;判断是否已加到最快速度
        MOV     A,#0FFH
        MOV     R7,#0FFH
        AJMP    ADD11
ADD10:  INC     A               ;继续加速
        INC     R7
ADD11:  NOP
        POP     ACC
        POP     PSW
        RETI                    ;返回主程序
INTR1:  PUSH    PSW             ;减速控制
        PUSH    ACC
        SETB    STOP_LED
        SETB    SU_LED
        CLR     SD_LED          ;减速指示灯亮
        CJNE    A,#02H,SUBB10   ;判断是否已减到最低速度
        MOV     A,#02H
        MOV     R7,#02H
        AJMP    SUBB11
SUBB10: DEC     A               ;继续减速
        DEC     R7
SUBB11: NOP
        POP     ACC
        POP     PSW
        RETI                    ;中断返回
TIMER0: PUSH    PSW             ;启动步进电动机控制
        PUSH    ACC
        SETB    EX0             ;允许加速
        SETB    EX1             ;允许减速
        MOV     TH0,#0FFH;      ;T0 重新赋初值
        MOV     TL0,#0FFH;
        MOV     R0,#01H         ;起动步进电动机
        SETB    STOP_LED
        SETB    SU_LED
        SETB    SD_LED
        CLR     RUN_LED         ;起动指示灯亮
        MOV     R7,#7FH         ;设定起动时步进电动机的运行速度
```

```
            MOV     A,#7FH
            POP     ACC
            POP     PSW
            RETI
TIMER1:     CLR     EX0             ;停止加速
            CLR     EX1             ;停止减速
            MOV     TH1,#0FFH       ;T1 重新赋初值
            MOV     TL1,#0FFH
            CLR     STOP_LED        ;停止步进电动机指示
            SETB    RUN_LED
            SETB    SU_LED
            SETB    SD_LED
            MOV     R0,#00H         ;步进电动机停止
            MOV     MOTO,#00H
            RETI
DELAY:      MOV     30H,R7
DELA1:      MOV     R6,#20
DELA2:      MOV     R5,#23
            DJNZ    R5, $
            DJNZ    R6,DELA2
            DJNZ    30H,DELA1
            RET
            END
```

2）C 语言源程序

```
#include"reg51. h"
#include"reg51. h"
#defineuint unsigned int
#defineuchar unsigned char
#define MOTO   P0
sbit  SU_LED=P1^0;
sbit  SD_LED=P1^1;
sbit  RUN_LED=P1^2;
sbit  STOP_LED=P1^3;
const  tab[ ]={0x02,0x06,0x04,0x0C,0x08,0x09,0x01,0x03};      //半步励磁正转
uchar a,n,en;
void delay(uchar m)
{
    uchar i,j,k;
    for(k=50;k>0;k--)
      {  for(i=20;i>0;i--)
           for(j=m;j>0;j--);}
}
void  int1() interrupt 0                //加速控制
{
    a++;
    SU_LED=0;
```

```
    SD_LED=1;
    RUN_LED=0;
    STOP_LED=1;
    if(a==0xFF)
      {     a=0xFF;   }
}
void  int2() interrupt 2              //减速控制
{
    a--;
    SU_LED=1;
    SD_LED=0;
    RUN_LED=0;
    STOP_LED=1;
    if(a==0x02)
      {     a=0x02;   }
}
void  timer0() interrupt 1            //起动步进电动机
{
    en=1;
    TH0=0xFF;
    TL0=0xFF;
    EX0=1;
    EX1=1;
    SU_LED=1;
    SD_LED=1;
    RUN_LED=0;
    STOP_LED=1;
    a=0x7F;
}
void  timer1() interrupt 3            //步进电动机停止运行
{
    en=0;
    MOTO=0x00;
    TH1=0xFF;
    TL1=0xFF;
    EX0=0;
    EX1=0;
    SU_LED=1;
    SD_LED=1;
    RUN_LED=1;
    STOP_LED=0;
}
void int_init(void)
{
    IE=0x8A;
    TCON=0x50;
}
```

```
void Timer_init(void)
{
     TMOD=0x55;
     TH0=0xFF;
     TL0=0xFF;
     TH1=0xFF;
     TL1=0xFF;
     IP=0x08;
}
void main(void)
{
   a=0x7F;
   int_init();
   Timer_init();
   MOTO=0x00;
   SU_LED=1;
   SD_LED=1;
   RUN_LED=1;
   STOP_LED=0;
   while(1)
      {
           if(en==1)
              {
                 for(n=0;n<8;n++)
                    {
                       MOTO=tab[n];
                       delay(a);
                    }
              }
           else
              {
                 MOTO=0x00;
                 SU_LED=1;
                 SD_LED=1;
                 RUN_LED=1;
                 STOP_LED=0;
              }
      }
}
```

调试与仿真

打开 Keil 软件，创建“步进电动机转速控制”项目，输入汇编语言（或 C 语言）源程序，并将该源程序文件添加到项目中。编译源程序，生成“步进电动机转速控制.HEX”文件。

在已绘制好的 Proteus 电路图中双击 AT89C51 单片机，添加在 Keil 中生成的“步进电动机转速控制.HEX”文件，实现Keil与Proteus的联机。

在Proteus电路图绘制软件的编辑窗口中单击按钮 ▶ ，进入仿真状态。在运行状态下，若未按下任意按钮，步进电动机处于停止状态。当未按下按钮K3时，若按下按钮K1或K2，步进电动机仍处于停止状态。按下按钮K3后，步进电动机按默认速度运行，此时再按下按钮K1或K2，则步进电动机进行加速或减速运行。在步进电动机运行中，若按下按钮K4，则步进电动机立即停止运行。

8.2 直流电动机控制

直流电动机基本知识

直流电动机就是将直流电能转换成机械能的装置。直流电动机具有调速性能较好、起动转矩较大等特点。所谓“调速性能”，是指电动机在一定负载的条件下，根据需要，人为地改变电动机的转速。直流电动机可以在重负载条件下实现均匀、平滑的无级调速，而且调速范围较宽。直流电动机的起动转矩较大，可以均匀而经济地实现转速调节。因此，凡是在重负载下起动或要求均匀调节转速的机械，如大型可逆轧钢机、卷扬机、电力机车、电车等，都用直流电动机拖动。

直流电动机采用了“通电导体在磁场中受力的作用”的工作原理，励磁线圈的两个端线通有相反方向的电流，使整个线圈产生绕轴的扭力，从而使线圈转动。

直流电动机驱动电路使用最广泛的就是“H”形全桥式电路，这种驱动电路可以很方便实现直流电机的四象限运行，分别对应正转、正转制动、反转、反转制动，其基本原理图如图8-6所示。

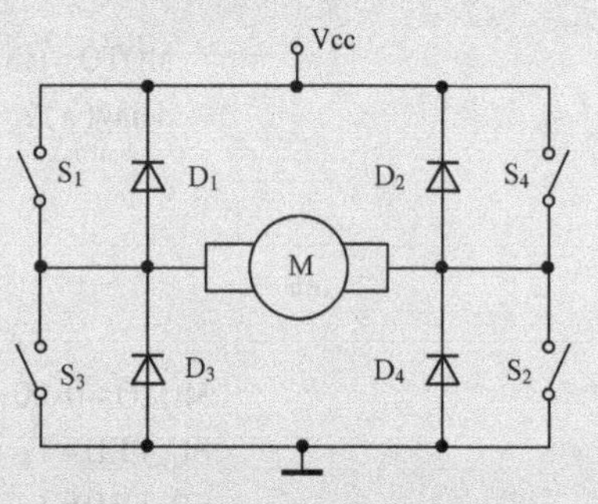

图8-6 “H”形全桥式驱动的基本原理图

全桥式驱动电路中的4个开关管均工作在斩波状态。S_1、S_2为一组，S_3、S_4为另一组，两组的状态互补，若一组导通，则另一组必须关断。当S_1、S_2导通时，S_3、S_4关断，电动机两端加正向电压，可以实现电动机的正转或反转制动；当S_3、S_4导通时，S_1、S_2关断，电动机两端为反向电压，电动机反转或正转制动。

在实际制作中，可以选用大功率达林顿管TIP122或场效应管IRF530，效果都还不错。为了使电路简化，建议使用集成了桥式电路的电动机专用驱动芯片，如L298N、L293D、LMD18200、ULN2003A等，其性能比较稳定、可靠。

L298N是电动机专用驱动集成电路，属于H桥集成电路，与L293D的差别是其输出电流较大，功率增强。其输出电流为2A，最大电流为4A，最高工作电压为50V，可以驱动感性负载，如大功率直流电动机、步进电动机、减速电动机、伺服电动机、电磁阀等；其输入端可以与单片机直接相连，便于实现单片机控制。L298N的内部结构框图如图8-7所示。L298N可直接驱动两路直流电动机或一路两相步进电动机，其驱动电路图如图8-8所示。

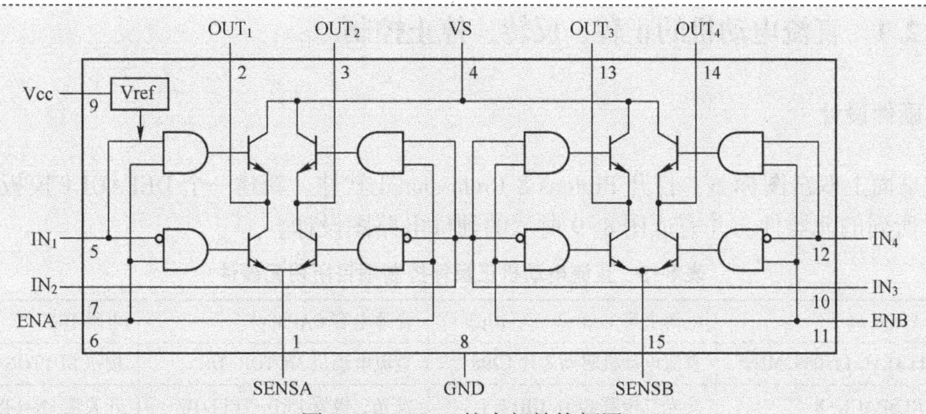

图 8-7　L298N 的内部结构框图

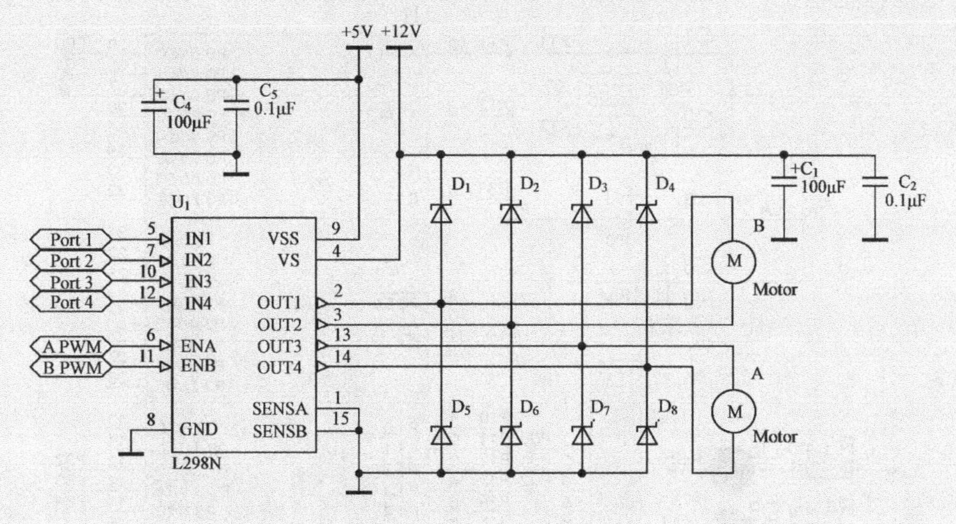

（a）L298N驱动两路直流电动机

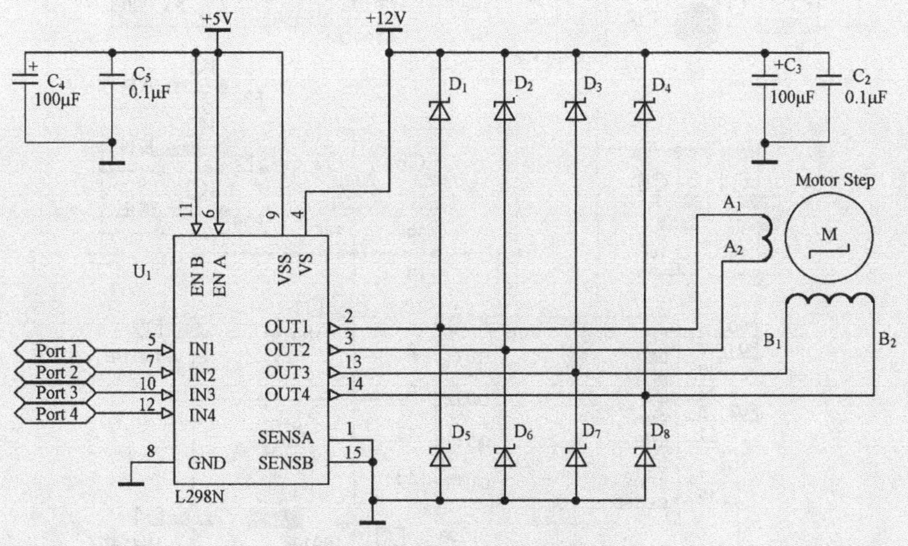

（b）L298N驱动一路两相步进电动机

图 8-8　L298N 驱动电路图

8.2.1 直流电动机的正转、反转、停止控制

硬件设计

在桌面上双击图标，打开 Proteus 8 Professional 软件。新建一个 DEFAULT 模板，添加表 8-3 所列的元器件，并完成图 8-9 所示的硬件电路图设计。

表 8-3　直流电动机正反停控制项目所用元器件

单片机 AT89C51	电解电容 CAP-ELEC 10μF	瓷片电容 CAP30pF	电阻 RES
晶振 CRYSTAL 11.0592MHz	直流电动机驱动芯片 L298	直流电动机 MOTOR-DC	按钮 BUTTON
电阻排 RESPACK-8	发光二极管 LED-GREEN	发光二极管 LED-YELLOW	开关管 1N4148

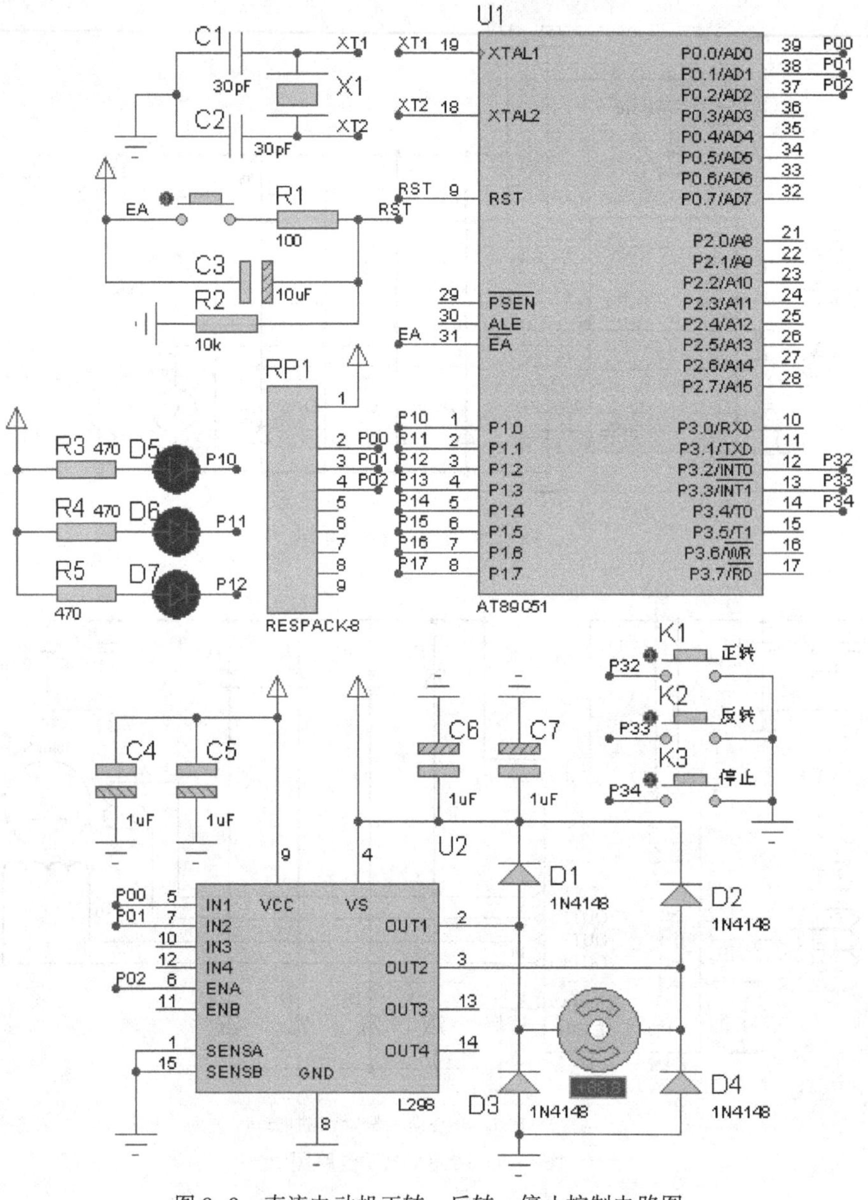

图 8-9　直流电动机正转、反转、停止控制电路图

程序设计

直流电动机的正转、反转控制，在电路中通过改变驱动芯片 L298 的 IN1 和 IN2 的电平状态即可实现。当 IN1 = 1、IN2 = 0、ENA = 1 时，驱动直流电动机正转；当 IN1 = 0、IN2 = 1、ENA = 1 时，驱动直流电动机反转；当 ENA = 0 时，不管 IN1 和 IN2 的状态如何，直流电动机停止。为防止正/反转频繁切换导致直流电动机损坏，切换时应让直流电动机停止片刻，然后再执行正转或反转操作。

1）汇编语言源程序

```
LED0    BIT     P1.0            ;正转指示
LED1    BIT     P1.1            ;反转指示
LED2    BIT     P1.2            ;电源指示
IN1     BIT     P0.0
IN2     BIT     P0.1
ENA     BIT     P0.2
K1      BIT     P3.2            ;正转起动按钮
K2      BIT     P3.3            ;反转起动按钮
K3      BIT     P3.4            ;停止按钮
        ORG     0000H           ;主程序起始地址设置
        AJMP    MAIN            ;跳到主程序入口
        ORG     0030H
MAIN:   CLR     LED2            ;初始状态,电源指示灯亮
START:  JNB     K3,STOP         ;K3 是否被按下,是则停止
        JNB     K1,FOR          ;K1 是否被按下,是则正转
        JNB     K2,REV          ;K2 是否被按下,是则反转
        AJMP    START
STOP:   CLR     ENA             ;停止控制
        CLR     LED2
        SETB    LED1
        SETB    LED0
        AJMP    START
FOR:    CLR     LED0            ;正转控制
        SETB    LED1
        SETB    LED2
        CLR     ENA
        LCALL   DELAY
        SETB    ENA
        SETB    IN1
        CLR     IN2
        AJMP    START
REV:    SETB    LED0            ;反转控制
        CLR     LED1
        SETB    LED2
        CLR     ENA
        LCALL   DELAY
        SETB    ENA
```

```
        CLR     IN1
        SETB    IN2
        AJMP    START
DELAY:  MOV     R7,#50          ;延时
DELA1:  MOV     R6,#200
DELA2:  MOV     R5,#230
        DJNZ    R5, $
        DJNZ    R6,DELA2
        DJNZ    R7,DELA1
        RET
        END
```

2）C 语言源程序

```
#include"reg51.h"
#defineuint unsigned int
#defineuchar unsigned char
sbit  LED0=P1^0;
sbit  LED1=P1^1;
sbit  LED2=P1^2;
sbit  IN1=P0^0;
sbit  IN2=P0^1;
sbit  ENA=P0^2;
sbit  K1=P3^2;
sbit  K2=P3^3;
sbit  K3=P3^4;
void  delay(void)
{
  uchar i,j,k;
  for(i=50;i>0;i--)
    {
      for(j=200;j>0;j--)
      for(k=230;k>0;k--);
    }
}
void  main(void)
{
  P0=0x00;
  LED2=0;
  while(1)
    {
      if(K3==0)                    //停止控制
        {
          ENA=0;
          LED0=1;
          LED1=1;
          LED2=0;
        }
```

```
        else if(K1==0)                    //正转控制
          {
            LED0=0;
            LED1=1;
            LED2=1;
            delay();
            ENA=1;
            IN1=1;
            IN2=0;
          }
        else if(K3==0)                    //反转控制
          {
            LED0=1;
            LED1=0;
            LED2=1;
            delay();
            ENA=1;
            IN1=0;
            IN2=1;
          }
      }
    }
```

调试与仿真

打开 Keil 软件，创建“直流电动机正反停控制”项目，输入汇编语言（或 C 语言）源程序，并将该源程序文件添加到项目中。编译源程序，生成“直流电动机正反停控制.HEX”文件。

在已绘制好的 Proteus 电路图中双击 AT89C51 单片机，添加在 Keil 中生成的“直流电动机正反停控制.HEX”文件，实现 Keil 与 Proteus 的联机。

在 Proteus 电路图绘制软件的编辑窗口中单击按钮 ▶ ，进入仿真状态，运行效果如图 8-10 所示。在运行初始状态下，D5、D6 均熄灭，D7 始终点亮。按下按钮 K1 后，起动直流电动机正转运行，D5 点亮；按下按钮 K2 后，直流电动机先减速运行片刻，而后反转运行；按下按钮 K3 后，直流电动机减速直至停止。

8.2.2　直流电动机调速控制

硬件设计

本设计的直流电动机只需朝一个方向运行，因此可以将 L298 的 IN1 接高电平，而 IN2 接低电平，ENA 由单片机的 T0（P3.4）控制输出。在桌面上双击图标，打开 Proteus 8 Professional 软件。新建一个 DEFAULT 模板，添加表 8-3 所列的元器件，并完成图 8-11 所示的硬件电路图设计。

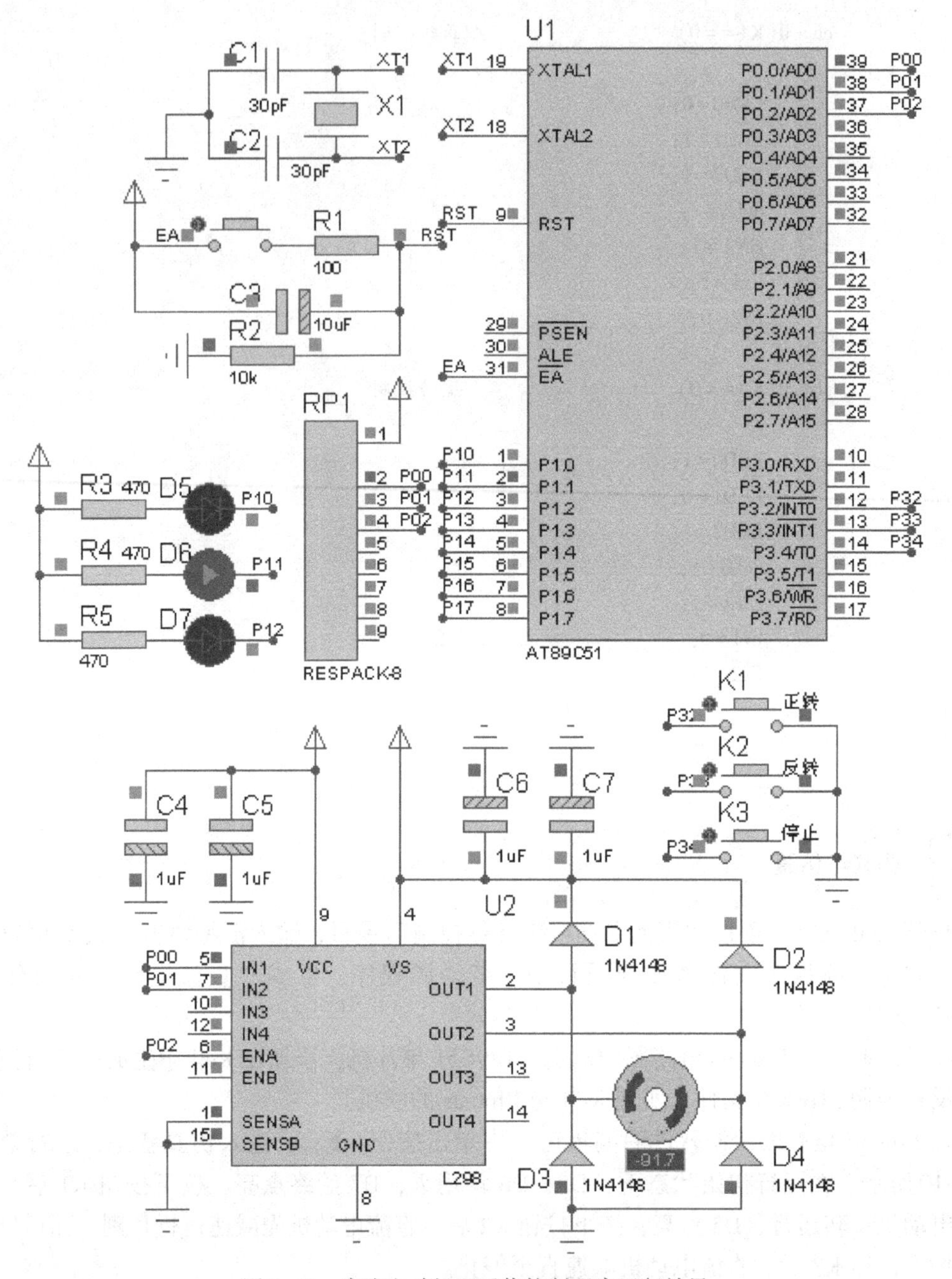

图 8-10　直流电动机正反停控制程序运行效果

程序设计

直流电动机运行时，L298 的 ENA 应为高电平；若为低电平，直流电动机将会减速停止。当 ENA 高电平持续的时间越长，而低电平持续的时间越短时，直流电动机的转速将会越快。直接向 ENA 提供高电平时，直流电动机的转速将会达到最大值。因此，改变高电平与低电平的比值，即可影响直流电动机的转速。基于此，可以使用定时器来改变 PWM（脉宽调制），以实现直流电动机的调速。

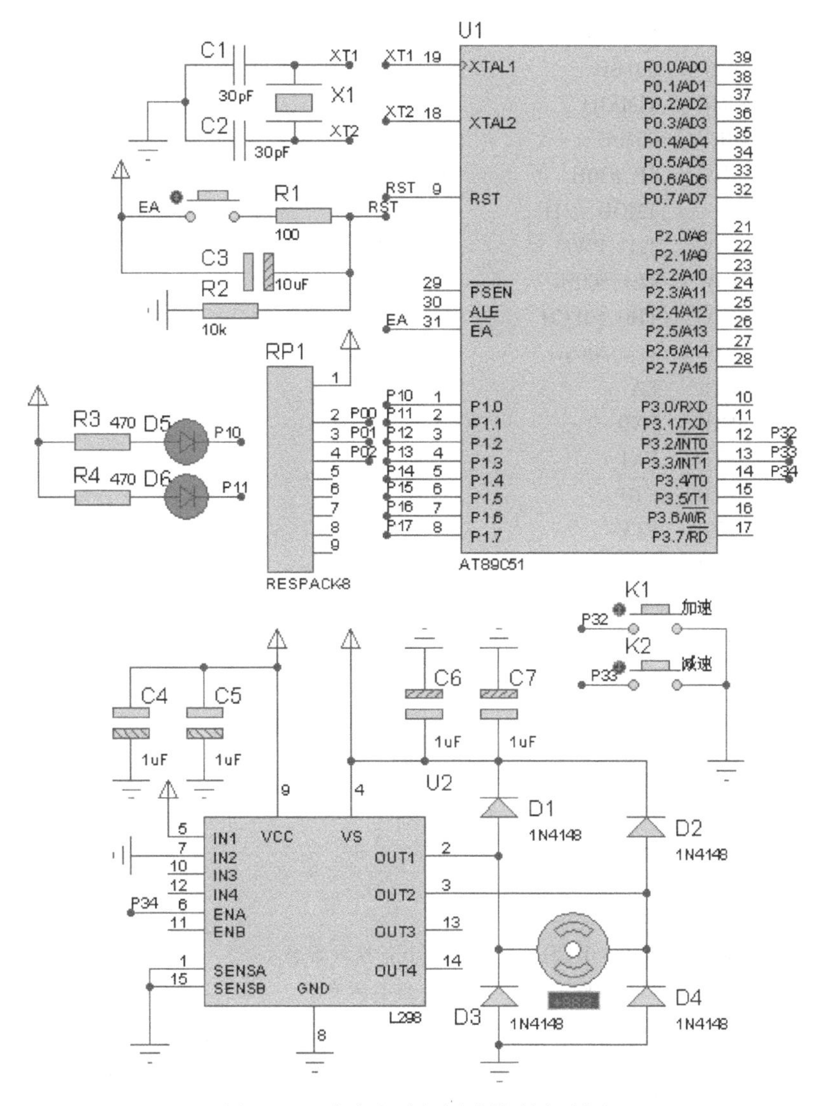

图 8-11　直流电动机调速控制电路图

1）汇编语言源程序

```
PWM     EQU     7FH             ;PWM 赋初始值
LED0    BIT     P1.0            ;加速指示
LED1    BIT     P1.1            ;减速指示
IN1     BIT     P0.0
IN2     BIT     P0.1
ENA     BIT     P3.4            ;调速输出
        ORG     0000H
        SJMP    START
        ORG     0003H
        SJMP    INTT0           ;加速调节
        ORG     0013H
        SJMP    INTT1           ;减速调节
        ORG     000BH
```

```
        SJMP    TIMER0          ;频率调节
        ORG     001BH
        SJMP    TIMER1          ;脉宽调节
        ORG     0030H
START:  MOV     SP,#30H
        MOV     TMOD,#21H
        MOV     TH1,PWM         ;脉宽调节
        MOV     TL1,#00H
        MOV     TH0,#0FCH       ;1ms 延时常数
        MOV     TL0,#066H       ;频率调节
        SETB    EA
        SETB    EX0
        SETB    EX1
        SETB    ET0
        SETB    ET1
        SETB    TR0
        SJMP    $
INTT0:  INC     PWM
        CLR     LED0
        SETB    LED1
        RETI
INTT1:  DEC     PWM
        CLR     LED1
        SETB    LED0
        RETI
TIMER0: CLR     TR1
        MOV     TH0,#0FCH       ;1ms 延时常数
        MOV     TL0,#066H       ;频率调节
        MOV     TH1,PWM
        SETB    TR1
        CLR     ENA             ;启动输出
        RETI
TIMER1: CLR     TR1             ;脉宽调节结束
        SETB    ENA             ;结束输出
        RETI
        END
```

2）C 语言源程序

```
#include<reg51. h>
#defineuint unsigned int
#defineuchar unsigned char
sbit   ENA =P3^4 ;                          //调速输出
sbit   LED0=P1^0;                           //加速指示
sbit   LED1=P1^1;                           //减速指示
uchar PWM=0x7F ;                            //赋初值
void   INTT0( ) interrupt 0                 //加速
{
```

```
    LED0=0;
    LED1=1;
    if(PWM<=255)
      {   PWM++; }
    else
      { PWM=0xFF; }
}
void   INTT1() interrupt 2                           //减速
{
    LED0=1;
    LED1=0;
    if(PWM>0)
      {   PWM--;   }
    else
      { PWM=0x00; }
}
void timer0() interrupt 1                            //频率调节
{
      TR1=0 ;
      TH0=0xFC;
      TL0=0x66;
      TH1=PWM;
      TR1=1;
      ENA=0;
}
void timer1() interrupt 3                            //脉宽调节
{
      TR1=0 ;
      ENA=1;                                         //输出
}
void INT_init(void)
{
      TMOD=0x21 ;
      TH0=0xFC ;                                     //1ms 延时常数
      TL0=0x66 ;                                     //频率调节
      TH1=PWM ;                                      //脉宽调节
      TL1=0 ;
      EA=1;
      EX0=1;
      EX1=1;
      ET0=1;
      ET1=1;
      TR0=1;
}
void main(void)
{
    INT_init();
```

```
    while(1);
}
```

调试与仿真

打开Keil软件，创建“直流电动机调速控制”项目，输入汇编语言或C语言源程序，并将该源程序文件添加到项目中。编译源程序，生成“直流电动机调速控制.HEX”文件。

在已绘制好的Proteus电路图中双击AT89C51单片机，添加在Keil中生成的“直流电动机调速控制.HEX”文件，实现Keil与Proteus的联机。

在Proteus电路图绘制软件的编辑窗口中单击按钮 ▶ ，进入仿真状态。在运行状态下，每按一次按钮K1，直流电动机的速度加快；每按一次按钮K2，直流电动机的速度减慢。

第 9 章　综合应用设计

通过前面 8 章的学习与实践，读者已经基本掌握了简单的单片机应用系统设计，本章将在此基础上进一步介绍 7 个综合设计案例，以使读者的单片机应用设计能力得到进一步的提高。由于篇幅的原因，本章的案例程序仅采用 C 语言编写。

9.1　数字电子钟的设计

设计要求

设计一个时、分可调的数字电子钟，开机时 8 位 LED 数码管显示“9-58-00”。

硬件设计

在桌面上双击图标，打开 Proteus 8 Professional 软件。新建一个 DEFAULT 模板，添加表 9-1 所列的元器件，并完成图 9-1 所示的硬件电路图设计。

表 9-1　数字电子钟项目所用元器件

单片机 AT89C51	电解电容 CAP-ELEC 10μF	瓷片电容 CAP30pF	电阻 RES
晶振 CRYSTAL 11.0592MHz	数码管 7SEG-MPX8-CA-BLUE	三极管 NPN	按钮 BUTTON
限流电阻排 RX8			

程序设计

数字电子钟采用内部硬件定时器来进行计时，计时最小单位 sec100 为 10ms。若 sec100 计满 100 次，表示已经计时 1s，则 sec100 清零且 sec 加 1。如果 sec 等于 60，应将 sec 清零，同时 min 加 1。如果 min 等于 60，应将 min 清零，同时 hour 加 1。如果 hour 大于 23 时，应将 hour 清零。通过分析可知，程序中可分别由 inc_sec( )、inc_min( )、inc_hour( )这 3 个函数负责秒、分、时的计时。sec100 的计时由 Timer0 （ ） 中断函数实现。

按钮 K1 （$\overline{\text{INT0}}$） 和 K2 （$\overline{\text{INT1}}$） 为调时、调分控制按钮。这两个按钮信号的输入采用外部中断方式来实现。若产生外部中断时，通过调用 inc_hour( )或 inc_min( )函数实现调时或调分操作。在编写显示函数 display( )时，应考虑小时数小于 10 的情况，此时应屏蔽时的十位数值，使其不显示。采用 C 语言编写的程序如下所述。

```
#include <reg51.h>
#define uchar unsigned char
#define uint unsigned int
```

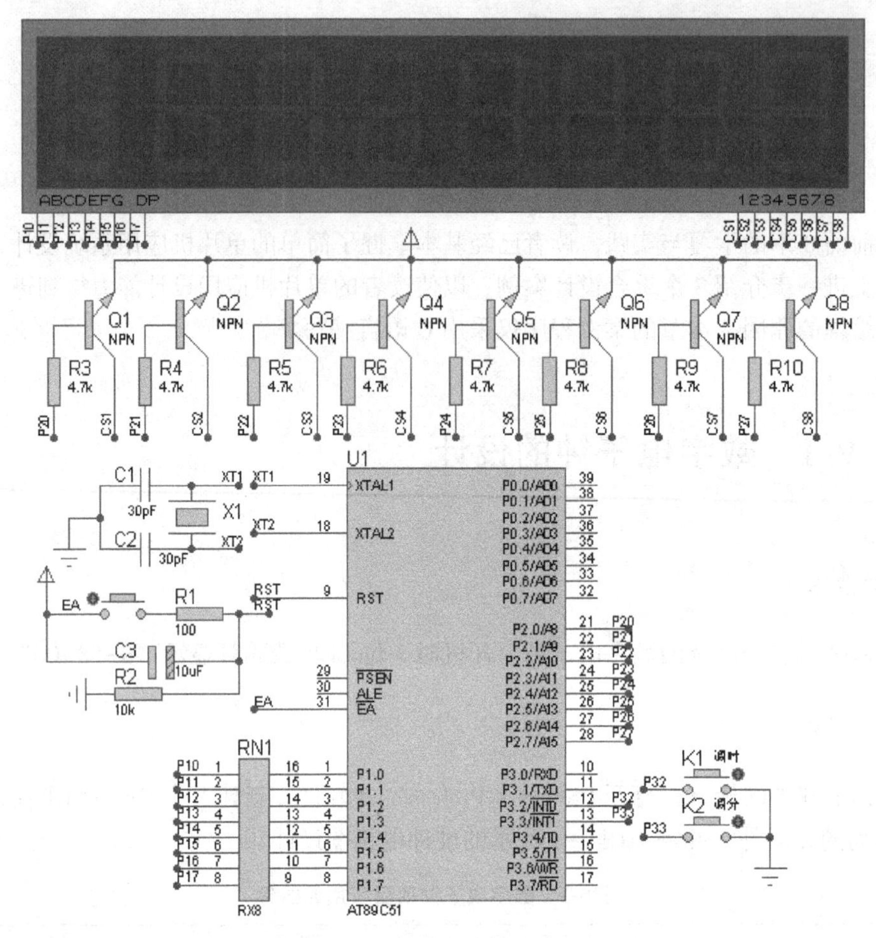

图9-1　数字电子钟电路图

```
#defineLED    P1
#define CS    P2
sbit   k1=P3^2;                                                          //调时
sbit   k2=P3^3;                                                          //调分
uchar tab[ ]={0xC0,0xF9,0xA4,0xB0,0x99,0x92,0x82,0xF8,                   //共阳极 LED0~F 的段码
              0x80,0x90,0x88,0x83,0xC6,0xA1,0x86,0x8E,0xBF};  //0xBF 为"-"的段码
uchar dis_buff[8];
uchar sec100,sec,min,hour;
void   delay(uint k)
{
    uint   m,n;
    for(m=0;m<k;m++)
      {  for(n=0;n<120;n++);  }
}
void display(void)                                                       //LED 显示
{
  uchar    i,j;
  j=0x80;
  for(i=0;i<7;i++)
```

```
        {
            CS=0x00;
            LED=tab[dis_buff[i]];
            CS=j;
            j=j>>1;
            delay(1);
        }
    CS=0x00;
    if(hour>9)                          //时大于9,时的十位显示
      {   CS=0x01; }
    else                                //时不大于9,时的十位不显示
      {   CS=0x00; }
    LED=tab[dis_buff[7]];
    delay(1);
}
void   disp_data(void)                  //显示数据处理
{
    dis_buff[7]=hour/10;                //时十位
    dis_buff[6]=hour%10;                //时个位
    dis_buff[5]=16;                     //"-"
    dis_buff[4]=min/10;                 //分十位
    dis_buff[3]=min%10;                 //分个位
    dis_buff[2]=16;                     //"-"
    dis_buff[1]=sec/10;                 //秒十位
    dis_buff[0]=sec%10;                 //秒个位
}
void inc_hour(void)                     //时加 1
{
    hour++;
    if(hour>23)
      { hour=0;}
}
void inc_min(void)                      //分加 1
{
    min++;
    if(min>59)
      {
         min=0;
         inc_hour();
      }
}
void inc_sec(void)                      //秒加 1
{
    sec++;
    if(sec>59)
      {
        sec=0;
```

```
        inc_min();
    }
}
void int0() interrupt  0                //调时
{
  delay(100);
  if(k1==0)                             //延时消抖
      {  inc_hour(); }
}
void int1() interrupt  2                //调分
{
  delay(100);
  if(k2==0)
      { inc_min(); }
}
void timer0() interrupt 1
{
  TH0=0xDC;                             //重装10ms初值
  TL0=0x00;
  sec100++;
  if(sec100>=100)
    {
      sec100=0;
      inc_sec();
    }
}
void int_init(void)                     //T0、INT0、INT1中断初始化
{
  TMOD=0x01;
  TH0=0xDC;
  TL0=0x00;
  TR0=1;
  ET0=1;
  EX0=1;
  IT0=0;
  EX1=1;
  IT1=0;
  EA=1;
}
void main(void)
{
  int_init();
  LED=0xFF;
  CS=0x00;
  hour=9;                               //上电显示"9-58-00"
  min=58;
  sec=00;
```

```
        sec100=0;
        while(1)
          {
            disp_data();
            display();
          }
      }
```

调试与仿真

打开 Keil 软件，创建“数字电子钟”项目，输入源程序，并将该源程序文件添加到项目中。编译源程序，生成“数字电子钟.HEX”文件。

在已绘制好的 Proteus 电路图中双击 AT89C51 单片机，添加在 Keil 中生成的“数字电子钟.HEX”文件，实现 Keil 与 Proteus 的联机。

在 Proteus 电路图绘制软件的编辑窗口中单击按钮 ▶ ，进入仿真状态。刚开始运行时，8 位 LED 数码管显示为“9-58-00”，而后每隔 1s 进行累计显示，其仿真效果如图 9-2 所示。每按一次按钮 K1 时，小时数会加 1；每按一次按钮 K2 时，分钟数会加 1。

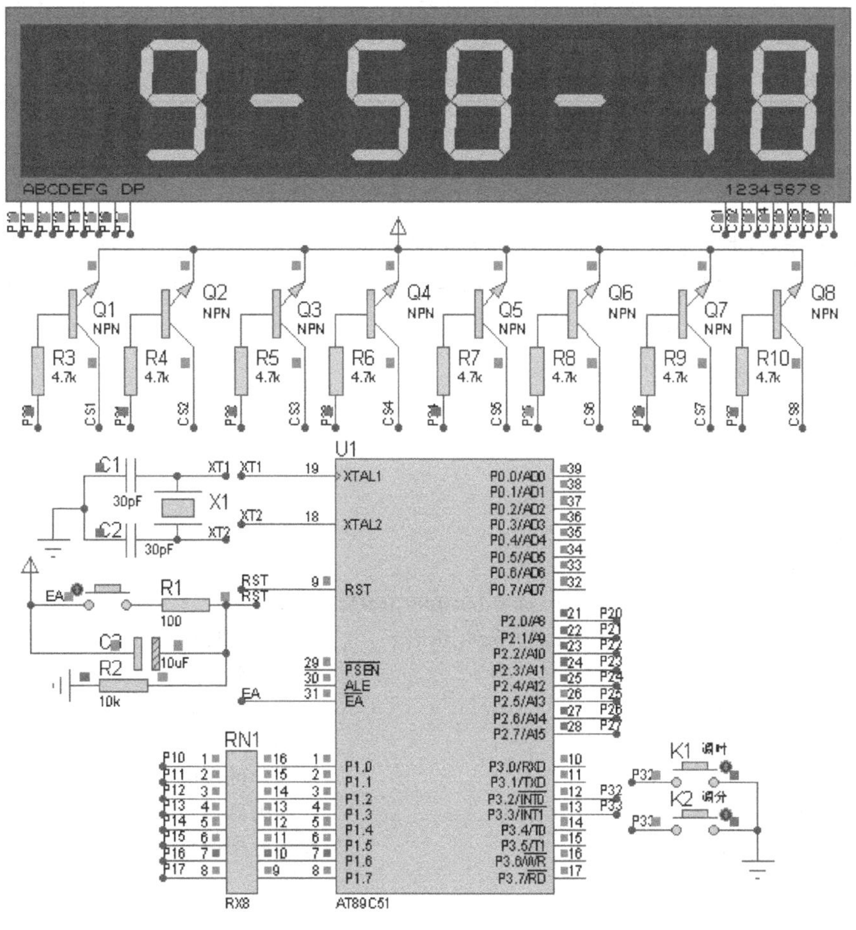

图 9-2　数字电子钟的仿真效果图

9.2 篮球计分器的设计

设计要求

设计一个篮球计分器，能够显示比赛时间，以及甲队和乙队的得分。甲队和乙队的得分分别有加 1 分、加 2 分、加 3 分、减 1 分、比分清零、比分切换操作；比赛时间采用 10min 倒计时方式，可以进行加时或减时 1s 的操作，还可以暂停计时及比赛时间复位等操作。

硬件设计

在桌面上双击图标，打开 Proteus 8 Professional 软件。新建一个 DEFAULT 模板，添加表 9-2 所列的元器件，并完成图 9-3 所示的硬件电路图设计。

表 9-2 篮球计分器项目所用元器件

单片机 AT89C51	电解电容 CAP-ELEC 10μF	瓷片电容 CAP30pF	电阻 RES
晶振 CRYSTAL 11.0592MHz	数码管 7SEG-MPX2-CA-BLUE	三极管 NPN	三极管 PNP
电阻排 RESPACK-8	蜂鸣器 SOUNDER	按钮 BUTTON	

程序设计

篮球计分器有时间显示、甲队得分显示和乙队得分显示，因此可以使用 3 个显示函数。由于篮球计分器的控制按钮较多，采用 4×4 矩阵键盘可以实现这些功能操作，所以要有键盘扫描函数 keyscan()。在键盘扫描函数中，除了完成键盘扫描操作，还要完成计分、计时等操作。采用 C 语言编写的程序如下所述。

```
#include <reg52.h>
#define uchar unsigned char
#define uint unsigned int
#define LED P0
#defineCS  P2
uchar code tab[] = {0xc0,0xf9,0xa4,0xb0,0x99,0x92,
                    0x82,0xf8,0x80,0x90,0xff};       //0,1,2,3,4,5,6,7,8,9,关显示
uchar b,d,t;                                          //定义变量
uchar fen=10,miao=0;                                  //定时初始时间变量
uchar flag;                                           //标志位
uchar temp;                                           //矩阵键盘键值
sbit  beep =P1^7 ;                                    //蜂鸣器
void delay(uint z)                                    //延时子函数
{
    uint x,y;
    for(x=z;x>0;x--)
    for(y=110;y>0;y--);
```

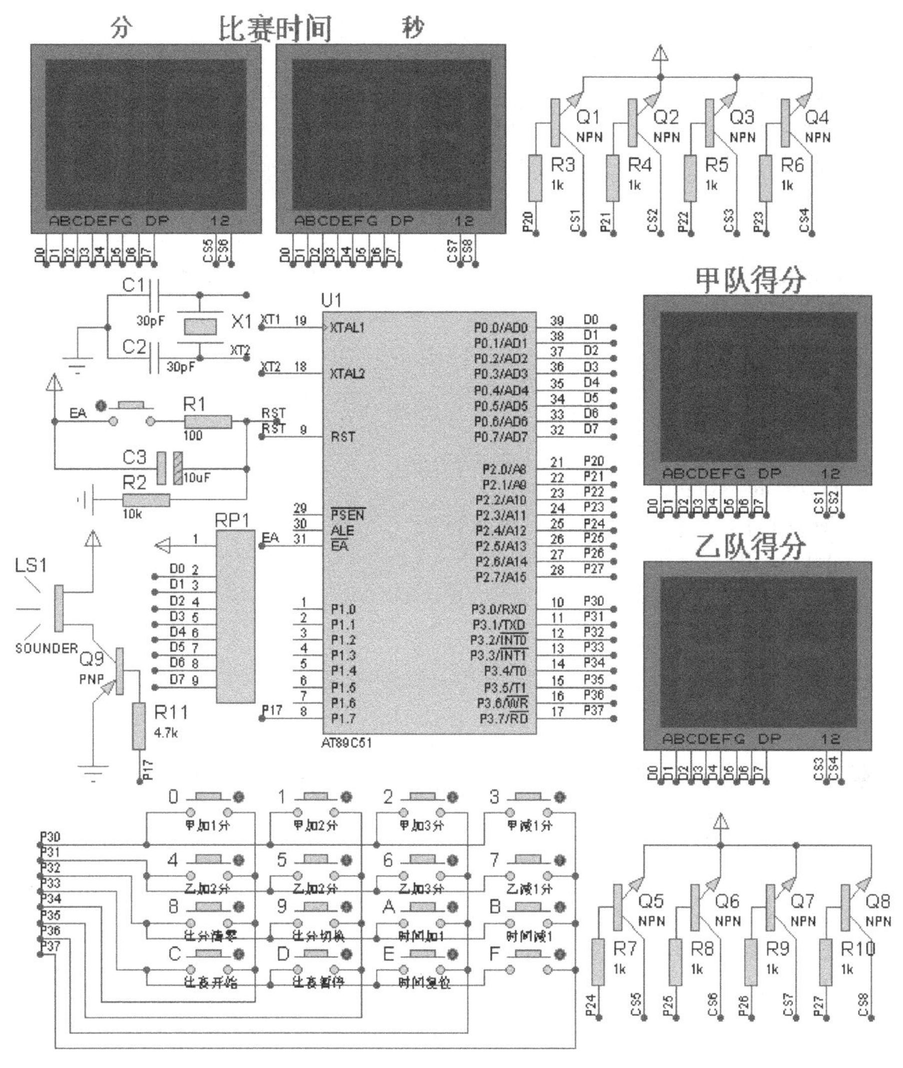

图 9-3　篮球计分器电路图

```
}
void dispaly( )                                          //定时时间显示
{
    uchar miaoge,fenge,miaoshi,fenshi;
    miaoge=miao%10;
    CS=0x80;
    LED=tab[miaoge];
    delay(1);
    miaoshi=miao/10;
    CS=0x40;
    LED=tab[miaoshi];
    delay(1);
    fenge=fen%10;
    CS=0x20;
    LED=tab[fenge];
```

```
    delay(1);
    fenshi=fen/10;
    CS=0x10;
    LED=tab[fenshi];
    delay(1);
    CS=0x00;
}
void dispaly1(char a)                                    //甲队比分显示
{
    uchar ge1,shi1;
    b=a;
    ge1=b%10;
    CS=0x02;
    LED=tab[ge1];
    delay(1);
    shi1=b/10;
    CS=0x01;
    LED=tab[shi1];
    delay(1);
    CS=0x00;
}
void dispaly2(char c)                                    //乙队比分显示
{
    uchar ge2,shi2;
    d=c;
    ge2=d%10;
    CS=0x08;
    LED=tab[ge2];
    delay(1);
    shi2=d/10;
    CS=0x04;
    LED=tab[shi2];
    delay(1);
    CS=0x80;
}
void keyscan()                                           //矩阵键盘扫描控制
{
    char a,c,e,f;
    dispaly1(a);
    dispaly2(c);
    P3=0xfe;
    temp=P3;
    temp=temp&0xf0;
    while(temp!=0xf0)
    {
        delay(5);
        temp=P3;
```

```
temp=temp&0xf0;
while(temp!=0xf0)
{
    temp=P3;
    if(temp==0xee)
        {
            delay(5);
            if(temp==0xee)
            {
                a++;                        //甲队比分加 1
                if(a>=100)
                a=99;
                dispaly1(a);
            }
        }
    if(temp==0xde)
        {
            delay(5);
            if(temp==0xde)
            {
                a=a+2;                      //甲队比分加 2
                if(a>=100)
                a=99;
                dispaly1(a);
            }
        }
    if(temp==0xbe)
        {
            delay(5);
            if(temp==0xbe)
            {
                a=a+3;                      //甲队比分加 3
                if(a>=100)
                a=99;
                dispaly1(a);
            }
        }
    if(temp==0x7e)
        {
            delay(5);
            if(temp==0x7e)
            {
                a--;                        //甲队比分减 1
                if(a<=-1)
                a=0;
                dispaly1(a);
            }
```

```
                }
            while(temp!=0xf0)                       //按钮释放检测
            {
                temp=P3;
                temp=temp&0xf0;
                dispaly1(a);
            }
        }
    }
    P3=0xfd;
    temp=P3;
    temp=temp&0xf0;
    while(temp!=0xf0)
    {
        delay(5);
        temp=P3;
        temp=temp&0xf0;
        while(temp!=0xf0)
        {
            temp=P3;
            if(temp==0xed)
                {
                    delay(5);
                    if(temp==0xed)
                    {
                        c++;                        //乙队比分加 1
                        if(c>=100)
                        c=99;
                        dispaly2(c);
                    }
                }
            if(temp==0xdd)
                {
                    delay(5);
                    if(temp==0xdd)
                    {
                        c=c+2;                      //乙队比分加 2
                        if(c>=100)
                        c=99;
                        dispaly2(c);
                    }
                }
            if(temp==0xbd)
                {
                    delay(5);
                    if(temp==0xbd)
                    {
```

```
                    c=c+3;                    //乙队比分加3
                    if(c>=100)
                    c=99;
                    dispaly2(c);
                }
            }
        if(temp==0x7d)
            {
                delay(5);
                if(temp==0x7d)
                {
                    c--;                      //乙队比分减1
                    if(c<=-1)
                    c=0;
                    dispaly2(c);
                }
            }
        while(temp!=0xf0)
        {
            temp=P3;
            temp=temp&0xf0;
            dispaly2(c);
        }
    }
}
P3=0xfb;
temp=P3;
temp=temp&0xf0;
while(temp!=0xf0)
{
    delay(5);
    temp=P3;
    temp=temp&0xf0;
    while(temp!=0xf0)
    {
        temp=P3;
        if(temp==0xeb)
            {
                delay(5);
                if(temp==0xeb)
                {
                    a=0;                      //双方比分清零
                    dispaly1(a);
                    c=0;
                    dispaly2(c);
                }
            }
```

```
            if(temp==0xdb)
                {
                    delay(5);
                    if(temp==0xdb)
                    {
                        e=a;
                        f=c;
                        a=f;
                        dispaly1(a);                //双方比分切换
                        c=e;
                        dispaly2(c);
                    }
                }
                if(flag!=1)    //避免误操作,只有在时间停止的情况下才能加/减定时时间
                {
                if(temp==0xbb)
                    {
                        delay(5);
                        if(temp==0xbb)
                        {
                            fen++;              //定时时间加 1
                            if(fen==99)
                            fen=0;
                        }
                    }
                if(temp==0x7b)
                    {
                        delay(5);
                        if(temp==0x7b)
                        {
                            fen--;              //定时时间减 1
                            if(fen==-1)
                            fen=99;
                        }
                    }
                }
            while(temp!=0xf0)
            {
                temp=P3;
                temp=temp&0xf0;
                dispaly2(c);
            }
        }
    }
    P3=0xf7;
    temp=P3;
    temp=temp&0xf0;
```

```
		while(temp!=0xf0)
		{
			delay(5);
			temp=P3;
			temp=temp&0xf0;
			while(temp!=0xf0)
			{
				temp=P3;
				if(temp==0xe7)
					{
						delay(5);
						if(temp==0xe7)
						{
							TR0=1;                    //比赛开始计时按钮
							flag=1;
						}
					}
				if(temp==0xd7)
					{
						delay(5);
						if(temp==0xd7)
						{
							TR0=0;                    //比赛暂停计时按钮
							flag=0;
						}
					}
				if(temp==0xb7)
					{
						delay(5);
						if(temp==0xb7)
						{
							fen=0;                    //比赛时间清零
							miao=0;
						}
					}
				while(temp!=0xf0)
				{
					temp=P3;
					temp=temp&0xf0;
					dispaly2(c);
				}
			}
		}
}
void timer0(void)interrupt 1                          //T0 中断服务
{
	TH0=0x4C;                                         //50ms 延时初值
```

```
    TL0=0x00;
    t++;
    if(t==20)                               //50ms*20=1s,1s 时间到减 1 操作
    {
        t=0;
        miao--;
        if(miao==-1)
        {
            fen--;                          //当 59s 减完,分减 1
            miao=59;
        }
        if(fen==-1)
        {
            fen=0;                          //分清零
            miao=0;
            beep=0;                         //时间停止,蜂鸣器响
        }
    }
}
void init()                                 //T0 中断初始化
{
    TMOD=0x01;
    TH0=(65536-50000)/256;
    TL0=(65536-50000)%256;
    ET0=1;
    EA=1;
    TR0=0;
}
void main()                                 //主程序
{
    CS=0xfe;
    init();
    while(1)
      {
        dispaly();
        keyscan();
      }
}
```

调试与仿真

打开 Keil 软件，创建“篮球计分器”项目，输入源程序，并将该源程序文件添加到项目中。编译源程序，生成“篮球计分器.HEX”文件。

在已绘制好的 Proteus 电路图中双击 AT89C51 单片机，添加在 Keil 中生成的“篮球计分器.HEX”文件，实现 Keil 与 Proteus 的联机。

在 Proteus 电路图绘制软件的编辑窗口中单击按钮 ▶ ，进入仿真状态。刚开始运行时，LED 数码管显示的时间为“1000”，表示比赛的分节时间为 10min；LED 数码管显示的甲队和乙队得分均为 0。当按下比赛开始按钮后，比赛时间进行倒计时，操作相应的得分按钮可以控制甲队或乙队的得分情况。篮球计分器程序运行效果如图 9-4 所示。

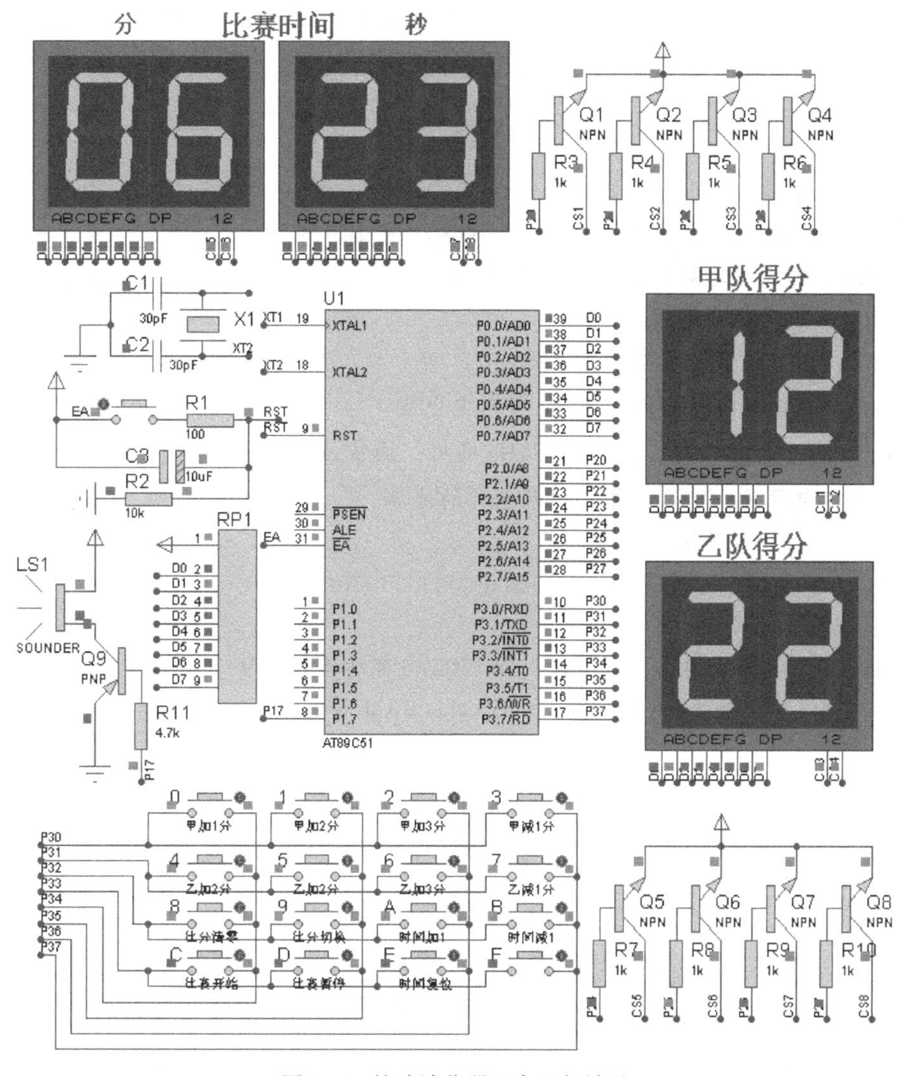

图 9-4　篮球计分器程序运行效果

9.3　DS1302 可调时钟的设计

DS1302 基础知识

DS1302 是 DALLAS 公司推出的 SPI 总线涓流充电时钟芯片，内含一个实时时钟/日历和31B静态RAM，通过简单的串行接口与单片机进行通信。实时时钟/日历电路提供秒、分、时、日、星期、月、年的信息，每月的天数和闰年的天数可自动调整，时钟操作可通过AM/PM指示决定采用24h或12h格式。DS1302与单片机之间能简单地采用同步串行方式进行通信，仅需用到3个口线：$\overline{\text{RST}}$（复位）、I/O（数据线）、SCLK（串行时钟）。时钟/RAM的数据读/写以一个字节或多达31B的字符组方式通信。DS1302的功耗很低，保持数据和时钟信息的功率小于1mW。DS1302是由DS1202改进而来的（增加了双电源引脚）。为可编程涓流充电电源，附加了7B存储器，广泛应用于电话、传真、便携式仪器及电池供电的仪器仪表等。

引脚	名称	引脚	名称
1	Vcc_2	8	Vcc_1
2	X_1	7	SCLK
3	X_2	6	I/O
4	GND	5	$\overline{\text{RST}}$

图9-5　DS1302引脚图

1）DS1302封装形式及引脚说明　DS1302有DIP和SOIC两种封装形式，其引脚图如图9-5所示。

DS1302引脚功能如下所述。

☺ Vcc_2：主电源，一般接+5V电源。

☺ Vcc_1：辅助电源，一般接3.6V可充电电池。

☺ X_1和X_2：晶振引脚，接32.768kHz晶振，通常该引脚还要接补偿电容。

☺ GND：电源地，接主电源及辅助电源的地端。

☺ SCLK：串行时钟输入引脚。

☺ I/O：数据I/O引脚。

$\overline{\text{RST}}$：复位输入引脚。

2）DS1302内部结构及工作原理　DS1302内部结构如图9-6所示。它包括输入移位寄存器、控制逻辑、晶振、实时时钟和31×8bit RAM等部分。

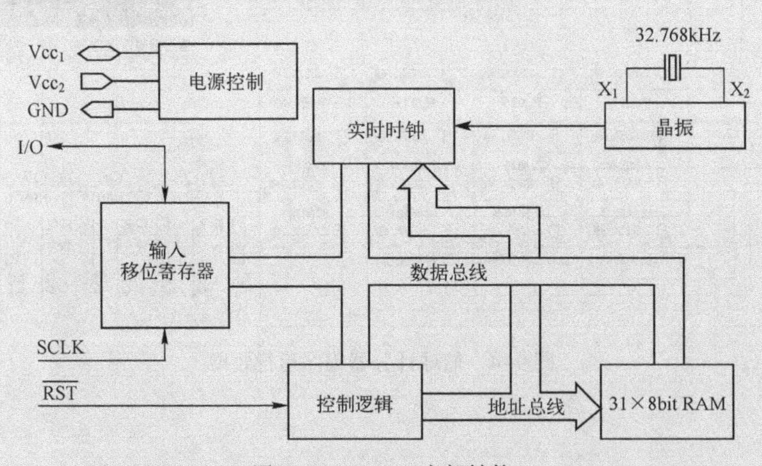

图9-6　DS1302内部结构

在读/写数据时，$\overline{\text{RST}}$必须被置为高电平（注意，此时内部时钟电路仍在晶振作用下正常工作，允许外部读/写数据）。读数据或写数据的操作是在SCLK的下降沿或上升沿处完成的（在下降沿处数据被读出，在上升沿处数据被写入），每次只能读/写一位（1 bit）数据。究竟是读还是写，是在串行输入一个字节（1 B）的控制指令中确定的，然后每经过8个时钟周期便可读/写1 B的数据，从而实现串行数据的读出或写入。控制指令是在最开始的8个时钟周期载入移位寄存器的。如果在控制指令中指定的是单字节模式，则在接下来的 8 个时钟周期内完成读/写 1B 数据的操作；如果在控制指令中指定的是突发模式，既可一次性读/写 7 B 的时钟/日历寄存器数据（注意，时钟/日历寄存器数据必须一次性读/写完），也可以一次性读/写多个字节的 RAM 数据。

3）控制命令字节格式　DS1302 的控制命令字节格式见表 9-3。其中，最高位（MSB）D7=1；若 D7=0，则禁止操作。若 D6=0，对时钟/日历数据进行读/写操作；若 D6=1，则对 RAM 数据进行读/写操作。D5~D1 用于指定进行读/写操作的特定寄存器的地址（A4~A0）。若最低有效位（LSB）D0=0，指定进行写操作；若 D0=1，指定进行读操作。控制命令字节总是从最低有效位（LSB）D0 开始输入的，控制命令字节中的每一位均是在 SCLK 的上升沿送出的。

表 9-3　DS1302 的控制命令字节格式

D7（MSB）	D6	D5	D4	D3	D2	D1	D0（LSB）
1	$R/\overline{C}$	A4	A3	A2	A1	A0	$R/\overline{W}$

4）复位及时钟控制　所有的数据读/写都是在$\overline{RST}$=1 时完成的。如果在数据读/写过程中，$\overline{RST}$被置为低电平，则此次数据的读/写操作将被终止，I/O 引脚变为高阻态。系统上电运行时，在电源电压达到 2V 前，$\overline{RST}$必须保持低电平。

5）数据的读/写　分为单字节模式和突发模式两种，如图 9-7 所示。

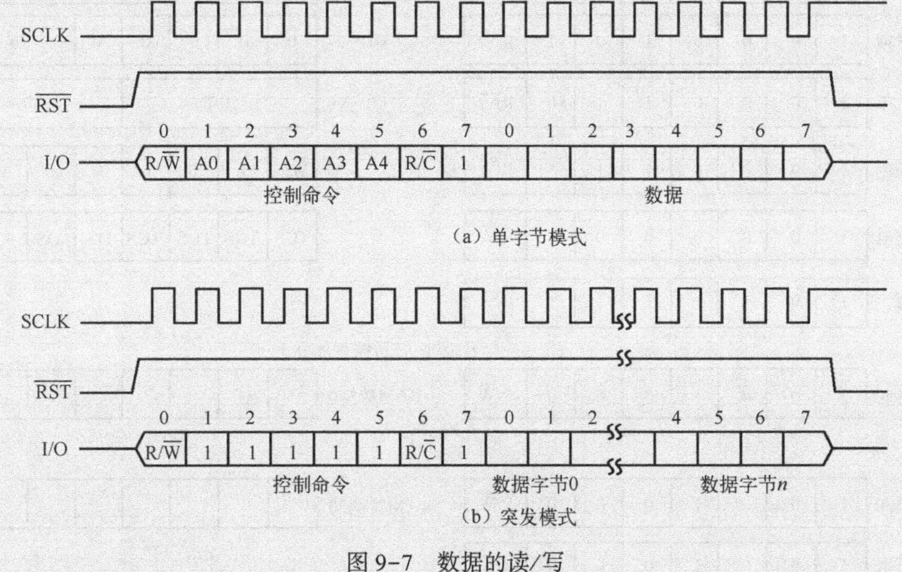

图 9-7　数据的读/写

☺ 单字节模式：首先经过 8 个时钟周期完成控制命令的写入，然后在接下来的 8 个时钟周期内完成 1 B 数据的读/写操作。数据的读/写操作均是从最低位开始的。

注意：每位数据的读出是在 SCLK 下降沿处完成的，每位数据的写入则是在 SCLK 上升沿处完成的。

☺ 突发模式：在控制指令中，如果指定 D5D4D3D2D1 = 11111，则激活突发模式。在突发模式下，若 D6 = 0，表示对时钟/日历寄存器进行读/写操作；若 D6 = 1，则表示对 RAM 进行读/写操作。对时钟/日历寄存器进行读/写操作时，必须一次性读/写完全部 7 B 的数据，此时地址 9~31 是无效的；对 RAM 进行读/写操作时，可以一次性读/写多个字节的 RAM 数据，但地址 31 是无效的。突发模式的读/写操作都是从地址 0 的第 0 位开始的。

6）DS1302 内部寄存器 DS1302 内部寄存器分配情况如图 9-8 所示。其中，$R/\overline{W}$ 为读/写选择位，若 $R/\overline{W}=0$，能够将数据写入寄存器；若 $R/\overline{W}=1$，只能读出寄存器中的数据。

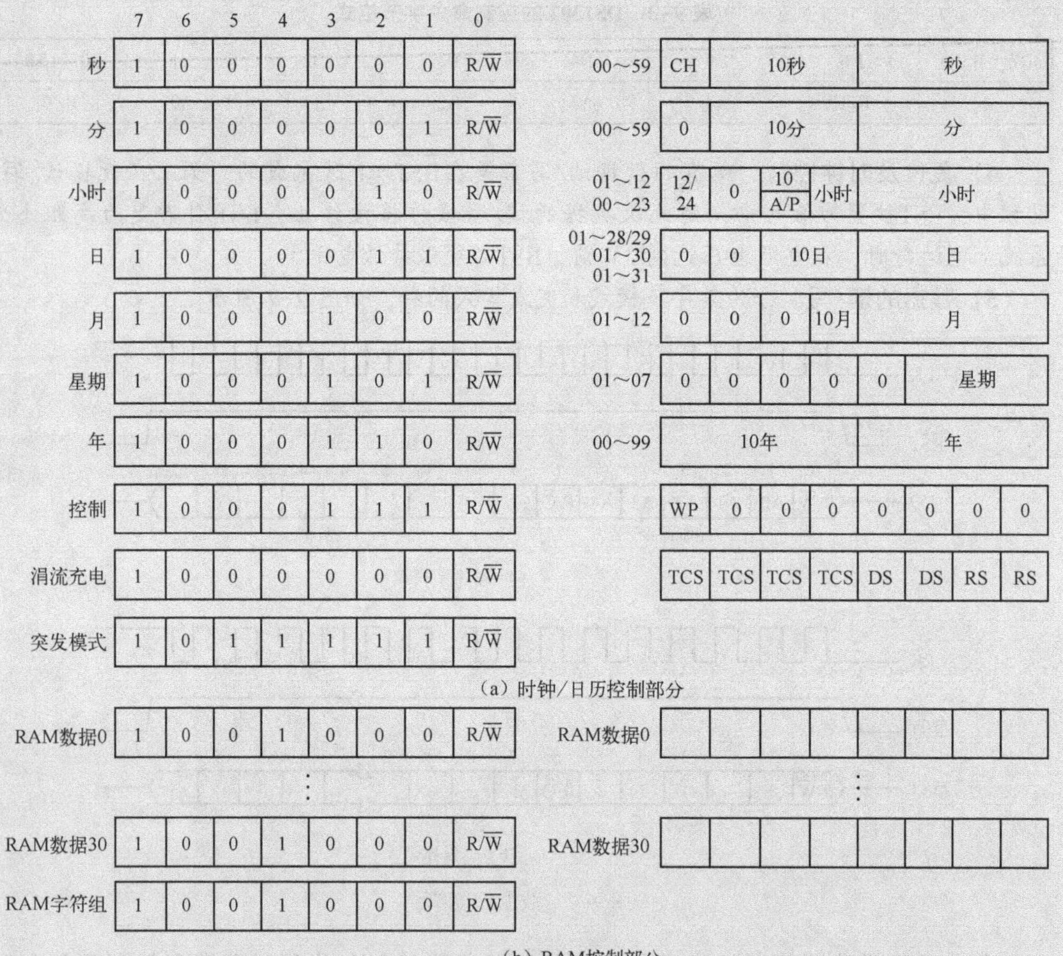

图 9-8 DS1302 内部寄存器分配情况

小时寄存器中的第 7 位是 12 小时或 24 小时模式选择位，若该位为 1，选择 12 小时模式；若该位为 0，选择 24 小时模式。在 12 小时模式下，该寄存器的第 5 位是 AM（上午）或 PM（下午）选择位，若该位为 0，表示 AM；若该位为 1，表示 PM。在 24 小时模式下，该寄存器的第 5 位用于表示第 2 个 10 小时（即 20~23 时）。

TCS 用于涓流充电使能控制，4 位 TCS 若为 1010，使能涓流充电；否则，禁止涓流充电。DS 为二极管选择位，2 位 DS 位若为 01，选择一个二极管；若为 10，选择两个二极管；若为 00 或 11，即使 4 位 TCS 位为 1010，充电功能也被禁止。RS 位功能见表 9-4。

表 9-4　RS 位功能表

RS 位	电　阻	典型值/kΩ	RS 位	电　阻	典型值/ kΩ
00	无	无	10	R2	4
01	R1	2	11	R3	8

硬件设计

在桌面上双击图标，打开 Proteus 8 Professional 软件。新建一个 DEFAULT 模板，添加表 9-5 所列的元器件，并完成图 9-9 所示的硬件电路图设计。

表 9-5　DS1302 可调时钟项目所用元器件

单片机 AT89C51	电解电容 CAP-ELEC 10μF	瓷片电容 CAP30pF	电阻 RES
晶振 CRYSTAL 11.0592MHz	数码管 7SEG-MPX8-CA-BLUE	三极管 NPN	按钮 BUTTON
电阻排 RESPACK-8	蜂鸣器 SOUNDER	时钟芯片 DS1302	电池 BATTERY

程序设计

采集 DS1302 中实时时间程序流程图如图 9-10 所示。

由于 DS1302 工作在 32.768kHz 的时钟条件下，而单片机工作在 11.0592MHz 时钟条件下，在单片机对 DS1302 进行操作时，应适当增加一些延时，以使 DS1302 能够正确接收或响应。采用 C 语言编写的程序如下所述。

```
#include <reg51.h>
#define uchar unsigned char
#define uint unsigned int
sbit DS_CLK=P1^1;                //定义 DS1302 时钟输入端口
sbit DS_DAT=P1^2;                //定义 DS1302 串行数据输入/输出端口
sbit DS_RST=P1^0;                //定义 DS1302 复位/片选端口
sbit k1=P3^0;
sbit k2=P3^1;
sbit k3=P3^2;
sbit k4=P3^3;
sbit p37=P3^7;
uchar code LED_code[]={0xc0,0xf9,0xa4,0xb0,0x99,0x92,        //LED 数码管显示段码
                       0x82,0xf8,0x80,0x90,0xbf,0xff};
uchar num;
uchar temp;
uchar key;
uchar a=0x00;
```

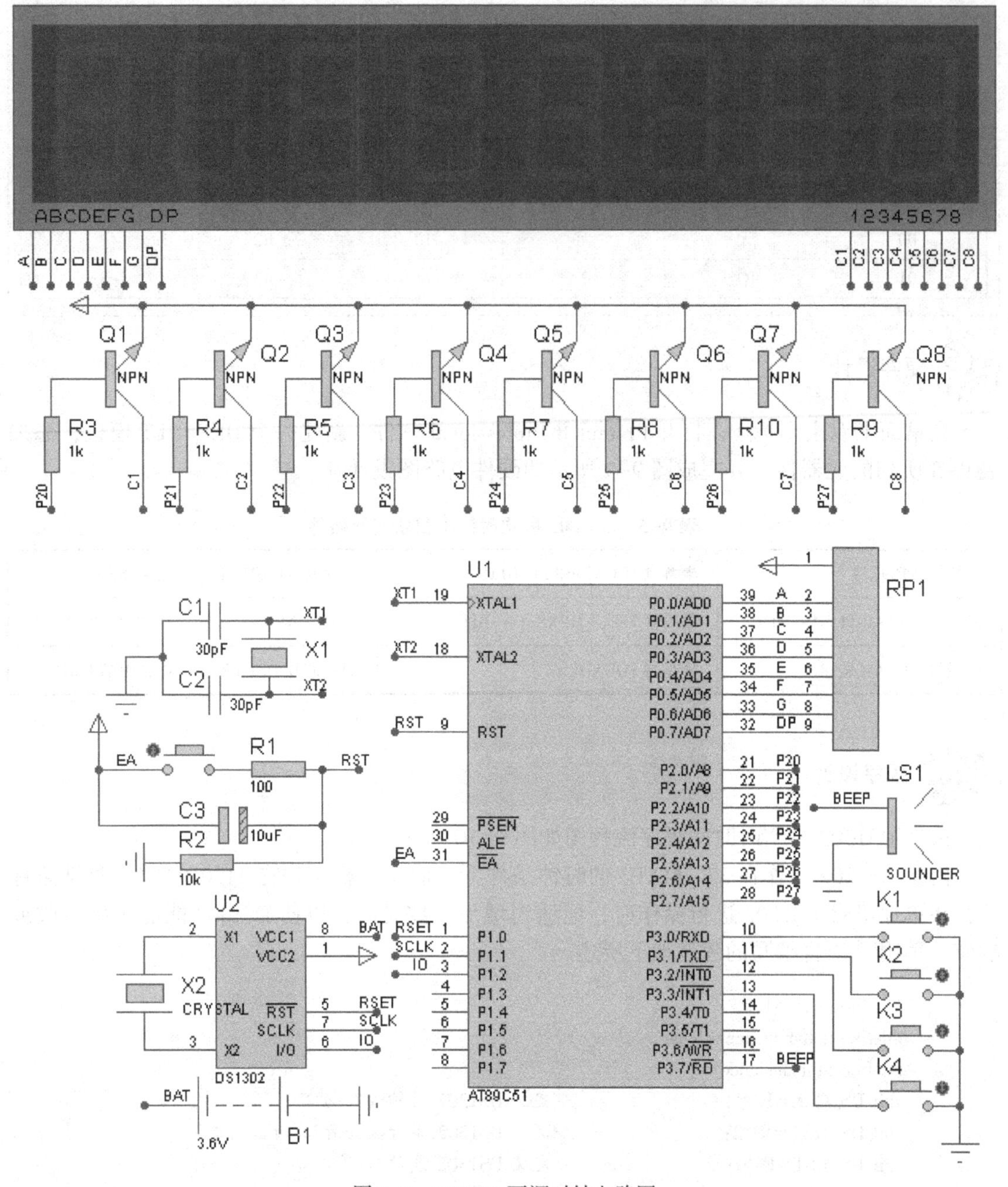

图 9-9　DS1302 可调时钟电路图

```
uchar sec,min,hou,dat,mon,day,yea;
uchar ac_sec=0,ac_min=0,ac_hou=8;
uchar dis[8];
bit flag,flag1,flag2,flag3,flag4,flag5,flag6;
void delay(uint n)                         //延时
{
      uint i;
      while(n--);
     for(i=0;i<115;i++);
```

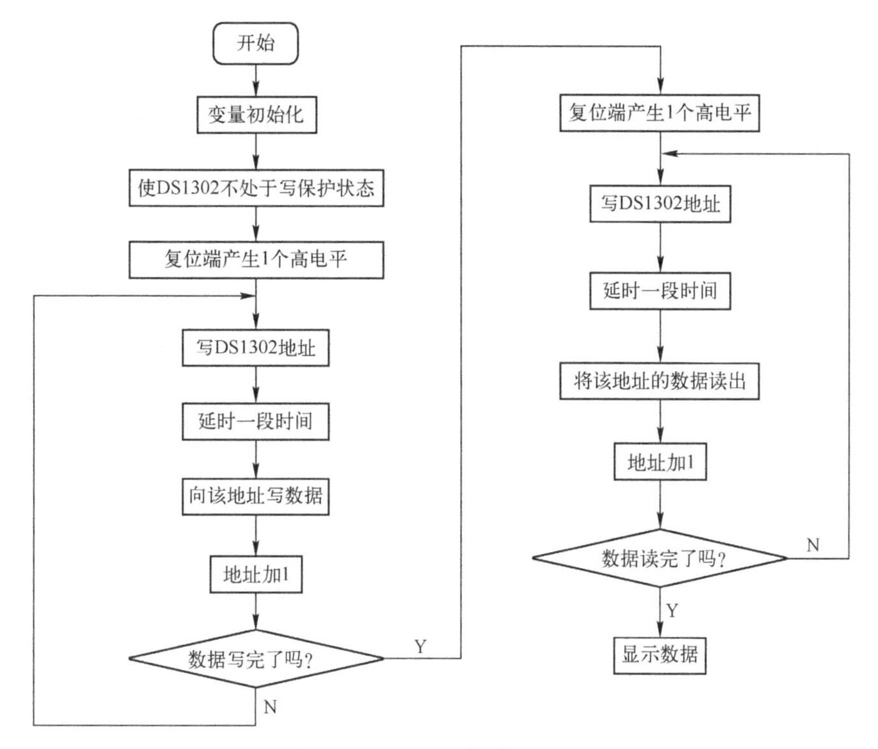

图 9-10　DS1302 实时时间流程

```
}
void DS1302_Write_byte(address)                //DS1302 字节写入
{
    uchar i;
    for (i=8;i>0;i--)                          //地址输入,8 位
    {
      DS_CLK=0;                                //上升沿数据输入
      DS_DAT=address&0x01;                     //送出 1 位数据
      address>>=1;                             //右移 1 位
      DS_CLK=1;                                //上升沿
    }
}
uchar DS1302Read(uchar address)                //DS1302 指定地址读出
{
  uchar i;
  DS_CLK=0;                                    //复位各引脚
  DS_DAT=0;
  DS_RST=0;
  DS_RST=1;
  DS1302_Write_byte(address);                  //允许读/写数据
  for (i=8;i>0;i--)                            //数据读出
   {
     DS_CLK=0;                                 //在下降沿处读出数据
     address>>=1;                              //把数据右移
     if (DS_DAT)    address=address|0x80;      //读取数据
```

```
        DS_CLK=1;
      }
    DS_CLK=1;                                         //时钟置高位
    DS_RST=0;
    return(address);
}
void DS1302Write(uchar address,uchar date)      //DS1302 指定地址写入
{
    DS_CLK=0;
    DS_DAT=0;
    DS_RST=0;
    DS_RST=1;
    DS1302_Write_byte(address);
    DS1302_Write_byte(date);
    DS_CLK=1;
    DS_RST=0;
}
uchar BCD_Decimal(uchar bcd)                    //BCD 码转十进制函数,输入 BCD 码,返回十进制数
{
  uchar Decimal;
  Decimal=bcd>>4;
  return(Decimal=Decimal * 10+(bcd&=0x0F));
}
void timer0()interrupt 1                        //T0 用于分时显示处理
{
      uchar l,i;
      TH0=0x4C;                                       //重装 50ms 定时初值
      TL0=0x00;
      l++;
      if(l==20)
      {
            l=0;
            i++;
            if(i==8)
            {
                  flag1=0;
                  flag2=1;
            }
            if(i==14)
            {
                  flag2=0;
                  flag3=1;
            }
            if(i==19)
            {
                  flag3=0;
                  flag4=1;
```

```
        }
        if(i==22)
        {
            i=0;
            flag4=0;
            flag1=1;
        }
    }
}
void timer1()interrupt 3                //T1 用于按下设置按钮但未操作的自动恢复
{
    uchar t,j;
    TH1=(65536-50000)/256;
    TL1=(65536-50000)%256;
    t++;
    if(t==10)
    {
        t=0;
        a=~a;
        j++;
        if(j==180)
        {
            j=0;
            num=0;
            flag=1;
            flag3=0;
            flag2=0;
            flag1=1;
            flag4=0;
            TR0=1;
            temp=sec/10 * 16+sec%10;
            DS1302Write(0x80,0x00|temp);
            DS1302Write(0x8e,0x80);
        }
    }
}
void time_flicker()                     //调时时间闪烁
{
            if(num==1)                  //当调时间时,秒个位闪烁
            {
            P2=0x01|a;
            P0=LED_code[dis[0]];
            delay(1);
        }
        else                            //否则正常显示时间
        {
            P2=0x01;
```

```
        P0=LED_code[dis[0]];
        delay(1);
    }
    if(num==1)                              //当调时间时,秒十位闪烁
    {
        P2=0x02|a;
        P0=LED_code[dis[1]];
        delay(1);
    }
    else
    {
        P2=0x02;
        P0=LED_code[dis[1]];
        delay(1);
    }
    if(num==2)                              //当调时间时,分个位闪烁
    {
        P2=0x08|a;
        P0=LED_code[dis[3]];
        delay(1);
    }
    else
    {
        P2=0x08;
        P0=LED_code[dis[3]];
        delay(1);
    }
    if(num==2)                              //当调时间时,分十位闪烁
    {
        P2=0x10|a;
        P0=LED_code[dis[4]];
        delay(1);
    }
    else
    {
        P2=0x10;
        P0=LED_code[dis[4]];
        delay(1);
    }

    if(num==3)                              //当调时间时,时个位闪烁
    {
        P2=0x40|a;
        P0=LED_code[dis[6]];
        delay(1);
    }
    else
```

```
        {
            P2=0x40;
            P0=LED_code[dis[6]];
            delay(1);
        }
        if(num==3)                          //当调时间时,时十位闪烁
        {
            P2=0x80|a;
            P0=LED_code[dis[7]];
            delay(1);
        }
        else
        {
            P2=0x80;
            P0=LED_code[dis[7]];
            delay(1);
        }
        delay(1);
        P2=0x00;
}
void date_flicker()                         //调时日期闪烁
{
        if(num==4)                          //当调时间时,秒个位闪烁
        {
            P2=0x01|a;
            P0=LED_code[dis[0]];
            delay(1);
        }
        else                                //否则正常显示时间
        {
            P2=0x01;
            P0=LED_code[dis[0]];
            delay(1);
        }
        if(num==4)                          //当调时间时,秒十位闪烁
        {
            P2=0x02|a;
            P0=LED_code[dis[1]];
            delay(1);
        }
        else
        {
            P2=0x02;
            P0=LED_code[dis[1]];
            delay(1);
        }
        if(num==5)                          //当调时间时,分个位闪烁
```

```
{
    P2=0x04|a;
    P0=LED_code[dis[2]];
    delay(1);
}
else
{
    P2=0x04;
    P0=LED_code[dis[2]];
    delay(1);
}
if(num==5)                          //当调时间时,分十位闪烁
{
    P2=0x08|a;
    P0=LED_code[dis[3]];
    delay(1);
}
else
{
    P2=0x08;
    P0=LED_code[dis[3]];
    delay(1);
}

if(num==6)                          //当调时间时,时个位闪烁
{
    P2=0x10|a;
    P0=LED_code[dis[4]];
    delay(1);
}
else
{
    P2=0x10;
    P0=LED_code[dis[4]];
    delay(1);
}
if(num==6)                          //当调时间时,时十位闪烁
{
    P2=0x20|a;
    P0=LED_code[dis[5]];
    delay(1);
}
else
{
    P2=0x20;
    P0=LED_code[dis[5]];
    delay(1);
```

```
        }
        P2=0x40;
        P0=LED_code[dis[6]];
        delay(1);
        P2=0x80;
        P0=LED_code[dis[7]];
        delay(1);
        P2=0x00;
}
void week_flicker()                          //调时星期闪烁
{
        if(num==7)
        {
            P2=0x10|a;
            P0=LED_code[dis[4]];
            delay(1);
        }
        else
        {
            P2=0x10;
            P0=LED_code[dis[4]];
            delay(1);
        }
         P2=0x01;
         P0=0xbf;
         delay(1);
         P2=0x02;
         P0=0xbf;
         delay(1);
         P2=0x04;
         P0=0xbf;
         delay(1);
         P2=0x08;
         P0=0xbf;
         delay(1);
         P2=0x20;
         P0=0xbf;
         delay(1);
         P2=0x40;
         P0=0xbf;
         delay(1);
         P2=0x80;
         P0=0xbf;
         delay(1);
         P2=0x00;
}
void alarm_flicker()                         //调时闹钟闪烁
```

```
{
        if(num==8)                          //当调时间时,秒个位闪烁
        {
            P2=0x01|a;
            P0=LED_code[dis[0]];
            delay(1);
        }
        else                                //否则正常显示时间
        {
            P2=0x01;
            P0=LED_code[dis[0]];
            delay(1);
        }
        if(num==8)                          //当调时间时,秒十位闪烁
        {
            P2=0x02|a;
            P0=LED_code[dis[1]];
            delay(1);
        }
        else
        {
            P2=0x02;
            P0=LED_code[dis[1]];
            delay(1);
        }
        if(num==9)                          //当调时间时,分个位闪烁
        {
            P2=0x08;
            P0=LED_code[dis[3]];
            delay(1);
        }
        else
        {
            P2=0x08;
            P0=LED_code[dis[3]];
            delay(1);
        }
        if(num==9)                          //当调时间时,分十位闪烁
        {
            P2=0x10|a;
            P0=LED_code[dis[4]];
            delay(1);
        }
        else
        {
            P2=0x10;
            P0=LED_code[dis[4]];
```

```
            delay(1);
        }

        if(num==10)                        //当调时间时,时个位闪烁
        {
            P2=0x40|a;
            P0=LED_code[dis[6]];
            delay(1);
        }
        else
        {
            P2=0x40;
            P0=LED_code[dis[6]];
            delay(1);
        }
        if(num==10)                        //当调时间时,时十位闪烁
        {
            P2=0x80|a;
            P0=LED_code[dis[7]];
            delay(1);
        }
        else
        {
            P2=0x80;
            P0=LED_code[dis[7]];
            delay(1);
        }
        P2=0x04;
        P0=LED_code[10];
         delay(1);
        P2=0x20;
        P0=LED_code[10];
         delay(1);
        P2=0x00;
}
void read_rtc()                            //读时间
{
    sec=BCD_Decimal(DS1302Read(0x81));
    min=BCD_Decimal(DS1302Read(0x83));
    hou=BCD_Decimal(DS1302Read(0x85));
    dat=BCD_Decimal(DS1302Read(0x87));
    mon=BCD_Decimal(DS1302Read(0x89));
    day=BCD_Decimal(DS1302Read(0x8b));
    yea=BCD_Decimal(DS1302Read(0x8d));
}
void time_pros()                           //时间处理
{
```

```
    dis[7]=sec%10;
    dis[6]=sec/10;
    dis[5]=10;
    dis[4]=min%10;
    dis[3]=min/10;
    dis[2]=10;
    dis[1]=hou%10;
    dis[0]=hou/10;
    P2=0x04;
    P0=LED_code[10];
    delay(1);
    P2=0x20;
    P0=LED_code[10];
    delay(1);
}
void date_pros()                              //日期处理
{
    dis[7]=dat%10;
    dis[6]=dat/10;
    dis[5]=mon%10;
    dis[4]=mon/10;
    dis[3]=yea%10;
    dis[2]=yea/10;
    dis[1]=0;
    dis[0]=2;
}
void week_pros()                              //星期处理
{
    dis[7]=10;
    dis[6]=10;
    dis[5]=10;
    dis[4]=10;
    dis[3]=day;
    dis[2]=10;
    dis[1]=10;
    dis[0]=10;

}
void alarm_pros()                             //闹钟处理
{
    dis[7]=ac_sec%10;
    dis[6]=ac_sec/10;
    dis[5]=10;
    dis[4]=ac_min%10;
    dis[3]=ac_min/10;
    dis[2]=10;
    dis[1]=ac_hou%10;
```

```
    dis[0]=ac_hou/10;
}
void alarm_clock()                              //闹钟时间比较函数
{
    if(((sec-ac_sec)||(min-ac_min)||(hou-ac_hou))==0)
    {
        flag5=1;
    }
}
void beep()
{
    p37=0;
    delay(200);
    p37=1;
    delay(100);
}
void flagbit()                                  //标志位处理
{
      if(flag==1)
        {
            read_rtc();
            time_flicker();
        }
        if(flag1==1)
        {
            time_pros();
            time_flicker();
        }
        if(flag2==1)
        {
            date_pros();
            date_flicker();
        }
        if(flag3==1)
        {
            week_pros();
            week_flicker();
        }
        if(flag4==1)
        {
            alarm_pros();
            alarm_flicker();
        }
        if(flag6==1)
        {
            alarm_clock();
        }
```

```
        if(flag5 = = 1)
        {
            beep();
        }
}
void keyscan()                                  //键盘扫描
{

    if(k1 = =0)
    {
        beep();
        delay(5);
        if(k1 = =0)
        {
            delay(5);
            while(! k1);
            num++;
            if(num = = 1)
            {
                TR0 = 0;
                TR1 = 1;
                flag = 0;
                flag1 = 1;
                flag2 = 0;
                flag3 = 0;
                flag4 = 0;
                sec = 0;
                temp = sec/10 * 16+sec%10;
                DS1302Write(0x8e,0x00);
                DS1302Write(0x80,0x80|temp);
                DS1302Write(0x8e,0x80);
            }
            if(num = = 4)
            {
                flag1 = 0;
                flag2 = 1;
            }
            if(num = = 7)
            {
                flag2 = 0;
                flag3 = 1;
            }
            if(num = = 8)
            {
                flag3 = 0;
                flag4 = 1;
            }
```

```
                if(num==11)
                {
                    num=0;
                    flag=1;
                    flag3=0;
                    flag4=0;
                    flag1=1;
                    TR0=1;
                    temp=sec/10*16+sec%10;
                    DS1302Write(0x8e,0x00);
                    DS1302Write(0x80,0x00|temp);
                    DS1302Write(0x8e,0x80);
                }
            }
        }
        if(num!=0)
        {
            if(k2==0)
            {
                beep();
                delay(5);
                if(k2==0)
                {
                    delay(5);
                    while(!k2);
                    if(num==1)
                    {
                        sec++;
                        if(sec==60)
                        {
                            sec=0;
                        }
                        temp=sec/10*16+sec%10;
                        DS1302Write(0x8e,0x00);
                        DS1302Write(0x80,temp);
                        DS1302Write(0x8e,0x80);
                    }
                    if(num==2)
                    {
                        min++;
                        if(min==60)
                        {
                            min=0;
                        }
                        temp=min/10*16+min%10;
                        DS1302Write(0x8e,0x00);
                        DS1302Write(0x82,temp);
```

```
        DS1302Write(0x8e,0x80);
    }
    if(num==3)
    {
        hou++;
        if(hou==24)
        {
            hou=0;
        }
        DS1302Write(0x8e,0x00);
        temp=hou/10*16+hou%10;
        DS1302Write(0x84,temp);
        DS1302Write(0x8e,0x80);
    }
    if(num==4)
    {
        dat++;
        if(dat==32)
        dat=1;
        temp=dat/10*16+dat%10;
        DS1302Write(0x8e,0x00);
        DS1302Write(0x86,temp);
        DS1302Write(0x8e,0x80);
    }
    if(num==5)
    {
        mon++;
        if(mon==13)
        mon=1;
        DS1302Write(0x8e,0x00);
        temp=mon/10*16+mon%10;
        DS1302Write(0x88,temp);
        DS1302Write(0x8e,0x80);
    }
    if(num==6)
    {
        yea++;
        if(yea==100)
        yea=0;
        temp=yea/10*16+yea%10;
        DS1302Write(0x8e,0x00);
        DS1302Write(0x8c,temp);
        DS1302Write(0x8e,0x80);
    }
    if(num==7)
    {
        day++;
```

```
                if(day==8)
                day=1;
                temp=day/10 * 16+day%10;
                DS1302Write(0x8e,0x00);
                DS1302Write(0x8a,temp);
                DS1302Write(0x8e,0x80);
            }
            if(num==8)
            {
                ac_sec++;
                if(ac_sec==60)
                ac_sec=0;
            }
            if(num==9)
            {
                ac_min++;
                if(ac_min==60)
                ac_min=0;
            }
            if(num==10)
            {
                ac_hou++;
                if(ac_hou==24)
                ac_hou=0;
            }
        }
    }
    if(k3==0)
    {
        beep();
        delay(5);
        if(k3==0)
        {
            delay(5);
            while(! k3);
            if(num==1)
            {
                sec--;
                if(sec==-1)
                sec=59;
                temp=sec/10 * 16+sec%10;
                DS1302Write(0x8e,0x00);
                DS1302Write(0x80,temp);
                DS1302Write(0x8e,0x80);
            }
            if(num==2)
            {
```

```
        min--;
        if(min==-1)
        min=59;
        temp=min/10*16+min%10;
        DS1302Write(0x8e,0x00);
        DS1302Write(0x82,temp);
        DS1302Write(0x8e,0x80);
    }
    if(num==3)
    {
        hou--;
        if(hou==-1)
        hou=23;
        temp=hou/10*16+hou%10;
        DS1302Write(0x8e,0x00);
        DS1302Write(0x84,temp);
        DS1302Write(0x8e,0x80);
    }
    if(num==4)
    {
        dat--;
        if(dat==-1)
        dat=31;
        temp=dat/10*16+dat%10;
        DS1302Write(0x8e,0x00);
        DS1302Write(0x86,temp);
        DS1302Write(0x8e,0x80);
    }
    if(num==5)
    {
        mon--;
        if(mon==-1)
        mon=12;
        temp=mon/10*16+mon%10;
        DS1302Write(0x88,temp);
    }
    if(num==6)
    {
        yea--;
        if(yea==-1)
        yea=99;
        temp=yea/10*16+yea%10;
        DS1302Write(0x8e,0x00);
        DS1302Write(0x8c,temp);
        DS1302Write(0x8e,0x80);
    }
    if(num==7)
```

```
                {
                    day--;
                    if(day==-1)
                    day=7;
                    temp=day/10*16+day%10;
                    DS1302Write(0x8e,0x00);
                    DS1302Write(0x8a,temp);
                    DS1302Write(0x8e,0x80);
                }
                if(num==8)
                {
                    ac_sec--;
                    if(ac_sec==-1)
                    ac_sec=59;
                }
                if(num==9)
                {
                    ac_min--;
                    if(ac_min==-1)
                    ac_min=59;
                }
                if(num==10)
                {
                    ac_hou--;
                    if(ac_hou==-1)
                    ac_hou=23;
                }
            }
        }
    }
    if(k4==0)
    {
        beep();
        delay(5);
        if(k4==0)
        {
            delay(5);
            while(!k4);
            key++;
            if(key==1)
            {
                flag6=1;
            }
            if(key==2)
            {
                key=0;
                flag6=0;
```

```
                    flag5 = 0;
                }
            }
        }
}
void init()                                     //程序初始化
{
    p37 = 0;
    DS_RST = 0;
    DS_CLK = 0;
    flag = 1;
    flag1 = 1;
    TMOD = 0x11;
    TH0 = 0x4C;
    TL0 = 0x00;
    TH1 = 0x4C;
    TL1 = 0x00;
    ET0 = 1;
    ET1 = 1;
    EA = 1;
    TR0 = 1;
    DS1302Write(0x8e,0x00);
    sec = DS1302Read(0x81);
    DS1302Write(0x80,0x00|sec);                 //开机时将秒信号读回来
    DS1302Write(0x8e,0x80);
}
void main()
{
    init();
    while(1)
    {
        keyscan();
        flagbit();
    }
}
```

调试与仿真

打开 Keil 软件，创建“DS1302 可调时钟”项目，输入源程序，并将该源程序文件添加到项目中。编译源程序，生成“DS1302 可调时钟 . HEX”文件。

在已绘制好的 Proteus 电路图中双击 AT89C51 单片机，添加在 Keil 中生成的“DS1302 可调时钟 . HEX”文件，实现 Keil 与 Proteus 的联机。

在 Proteus 电路图绘制软件的编辑窗口中单击按钮 ▶ ，进入仿真状态，其运行效果如图 9-11 所示。

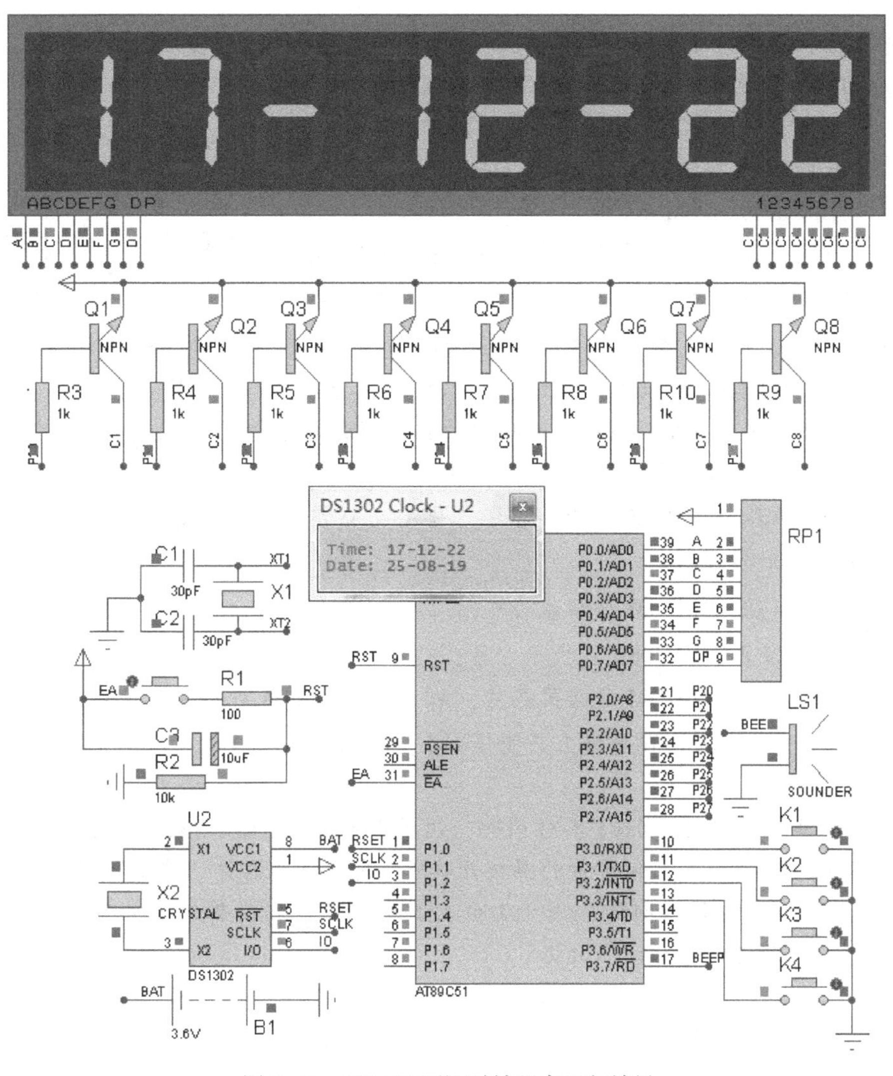

图 9-11　DS1302 可调时钟程序运行效果

9.4　24C04 开启次数统计

设计要求

使用 24C04 存储单片机开启次数，要求单片机每次上电时，开启次数加 1，LED 数码管显示次数。当开启次数超过 5 次时，蜂鸣器发出一声报警声音；当开启次数超过 10 次时，开启次数清零，LED 数码管显示为 00。

24C××基础知识

24C××为 I^2C 串行总线 E^2PROM 存储器，该系列存储器有 24C01（A）/02/04/08/16/

32/64 等型号，它们的外部封装形式、引脚功能及内部结构类似，只是存储容量不同而已，对应的存储容量分别是 128/256/512/1K/2K/4K/8K×8bit。

1）24C××的封装形式及引脚说明 24C01（A）/02/04/08/16 E^2ROM 存储器有 PDIP 和 SOIC 两种封装形式，其引脚图如图 9-12 所示。

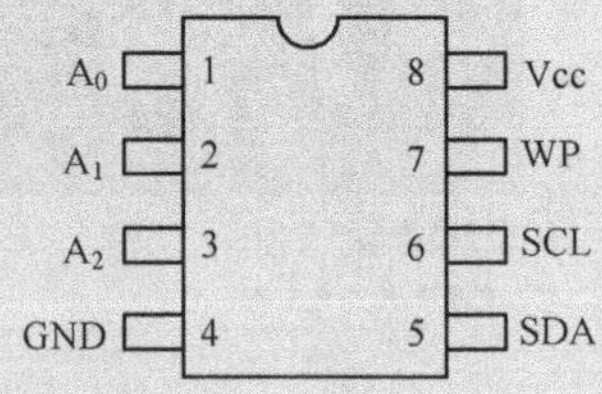

图 9-12　24C01（A）/02/04/08/16 引脚图

☺ A_0、A_1、A_2：片选或页地址位引脚。选用不同的 E^2PROM 存储器芯片时其意义不同，但都要接一固定电平，用于多个器件级联时寻址芯片。

◇ 对于 24C01（A）/02 E^2PROM 存储器芯片，这 3 位用于芯片寻址，通过与其所接的硬接线逻辑电平相比较，判断芯片是否被选中。在总线上最多可连接 8 个 24C01（A）/02 存储器芯片。

◇ 对于 24C04 E^2PROM 存储器芯片，用 A_1、A_2 作为片选，A_0 悬空。在总线上最多可连接 4 个 24C04。

◇ 对于 24C08 E^2PROM 存储器芯片，仅用 A_2 作为片选，A_1、A_0 悬空。在总线上最多可连接 2 个 24C08。

◇ 对于 24C16 E^2PROM 存储器芯片，A_0、A_1、A_2 都悬空。这 3 位地址作为页地址位 P0、P1、P2。在总线上只能接 1 个 24C16。

☺ GND：地线。

☺ SDA：串行数据（/地址）I/O 引脚，用于串行数据的输入/输出。这个引脚是漏极开路驱动，可以与任何数量的漏极开路或集电极开路器件“线或”连接。

☺ SCL：串行时钟输入引脚，用于 I/O 数据的同步。在时钟的上升沿处串行写入数据，在下降沿处串行读取数据。

☺ WP：写保护引脚，用于硬件数据的保护。当 WP 接地时，可对整个芯片进行正常的读/写操作；当 WP 接 V_{CC} 时，对芯片进行写保护。其保护范围见表 9-6。

表 9-6　WP 的保护范围

WP 引脚状态	被保护的存储单元部分				
	24C01（A）	24C02	24C04	24C08	24C16
接 V_{CC}	1KB 全部阵列	2KB 全部阵列	4KB 全部阵列	正常读/写操作	上半部 8KB 阵列
接地	正常读/写操作				

☺ Vcc：电源电压，接+5V。

2）24C××内部结构 24C××内部结构框图如图 9-13 所示。它由启动和停止逻辑、芯片地址比较器、串行控制逻辑、数据字地址计数器、译码器、高压发生器/定时器、存储矩阵、数据输出等部分组成。

3）24C××命令字节格式 单片机发送“启动”信号后，再发送一个 8 位的含有芯片地址的控制字对存储器器件进行片选。这 8 位片选地址字由 3 部分组成：第 1 部分是 8 位控制字的高 4 位（D7~D4），固定为 1010，是 I^2C 总线器件特征编码；第 2 部分是最低位 D0，D0 位是读/写选择位 $R/\overline{W}$，决定单片机对存储器进行何种操作，$R/\overline{W}=1$ 表示读操

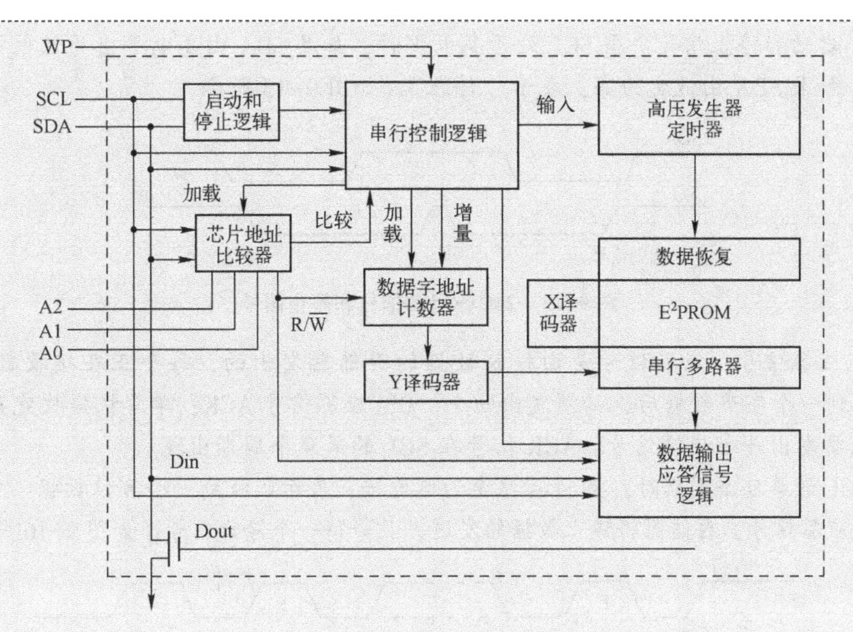

图 9-13　24C××内部结构框图

作，$R/\overline{W}=0$ 表示写操作；剩下的 3 位为第 3 部分，即 A0、A1、A2，这 3 位根据芯片的容量不同，其定义也不相同。24C×× E^2PROM 存储器的地址安排（表中 P2、P1、P0 为页地址位）见表 9-7。

表 9-7　24C××　E^2PROM 存储器的地址安排

型　号	容　量	地　址								可扩展数目
24C01（A）	128B	1	0	1	0	A2	A1	A0	$R/\overline{W}$	8
24C02	256B	1	0	1	0	A2	A1	A0	$R/\overline{W}$	8
24C04	512B	1	0	1	0	A2	A1	P0	$R/\overline{W}$	4
24C08	1KB	1	0	1	0	A2	P1	P0	$R/\overline{W}$	2
24C016	2KB	1	0	1	0	P2	P1	P0	$R/\overline{W}$	1
24C032	4KB	1	0	1	0	A2	A1	A0	$R/\overline{W}$	8
24C064	8KB	1	0	1	0	A2	A1	A0	$R/\overline{W}$	8

4）时序分析

（1）SCL 和 SDA 的时钟关系：24C×× E^2PROM 存储器采用二线制传输，遵循 I^2C 总线协议。SCL 和 SDA 的时钟关系与 I^2C 协议中规定的相同。加在 SDA 上的数据只有在串行时钟 SCL 处于低电平才能改变，如图 9-14 所示。

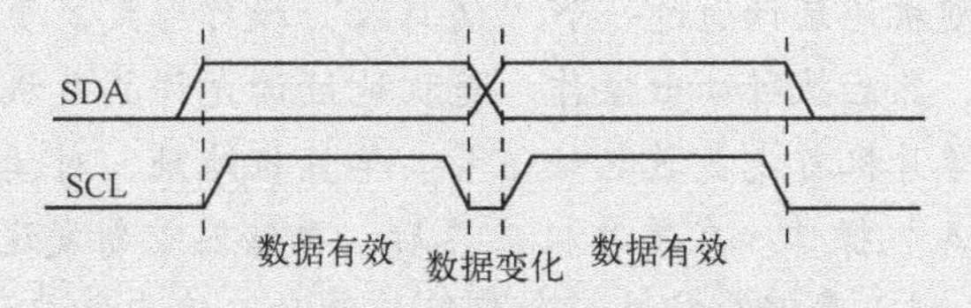

图 9-14　24C×× SDA 和 SCL 的时钟关系

（2）启动和停止信号：当SCL处于高电平时，如果SDA由高电平变为低电平，表示“启动”；如果SDA由低变为高，表示“停止”，如图9-15所示。

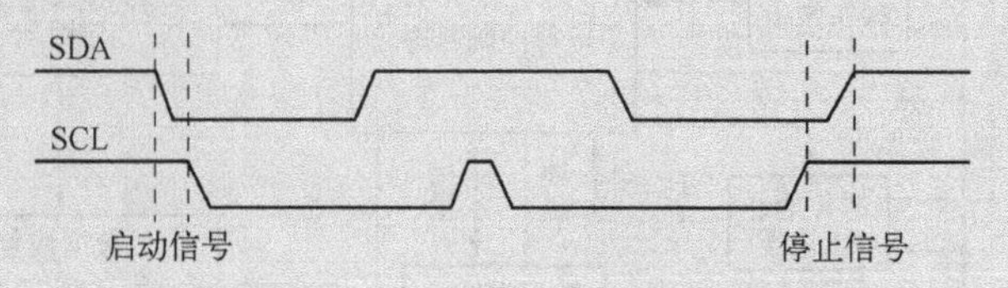

图9-15　24C××启动信号和停止信号

（3）应答信号：应答信号是由接收数据的存储器发出的，每个正在接收数据的E²PROM收到一个字节数据后，必须发出一个“0”应答信号ACK；单片机接收完存储器的数据后也要发出一个应答信号。ACK信号在SCL的第9个周期出现。

在SCL的第9个周期时，将SDA线变为低电平，表示已收到一个8位数据。若单片机没有发送应答信号，存储器将停止数据的发送，且等待一个停止信号，如图9-16所示。

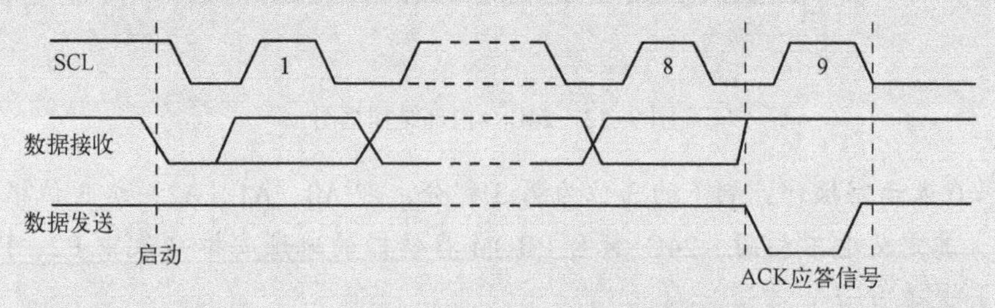

图9-16　应答信号

5）读/写操作

（1）读操作：包括立即地址读、随机地址读、顺序地址读。

☺立即地址读：24C×× E²PROM在上次读/写操作完成后，其地址计数器自动加1。只要芯片不掉电，这个地址在操作中就一直保持有效。在读操作方式下，其地址会自动循环覆盖。24C×× E²PROM接收到单片机发来的地址后，当R/$\overline{W}$=1时，相应的E²PROM发出一个应答信号ACK，然后发送一个8位数据；单片机接收到数据后，不需要发送一个应答信号，但要产生一个停止信号，如图9-17所示。

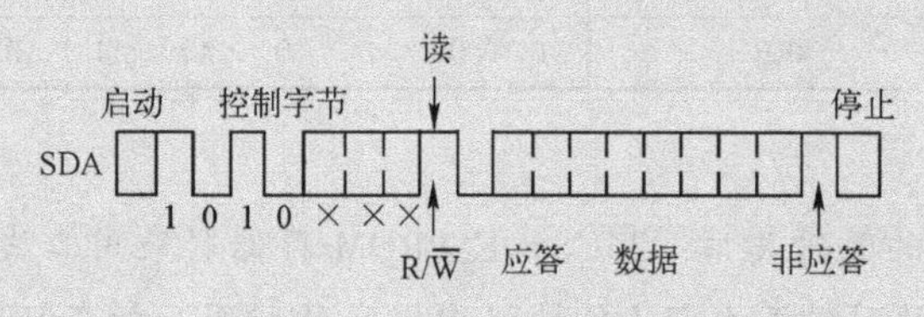

图9-17　24C××立即地址读

☺随机地址读：随机地址读通过一个“伪写入”操作形式对要寻址的E²PROM存储单元进行定位，然后执行读出操作。随机地址读允许单片机对存储器的任意字节进行读操作，单片机首先发送起始信号、单片机地址，对读取字节数据的地址执行一个“伪写入”操作。在单片机应答后，存储器重新发送起始信号、单片机地址，此时R/$\overline{W}$=1，存储器发送一个应答信号后，输出所要读取的一个8位数据，单片机不发送应答信号，但产生一个停止信号，如图9-18所示。

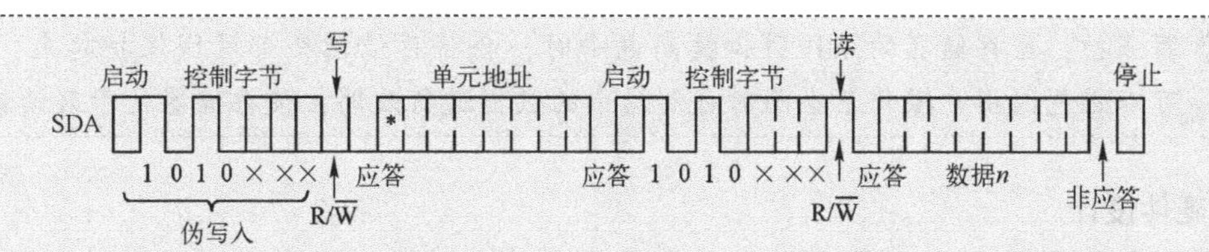

图 9-18　24C××随机地址读

☺ 顺序读：顺序读可以通过立即地址读或随机地址读操作来启动。在存储器发送完一个数据后，单片机发出应答信号，告诉存储器需要发送更多的数据，对应每个应答信号，存储器将发送一个数据，当主器件发送的不是应答信号而是停止信号时，操作结束。存储器输出的数据按顺序从 n 到 $n+i$，地址计数器的内容相应增加，计数器也会产生翻转，继续输出数据，如图 9-19 所示。

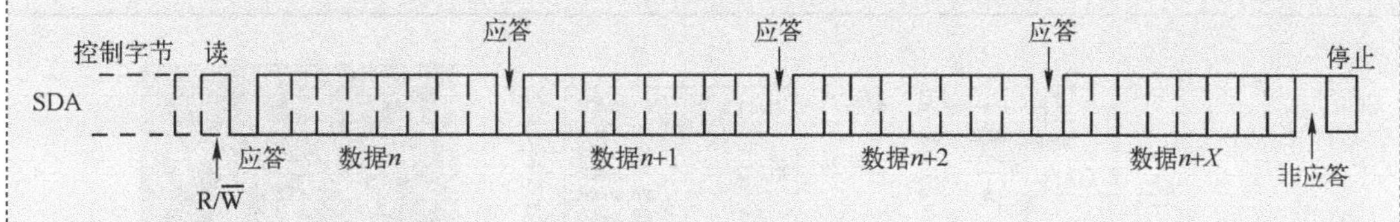

图 9-19　24C××顺序读

（2）写操作：包括字节写、页面写、写保护。

☺ 字节写：每一次启动串行总线时，字节写操作方式只能写入 1B 数据到存储器中。单片机发出“启动”信号和存储器地址给，存储器收到并产生应答信号后，单片机再发送存储器的字节地址，存储器将再发送另一个相应的应答信号，单片机收到后发送数据到被寻址的存储单元，存储器再一次发出应答，而且在单片机产生停止信号后才进行内部数据的写操作，存储器在写的过程中不再响应单片机的任何请求，如图 9-20 所示。

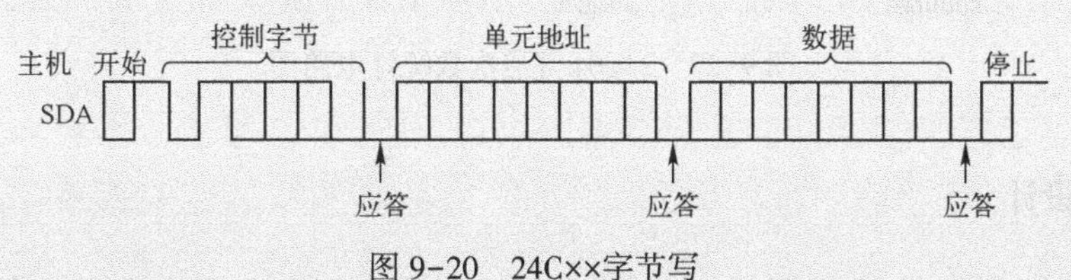

图 9-20　24C××字节写

☺ 页面写：页面写操作方式启动一次 I^2C 总线，24C01（A）可写入 8 数据，而 24C02/04/08/16 可写入 16B 数据。页面字与字节写不同，每传送 1B 数据后，单片机并不产生停止信号，而是发送 x 个（24C01（A）：$x=7$；24C02/04/08/16：$x=15$）额外字节数据，每发送一个 1B 数据后，存储器发送一个应答信号，并将地址低位自动加 1，高位不变，如图 9-21 所示。

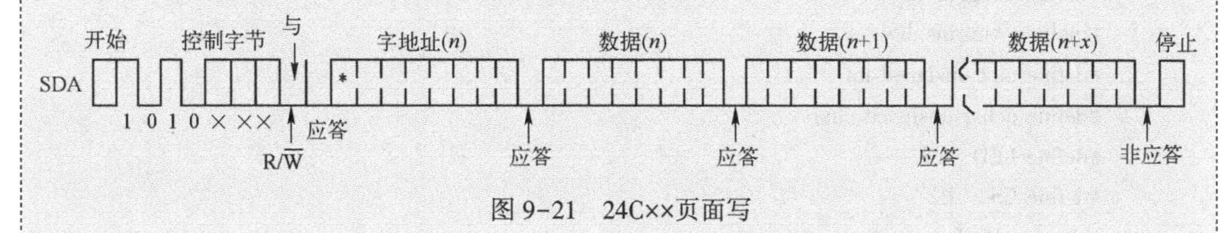

图 9-21　24C××页面写

> ☺ 写保护：当存储器的 WP 引脚接高电平时，会将存储器全部区域保护起来，这样可以避免因用户操作不当而对存储器中的数据进行改写，使存储器处于只读状态。

硬件设计

在桌面上双击图标，打开 Proteus 8 Professional 软件。新建一个 DEFAULT 模板，添加表 9-8 所列的元器件，并完成图 9-22 所示的硬件电路图设计。

表 9-8　24C04 开启次数统计项目所用元器件

单片机 AT89C51	瓷片电容 CAP 30pF	晶振 CRYSTAL 11.0592MHz	电解电容 CAP-ELEC
电阻 RES	限流电阻排 RX8	数码管 7SEG-MPX2-CA-BLUE	按钮 BUTTON
三极管 NPN	存储器 24C04A	蜂鸣器 SOUNDER	

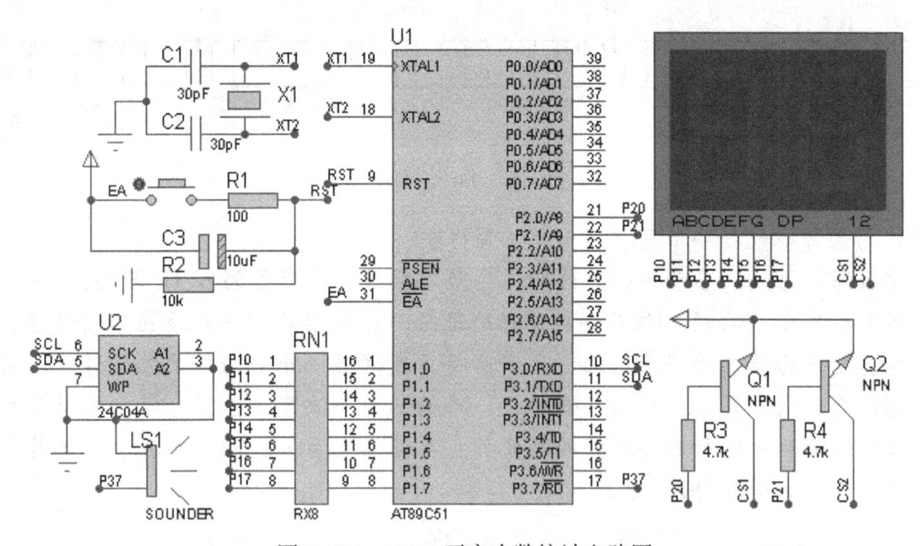

图 9-22　24C04 开启次数统计电路图

程序设计

单片机每次开启时，首先从 24C04 中 0xa0 地址读出开启次数，并将该数据加 1 后，重新写入 0xa0 地址，同时 LED 数码管显示该数据。将数据加 1 前，应该判断当前值是否大于 10，若是，则将该数据清零；否则，继续加 1。如果开启次数为 5 次及以上时，蜂鸣器发出一声报警声音。蜂鸣器的报警声音实质上是 P3.7 输出方波驱动的，该方波的占空比及频率决定 P3.7 输出的声音类型。采用 C 语言编写的程序如下所述。

```
#include<reg52.h>
#include <intrins.h>
#define uint unsigned int
#define uchar unsigned char
#define LED    P1
#define CS     P2
sbit sda=P3^1;
```

```
sbit scl=P3^0;
sbit beep=P3^7;
uchar temp=0;
uchar data_h,data_l;
uchar state;
const uchar tab[ ]={0xc0,0xf9,0xa4,0xb0,0x99,
                    0x92,0x82,0xf8,0x80,0x90};
void delayic(uint i)
{
    uchar j;
    while(i--)
    {
    for(j=0;j<120;j++);
    }
}
void delaym(uchar t)
{
    uchar i;
    for(i=0;i<t;i++);
}
void Start_I2c()              //启动I²C总线,即发送I²C起始条件
{
  sda=1;                      //发送起始条件的数据信号
  _nop_();
scl=1;
  _nop_();                    //起始条件建立时间大于4.7μs,延时
  _nop_();
  _nop_();
  _nop_();
  _nop_();
  sda=0;                      //发送起始信号
  _nop_();                    //起始条件锁定时间大于4μs
  _nop_();
  _nop_();
  _nop_();
  _nop_();
  scl=0;                      //钳住I²C总线,准备发送或接收数据
  _nop_();
  _nop_();
}
void Stop_I2c()               //结束I²C总线,即发送I²C结束条件
{
  sda=0;                      //发送结束条件的数据信号
  _nop_();                    //发送结束条件的时钟信号
  scl=1;                      //结束条件建立时间大于4μs
  _nop_();
  _nop_();
```

```
  _nop_();
  _nop_();
  _nop_();
  sda=1;                    //发送 I²C 总线结束信号
  _nop_();
  _nop_();
  _nop_();
  _nop_();
}
void cack(void)             //应答
{
    sda=0;
    _nop_();
    _nop_();
    _nop_();
    scl=1;                  //时钟低电平周期大于 4μs
    _nop_();
    _nop_();
    _nop_();
    _nop_();
    _nop_();
    scl=0;                  //清时钟线,钳住 I²C 总线以便继续接收
    _nop_();
    _nop_();
}
void mnack (void)           //非应答
{
    sda=1;
    _nop_();
    _nop_();
    _nop_();
    scl=1;                  //时钟低电平周期大于 4μs
    _nop_();
    _nop_();
    _nop_();
    _nop_();
    _nop_();
    scl=0;                  //清时钟线,钳住 I²C 总线以便继续接收
    sda=0;
    _nop_();
    _nop_();
}
void wrbyt(uchar date)      //写入 1B 数据
{
    uchar i,j;
    j=0x80;
    for(i=0;i<8;i++)
```

```
        {
            if((date&j)==0)
            {
                sda=0;
                scl=1;
                delaym(1);
                scl=0;
            }
            else
            {
                sda=1;
                scl=1;
                delaym(1);
                scl=0;
                sda=0;
            }
            j=j>>1;
        }
}
uchar rdbyt(void)              //读出 1B 数据
{
    uchar a,c;
    scl=0;
    delaym(1);
    sda=1;
    delaym(1);
    for(c=0;c<8;c++)
    {
        scl=1;
        delaym(1);
        a=(a<<1)|sda;
        scl=0;
        delaym(1);
    }
    return a;
}
void read_data()               //数据读出
{
    Start_I2c();
    wrbyt(0xa0);
    cack();
    wrbyt(1);
    cack();
    Start_I2c();
    wrbyt(0xa1);
    cack();
    temp=rdbyt();              //数据读出后,送显示
```

```
    mnack();
    Stop_I2c();
    delayic(50);
}
void write_data()              //写入一数据
{
  if(temp<=10)                 //如果小于等于10,数据写入到E²PROM中
    {
        state=temp;
        state++;               //每次通电后,加1后再写入
        Start_I2c();
        wrbyt(0xa0);
        cack();
        wrbyt(1);
        cack();
        wrbyt(state);
        cack();
        Stop_I2c();
        delayic(50);
    }
    else
    {
        temp=0;
        state=temp;
        Start_I2c();
        wrbyt(0xa0);
        cack();
        wrbyt(1);
        cack();
        wrbyt(state);
        cack();
        Stop_I2c();
        delayic(50);
    }
}
void sounder(void)             //蜂鸣器报警
{
uchar i;
  for(i=200;i>0;i--)
    {
      beep=~beep;
    delayic(1);
    }
  for(i=200;i>0;i--)
```

```
        {
          beep = ~beep;
        delayic(1);
        }
}
void dispaly(uchar count)
{
        uchar num;
        num = count;
        data_l = num%10;
        data_h = num/10;
        CS = 0x01;
        LED = tab[data_h];
        delayic(2);
        CS = 0x02;
        LED = tab[data_l];
        delayic(2);
}
void main()
{
        read_data();
        write_data();
        if(temp>4)                //若开启次数大于 4 次,则蜂鸣器报警一声
        {   sounder(); }
        while(1)
        { dispaly(temp);   }
}
```

调试与仿真

打开 Keil 软件，创建“24C04 开启次数统计”项目，输入源程序，并将该源程序文件添加到项目中。编译源程序，生成“24C04 开启次数统计 . HEX”文件。

在已绘制好的 Proteus 电路图中双击 AT89C51 单片机，添加在 Keil 中生成的“24C04 开启次数统计 . HEX”文件，实现 Keil 与 Proteus 的联机。

在 Proteus 电路图绘制软件的编辑窗口中单击按钮 ▶ ，进入运行状态。单击按钮 ■ ，然后再次单击按钮 ▶ ，LED 显示的次数为上次次数加 1。当显示到 5 次后，单击按钮 ■ ，再次单击按钮 ▶ 时，蜂鸣器发出一声报警声。当显示达到 10 次后，单击按钮 ■ ，再次单击按钮 ▶ 时，LED 显示为 0，重新开始计数。

在仿真前，若添加 I^2C 调试器，可监视 24C04 中的内容。单击 Proteus 8 的工具箱中的图标，选择“I2C DEBUGGER”，即可添加 I^2C 调试器。将 I^2C 调试器的 SDA 引脚与 24C04 的 SDA 引脚连接，SCL 引脚与 SCK 引脚连接，TRIG 引脚与地连接。单击按钮 ▶ ，将弹出 I^2C 调试器工作界面，如图 9-23 所示。从图中可看出，在 I^2C 调试器工作界面中显示的数字与 LED 数码管显示的数据相同。

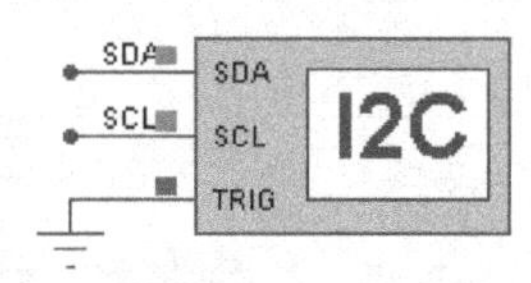

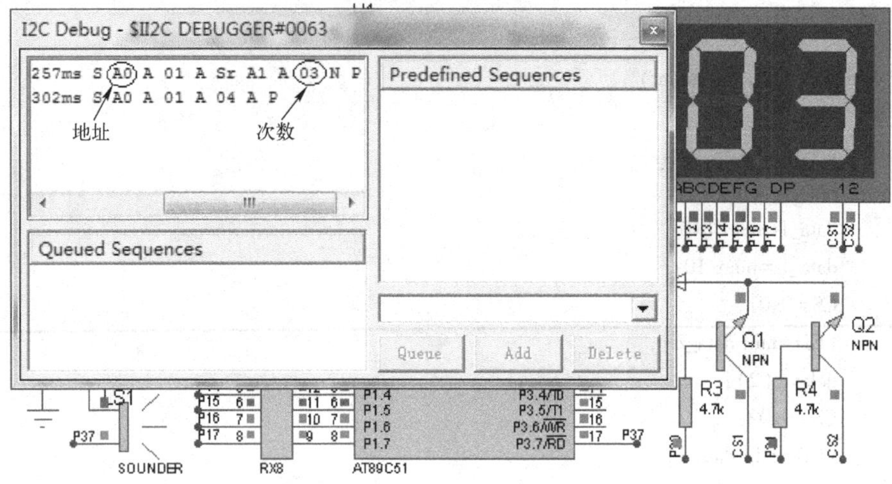

图 9-23　I^2C 调试器工作界面

9.5　DS18B20 测量温度

设计要求

使用 DS18B20 作为温度传感器，MAX7219 作为 LED 数码管驱动器设计一个测温系统，要求测温范围为-55～+125℃。

DS18B20 基础知识

DS18B20 是 DALLAS 公司继 DS1820 后推出的一种改进型智能数字温度传感器。

1）DS18B20 的外形及引脚功能　DS18B20 有 3 种封装形式：采用 3 引脚 TO-92 的封装形式；采用 6 引脚的 TSOC 封装形式；采用 8 引脚的 SOIC 封装形式，如图 9-24 所示。

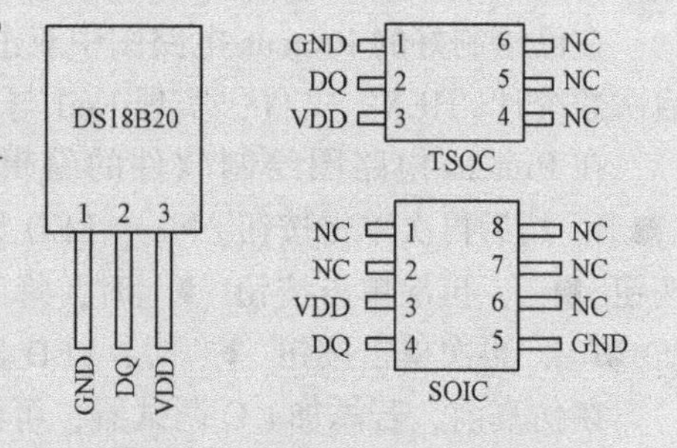

图 9-24　DS18B20 封装形式

DS18B20 芯片各引脚功能如下所述。

☺ GND：电源地。

☺ DQ：数字信号 I/O 端口。

☺ VDD：外接供电电源输入端。采用寄生电源方式时，该引脚接地。

2）DS18B20 的内部结构　DS18B20 的内部结构如图 9-25 所示。它主要由 64 位 ROM、温度传感器、非易失性的温度报警触发器及高速缓存器等 4 部分组成。

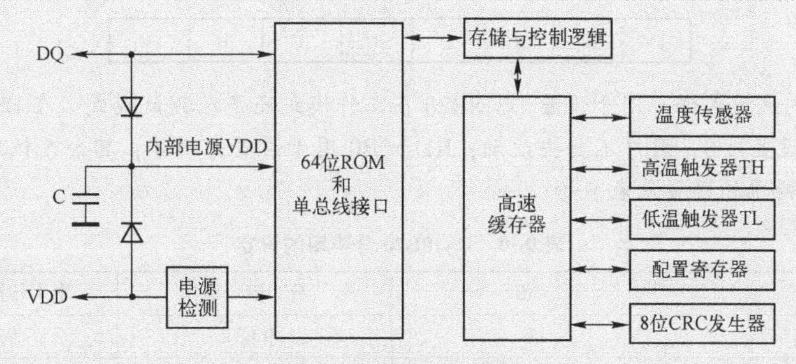

图 9-25　DS18B20 的内部结构

(1) 64 位 ROM：指的是由厂家使用激光刻录的一个 64 位二进制 ROM 代码，它是该芯片的标志号，如图 9-26 所示。

8位循环冗余检验	48位序列号	8位分类编号(28H)
MSB　　　LSB	MSB　　　LSB	MSB　　　LSB

图 9-26　64 位 ROM

第 1 个 8 位表示产品分类编号，DS18B20 的分类号为 28H；接着为 48 位序列号，它是该芯片的唯一标志代码；最后 8 位为前 56 位数字的循环冗余校验码（CRC）。由于每个芯片的 64 位 ROM 代码均不相同，因此在同一个单总线上能够并联多个 DS18B20。

(2) 温度传感器：是 DS18B20 的核心部分。通过软件编程，可将-55~125℃ 范围内的温度值按 9 位、10 位、11 位、12 位的分辨率进行量化（包括 1 个符号位），因此，对应的温度量化值分别为 0.5℃、0.25℃、0.125℃、0.0625℃。芯片出厂时，默认为 12 位的转换精度。当接收到温度转换命令（0x44）后，开始转换，转换完成后的温度以 16 位带符号扩展的二进制补码形式表示，存储在高速缓存器 RAM 的第 0、1 字节中，二进制数的前 5 位是符号位。如果测得的温度大于 0，这 5 位为 0，只要将测到的数值乘以 0.0625，即可得到实际温度值；如果温度小于 0，这 5 位为 1，测到的数值需要取反加 1 再乘以 0.0625，即可得到实际温度值。

例如，+125℃的数字输出为 0x07D0，+25.0625℃的数字输出为 0x0191，-25.0625℃的数字输出为 0xFE6F，-55℃的数字输出为 0xFC90。

(3) 高速缓存器：包括一个高速暂存器 RAM 和一个非易失性可电擦除的 E^2PROM。非易失性可电擦除 E^2PROM 用来存放高温触发器 TH、低温触发器 TL 和配置寄存器中的信息。

高速暂存器 RAM 是一个连续 8B 的存储器，前两个字节是测得的温度值信息，第 1 个字节的内容是温度值的低 8 位，第 2 个字节是温度值的高 8 位。第 3 个和第 4 个字节是 TH、TL 的易失性备份，第 5 个字节是配置寄存器的易失性备份，以上字节的内容在每一次上电复位时被刷新。第 6~8 个字节暂时保留为 1。

(4) 配置寄存器：用于确定温度值的数字转换分辨率。DS18B20 工作时按此寄存器的分辨率将温度值转换为相应精度的数值，它是高速缓存器的第 5 个字节，该字节定义如下：

TM	R0	R1	1	1	1	1	1

TM 是测试模式位，用于设置 DS18B20 在工作模式还是在测试模式。在 DS18B20 出厂时，该位被设置为 0，用户不要去改动；R1 和 R0 用于设置分辨率；其余 5 位均固定为 1。DS18B20 分辨率的设置见表 9-9。

表 9-9　DS18B20 分辨率的设定

R1	R0	分辨率	最大转换时间/ms
0	0	9 位	93.75
0	1	10 位	187.5
1	0	11 位	375
1	1	12 位	750

3）DS18B20 测温原理　DS18B20 主要由斜率累加器、温度系数振荡器、减法计数器、温度寄存器等功能部分组成。其工作原理框图如图 9-27 所示。

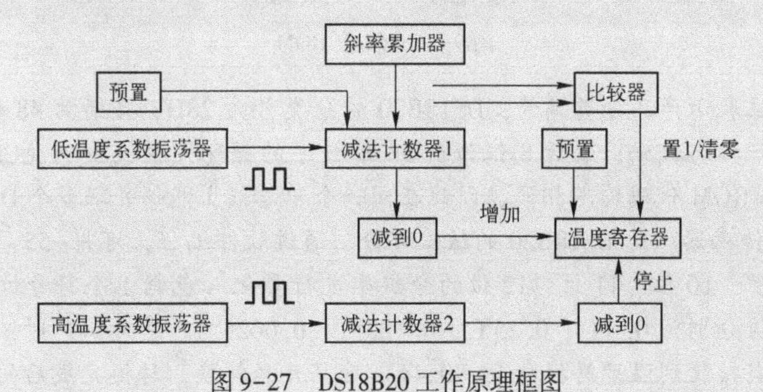

图 9-27　DS18B20 工作原理框图

斜率累加器用于补偿和修正测温过程中的非线性，其输出用于修正减法计数器的预置值；温度系数振荡器用于产生减法计数脉冲信号，其中低温度系数的振荡频率受温度的影响很小，用于产生固定频率的脉冲信号送给减法计数器 1；高温度系数振荡器受温度的影响较大，随着温度的变化其振荡频率明显改变，产生的信号作为减法计数器 2 的脉冲输入。减法计数器用于对脉冲信号进行减法计数；温度寄存器用于暂存温度数值。

在图中还隐含着计数门，当计数门打开时，DS18B20 就对低温度系数振荡器产生的时钟脉冲进行计数，从而完成温度测量。计数门的开启时间由高温度系数振荡器决定，每次测量前，首先将-55℃所对应的基数分别置入减法计数器 1 和温度寄存器中。

减法计数器 1 对低温度系数振荡器产生的脉冲信号进行减法计数，当减法计数器 1 的预置值减到 0 时，温度寄存器的值将加 1。然后，减法计数器 1 的预置值将重新被装入，并重新开始对低温度系数晶振产生的脉冲信号进行计数，如此循环，直到减法计数器 2 计数到 0 时，停止温度寄存器值的累加，此时温度寄存器中的数值即为所测温度值。斜率累加器不断补偿和修正测温过程中的非线性，只要计数门仍未关闭，就重复上述过程，直至温度寄存器值达到被测温度值。

由于 DS18B20 是单总线芯片，在系统中若有多个单总线芯片时，每个芯片的信息交换是分时完成的，均有严格的读/写时序要求。系统对 DS18B20 的操作协议为：初始化

DS18B20（发复位脉冲）→发 ROM 功能命令→发存储器操作命令→处理数据。

4）DS18B20 的 ROM 命令

☺ Read ROM（读 ROM）：命令代码 0x33。表示允许主设备读出 DS18B20 的 64 位二进制 ROM 代码。该命令只适用于总线上存在单个 DS18B20 的情况。

☺ Match ROM（匹配 ROM）：命令代码 0x55。若总线上有多个从设备时，使用该命令可选中某一指定的 DS18B20，即只有与 64 位二进制 ROM 代码完全匹配的 DS18B20 才能响应其操作。

☺ Skip ROM（跳过 ROM）：命令代码 0xCC。在启动所有 DS18B20 转换前，或者系统只有一个 DS18B20 时，该命令将允许主设备不提供 64 位二进制 ROM 代码就使用存储器操作命令。

☺ Search ROM（搜索 ROM）：命令代码 0xF0。当系统初次启动时，主设备可能不知道总线上有多少个从设备及其 ROM 代码，使用该命令可确定系统中的从设备个数及其 ROM 代码。

☺ Alarm ROM（报警搜索 ROM）：命令代码 0xEC。该命令用于鉴别和定位系统中超出程序设定的报警温度值。

☺ Write Scratchpad（写暂存器）：命令代码 0x4E。允许主设备向 DS18B20 的暂存器写入两个字节的数据，其中第 1 字节写入 TH 中，第 2 字节写入 TL 中。可以在任何时刻发出复位命令，终止数据的写入。

☺ Read Scratchpad（读暂存器）：命令代码 0xBE。允许主设备读取暂存器中的内容。从第 1 字节开始，直到读完第 9 字节 CRC 读完。也可以在任何时刻发出复位命令，终止数据的读取操作。

☺ Copy Scratchpad（复制暂存器）：命令代码 0x48。表示将温度报警触发器 TH 和 TL 中的字节复制到非易失性 E^2PROM 中。若主机在该命令后又发出读操作指令，而 DS18B20 又忙于将暂存器的内容复制到 E^2PROM，DS18B20 就会输出一个“0”；若复制结束，则 DS18B20 输出一个“1”。如果使用寄生电源，则主设备发出该命令后，立即发出强上拉信号，并至少保持 10ms 以上的时间。

☺ Convert T（温度转换）：命令代码 0x44。表示启动一次温度转换。若主机在该命令后又发出其他操作指令，而 DS18B20 又忙于温度转换，DS18B20 就会输出一个“0”；若转换结束，则 DS18B20 输出一个“1”。如果使用寄生电源，则主设备发出该命令后，立即发出强上拉信号，并至少保持 500ms 以上的时间。

☺ Recall E^2（复制暂存器）：命令代码 0xB8。将温度报警触发器 TH 和 TL 中的字节从 E^2ROM 中复制到暂存器中。该操作是在 DS18B20 上电时自动执行的，若执行该命令后又发出读操作指令，DS18B20 会输出温度转换忙标志：0 表示忙，1 表示完成。

☺ Read Power Supply（读电源使用模式）：命令代码 0xB4。主设备将该命令发给 DS18B20 后发出读操作指令，DS18B20 会返回它的电源使用模式：0 表示寄生电源，1 表示外部电源。

5）DS18B20 的工作时序　由于 DS18B20 采用单总线协议方式，即在一根数据线上实现数据的双向传输，而对 80C51 单片机来说，硬件上并不支持单总线协议，因此在使用时，应采用软件的方法来模拟单总线的协议时序，以此来完成对 DS18B20 芯片的访问。

DS18B20 有严格的通信协议来保证各位数据传输的正确性和完整性。该协议定义了 3 种信号的时序，即初始化时序、读时序、写时序。所有时序都是将单片机作为主设备，单总线器件作为从设备。而每一次命令和数据的传输都是从单片机主动启动写时序开始，如果要求单总线器件回送数据，在进行写命令后，单片机需启动读时序并完成数据接收工作。数据和命令的传输都是低位在先。

（1）初始化时序：单片机和 DS18B20 之间的通信需要从初始化时序开始。初始化时序如图 9-28 所示。一个复位脉冲跟着一个应答脉冲表明 DS18B20 已经准备好发送或接收数据（该数据为适当的 ROM 命令或存储器操作命令）。

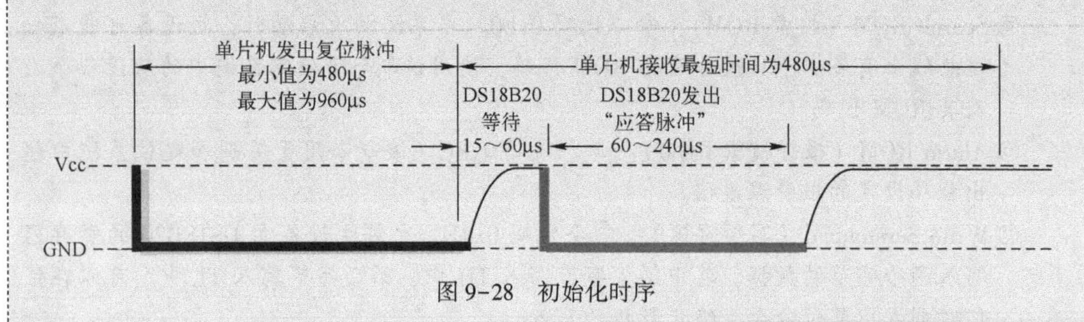

图 9-28 初始化时序

（2）读时序：分为读 0 时序和读 1 时序两个过程，如图 9-29 所示。从 DS18B20 中读取数据时，单片机生成读时隙。对于 DS18B20 的读时隙，单片机将单总线拉低后，在 15μs 内必须释放单总线，以让 DS18B20 把数据传送到单总线上。在读时隙的结尾处，DQ 引脚将被上拉到高电平。DS18B20 完成一个读时序过程至少需要 60μs。在两个读周期之间，至少要有 1μs 以上的恢复时间。

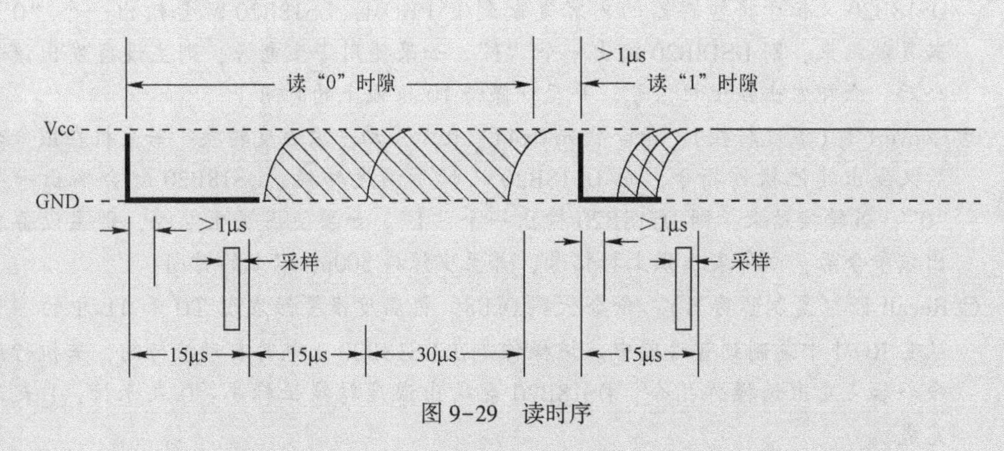

图 9-29 读时序

（3）写时序：分为写 0 时序和写 1 时序两个过程，如图 9-30 所示。DS18B20 对写 0 时序和写 1 时序的要求不同，在写 0 时隙，单总线至少要被拉低 60μs，以保证 DS18B20 在 15~45μs 之间能够正确采样总线上的“0”；而在写 1 时隙，单总线被拉低后，在 15μs 内必须释放单总线。

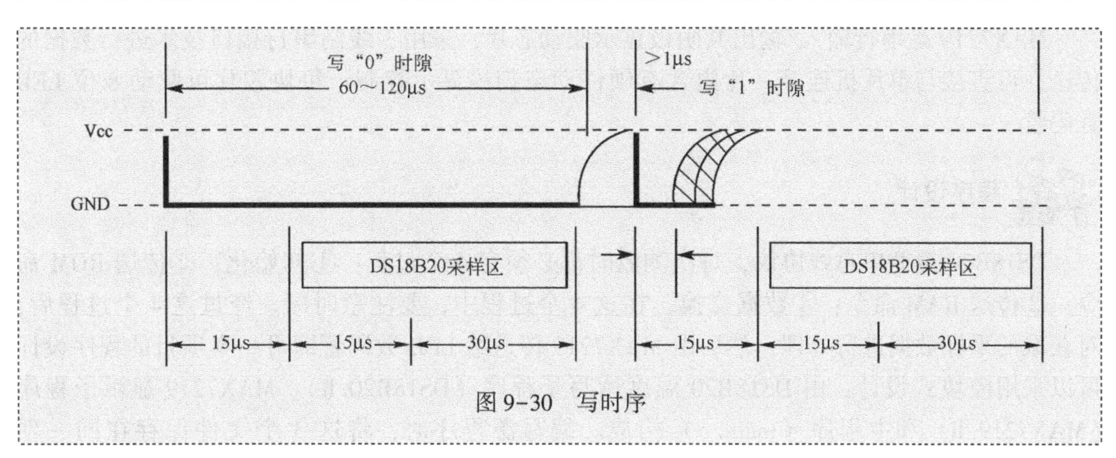

图 9-30　写时序

硬件设计

在桌面上双击图标，打开 Proteus 8 Professional 软件。新建一个 DEFAULT 模板，添加表 9-10 所列的元器件，并完成图 9-31 所示的硬件电路图设计。

表 9-10　DS18B20 测量温度项目所用元器件

单片机 AT89C51	瓷片电容 CAP 30pF	晶振 CRYSTAL 12MHz	电解电容 CAP-ELEC
电阻 RES	可调电阻 POT-HG	数码管 7SEG-MPX8-CC-BLUE	LED 驱动 MAX7219
按钮 BUTTON	温度传感器 DS18B20		

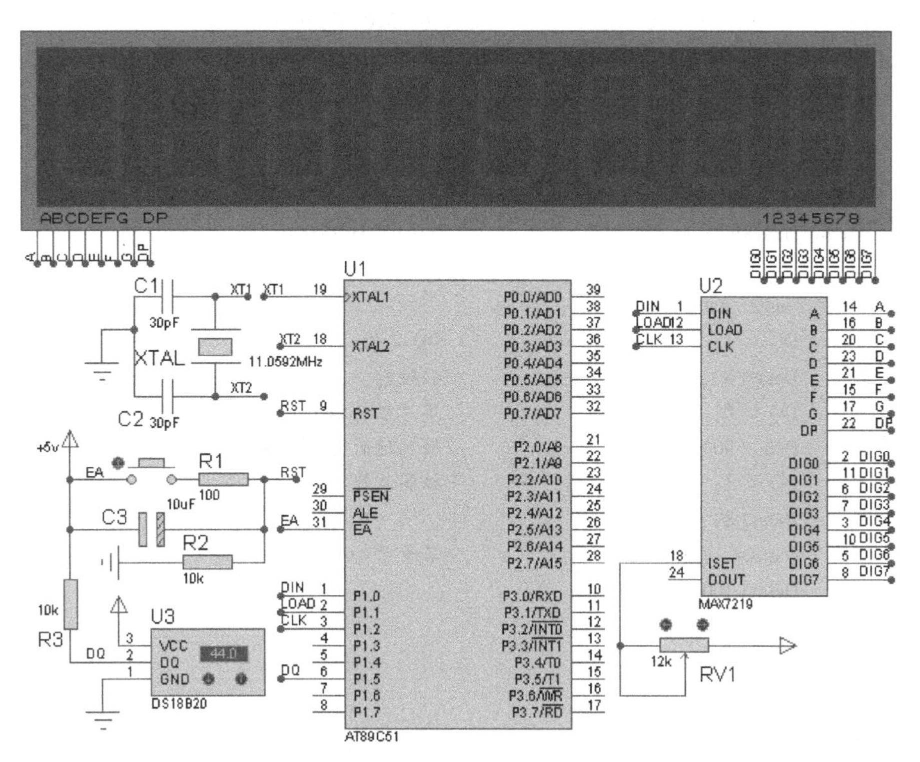

图 9-31　DS18B20 测量温度电路图

MAX7219 是串行输入/输出共阴极显示驱动芯片，采用 3 线制串行接口技术进行数据的传送，可直接与单片机连接，片内含有硬件动态扫描显示控制，每块芯片可驱动 8 位 LED 数码管。

程序设计

DS18B20 遵循单总线协议，每次测温时都必须有 4 个过程：①初始化；②传送 ROM 命令；③传送 RAM 命令；④数据交换。在这 4 个过程中，要注意时序。经过这 4 个过程后，对获取的采样数据进行处理，然后由 MAX7219 传送给 LED 数码管即可。本项目的程序设计可以采用模块式设计，由 DS18B20 温度读写子程序（DS18B20. h）、MAX7219 显示子程序（MAX7219. h）和主程序（main. c）构成。编写源程序时，将这 3 个文件保存在同一项目中。

1）DS18B20. h 程序

```
#include <reg51. h>
#include <intrins. h>
#define uchar unsigned char
#define uint unsigned int
sbit   DQ=P1^5;                          //DS18B20 端口 DQ
sbit   DIN = P0^7;                       //小数点
bit   list_flag=0;                       //显示开关标记
uchar data   temp_data[2] = {0x00,0x00};
uchar data   display[]={0x00,0x00,0x00,0x00,0x00,0x00};
uchar code   ditab[] ={0x00,0x01,0x01,0x02,0x03,0x03,0x04,0x04,
                      0x05,0x06,0x06,0x07,0x08,0x08,0x09,0x09};
void Delay(uint ms)                      //延时函数
{
  while( ms-- );
}
uchar Init_DS18B20(void)                 //初始化 DS18B20
{
        uchar status;
        DQ = 1;                          //DQ 复位
        Delay(8);                        //短延时
        DQ = 0;                          //单片机将 DQ 拉低
        Delay(90);                       //精确延时,大于 480μs
        DQ = 1;                          //拉高总线
        Delay(8);
        status= DQ;                      //若等于=0,则初始化成功,若等于=1,则初始化失败
        Delay(100);
        DQ = 1;
        return(status);
}
uchar ReadOneByte(void)                  //读一个字节数据
{
    uchar i = 0;
```

```
    uchar dat = 0;
    for(i=8;i>0;i--)
      {
       DQ=0;                              // 给脉冲信号
       dat>>= 1;
       DQ=1;                              // 给脉冲信号
          _nop_();
          _nop_();
       if(DQ)
         { dat |= 0x80; }
         Delay(4);
              DQ=1;
      }
    return (dat);
}
void WriteOneByte(uchar dat)              //写一个字节数据
{
   uchar i=0;
   for(i=8;i>0;i--)
    {
      DQ = 0;
      DQ = dat&0x01;
      Delay(5);
      DQ = 1;
      dat>>=1;
    }
}
void Read_Temperature(void)               //读取温度值
{
   if(Init_DS18B20()= =1)
       {
         list_flag=1;                     //DS18B20 不正常
       }
   else
       {
         list_flag=0;
         WriteOneByte(0xCC);              // 跳过读序号列号的操作
         WriteOneByte(0x44);              // 启动温度转换
         Init_DS18B20();
         WriteOneByte(0xCC);              //跳过读序号列号的操作
         WriteOneByte(0xBE);              //读取温度寄存器
         temp_data[0]=ReadOneByte();      //温度值的低 8 位
         temp_data[1]=ReadOneByte();      //温度值的高 8 位
       }
}
void Temperature_trans()                  //温度值处理
{
```

```
uchar   ng=0;
if((temp_data[1]&0xF8)==0xF8)
{
  temp_data[1]=~temp_data[1];
  temp_data[0]=~temp_data[0]+1;
      if(temp_data[0]==0x00)
         {   temp_data[1]++;        }
ng=1;
 }
 display[4]=temp_data[0]&0x0f;
 display[0]=ditab[display[4]];            //查表得小数位的值
 display[4]=((temp_data[0]&0xf0)>>4)|((temp_data[1]&0x0f)<<4);
 display[3]=display[4]/100;
 display[1]=display[4]%100;
 display[2]=display[1]/10;
 display[1]=display[1]%10;
 if(ng==1)                                //温度为零度以下时
    {   display[5]=12;   }                //显示"-"
 else
    {   display[5]=13;   }                //不显示"-"
 if(!display[3])                          //高位为0,不显示
 {
    display[3]=13;
    if(!display[2])                       //次高位为0,不显示
      display[2]=13;
 }
```

2）MAX7219.h 程序

```
#include <reg51.h>
#define uchar unsigned char
#define uint unsigned int
sbit din=P1^0;                            //MAX7219数据串行输入端
sbit cs=P1^1;                             //MAX7219数据输入允许端
sbit clk=P1^2;                            //MAX7219时钟信号
uchar dig;
void write_7219(uchar add,uchar date)  //add为接收MAX7219地址;date为要写的数据
{
    uchar i;
    cs=0;
    for(i=0;i<8;i++)
    {
        clk=0;
        din=add&0x80;                     //按照高位在前,低位在后的顺序发送
        add<<=1;                          //先发送地址
        clk=1;
    }
    for(i=0;i<8;i++)                      //时钟上升沿写入一位
```

```
    {
        clk=0;
        din=date&0x80;
        date<<=1;                   //再发送数据
        clk=1;
    }
    cs=1;
}
void init_7219()
{
    write_7219(0x0c,0x01);          //0x0c 为关断模式寄存器;0x01 表示显示器处于工作状态
    write_7219(0x0a,0x0f);          //0x0a 为亮度调节寄存器;0x0f 使数码管显示亮度为最亮
    write_7219(0x09,0x00);          //0x09 为译码模式选择寄存器;0x00 为非译码方式
    write_7219(0x0b,0x07);          //0x0b 为扫描限制寄存器;0x07 表示可将 8 个 LED 数码管
}
void disp_Max7219(uchar dig,uchar dat) //指定位,显示某一数
{    write_7219(dig,dat);}
```

3）main. c 程序

```
#include <reg51. h>
#include <DS18B20. h>
#include <MAX7219. h>
#define uchar unsigned char
#define uint unsigned int
uchar dig;
uchar code tab[]={0x7e,0x30,0x6d,0x79,0x33,0x5b,0x5f,
                0x70,0x7f,0x7b,0x4E,0x63,0x01,0x00};  //不译码方式,数字 0~9 的段码
void main()
{
    init_7219();
    while(1)
     {
        Temperature_trans();
        Read_Temperature();
        if(list_flag==0)
         {
          disp_Max7219(1,tab[display[5]]);
          disp_Max7219(2,tab[display[3]]);
          disp_Max7219(3,tab[display[2]]);
          disp_Max7219(4,tab[display[1]]|0x80);      //|0x80 为带上小数点
          disp_Max7219(5,tab[display[0]]);
          disp_Max7219(7,tab[11]);
          disp_Max7219(8,tab[10]);
         }
    }
}
```

调试与仿真

打开 Keil 软件，创建“DS18B20 测量温度”项目，输入 3 个源程序，并将 main. c 源程序文件添加到项目中。编译源程序，生成“DS18B20 测量温度 . HEX”文件。

在已绘制好的 Proteus 电路图中双击 AT89C51 单片机，添加在 Keil 中生成的“DS18B20 测量温度 . HEX”文件，实现 Keil 与 Proteus 的联机。

在 Proteus 电路图绘制软件的编辑窗口中单击按钮 ▶ ，进入运行状态，LED 数码管中显示相应的温度值，如图 9-32 所示。从图中可以看出，LED 数码管中显示的温度数值与 DS18B20 中显示的数值相同。

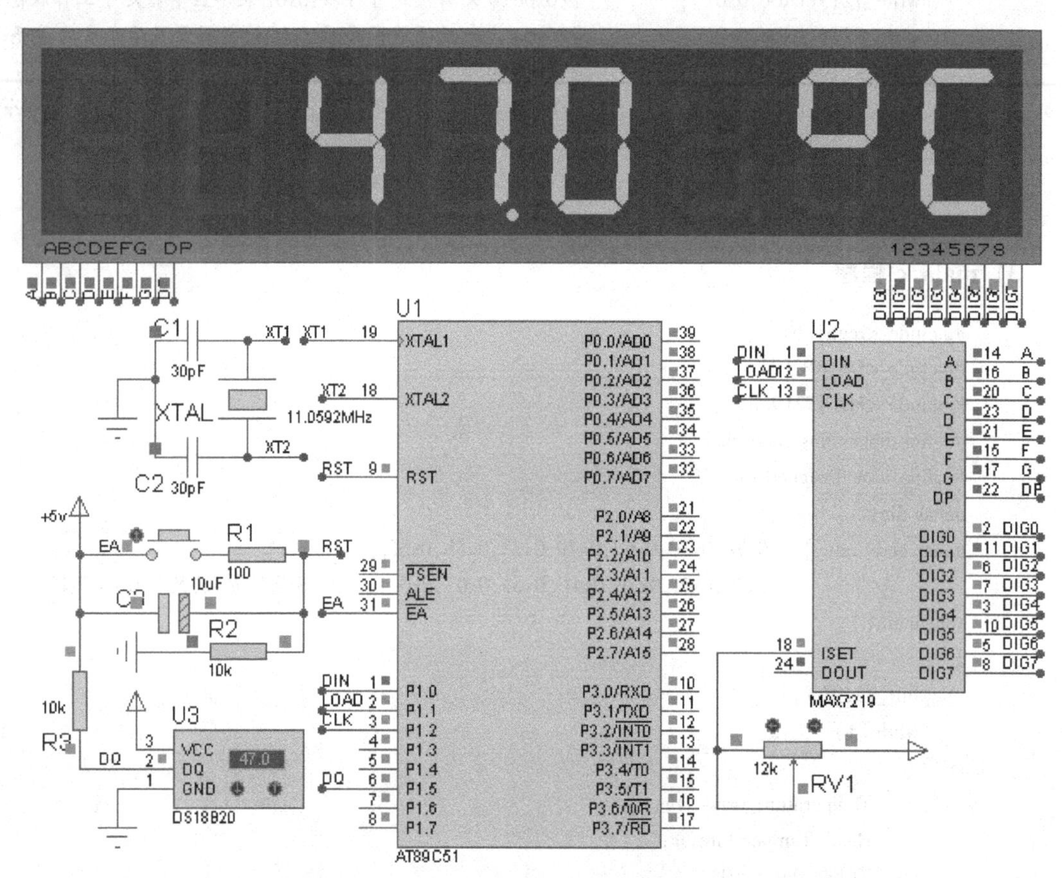

图 9-32　DS18B20 测量温度程序运行效果

9.6　按钮选播电子音乐

设计要求

按钮 K1 与单片机的 INT0 引脚连接，要求每按一次按钮 K1，单片机控制蜂鸣器播放不同的电子音乐，同时数码管显示电子音乐的序号。按完 4 次后，再重复循环。播放的 5 首歌分别为《送别》《两只老虎》《哈巴狗》《兰花草》《不倒翁》。

电子音乐基础知识

1）音频脉冲的产生　电子音乐的产生是通过单片机的 I/O 端口输出不同的脉冲信号控制蜂鸣器发声来实现的。若要产生音频脉冲信号，首先要计算出某一音频的周期（1/频率），然后将此周期除以 2，得到半周期时间；利用单片机定时器计时这个半周期时间，每次计时完成后，就将输出脉冲的 I/O 端口反相，然后重新计时此半周期时间，再对 I/O 端口反相，重复上述过程，即可在此 I/O 端口上得到相应频率的音频脉冲。

通常利用 AT89C51 单片机的内部定时器 0（工作在方式 1 下），改变计数初值 TH0 和 TL0 来产生不同的音频脉冲频率。

例如，单片机采用 12MHz 的晶振，若要产生频率为 587Hz 的音频脉冲，其音频脉冲信号的周期为

$$T=1/587=1703.5775\mu s\approx 1704\mu s$$

其半周期时间为 852μs，因此只要令计数器计数 852μs /1μs =852 次，在每计数 852 次后将 I/O 端口反相，就可得到 C 调中音 Re。

脉冲计数值与音频脉冲频率的关系为

$$n=f_i\div 2\div f_r$$

式中，n 为脉冲计数值；f_i = 1MHz（内部计时一次为 1μs）；f_r 为要产生的音频脉冲的频率。

那么计数值 T 为

$$T=65536-n=65536-f_i\div 2\div f_r=65536-500000/f_r$$

例如，设 f_i = 1MHz，求低音 Do（262Hz）、中音 Do（523Hz）和高音 Do（1046Hz）的计数值。

解：$T=65536-500000/f_r$

对于低音 Do，$T=65536-500000\div 262\approx 63628$

对于中音 Do，$T=65536-500000\div 523\approx 64580$

对于高音 Do，$T=65536-500000\div 1046\approx 65058$

在 11.0592MHz 频率下，C 调各音符与计数值 T 之间的关系见表 9-11。

表 9-11　在 11.0592MHz 频率下，C 调各音符频率与计数值 T 之间的关系

音　符	频率/Hz	T	音　符	频率/Hz	T	音　符	频率/Hz	T
低音 Do	262	62018	中音 Do	523	63773	高音 Do	1046	64654
低音 Re	294	62401	中音 Re	587	63965	高音 Re	1175	64751
低音 Mi	330	62491	中音 Mi	659	64137	高音 Mi	1318	64836
低音 Fa	349	62895	中音 Fa	698	64215	高音 Fa	1397	64876
低音 So	392	63184	中音 So	784	64360	高音 So	1568	64948
低音 La	440	63441	中音 La	880	64488	高音 La	1760	65012
低音 Ti	494	63506	中音 Ti	988	64603	高音 Ti	1967	65067

2）音乐节拍的产生 每个音符使用 1B 的数据来表示，其中字节的高 4 位代表音符的高低，低 4 位代表音符的节拍。表 9-12 为节拍数与节拍码的对照表。如果 1 拍为 0.4s，则 1/4 拍为 0.1s，只要设定相应的延迟时间即可。

假设 1/4 拍为 1 DELAY，那么 1 拍应为 4 DELAY，以此类推。因此，只要设定 1/4 拍的 DELAY 时间即可，其他节拍就是它的整数倍。表 9-13 所列为 1/4 节拍和 1/8 节拍的时间设定。

表 9-12 节拍数与节拍码对照表

节拍码	节拍数	节拍码	节拍数
1	1/4 拍	1	1/8 拍
2	2/4 拍	2	1/4 拍
3	3/4 拍	3	3/8 拍
4	1 拍	4	1/2 拍
5	$1\frac{1}{4}$拍	5	5/8 拍
6	$1\frac{1}{2}$拍	6	3/4 拍
8	2 拍	8	1 拍
A	$2\frac{1}{2}$拍	A	$1\frac{1}{4}$拍
C	3 拍	C	$1\frac{1}{2}$拍
F	$3\frac{3}{4}$拍		

表 9-13 1/4 节拍和 1/8 节拍的时间设定

1/4 节拍的时间设定		1/8 节拍的时间设定	
曲调值	DELAY	曲调值	DELAY
调 4/4	125ms	调 4/4	62ms
调 3/4	187ms	调 3/4	94ms
调 2/4	250ms	调 2/4	125ms

3）移调 一般的曲子有 3/8、2/4、3/4、4/4 等节拍类型，但不管它是哪种节拍类型，基本上是在 C 调下演奏的。如果是 C 调，则音名 C 唱 Do，音名 D 唱 Re，音名 E 唱 Mi，音名 F 唱 Fa，音名 G 唱 So，音名 A 唱 La，音名 B 唱 Ti。但并不是所有的曲子都是在 C 调下演奏的，还有 D 调、E 调、F 调、G 调等。表 9-14 所列为各大调音符与音名的关系。

表 9-14 各大调的音符与音名的关系

音名 \ 音符 / 音调	Do	Re	Mi	Fa	So	La	Ti
C 调	C	D	E	F	G	A	B
D 调	D	E	F#	G	A	B	C

续表

音调＼音名＼音符	Do	Re	Mi	Fa	So	La	Ti
E 调	E	F#	G#	A	B	C	D
F 调	F	G	A	B	C	D	E
G 调	G	A	B	C	D	E	F#
A 调	A	B	C#	D	E	F#	G#
B 调	B	C	D	E	F	G	A

4）音乐软件的设计

（1）音乐代码库的建立方法：首先找出曲子的音域范围（最低音和最高音），确定音符表；根据 T 值建立发音符计数值表；每个字节的高 4 位表示简谱码（音符），低 4 位表示节拍（节拍数）；0xFF 为曲子结束标志码。

（2）选曲：在一个程序中，若需演奏两首或两首以上的曲子时，音乐代码库的建立方法有两种，一种是为每首曲子建立相互独立的音符表和发音符计数值表，另一种是在建立共用的音符后，再写每首曲子的发音符计数值表中的代码。无论采用哪种方法，在每首曲子的结尾处，都要有音乐结束符（0xFF）。

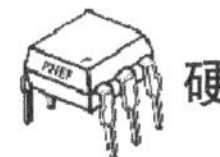

硬件设计

在桌面上双击图标，打开 Proteus 8 Professional 软件。新建一个 DEFAULT 模板，添加表 9-15 所列的元器件，并完成图 9-33 所示的硬件电路图设计。

表 9-15　按键选播电子音乐项目所用元器件

单片机 AT89C51	瓷片电容 CAP 30pF	晶振 CRYSTAL 11.0592MHz	电解电容 CAP-ELEC
电阻 RES	按钮 BUTTON	数码管 7SEG-COM-AN-GRN	蜂鸣器 SOUNDER
三极管 NPN	限流电阻排 RX8		

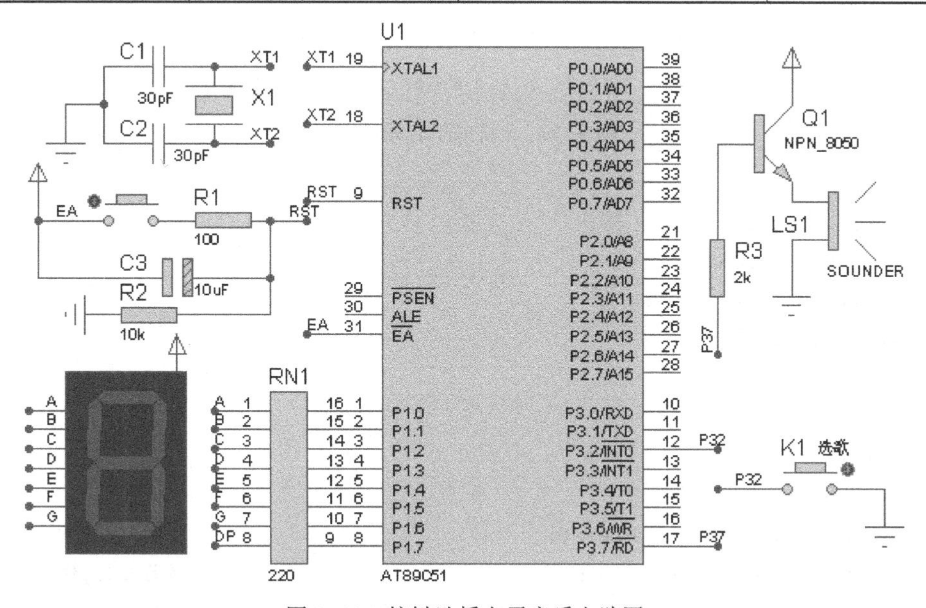

图 9-33　按键选播电子音乐电路图

程序设计

这 5 首电子音乐的曲子如图 9-34 所示。从图中可以看出，这 5 首曲子使用的音符较多，所以可以将表 9-11 中的所有 *T* 值都放在 Tone_tab[ ]中，然后将每首曲子的音符放在相应的 song_Tone 中，并将节拍数放在 song_Time 中。采用 C 语言编写的程序如下所述。

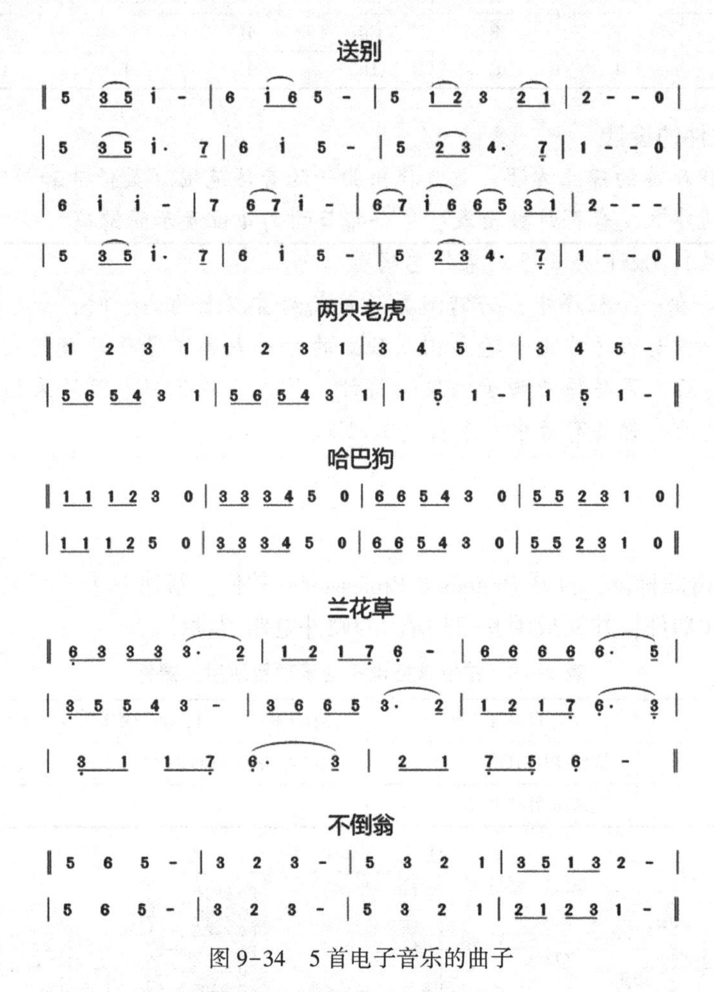

图 9-34　5 首电子音乐的曲子

```
#include <reg52. h>
#include <intrins. h>
#define uchar unsigned char
#define uint unsigned int
#define LED   P1
sbit K1=P3^2;
sbit beep=P3^7;
uchar i;
uchar song_Index=0,Tone_Index=0;                    //音乐片段索引,音符索引
uchar * song_Tone, * song_Time;                     //音符指针,延时指针
const LED_tab[ ] = {0xC0,0xF9,0xA4,0xB0,0x99,0x92,   //共阳极 LED
```

```
                0x82,0xF8,0x80,0x90,0x88,0x83,
                0xC6,0xA1,0x86,0x8E,0xBF,0xFF};
uint code  Tone_tab[]={
        62018,62401,62491,62895,63184,63441,63506,
        63773,63965,64137,64215,64360,64488,64603,
        64654,64751,64836,64876,64948,65012,65067,65535};
uchar code  song1_Tone[]={                                          //《送别》
        11,9,11,14,12,14,12,11,11,7,8,9,8,7,8,                      //第1行曲子音符
        11,9,11,14,13,12,14,11,11,7,8,9,6,7,                        //第2行曲子音符
        12,14,14,13,12,13,14,12,13,14,12,12,11,10,7,8,              //第3行曲子音符
        11,9,11,14,13,12,14,11,11,8,9,10,6,7,0xff};                 //第4行曲子音符
uchar code  song1_Time[]={
        4,2,2,8,4,2,2,8,4,2,2,4,2,2,12,                             //第1行曲子节拍
        4,2,2,4,2,4,4,8,4,2,2,4,2,12,                               //第2行曲子节拍
        4,4,8,4,2,2,8,2,2,2,2,2,2,2,2,16,                           //第3行曲子节拍
        4,2,2,4,2,4,4,8,4,2,2,4,2,12,0xff};                         //第4行曲子节拍
uchar code  song2_Tone[]={                                          //《两只老虎》
        7,8,9,7,7,8,9,7,9,10,11,9,10,11,                            ///第1行曲子音符
        11,12,11,10,9,7,11,12,11,10,9,7,7,4,7,7,4,7,0xff};          //第2行曲子音符
uchar code  song2_Time[]={
        4,4,4,4,4,4,4,4,4,4,8,4,4,8,                                //第1行曲子节拍
        2,2,2,2,4,4,2,2,2,2,4,4,4,4,8,4,4,8,0xff};                  //第2行曲子节拍
uchar code  song3_Tone[]={                                          //《哈巴狗》
        7,7,7,8,9,9,9,9,10,11,12,12,11,10,9,11,11,8,9,7,            //第1行曲子音符
        7,7,7,8,11,9,9,9,10,11,12,12,11,10,9,11,11,8,9,7,0xff};     //第2行曲子音符
uchar code  song3_Time[]={
        2,2,2,2,4,2,2,2,2,4,2,2,2,2,4,2,2,2,2,4,                    //第1行曲子节拍
        2,2,2,2,4,2,2,2,2,4,2,2,2,2,4,2,2,2,2,5,0xff};              //第2行曲子节拍
uchar code  song4_Tone[]={                                          //《兰花草》
        5,9,9,9,9,8,7,8,7,6,5,12,12,12,12,12,11,                    //第1行曲子音符
        2,11,11,10,9,9,12,12,11,9,8,7,8,7,6,5,9,                    //第2行曲子音符
        2,7,7,6,5,9,8,7,6,4,12,0xff};                               //第3行曲子音符
uchar code  song4_Time[]={
        2,2,2,2,2,2,2,2,2,2,8,2,2,2,2,4,2,                          //第1行曲子节拍
        2,2,2,2,8,2,2,2,2,4,2,2,2,2,2,4,2,                          //第2行曲子节拍
        2,2,2,2,4,2,2,2,2,2,2,8,0xff};                              //第3行曲子节拍
uchar code  song5_Tone[]={                                          //《不倒翁》
        11,12,11,9,8,9,11,9,8,7,9,11,7,9,8,                         //第1行曲子音符
        11,12,11,9,8,9,11,9,8,7,8,7,8,9,7,0xff};                    //第2行曲子音符
uchar code  song5_Time[]={
        4,4,8,4,4,8,4,4,4,4,2,2,2,2,8,                              //第1行曲子节拍
        4,4,8,4,4,8,4,4,4,4,2,2,2,2,8,0xff};                        //第2行曲子节拍
void delayms(uint ms)
{
```

```
    uchar a;
    while(ms--)
     {
        for(a=230;a>0;a--);
     }
}
void int0() interrupt 0
{
    delayms(100);
    if(INT0==0)
      {
        TR0=0;
        song_Index++;
      }
    if(song_Index==1)
      {
        song_Tone=song2_Tone;
        song_Time=song2_Time;
      }
    if(song_Index==2)
      {
        song_Tone=song3_Tone;
        song_Time=song3_Time;
      }
    if(song_Index==3)
      {
        song_Tone=song4_Tone;
        song_Time=song4_Time;
      }
    if(song_Index==4)
      {
        song_Tone=song5_Tone;
        song_Time=song5_Time;
      }
    if(song_Index==5)
      {
        song_Tone=song1_Tone;
        song_Time=song1_Time;
        song_Index=0;
      }
    TR0=1;
    i=0;
}
void Timer0() interrupt 1
```

```
{
  TH0=Tone_tab[Tone_Index]/256;
  TL0=Tone_tab[Tone_Index]%256;
  beep=~beep;
}
void display(void)
{
  LED=LED_tab[song_Index];
}
void int_init(void)
{
  TMOD=0x01;
  ET0=1;
  EX0=1;
  IT0=1;
  EA=1;
  TR0=0;
}
void main(void)
{
  int_init();
  song_Tone=song1_Tone;
  song_Time=song1_Time;
  while(1)
    {
      display();
      Tone_Index=song_Tone[i];
    if(Tone_Index==0xFF)
       {
         i=0;
        TR0=0;
       }
      TR0=1;
    delayms(song_Time[Tone_Index]*60);
      TR0=0;
      i++;
    }
}
```

调试与仿真

打开 Keil 软件，创建“按键选播电子音乐”项目，输入源程序，并将该源程序文件添加到项目中。编译源程序，生成“按键选播电子音乐.HEX”文件。

在已绘制好的 Proteus 电路图中双击 AT89C51 单片机，添加在 Keil 中生成的“按键选播

电子音乐 . HEX”文件，实现 Keil 与 Proteus 的联机。

在 Proteus 电路图绘制软件的编辑窗口中单击按钮 ▶ ，进入运行状态，LED 数码管中显示正在播放的曲子的序号，同时蜂鸣器发出相应的声音。按键选播电子音乐程序运行效果如图 9-35 所示。如果按下按钮 K1，可以选择播放下一首曲子。

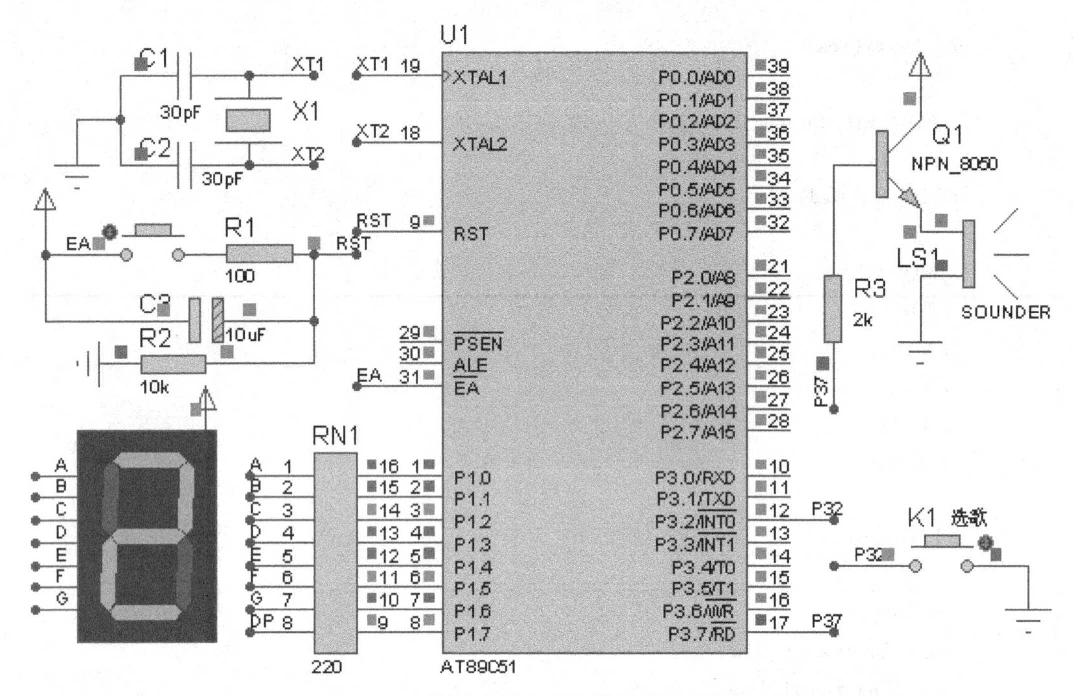

图 9-35　按键选播电子音乐程序运行效果

9.7　矩阵键盘键值显示

设计要求

设计一个 4×4 的矩阵键盘键值显示电路，其中 4×4 的键盘以 P3. 0 ~ P3. 3 作为行线，以 P3. 4 ~ P3. 7 作为列线；4×4 的 LED 显示电路以 P0. 0 ~ P0. 3 作为行线，以 P0. 4 ~ P0. 7 作为列线。要求按下某键时，相应的 LED 点亮显示，且 SMC1602A 能显示其相应的键值。

硬件设计

在桌面上双击图标，打开 Proteus 8 Professional 软件。新建一个 DEFAULT 模板，添加表 9-16 所列的元器件，并完成图 9-36 所示的硬件电路图设计。

在图 9-36 中，未显示晶振电路及复位电路。

表 9-16　矩阵键盘键值显示项目所用元器件

单片机 AT89C51	瓷片电容 CAP 30pF	电阻 RES	电解电容 CAP-ELEC 10uF
晶振 CRYSTAL 12MHz	字符式 LCD LM016L	电阻排 RESPACK-8	限流电阻排 RX8
按钮 BUTTON	可调电阻 POT-HG		

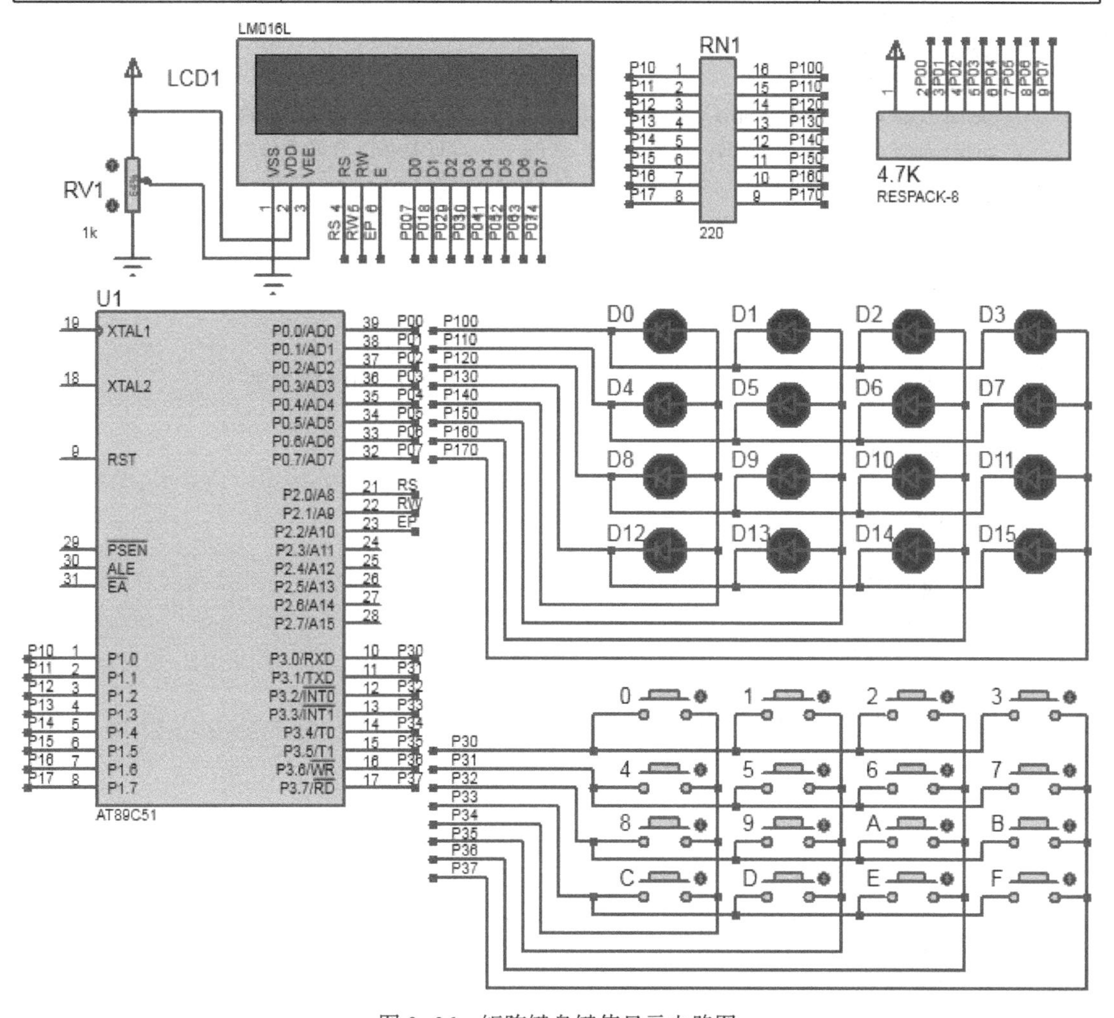

图 9-36　矩阵键盘键值显示电路图

程序设计

本程序主要由 4×4 键盘扫描、LCD 显示、4×4 LED 显示等部分组成。通过键盘扫描，得出相应的键值 value[times-1]。4×4 LED 显示部分是根据不同的键值 value［times-1］使得相应的 LED 点亮。在 LCD 显示部分，要先将键值 value[times-1]转换成相应的 HD44780 内置字符集，然后再将转换后的内置字符集显示出来。采用 C 语言编写的程序如下所述。

```
#include <reg52. h>
#include <intrins. h>
#define uchar unsigned char
#define uint unsigned int
#define LCD    P0
```

```
#define LED   P1
#define KEY   P3
sbitRS= P2^0;
sbitRW = P2^1;
sbitEP = P2^2;
uchar buff,times,j;
uchar idata value[8];
uchar dis_buf;
uchar code dis1[]={"Matrix   Keyboard"};              //LCD 第 1 行显示的内容
uchar code dis2[]={"   KEY-CODE:0x0   "};             //LCD 第 2 行显示的内容
void delay(uchar ms)
{                                                      // 延时子程序
  uchar i;
  while(ms--)
    {   for(i=0;i<120;i++);}
}
uchar Busy_Check(void)                                 // 测试 LCD 忙碌状态
{
    uchar LCD_Status;
    RS = 0;
    RW = 1;
    EP = 1;
    _nop_();
    _nop_();
    _nop_();
    _nop_();
    LCD_Status =LCD&0x80;
    EP=0;
    return LCD_Status;
}
void lcd_wcmd(uchar cmd)                               // 写入指令数据到 LCD
{
    while(Busy_Check());                               //等待 LCD 空闲
    RS = 0;
    RW = 0;
    EP = 0;
    _nop_();
    _nop_();
    LCD=cmd;
    _nop_();
    _nop_();
    _nop_();
    _nop_();
    EP = 1;
    _nop_();
    _nop_();
    _nop_();
    _nop_();
    EP = 0;
}
```

```
void lcd_pos(uchar pos)                                  //设定显示位置
{   lcd_wcmd(pos|0x80);       }                          //设置 LCD 当前光标的位置
void lcd_wdat(uchar dat)                                 //写入字符,显示数据到 LCD
{
    while(Busy_Check());                                 //等待 LCD 空闲
    RS = 1;
    RW = 0;
    EP = 0;
    LCD = dat;
    _nop_();
    _nop_();
    _nop_();
    _nop_();
    EP = 1;
    _nop_();
    _nop_();
    _nop_();
    _nop_();
    EP = 0;
}
void LCD_disp(void)
{
    uchar i;
    lcd_pos(0);                                          // 设置显示位置为第 1 行的第 1 个字符
    i = 0;
    while(dis1[i] != '\0')
    {
        lcd_wdat(dis1[i]);                               //在第 1 行显示字符串"KEY NUMBER"
        i++;
    }
    lcd_pos(0x40);                                       // 设置显示位置为第 2 行第 1 个字符
    i = 0;
    while(dis2[i] != '\0')
    {
        lcd_wdat(dis2[i]);                               // 在第 2 行显示字符串"KEY-CODE:   H"
        i++;
    }
}
void lcd_init(void)                                      //LCD 初始化设定
{
    delay(15);
    lcd_wcmd(0x38);                          //设置显示格式为:16*2 行显示,5*7 点阵,8 位数据接口
    delay(1);
    lcd_wcmd(0x0c);                                      //0x0c--显示开关设置,关光标
    delay(1);
    lcd_wcmd(0x06);                                      //0x06 --读/写后,指针加 1
    delay(1);
    lcd_wcmd(0x01);                                      //清除 LCD 的显示内容
    delay(1);
}
```

```
void  LED_disp(void)
{
  switch(value[times-1])
    {
      case  0:  LED=0x1E;  break;
      case  1:  LED=0x2E;  break;
      case  2:  LED=0x4E;  break;
      case  3:  LED=0x8E;  break;
      case  4:  LED=0x1D;  break;
      case  5:  LED=0x2D;  break;
      case  6:  LED=0x4D;  break;
      case  7:  LED=0x8D;  break;
      case  8:  LED=0x1B;  break;
      case  9:  LED=0x2B;  break;
      case  10: LED=0x4B;  break;
      case  11: LED=0x8B;  break;
      case  12: LED=0x17;  break;
      case  13: LED=0x27;  break;
      case  14: LED=0x47;  break;
      case  15: LED=0x87;  break;
    }
}
void key_asc(void)
{
  switch(value[times-1])
    {
      case  0:  dis_buf=0x30;  break;
      case  1:  dis_buf=0x31;  break;
      case  2:  dis_buf=0x32;  break;
      case  3:  dis_buf=0x33;  break;
      case  4:  dis_buf=0x34;  break;
      case  5:  dis_buf=0x35;  break;
      case  6:  dis_buf=0x36;  break;
      case  7:  dis_buf=0x37;  break;
      case  8:  dis_buf=0x38;  break;
      case  9:  dis_buf=0x39;  break;
      case  10: dis_buf=0x41;  break;
      case  11: dis_buf=0x42;  break;
      case  12: dis_buf=0x43;  break;
      case  13: dis_buf=0x44;  break;
      case  14: dis_buf=0x45;  break;
      case  15: dis_buf=0x46;  break;
      case  16: dis_buf=0x5f;  break;
    }
}
void key_scan(void)                              //键盘输入扫描函数
{ uchar hang,lie,key=16;
  KEY=0xf0;
```

```
    if((KEY &0xf0)!=0xf0)                       //行码为 0,列码为 1
     { delay(2);
       if((KEY &0xf0)!=0xf0)                    //若有键被按下,列码变为 0
         { hang=0xfe;                           //逐行扫描
           times++;
           if(times==9)
           times=1;
           while((hang&0x10)!=0)                //扫描完 4 行后跳出
            { KEY=hang;
              if((KEY &0xf0)!=0xf0)             //本行有键被按下
               { lie=( KEY&0xf0)|0x0f;
                 buff=((~hang)+(~lie));
                 switch(buff)
                  {
                    case 0x11: key=0;break;
                    case 0x21: key=1;break;
                    case 0x41: key=2;break;
                    case 0x81: key=3;break;
                    case 0x12: key=4;break;
                    case 0x22: key=5;break;
                    case 0x42: key=6;break;
                    case 0x82: key=7;break;
                    case 0x14: key=8;break;
                    case 0x24: key=9;break;
                    case 0x44: key=10;break;
                    case 0x84: key=11;break;
                    case 0x18: key=12;break;
                    case 0x28: key=13;break;
                    case 0x48: key=14;break;
                    case 0x88: key=15;break;
                  }
               value[times-1]=key;              //按下的键值
               }
              else hang=(hang<<1)|0x01;         //下一行扫描
            }
         }
     }
}
void main(void)
{
     lcd_init();                                // 初始化 LCD
     delay(10);
     LCD_disp();
     dis_buf=0x2d;                              //显示字符"-"
     while(1)
      {
        key_scan();
        LED_disp();
```

```
            key_asc();
            lcd_pos(0x4e);
            lcd_wdat(dis_buf);
        }
    }
```

调试与仿真

打开 Keil 软件，创建“矩阵键盘键值显示”项目，输入源程序，并将该源程序文件添加到项目中。编译源程序，生成“矩阵键盘键值显示.HEX”文件。

在已绘制好的 Proteus 电路图中双击 AT89C51 单片机，添加在 Keil 中生成的“矩阵键盘键值显示.HEX”文件，实现 Keil 与 Proteus 的联机。

在 Proteus 电路图绘制软件的编辑窗口中单击按钮 ▶ ，进入运行状态。刚开始运行时，若没有按下任一键，则 LED 全都熄灭，LCD 的第 1 行显示为“Matrix Keyboard”，第 2 行显示为“KEY-CODE:0x0_”。若按下了某一键，则相应的 LED 点亮，LCD 的第 1 行仍显示为“Matrix Keyboard”，而第 2 行显示的“_”改为相应的键值。矩阵键盘键值显示程序运行效果如图 9-37 所示。

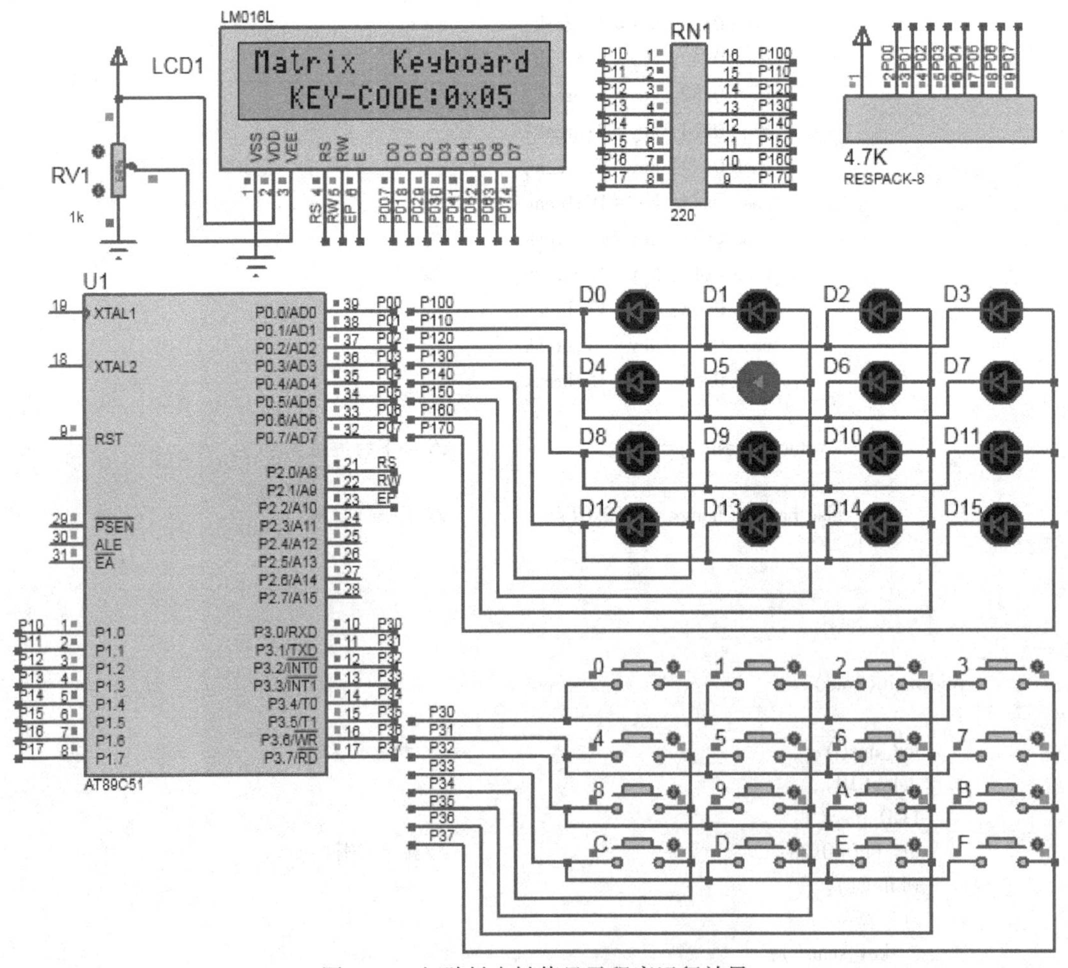

图 9-37　矩阵键盘键值显示程序运行效果

参 考 文 献

[1] 陈忠平. 51单片机C语言程序设计经典实例（第2版）[M]. 北京：电子工业出版社，2016.

[2] 陈忠平，黄茂飞，等. 单片机原理与应用 [M]. 北京：中国电力出版社，2018.

[3] 陈忠平，邬书跃，等. 单片机原理与C51程序设计 [M]. 北京：中国电力出版社，2019.

[4] 陈忠平. 基于Proteus的AVR单片机C语言程序设计与仿真 [M]. 北京：电子工业出版社，2011.

[5] 陈忠平. Atmega16单片机C语言程序设计经典实例 [M]. 北京：电子工业出版社，2013.

[6] 陈忠平，曹巧媛，等. 单片机原理及接口（第2版）[M]. 北京：清华大学出版社，2011.

[7] 徐刚强，陈忠平，等. 单片机原理及接口（第2版）应用指导 [M]. 北京：清华大学出版社，2011.

[8] 刘同法，陈忠平，等. 单片机外围接口电路与工程实践 [M]. 北京：北京航空航天大学出版社，2009.

[9] 刘同法，陈忠平，等. 单片机基础与最小系统实践 [M]. 北京：北京航空航天大学出版社，2007.